JN445194

(신고)녹지환경학

안영희 지음

태림문화사

머리말

'녹지환경학' 표제를 걸고 가히 획기적이라 할 수 있는 새로운 조경 분야의 서적을 출간한지도 어언 20년의 세월이 흘렀다. 그동안 우리나라에서도 환경, 자연, 조경, 식물 등과 같은 생물을 기반으로 한 생태적인 환경에 관심이 높아졌다. 특히 단순한 자연보호의 차원을 넘어 자연환경의 복원 및 창조에 이르는 녹화기술의 발전은 선진국의 수준에 이르렀다.

당시 특수지 녹화에 대한 용어조차 제대로 정립되어 있지 않아 어려운 일본식 용어와 기술을 답습하던 시절과는 괄목할만한 발전을 이룬 셈이다. 이와 같은 과정에서 '녹지환경학'에 기술한 학술적 내용이 미미하게나마 역할을 했다는 자부심을 가져본다.

환경과는 멀리 존재한다고 여겼던 생물, 그 가운데서도 너무나 가볍게 생각해왔던 녹색식물의 역할이 지구환경 보전은 물론 우리의 개인 생활까지도 영향을 미친다는 사실은 이제 누구나 상식으로 이해하고 있다. 그러나 아직까지 구체적인 식물의 효과적인 적용 방법론은 물론 금후의 발전 방향의 개척 등에 대해서는 오리무중인 것이 현실이다.

식물을 이용한 환경개선에 대해서는 생물학의 응용분야에서 다양하게 제안되어 왔다. 조경학은 물론 원예학, 농학, 임학 등에서 식재 및 활용 방법, 효과 등에 대해 꾸준히 연구해왔고 금후에 있어서도 주요 연구 분야로 진행될 것이다.

금번 (신고)녹지환경학은 기존의 원고와 내용을 바탕으로 그동안 발전해온 녹지 분야에서의 분위기를 감안하여 내용을 대폭 수정하였다. 특히 백과사전식의 기존 원고를 크게 수정하여 조경학 관련 분야의 학생들이 현장에서 곧바로 적용시킬 수 있는 내용과 기술을 간결하게 소개하였다. 이 책은 크게 총 2편으로 구성하였다. 각 편은 5장 내외의 주제를 다루었으며 제 1편은 녹지환경학의 개론적인 내용이 주를 이루고 있다. 제 2편에서 보다 세부적인 내용을 다루었다. 특히 대학의 학부 학생들이 쉽게 이해할 수 있는 내용으로 직접 실무에 적용할 수 있도록 작성하였다.

끝으로 이 책을 출간할 수 있도록 배려해주신 태림문화사의 정헌준 사장님과 원고를 짜임새 있게 편집해주신 편집실 여러분들께 감사를 올리는 바이다.

2020년 1월 연구실에서

저자 안영희 씀

차 례

제1편 녹지환경학 총설

제2편 녹화공법의 전개

제1편

녹지환경학 총설

제 1 장

녹지환경학의 전개

21세기를 살아가는 인류는 지구를 하나의 생활공간으로 이해하고, 이 제한된 지구 공간을 보다 나은 생활의 터전으로 만들기 위해, 자연과의 조화를 적극적으로 꾀해야 한다는 자연친화적인 사상이 필수적이다. 그러므로 쾌적하고 행복한 생활은 주변의 자연환경에 대한 이해와 배려에서부터 시작될 것이다. 세계적으로 환경문제는 경제문제와 함께 중요한 사안으로 다루어지고 있다.

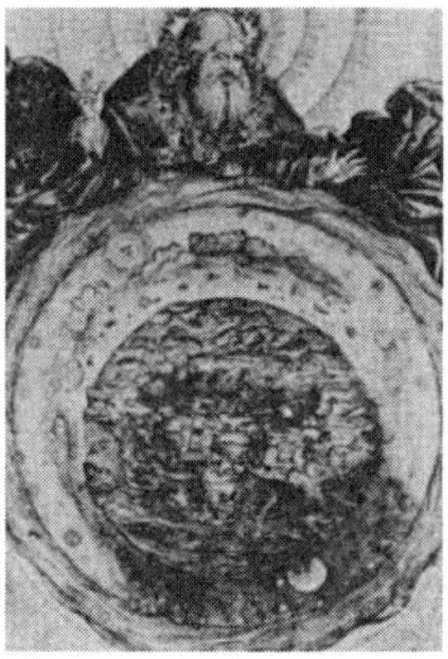

그림 1.1 기독교에서 가장 이상적인 낙원으로 그려지고 있는 에덴동산(말틴루터판. 성경 창세기에서)

인류가 지구에서 역사를 일구는 동안 활발한 문화발달과 더불어 사람들의 활동중심은 개인의 「집」으로부터 「마을」 및 「지역」을 거쳐 「국가」그리고 「지구」와 같이 확대되어졌다. 최근 미국 캘리포니아(California)주의

핀토(Pinto) 호수 및 태평양 한 가운데에서 채집한 물고기 표본에서 이미 사용이 금지된 살충제인 DDT(dichloro diphenyl trichloroethane) 성분이 검출된바 있다. 또한 일반적인 오염물질과는 거리가 만 남극에서 형성된 새로운 빙하에서는 화석연료가 불연소된 그을음이 조사되기도 하였다. 최근의 큰 사건으로서, 1986년 4월 구소련 우크라이나의 체르노빌(Chernobyl) 핵발전소에서 발생한 폭발 사고 지역과는 4,000km 이상 떨어져 있던 영국의 한적한 농가에서 생산된 치즈에서 방사능 세슘(Cesium)이 검출되었다는 것은 바로 환경문제의 범지구화를 입증하는 것이다.

이제 더 이상 지구 내의 국가, 인종들은 각기 별개의 존재가 아니라 하나의 공동체인 것이다. 그러나 인류의 세계화 또는 범지구화는 앞으로 주목해야 할 많은 과제들을 속속 낳고 있다. 폭발적으로 증가하는 인구에 비해 지구에 존재하는 공간과 자원은 극히 제한되어 있으며, 자연환경은 개발이라는 미명아래 무차별한 자연파괴를 일삼고 있다. 따라서 사람들의 마음도 자꾸만 메말라 가고 점차 자연에서 멀어지고 있다.

이와 같은 일련의 환경문제 해결방안에 대한 구체적인 방안으로서 생활주변에 풍부한 녹지공간을 조성하는 것을 우선적으로 떠올릴 수 있다. 우리 인류는 수십만년의 역사를 거쳐 원시인으로부터 문명인으로 진화와 발전을 거듭한 특이한 생물이라고 할 수 있다. 그러나 광합성을 통해 지구에 산소를 공급하고 유기물을 생산할 수 있는 능력을 지닌 녹색식물은 인류가 출현하기 훨씬 오래전부터 존재하였다. 유구한 지구의 역사상에서 이와 같은 녹색식물들이 주역을 이루던 시대도 있었다. 또한 그 시대의 대기 중에 존재하였던 약 20% 정도의 산소 덕분에 인류가 탄생하게 되었다고 할 수 있다. 인류가 지구상에 탄생하고, 또 원시시대의 식물은 이른바 식품을 비롯하여 거주, 각종 생활재료의 대상으로 존재하고 생존 그 자체에 깊숙이 관여하였다. 이 후 농경문화가 시작되었고 인류 생활에도 어느 정도 여유가 생기게 되었다. 따라서 식물은 인간의 기본적인 생활환경을 형성하는 기능적인 역할을 담당하게 되었던 바, 시간이 흐르면서 인류는 식량의 차원을 넘어 조경이라는 이름으로 식물을 관상의 대상으로 가꾸기에 이르렀다.

인류는 진화과정 중에도 자연환경과의 밀접한 관계를 지속적으로 유지하여 왔기 때문에 본능적으로 늘 자연에 대한 향수를 지니고 있다. 사람들이 화분에 아름다운 관상식물을 가꾸거나 자연을 축소한 정원을 조성하여 감상하는 등, 원예와 조경에 관련한 모든 녹지 관련의 행위들이 바로 이와 같은 사실을 상징하는 것이다. 그러므로 오늘날 급속도로 악화일로에 있는 환경문제 및 사회문제를 해결할 수 있는 유일한 길은 녹색식물에 관심을 기울이는 것이다. 역사 이래로 사람들은 녹지가 가뭄과 홍수를 막아주고 생활에 필요한 자원을 제공해준다는 것을 인식하고 있었다. 고대 그리스의 플라톤(Platon; BC 427 – BC347)과 같은 철학자는 이미 숲의 감소가 샘물의 고갈과 토양유실에 미치는 영향에 대해 논한 바 있다. 동양 역사에 있어서도 숲과 수자원을 다스리는 치산치수(治山治水)가 군주의 가장 큰 통치과제라 할 수 있었다. 이와 같은 식물의 환경적 존재가치는 고도로 산업발달이 이루어지고 있는 현대사회에 더욱 인정받고 있다. 경제성장에 따라 보다 편리한 생활과 여가시간이 늘어나게 되었지만 주변의 자연환경은 날로 파괴되어 바야흐로 삶의 질적 향상을 누릴 수 있는 쾌적한 환경이 요구되기에 이르렀다. 오늘날 우리들이 추구하는 삶의 질은 인간생존의 가장 기본적인 욕구인 의(衣), 식(食), 주(住)의 문제에서 어느 정도 벗어나 밝은 햇빛, 맑은 공기, 깨끗한 흙, 투명한 물과 같은 생태적 환경에 대한 질적인 향상을 원하고 있다. 이와 같은 쾌적한 생태적 환경의 질적 향상을 꾀할 수 있는 각종 요소들을 공급해주고 개선할 수 있는 것은 녹색식물의 도입이 유일한 방안이다.

표 1.1 세계 인구 변화 및 앞으로의 추이

(단위 : 천명, %)

구 분	'97	'98	'99	2000	2010	2020
세 계	5,892,480 (100.0)	5,981,200 (100.0)	6,069,820 (100.0)	6,158,051 (100.0)	7,032,294 (100.0)	7,887,856 (100.0)
선진국	1,174,633 (19.9)	1,178,455 (19.7)	1,182,099 (19.5)	1,185,536 (19.3)	1,212,865 (17.2)	1,231,987 (15.6)
개도국	4,717,848 (80.1)	4,802,744 (80.3)	4,887,731 (80.5)	4,972,515 (80.7)	5,819,430 (82.7)	6,655,869 (84.4)
한 국	45,991 (0.78)	46,430 (0.77)	46,858 (0.77)	47,275 (0.77)	50,618 (0.72)	52,358 (0.66)

자료 : 통계청

식물이 인류생활에 필요한 생물자원의 근원이며 우리가 호흡하는 맑은 공기는 물론 푸른 물을 제공할 수 있는 환경보전의 모태라는 것을 오늘날의 우리들은 반드시 인식하여야만 한다. 우리는 인류의 문명도 결국은 자연과 더불어서 함께 하는 지구생태계의 아주 작은 일원에 불과하며 최후에는 다른 생물과 마찬가지로 다시 자신의 환경으로 돌아간다는 사실을 인식하고 자연환경을 배려하는 마음가짐을 지녀야 한다. 그러므로 생활주변에 녹색식물에 의한 푸른 녹지공간을 보다 적극적으로 도입하고 영원히 보전해야 한다.

그림 1.2 육교를 녹화하여 도시의 녹지를 연결(싱가포르)

녹화 또는 녹지조성, 식재라는 의미는 조경이나 원예, 산림자원분야에서 흔히 다루고 있는 주제이다. 그러나 여기에서 밝히고 있는 녹화라는 개념은 이제까지의 단순한 녹지 차원의 범주를 탈피하고자 한다. 보다 구체적인 내용은 앞으로 논하려 하지만 우선 "녹지환경학"에서 다루는 녹화의 개념은 주어진 부지 내에 경관적인 측면을 고려하여 녹화계획을 수립하고 시공하는 조경적인 차원이 아니라 보다 차원 높은 녹지조성이라 할 수 있다. 우선 다음과 같은 세 분야로 구분하여 설명할 수 있다. 첫째는 개발에 의해 본래의 자연환경을 상실한 파괴된 녹지의 복원이다. 개발에 의해 파헤쳐진 산지의 절개사면을 녹화하는 기술이 해당한다.

둘째는 이제까지 녹지가 존재할 수 없었던 장소에서 새로운 개념의 녹지를 창조하는 것이다. 최근에는 일본이나 미국 등에서 건물 전체를 식물 녹화로 치장하거나 폐선로를 이용한 공원 조성 등이 이에 해당한다. 끝으로 생태계 보전을 배려한 녹지조성을 들 수 있다. 조류공원, 양서류 서식지 보전 녹화 등이 사례로 들 수 있다.

그림 1.3 버려진 철길을 도시녹지로 재탄생시킨 뉴욕하이라인

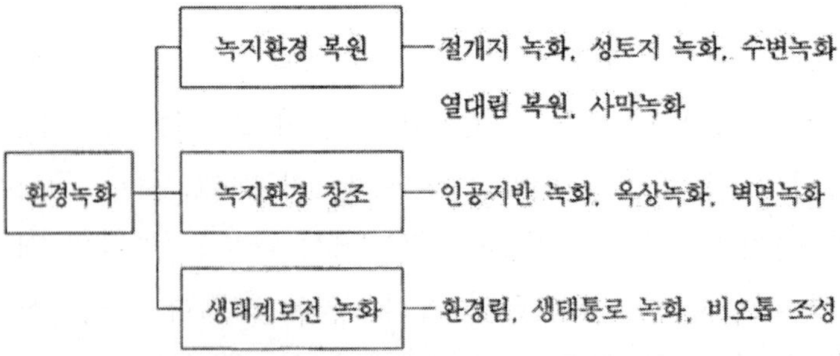

그림 1.4 녹지환경학에서 다루는 녹화의 개념

1. 녹지환경의 필요성

경제성장과 더불어 국민들의 생활수준이 향상되고 정신적인 안정과 여유가 생기게 됨에 따라 보다 질 높은 주변환경을 요구하게 되었다. 특히 국토면적이 좁은 우리나라에서는 인구밀도가 다른 나라에 비해 상대적으로 높으며 1960년대 이후 국가주도의 경제성장계획을 통해 산업개발 속도가 극도로 빠르게 진행되기 때문에 상대적으로 자연환경 파괴도 극심하게 나타났다. 특히 우리나라의 산업화 과정은 고부가 가치성인 중화학 공업 위주로 진행되었기 때문에 기초적인 원자재 및 에너지를 다량으로 소비하며 각종 오염물질 배출이 심한 특성을 지닌다. 또한 국토의 효율적인 이용이라는 미명아래 산지 및 농경지를 공업단지로 전용하였고 무분별하게 해안을 매립하고 간척공사 등이 대규모로 이루어졌다. 이와 같은 우리나라의 공업화 과정은 심각한 자연 생태계 파괴를 가져왔다.

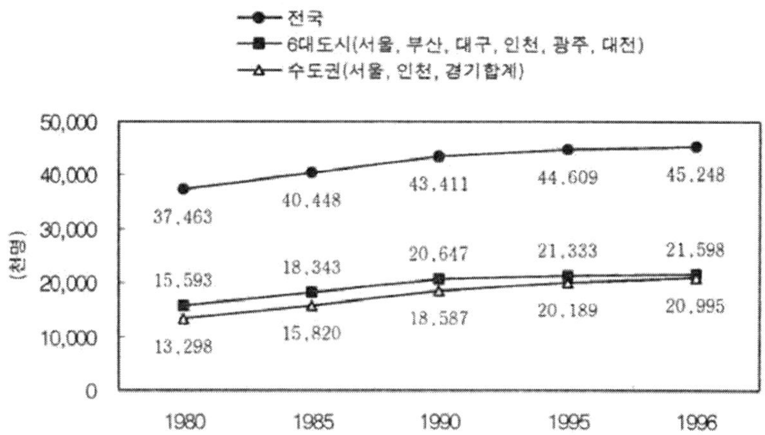

자료 : 환경백서 '98

그림 1.5 우리나라의 주요 대도시 및 수도권에서의 인구집중 추이

적극적인 국토확장 공사를 비롯한 각종 산업개발의 결과, 2003년 99,601㎢이었던 국토면적은 이후 10년간에 걸쳐 100,188㎢로 약 600㎢가 증가하였다. 특히 고속도로를 비롯한 도로 건설에 의해 면적이 1980년부터 2012년에 이르기까지 무려 112.7%가 증가하였고 신도시 개발 등으로 인한 대지 면적도 64.2%가 증가하였다. 그러나 이 기간 동안 임야 1,912㎢, 농경지 2,614㎢가 감소하였다. 이러한 결과는 자연생태계가 파괴되고 도시화가 진행되어 회색빛 콘크리트 숲이 들어서고 검은 아스팔트 포장과 자동차의 소음, 그리고 넘쳐나는 쓰레기에 오염된 공기와 물이 함께 하는 생활환경이 더욱 악화되고 있다는 것을 나타낸다. 그러므로 바야흐로 21세기에 들어서면서 시민들은 환경에 대한 관심과 안목이 높아졌다. 특히 자연생태계에 대한 범국민적 선호도가 높아지면서 인공적인 환경이 아닌 자연스런 환경에 대한 요구가 급격히 증대되었다.

지금까지 도시계획에서는 도시의 토지용도별로 주거, 상업지구 및 공업지구 이외의 모든 지역을 일단 녹지지역으로 지정하는 경우가 많았다. 그러므로 녹지지역은 미래의 도시개발을 위해 일단 개발유보 지역으로 지정하는 형식적인 행위에 불과하였다. 실제로 1980년의 전국 녹지지역 구성비 74.6%에서 1990년에 70.4%로 감소한 결과가 이러한 내용을 반영해주고 있다. 그러나 도시의 콘크리트 더미 속에서 부족해진 자연을 확보하고 생태적으로 건전한 환경을 조성하며 생명을 존중하는 자연친화적인 분위기가 21세기의 우리나라에서도 크게 요구되고 있다. 따라서 앞으로 보다 질 높은 생활환경을 가꾸기 위해서는 무엇보다도 국토의 자연성을 높이고 생활의 쾌적성을 더하여 생태적으로 건전한 국토를 만들어야만 할 것이다.

표 1.2 대한민국 국민 1인당 국민총소득(GNI)의 변화 (단위 : 미화 $)

년도	1970	1980	1990	2000	2005	2010	2017
GNP	255	1,660	6,303	11,292	17,531	22,170	29,745

주) 자료 : 한국은행 통계자료 국민계정

지금까지 훼손된 자연을 최대한으로 복구하고 국토의 자연성을 높여 자연과 인간이 조화롭게 어우러져 살아갈 수 있도록 배려하는 것이 우리들의 삶도 가장 쾌적하고 자연스럽게 영위 될 것이다. 국토의 자연성을 높일 수 있는 방안은 다양하게 모색될 수 있으나 무엇보다도 녹지공간을 풍부하게 확보함으로서 각종 생물들이 상호 공생적으로 보호하며 살아갈 수 있는 자연친화적인 환경 공동체가 이루어지는 것이 가장 이상적이다.

그림 1.6 건물의 벽면을 녹화한 일본 후쿠오카의 아크로스 빌딩

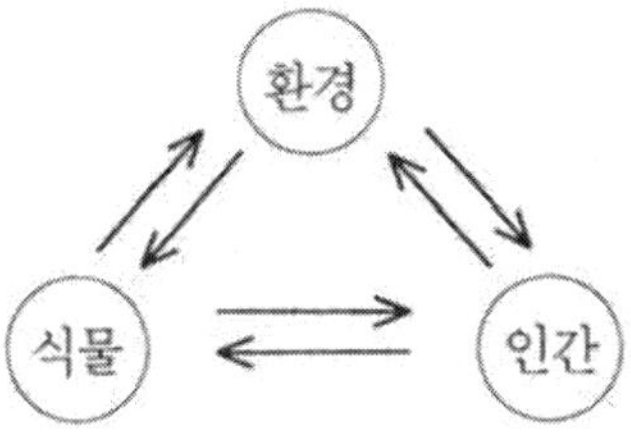

그림 1.7 식물과 인간, 그리고 환경은 상호유기적인 관계에 놓여있으며 서로가 밀접한 영향을 받는다.

위의 그림에서 우선 '환경>인간' 의 관계는 자연환경에 인간이 굴복하여 생활하는 형태로서 주로 원시시대에 해당한다. 이 때 인간은 자연을 두려워하고 훼손을 철저히 금하며 자연법칙에 순응하여 살았었다.

그러나 '환경<인간' 의 관계는 자연을 정복하여 목적에 따라 다양하게 개발하고 이용하는 경우이다. 그러나 그 정도를 지나치면 자연환경을 파괴하고 복원 불가능한 상태에까지 이르게 한다. 이와 같은 경우에 이르게 되면 인간의 삶은 콘크리트더미 위의 황폐한 환경에 파묻히고 말 것이다.

한편 과학문명이 크게 발달하지 않았던 예전에는 노거수와 같은 큰 나무를 두려워하고, 때에 따라서는 신앙(Totemism)으로까지 숭배되던 '식물〉 인간' 의 관계도 있었지만, 최근에는 식물을 전혀 두려워하거나 배려하지 않고 무시하며 파괴하는 경우가 더 흔하다.

그러므로 '환경≒식물≒인간' 의 관계, 이른바 환경과 식물과 인간은 별개로 떨어져 있는 것이 아니라 자연을 구성하는 한 부분이며 서로 간에 원만한 조화가 필요하다는 것을 빨리 깨달아야겠다. 이와 같은 관계가 정상적으로 이루어질 때 바야흐로 행복한 미래가 약속될 것이다. 때늦은 감이 있지만 녹색식물에 대한 중요성을 깨닫는 것이 오늘날 현대문명이 낳고 있는 많은 환경에 관련한 문제점들을 해결할 수 있는 유일한 열쇠라고 생각한다. 그러나 현대사회는 급격한 경제발전에 따라 산이나 농업용지를 비롯한 광범위한 자연녹지가 점차로 감소하고 도시화로 인한 대규모 건설 및 토목사업에 의해 심각한 오염이 발생하고 개인이 영위할 수 있는 녹지공간은 줄어들고 있다.

우리들 주변에 널려있는 다양한 형태의 녹지공간이 축소된다는 것은 생태적인 사슬을 함께 하고 있는 각종 생물들에게도 위기를 더해주며 이것은 곧 생활환경의 생태적인 건전성을 잃어버린다는 것이다. 생활환경이 생태적인 건전성을 잃어버리게 되면 생물의 생활환경도 점차로 회색화되고 윤택을 잃게 되며 개체수의 감소 및 멸종으로 인해 종의 다양성을 잃어버리게 된다. 그러나 환경파괴 및 도시화 현상이 심화되는 과정에서 인간은 자연과 별개의 존재가 아니라 인간도 자연의 한 부분에 속하는 것이 가장 이상적인 삶이 될 수 있다는 교훈을 일깨워 주는 중요한 계기가 되었다.

2. 녹지의 정의

지구상의 인류가 야생상태의 식물을 농업이라는 행위를 통해 인위적으로 재배할 수 있게 된 것은 인류역사에 있어 새로운 차원의 경제활동을 이룩한 것이다. 따라서 농업을 위해 새로운 농경지를 조성하게 되고 마을을 형성하기 위해 자연환경을 활발히 변모시켜온 인류는 어느 순간 그들이 과거에 몸담고 있던 자연환경을 동경하게 되었다. 푸른 식물들이 무성하고 곤충이나 새를 비롯한 각종 동물들이 자유롭게 뛰어 다니는 공간, 그 곳이 바로 녹지공간일 것이다.

녹지(綠地)라 함은 인위적인 수단에 의하거나 또는 자연적으로 각종 식물에 의해 녹화된 공간을 일컫는다. 따라서 녹지는 정원과 같이 소규모로 조성된 개인적인 녹지공간을 비롯하여 가로수, 공원, 광장, 운동장, 묘지 등과 같은 공공녹지 공간 및 농경지와 같은 생산녹지, 산림 또는 숲과 같은 자연 상태로 존재하는 일반적으로 대규모의 자연녹지 공간 등으로 다양하게 존재한다.

녹지는 어느 경우에 있어서나 다양한 종류의 식물들에 의해 녹화된다. 즉 형태적인 특성은 물론 나름대로 독특한 생리, 생태적인 특성을 지니는 교목류들에 의해 상부 식생층이 이루어지고 하부 식생층으로 관목류 및 초본류들로 구성되는 것이 일반적이다. 그러나 공원광장, 운동장 또는 목초지에서와 같은 개활지에서는 키가 낮은 지피식물을 비롯하여 잔디류 또는 목초류 등에 의해 조성되는 평면적인 공간도 존재한다. 그러므로 식물은 지구 어느 곳에서나 다양하게 존재하는 자연환경의 일부이며 인간이 생존하는데 반드시 필요한 생활유지체계라는 것을 거듭 강조한다.

3. 녹지의 종류와 특성

녹지는 식물로 덮혀진 공간이면서 경관을 구성하는 생물적 공간 부분이다. 좁은 의미로 보는 녹지환경학에서는 이와 같은 녹지를 주대상으로 한다. 녹지를 국토의 계획 대상 공간으로 분류하면 산림이나 국립공원 등의 자연 공원과 같은 자연녹지, 농촌계획에 있어서의 농촌녹지, 도시계획에 있어서의 도시녹지 등으로 크게 나뉘어진다. 또한 녹지를 생태계로서의 자연의 질에 의해 분류하면 다음과 같이 자연녹지, 반자연 녹지, 인공녹지 등으로 나뉜다.

(1) 자연녹지

국립공원이나 국정공원 등의 자연공원 및 인간의 간섭이 미치지 않는 원시림으로 이루어진 산림과 같은 자연환경 보전지역 등의 환경 보전지역에는 자연도가 높은 생태계가 보전되어 있다. 이와 같은 자연녹지는 인공적인 영향을 가능한 적게 받기 위한 적절한 보호조치를 취함으로서 지속적으로 건전한 상태를 유지할 수 있다. 또한 인위적인 영향에 의해 변형될 수 있는 부분에는 적절한 자연복원 방법을 실시하는 것도 중요하다. 특히 이와 같은 자연녹지는 생육지의 특성을 나타내는 다양한 자연자원을 지니고 있는 자연의 핵으로서 자연환경 회복에 매우 중요한 정보를 제공한다. 그러므로 대부분의 자연녹지는 녹지자연도 계급 9에 해당하는 지역으로 우선적으로 보호되어야 한다. 그러나 우리나라에서 자연녹지가 차지하는 피복면적은 매우 제한적이며 그 육성방안을 모색해야만 한다.

표 1.3 우리나라 온대림 지역에 있어서 조림지와 자연림에 대한 일반적 특성의 비교

	조림지	자연림
오늘날까지의 임업 경제적 측면	유리	불리
생물다양성	단순함	풍부함
자연자원	단순하고 빈약함	다양하고 풍부함
관광자원	대부분이 빈약함	풍부함
자연재해 및 인공재해에 대한 저항력	매우 약함	매우 강함
재해 후의 회복능력	약함	강함
잠재적 가치	빈약함	풍부함

(2) 반자연 녹지

2차림, 완충림 등으로 유지되고 있는 삼림지역이나 조림지를 비롯하여 방치된 목초지, 또는 논이나 밭 등의 대상식생지(代償植生地)는 육림 및 초지 관리, 경작 등과 같은 인위적인 요인에 의해 유지되고 있다. 이와 같은 반자연 녹지는 그것을 유지하는 사람들의 기술적인 발전에 동반하여 내용이 바뀔 수도 있다. 그러나 생태계의 질서를 파괴하지 않는 범위 내에서 지속적으로 변형되고 존재되어야 한다. 그러므로 반자연녹지는 그것을 유지하고 있는 기술과의 관계를 기초로 다루어질 필요가 있다. 어떤 상태에 있어서 반자연 녹지를 유지시키기 위해서는 거기에 대응한 보전적 방법이 필요하고 그렇게 하기 위해 생태적인 식생관리의 기술적 지원이 반드시 요구된다.

1) 2차림

2차림 혹은 2차식생(secondary vegetation)은 자연적 혹은 인위적 간섭에 의해 파괴된 자연식생이 2차적으로 회복되어 가는 천이과정(serial phase)에 있는 식생을 일컫는다. 오늘날 우리 한반도의 삼림군락에서 흔히 볼 수 있는 식물군락이기도 하다. 2차식생은 많은 종의 선구식물(pioneer plants), 호광성 식물(heliophyte)들로 주로 구성되어 있다. 잘 발달된 2차림은 수관부층에 참나무속, 관목층에 진달래속, 임상층에 그늘사초 등이 대표적으로 생육한다.

2) 대상식생

대상식생(substitute vegetation)은 조림지, 마을숲 등과 같이 인간에 의해 조성된 녹지로 경관의 주요 요소이다. 이와 같은 대상식생으로 이루어져 있는 녹지지역은 택지개발, 산업용지 개발 등의 명목으로 광대한 면적에서 토지의 용도변경이 일어나고 있다. 우리나라에서 조림지의 대부분은 일본잎갈나무, 전나무, 잣나무, 리기다소나무, 현사시나무 등으로 이루어져 있으며, 오래된 마을숲은 리기다소나무, 소나무, 상수리나무 등으로 이루어져 있다. 대부분의 대상식생에서의 녹지자연도 등급은 3 - 6에 해당하는 경우가 많다.

(3) 인공녹지

도시 내의 가로수를 비롯하여 동, 식물원, 개인의 정원, 공원, 농경지 등의 녹지는 인공적으로 식재된 것이 대부분이며 그 대부분은 인위적으로 유지, 관리되고 있다. 인공적인 녹지는 식재(planting)에 의해 이루어진다. 농업이나 임업에서의 식재는 식물로부터 수확물을 얻기 위해 이루어지나, 녹지환경학에서는 인간에 대한 식물의 존재효과를 위해 식재를 한다. 식물의 대표적인 존재효과는 기상환경 조절, 대기정화, 수자원 보호, 재해방지, 경관조성, 관상효과, 레크리에이션 등을 들 수 있다. 우리가 알고 있는 조경 식재 방법도 이와 같은 식물의 존재가치를 얻기 위한 인위적인 식재행위이다.

그림 1.8 도시녹지는 쾌적한 휴식처를 제공한다.

이와 같이 인공적인 영향을 기초로 성립된 생태계는 자연 생태계에 비교하여 상당히 왜곡되어 있을 수 있다. 그 중의 하나인 도시생태계는 도시지역에 있어서의 왜곡상태를 나타내는 예라 할 수 있다. 그러나 이와 같은 인공녹지도 생태계를 보다 건전하고 보다 자연에 가깝게 변화시키고자 하는 능력이 있으므로 사람들은 그것을 이해하고 녹화 및 수경, 관리를 지속적으로 행하여야 한다.

녹지는 이와 같은 면(面)상태인 경우뿐만 아니라 선(線)상태, 점(点)상태 등으로 여러 형태가 존재한다. 하천이나 녹도(綠道), 가로수 등은 선상태의 녹지로서 존재하며 생태계에 있어 회랑(corridor)으로서의 역할을 지닌다. 또한 이와 같은 녹지대는 띠상(帶狀)의 생태계를 이루고 있으며 주변에 존재하는 다양한 생태계들을 연결하는 연락통로의 역할을 다하고 있다. 이와 같은 회랑형 녹지대에 의한 생태계의 네트워크(network) 형성은 앞으로 녹지계획에 있어 중요한 시점이 될 것이다.

도시 내에서 공원 등과 같이 각지에 남아있는 자연림은 주변의 토지 이용에서 점상(点狀)으로 파편화 혹은 고립되어 존재하는 녹지이다. 이와 같은 점상의 녹지는 다음 장에서 논하는 섬에서의 생물지리학(島嶼生物地理學說)에 있어서 섬 생태계의 역할을 하고 있다. 점상의 녹지는 지역 생태계를 보전하기 위해 핵(core)이 될 것이며 녹지의 배치계획에 있어서 중요한 위치를 차지하고 있다.

제 2 장
녹지환경과 생태계 관리

근자에 들어서면서 생활환경 문제를 토론하는 경우 생태학 관점에서 해석하려고 한다. 특히 녹지환경 분야에서 기본이 되는 식물이 속한 자연생태계를 정확히 이해할 필요가 있다. 녹지환경학에 관련해 학자에 따라서는 생태환경 보전의 한 분야로서의 자연보호가 녹지환경의 궁극적인 과제라고 논하기도 한다. 그러나 녹지환경에는 여러 분야에 걸쳐 인류의 욕구에 입각한 생활공간에서의 문제를 환경과의 조화를 통해 해결할 수 있는 목적행위라고 할 수 있다.

현실적으로 역사는 인류가 과거 수만년 이상 그 목적을 위한 자연환경을 파괴하여 문명의 건설, 인공환경을 조성하여 온 것을 밝혀준다.

인류생활을 보다 풍요롭게 하기 위하여 자연환경을 기능적으로 개발하고자 하는 발상을 하였다. 예를 들어 비를 피하고 추위와 더위로부터 몸을 지키기 위하여 나무를 베어 집을 짓고 농작물의 수확량을 높이기 위하여 기름진 토양을 선택해 새로운 품종을 선발하기도 하는 등 자연을 인위적으로 개조하는 방법을 오래전부터 시행해왔다. 이와 같은 행위는 역사의 진행에 따라 인류의 생활수준을 향상시켰다.

기원전후기 시대에는 농지 1ha 당 5인에서 최대 10인 정도의 인구에게 탄수화물을 공급할 수 있을 정도에 지나지 않았으며 지구상의 농지면적은 총 10만 ㎢ 정도로 추산된다. 그러나 근세에 이르러 1ha 당 10인 이상에게 공급할 수 있는 수준에 이르렀으며 농지면적도 30만 ㎢에 달했고 20세기 초엽에는 무려 100만 ㎢ 이상으로 나타났다. 기원전후기에 비해 무려 10배에 달하게 되었다. 현대에 이르러서 토지생산성은 근세에 비해 무려 두배 이상으로 높아졌을 뿐만 아니라 토지면적도 200만 ㎢에 이르게 된다. 이와 같은 결과는 인류의 생활수준이 풍족하게 되었다는 것을 나타내나 그만큼 인류가 자연환경을 파괴하여 개발한 결과라는 것을 암시한다.

그림 1.9 이상적인 숲의 층위구성

우리나라는 예로부터 금수강산(錦繡江山)이라 불리울 정도로 자연환경이 아름답고 녹지가 풍부한 나라라 할 수 있다. 국토의 약 65% 정도가 산지로서 풍부한 자연녹지가 자리 잡고 혜택을 받은 기후조건과 지형특성에 의해 식물은 물론 다양한 생물 종들이 자생하며 살아온 국토이다. 그 가운데 자연의 일부로 살아온 우리들도 의식주(衣食住)를 녹지에 의지하여 삶을 함께하였다. 그러나 근대에 들어서면서 일제에 의한 침략과 그들의 무분별한 자원수탈을 시작으로, 한국전쟁을 거쳐 현대의 급격한 경제개발은 국토에서 녹지를 황폐화시키고 사람들로 하여금 녹지에 대한 관심을 멀어지게 만들었다. 결국 녹지 대신에 콘크리트와 아스팔트로 덮여 있는 이 땅에서는 생태계를 함께 구성하는 생물 종들이 줄어들고 열섬 현상(heat island)은 물론 공기가 정체하여 분진과 먼지가 항시 우리 머리 위에 머물며 건강을 위협하며 심성이 메말라가고 있다. 그러므로 생태계를 고려한 녹지환경 조성, 이것이 본 저서에서 펼치고자 하는 주제이다.

녹지환경에서 학술적 배경으로 중요한 비중을 차지하는 생태학(ecology)이 학문적으로 자리잡게 된 것은 19세기 후반에 이르러서다. 1869년 E. M. Haeckel은 처음으로 생태학(ecology)이란 용어를 사용하였다. 원래 이 용어의 뜻은 "주거에 관한 학문(oikos ; house, logos ; science)"이었다. 그러나 시간이 흐름에 따라 " 생물의 생활과 환경조건과의 관계를 연구하는 과학 "으로 자리잡게 된 것이다. 또한 영국의 Webster 대사전에서는 생태학을 " 생물과 환경과의 관계 전부 내지는 그 상(pattern)을 연구하는 학문 "이라고 밝히고 있다. 저명한 생태학자인 E. P. Odum은 " 자연의 구조와 기능을 연구하는 학문 " 등으로 나타내었으며 특히 그는 생태학을 가장 짧게 표현하면 환경생물학(enviromental biology)이라고 하였다. 그러므로 생태학에서 축하는 학문적 목표는 녹지환경학에서 이룩하고자하는 쾌적한 생활환경 조성을 위한 노력과 그 의미를 공유한다 할 수 있다.

1. 녹지생태학을 응용한 녹지환경

녹지환경학 분야에서 특히 녹지에서의 생태학적인 영역을 강조하여 다루는 녹지생태학(綠地生態學)에 주목할 필요가 있다. 생태계를 고려한 실천적인 학문인 녹지환경학의 이념을 수행하기 위해서, 응용생태학의 한 분야인 녹지생태학은 가장 중요한 이론이며 실천적인 방법론이라 할 수 있다. 이 녹지생태학이라는 단어는 새로운 개념의 용어로서 2가지 의미를 지닌다. 좁은 의미에서 녹지생태학을 해석하면 단순히 녹지(Open space)공간을 대상으로 하는 생태학이라 풀이할 수 있으나 넓은 의미로 살펴보면 경관(Landscape, landschaft)을 대상으로 하는 생태학이라 할 수 있다. 또한 경관이란 개념을 자연적 요인과 사회적 조건을 종합한 복합적 지역생태계라고 정의한다면, 녹지생태학은 경관의 관리, 보전, 회복 및 복원, 건설을 목적으로 한 경관생태학(Landscape ecology, landschaftsökologie)의 범주에 속한다고 볼 수 있다.

한편 좁은 의미로 본 녹지생태학은 녹지를 생태학적 측면으로 취급하는 전문분야로서 자연공원지역, 농업 및 임업지역, 도시녹지 등의 개별적인 녹지생태계를 그 대상으로 한다. 또한 넓은 의미의 녹지생태학은 지역의 생태적 토지질서의 보전과 창출을 목적으로 하며 복합적인 지역생태계(또는 지역생태계 복합)를 대상으로 한다.

녹지생태학 성립의 역사적 경위를 간략히 살펴보면, 초기에는 농경지, 임야, 호소(湖沼), 하천등과 같은 개별생태계를 대상으로 한 연구가 주로 이루어졌었다. 그 연구목적은 주로 농업이나 임업 등의 농산물 생산량을 안정적으로 향상시키기 위한 것이었다. 이것은 좁은 의미의 녹지 생태계이며 생산 과학적 녹지생태학이라 할 수 있다. 그런데 1970년대에 들어오면서 환경보전 문제가 클로즈-업 되면서 앞에서 밝힌 연구대상 공간 이외에도 자연지역이나 도시녹지를 그 대상에 첨가하여 환경보전적 측면을 강하게 의식한 연구가 이루어지게 되었다. 이와 같은 연구분야도 좁은 의미의 녹지생태학이라고 할 수 있으며 환경보전적 녹지생태학이라 할 수 있다. 도시생태계에 대한 과학적인 연구결과 및 생태계 보전을 목적으로 한 최근의 녹화공법 기술의 발전 등은 이 시기의 획기적인 연구성과라 할 수 있다.

최근 환경문제의 심각성은 사람이 생활하는 생물적 공간을 자연과학적 방법으로 연구하지 않으면 해결할 수 없을 정도로 심각하게 악화되었다. 또한 환경문제가 점차 광역화되면서 국제적은 물론 나아가 범지구 규모로까지 확대되어 산성비, 사막화, 열대우림지의 감소현상과 같은 환경악화 현상이 나타나게 되었다. 이와 같은 제반 환경문제에 대해서는 단순히 형이상학적인 사회과학적 이론만으로는 해결이 어렵게 되었다. 오늘날에는 인간의 거주공간을 물리적, 생물적, 사회적, 역사적으로 총괄적이며 전체적인 지역 시스템으로 보고 그 복합적 지역생태계를 대상으로 한 새로운 연구 분야가 요청되기에 이르렀다. 이것은 시스템의 영속적 안정성을 목적으로 한 인간 과학적 학문이면서 넓은 의미의 녹지생태학이라고 볼 수도 있다. 이러한 주제에 대한 관심은 1980년대 이후에 급속하게 고조되어 오늘날에는 세계적인 경향으로 나타나고 있다.

(1) 녹지생태학의 학문적 배경

1) 녹지생태학과 생태학

녹지생태학은 생태학을 기초학문으로 하고 있다. 녹지환경에 대해 녹지생태학이 경관과 녹지 보전과 정비에 응용하는 방향은 다음의 3가지로 생각할 수 있다.

① 생태학적 사고의 응용

생태학은 생물과 환경과의 관계에 대해 고유한 사고방법을 지니고 있다. 예를 들어 생물은 토양 및 물 등의 비생물적 요소와 일체가 된 생태계(ecosystem)를 형성하며 그 안을 물질과 에너지가 순환하고 있다. 이 생태계 안에는 각각의 생물이 탄생하고 사멸하는 과정을 거듭하고 있지만 전체적인 시스템으로서의 생태계는 항시 동적 평형 상태를 유지하고 있다. 이와 같은 시스템은 도시계획 및 지역계획의 개념적 모델이 되고 생태계에서와 같이 안정된 동적 평형 상태를 창출하는 것이 지역의 이상으로 생각할 수 있다.

② 생태학적 환경 지표의 응용

환경을 계측하는 방법에는 경음이나 대기 오염의 측정에서 행해지고 있는 물리, 화학적 측정 방법 이외에 생물을 이용하여 측정하는 방법이 있다. 생물은 환경과의 사이에 밀접한 관계를 지니고 있기 때문에 생물에 있어 환경을 지표하는 방법이 가능하다. 생물에 의한 환경 지표는 물리, 화학적 측정이 각 환경 요소에 대해 즉시 디지털(digital) 정보를 표시하는데 비해 제반 요소를 종합화한 환경의 총체를 지속적으로 누적하여 생물이라고 하는 아나로그

(analog) 정보로 표시하는 것이 특징이다.

생물에 의한 환경 지표는 이전에는 식생에 의해 기후를 표시하는 쾨펜(W. K□ppen)의 기후 구분과 같은 마크로(macro) 한 레벨의 결과가 주이다. 그러나 최근에는 식생을 지도위에 표시한 식생도를 기초로 그 토지의 토양 비옥도 및 지하수위 등을 지표화하여 토지 이용 계획을 위한 토지 평가에 응용하는 방법을 비롯하여 환경 변화에 민감하게 반응하는 생물을 이용하여 지역의 환경을 지표한 모니터링 방법 나아가 이들을 조합하여 환경 관리 계획에 응용하는 등 다양한 전개 방법이 나타나고 있다.

③ 생태학적 조사의 응용

생태학은 동식물의 생태 및 분포를 밝히는 연구 분야이며 생태학적 조사는 각 종 계획의 기초 조사로서 자리잡고 있다. 생태학적 조사는 개발에 있어서 보전과 개발의 조정, 도시의 녹지보전, 자연공원 계획 등의 기초 조사로서 중요하며 최근에는 환경 어세스먼트(assessment)에 있어 생물 및 환경의 조사에도 필수적인 것이 되고 있다.

2) 녹지생태학의 과제와 연구방법

녹지생태학은 녹지환경에 관한 실천적인 과학이라 할 수 있으며 이것이 실효성을 지니기 위해서는 녹지에 관하여 a. 조사, 분석 b. 진단, 평가 c. 계획, 설계, 시공, 관리 등의 다양한 분야에 있어서 유효화하는 것이 요구되고 있다.

표 1.4 숲 이용에 적합한 숲의 관리항목의 예(일본조원학회, 1987을 일부수정)

정비목표 \ 관리항목			① 간 벌	② 벌 목	③ 가지치기, 덩굴제거	④ 예 취	⑤ 보 식	⑥ 시 비	⑦ 병충해 방지
수림의 형태	수고	10m이상의 교목림으로 육성						○	
	밀도	교목을 남기고 3~5본/100m^2 정도의 밀도로 조성	◎						
		교목이 훼손된 경우에는 보식					◎		
		임상(林床)에 충분한 일조량을 확보하기 위해 적당하게 가지치기를 함			○				
	계층 구조	숲의 이용이나 숲속을 산책할 수 있게하기 위해 단층이나 복층구조로 하는 것이 바람직하다.		○		◎			
수림의 상태	식생	숲속을 밝게 해주기위해 낙엽활엽수를 식재하는 것이 바람직하다.		○		◎			
		임상에 초화(草花)류의 도입이 가능할 것					◎		
기 타		경관을 배려한 관리		○	○				
		병충해 방지 실시							◎

◎ : 필요 ○ : 필요한 경우도 있음

녹지생태학의 조사 및 분석분야에 있어 연구과제는 경관과 녹지를 정확히 다루는데 있다. 그러기 위해서는 경관과 녹지의 분류, 분포, 성립요인, 동태 해석 등에 대한 연구가 필요하다.

경관 및 녹지에 관한 계획을 책정하는 경우에 그것을 평가하는 시점과 방법은 매우 중요하다. 평가는 자연성, 다양성, 심미성 등에 기준을 두고 행하는 것이 보통이다. 자연성에 관해서는 녹지자연도(綠地自然度)의 분류를 비롯하여 지형을 개발한 정도에 기초를 두고 평가할 수 있다. 다양성 및 심미성의 평가에 대해서는 다양한 시도가 있었는데 이것은 앞으로 녹지생태학 분야에서 연구과제로 남아있다.

경관과 녹지의 구체적인 계획과 설계에 대해서도 많은 연구결과가 보고되어 있다. 이 분야의 발전을 위해 앞으로 더욱 활발한 연구 및 결과를 축적해야겠다. 특히 관련분야인 토목, 건축 등의 공학계 기술과의 조화도 당면한 큰 과제라 할 수 있다.

3) 녹지를 기초로 한 환경생태 평가 기준

① 녹지자연도(D.G.N. : Degree of Green Naturality)의 개념

건전한 녹지대의 관리와 평가를 위한 방편으로 녹지자연도를 흔히 이용하고 있다. 녹지자연도는 현존하는 식생에 대해 식물사회학적 연구결과로부터 얻어진 식물군집을 인간의 간섭 정도에 따라 자연성의 정도로 등급화한 것이다. 즉 일정한 토지에서의 자연성을 나타내는 지표라 할 수 있다. 녹지자연도의 작성 목적은 국토 자연환경의 무분별한 파괴와 훼손을 방지하고 체계적인 보전관리를 위해, 전국을 1㎢ 단위의 격자(mesh)로 나누어 총 988,844개의 격자에 대한 인위적 개변조사와 잔존식물자원의 양을 식물군락의 종조성을 기준으로 0-10등급으로 구분하여 작성하였다. 우리나라에서 국가 차원에서 녹지환경에 대한 관심을 기울이게 된 것은 1987년 제 1차 자연생태계 전국조사를 시작하면서부터이다.

원래 자연식생은 그 지역의 독특한 지리, 지형, 기후, 토양 등의 제반 환경조건에 의해 다양한 식물사회(식생)로 구성된다. 그러므로 특징적인 지역에 따라 나름대로의 사정기준이 반드시 세워져 있어야 한다. 즉 대상지역에 대한 다양한 식물사회학적 정보가 많을수록 정확한 사정기준에 의해 녹지자연도를 작성할 수 있다.

식물군락의 자연성 정도는 등급으로 판정하게 되는데 우리나라에서는 현재 10등급으로 구분하고 있다. 등급의 숫자는 높을수록 인간의 간섭을 덜 받은 자연상태를 의미한다. 일반적으로 1-3 등급지는 이미 기존의 개발지에 해당하고, 4-7 등급지는 완충지역으로서 관리 여부에 따라 자연성이 높아질 수 있으며, 8-10 등급지는 보전 가치가 높은 지역으로 해석하고 있다. 그러므로 녹지자연도가 8등급 이상으로 자연림에 가까운 지역은 인위적인 개발사업이 억제되고 있다. 또한 7, 8, 9등급은 수령에 의해 식생의 자연성을 나타내고 있으나, 0, 1, 2, 3, 4, 5, 6, 10등급은 일종의 식생 유형으로서 식생의 자연성 정도를 의미하지 않는다.

표 1.5 녹지자연도 등급의 사정기준(환경부, 1996)

<table>
<tr><th>권</th><th>지역</th><th>성층</th><th>등급</th><th>명 칭</th><th>등급별 내용 및 이해의 개요</th></tr>
<tr><td rowspan="12">육지권</td><td rowspan="3">개발지역</td><td rowspan="4">단층</td><td>1</td><td>시가지
조성지</td><td>녹지식물이 거의 존재하지 않는 지구
(해안, 암석산지 및 해안사지 등)</td></tr>
<tr><td>2</td><td>농경지</td><td>논 또는 밭 등의 경작지</td></tr>
<tr><td>3</td><td>과수원</td><td>경작지나 과수원, 묘포지 등과 같이 비교적 녹지식생의 분량이 우세한 곳</td></tr>
<tr><td rowspan="7">반자연지역</td><td>4</td><td>이차초원
(A)</td><td>잔디군락이나 인공초원(목장) 등과 같이 비교적 식생의 키가 낮은 이차림으로 형성된 초원지</td></tr>
<tr><td rowspan="6">단층
또는
복합층</td><td>5</td><td>이차초원
(B)</td><td>갈대, 조릿대군락 등과 같이 비교적 식생의 키가 높은 이차초원지</td></tr>
<tr><td>6</td><td>조림지</td><td>각종 활엽수 또는 침엽수의 식림지
은수원사시나무, 일본잎갈나무, 잣나무 등</td></tr>
<tr><td>7</td><td>이차림
(A)</td><td>일반적으로 이차림이라 불리우는 대상식생지구 서어나무, 상수리나무, 졸참나무군락 등 : 소위 유령림, 약 20년생까지</td></tr>
<tr><td rowspan="3">8</td><td>이차림
(B)
8-1</td><td>교목층 대부분의 수령이 약 20-30년 사이에 해당하며 자연림에 가까운 이차림. 교목층의 수령이 약 30-40년 이지만 심한 교란에 의하여 계층구조와 종조성이 불완전한 이차림. 장령의 소나무림중에서 활엽수림으로 천이가 진행될 것으로 예상되는 곳</td></tr>
<tr><td>8-2</td><td>교목층 대부분의 수령이 약 30-40년에 해당하고 임상이 양호한 이차림. 교목층의 수령이 약 40-50년이지만 숲의 계층구조와 임상의 종조성이 교란된 이차림</td></tr>
<tr><td>8-3</td><td>교목층 대부분의 수령이 약 40-50년에 해당하고 수십년 동안 큰 교란이 거의 없었던 안정된 이차림</td></tr>
<tr><td rowspan="2">자연지구</td><td>다층</td><td>9</td><td>자연림</td><td>다층의 식생사회를 형성하는 천이의 마지막에 이르는 극상림지구 가문비나무, 전나무, 분비나무군락 등의 임상 : 고령림, 약 50년생 이상</td></tr>
<tr><td>고산단층</td><td>10</td><td>고산자연초원</td><td>자연식생으로서 고산성 단층의 식생사회를 형성하는 지역</td></tr>
<tr><td>수권</td><td>수역</td><td>무층</td><td>0</td><td>수 역</td><td>저수지, 하천유역(하중사구 포함)</td></tr>
</table>

우리나라에서는 환경부가 지난 1988년부터 1990년 사이에 전국적인 제1차 조사와 2차 조사1997-2003년)를 거쳐 작성하였다. 그 가운데 2등급인 농경지의 비율이 가장 높게 나타나 있다.

② 우리나라 녹지자연도에 대한 고찰

우리나라 환경부에서 제작한 전국 1;250,000의 녹지자연도는 몇 가지 문제점이 지적되고 있다. 우선 적용되고 있는 각 사정 등급이 일본 환경청(1979)에서 제시한 식생자연도표와 아주 유사한 점이 많다. 또한 일본의 경우에는 이미 전국적인 현존식생도가 완성된 단계에서 이 현존식생도를 기초로 별도의 현지조사 없이도 녹지자연도를 제작하는데 무리가 없었다. 일본은 이와 같은 방대한 식생조사 자료를 근거로 전국의 식생이 이미 유형화되어 있어 대상에 따른 식생의 자연성을 합리적으로 판단할 수가 있다. 그러나 우리나라는 현존식생에 대한 직접 조사에 의해 제작되었고, 이를 환경영향평가에 이용하면서 기준과 자료에 대한 신뢰성이 지속적으로 제기되었다.

표 1.6 일본에서의 식생 자연도 분류(일본 환경청, 1973)

식생 자연도	개 요	주요 식물군락
1	시가지, 조성지	식생이 거의 남아 있지 않은 지역
2	농경지(논·밭)	논·밭 등의 농경지, 녹지면적이 넓은 주택지 (녹피율 60%)
3	농경지(과수원)	과수원, 뽕나무밭, 채마밭, 묘포장 등의 농장
4	2차초원(초장이 낮은 초원)	잔디군락 등의 초장(草丈)이 낮은 초원
5	2차초원(초장이 낮은 초원)	조릿대, 억새군락 등의 초장이 높은 초원
6	조림지	상록성침엽수, 낙엽성침엽수, 상록성활엽수 등의 식재림
7	2차림	밤나무·물참나무군락, 상수리나무·졸참나무 등 일반적으로 2차림으로 부르고 있는 대상식생지구(代償植生地區)
8	2차림(자연림에 가까운 숲)	너도밤나무·물참나무 재생림, 구실잣밤나무·붉가시나무, 맹그로브림 등 대상식생이지만 특히 자연식생에 가까운 지역
9	자연림(극상림(極相林)또는 이에 가까운 군락구성을 나타내는 천연림)	가문비나무·분비나무 군집, 너도밤나무군집 등 자연식생으로 숲의 계층이 복합적인 식물사회를 형성하는 지역
10	자연초원(자연초원·습윤지)	고산(高山)관목, 풍치초원, 자연초원 등 자연식생 가운데 단층(單層) 식물사회를 형성하는 지역

그러므로 우리나라 식생현실에 적합한 사정등급의 수립이 필요하다. 또한 녹지자연도 기준은 조사자의 주관적인 판단에 의해 결정될 수 있다. 녹지자연도에서 이용되는 등급은 10단계(1-10)로 마치 숫자와 같이 보이나 그 개념은 전혀 다르다. 단지 큰 번호로 표시되는 식물사회는 작은 번호의 그것보다 인간의 영향이 약하게 미친 보다 자연성이 높은 식생이라는 특성을 규정하는 정성적 기준에 불과하다. 그러므로 우리나라의 자연식생에 대한 엄격한 규정과 정확한 진단, 나아가 보다 과학적인 식생정보해석에 대한 자료를 바탕으로 한 식생자연도가 요구된다.

표 1.7 일본 환경영향평가법에서의 평가대상항목

<table>
<tr><th colspan="3">환경요소의 구분</th></tr>
<tr><td rowspan="13">환경의 자연적 구성요소의 양호한 상태의 보유</td><td rowspan="5">대기환경</td><td>대기질</td></tr>
<tr><td>소음</td></tr>
<tr><td>진동</td></tr>
<tr><td>악취</td></tr>
<tr><td>그 외</td></tr>
<tr><td rowspan="4">물환경</td><td>수질</td></tr>
<tr><td>하천바닥질</td></tr>
<tr><td>지하수</td></tr>
<tr><td>그 외</td></tr>
<tr><td rowspan="4">토양환경·그 밖의 환경</td><td>지형·지질</td></tr>
<tr><td>지반</td></tr>
<tr><td>토양</td></tr>
<tr><td>그 외</td></tr>
<tr><td rowspan="3">물의 다양성의 확보 및 자연 환경의 체계적 보전</td><td colspan="2">식물</td></tr>
<tr><td colspan="2">동물</td></tr>
<tr><td colspan="2">생태계</td></tr>
<tr><td rowspan="2">사람과 자연과의 풍부한 접촉</td><td colspan="2">경관</td></tr>
<tr><td colspan="2">접촉 활동의 장소</td></tr>
<tr><td rowspan="2">환경에의 부하</td><td colspan="2">폐기물</td></tr>
<tr><td colspan="2">온실효과 가스</td></tr>
</table>

③ 우리나라 녹지자연도의 문제점

녹지자연도 등급에 반드시 포함되어 있어야 할 식생의 군락의 종 조성, 군락계층 구조, 군락 동태 등의 종합적인 내용이 결여되어 있다. 녹지자연도 등급 7, 8, 9등급에 있어서 목본류의 수령에 지나치게 기준이 의존하고 있다. 환경영향평가 등에 중요한 판단기준이 되는 만큼 각 등급별 세부기준과 최소면적에 대한 정확한 기준이 제시되어져야 할 것이다. 또한 환경생태적으로 중요한 식생인 습지 등과 같은 특이식생에 대한 등급도 나타나 있지 않다.

④ 생태자연도

자연환경보전법에 의하여 전국의 산, 하천, 습지, 호소, 농지, 도시 등의 자연환경에 대해 식생과 멸종위기 야생 동식물의 분포, 습지, 자연경관 등에 대한 생태적 가치, 자연성, 경관적 가치 등에 따라 4개 등급으로 구분하여 작성된 지도를 말한다. 1등급 권역은 개발행위 대신 자연 생태환경의 보전이나 보호를 엄정히 하는 보전지역이다. 2등급 권역은 금후 보전, 보호가 필요한 지역 또는 1등급 권역의 외부지역으로서 보전을 원칙으로 하되 제한적인 이용 및 개발의 대상이 되는 지역이다. 3등급 권역은 1등급 권역, 2등급 권역 및 별도관리지역으로 분류된 지역 외의 지역으로서 개발 또는 이용의 대상이 되는 지역이다. 별도관리지역은 다른 법률의 규정에 의하여 보전되는 지역 중 역사적, 문화적, 경관적 가치가 있는 지역이거나 도시의 녹지보전 등을 위해 관리되고 있는 지역이다. 생태자연도는 자연환경보전법 제34조에 근거하여 전국 자연환경조사결과에 의해 매 10년마다 작성함을 원칙으로 하며 현지조사 결과에 기초하여 작성함을 원칙으로 한다. 그러나 생태계의 급격한 변화 등 특별한 사유가 있을 때에는 그 사유가 발생한 지역에 대하여 5년 단위로 다시 작성할 수 있다. 생태자연도는 2005년 초안이 작성되어 대국민 열람을 거쳐 2005 - 2006년에 국민의 의견을 수렴하였고 현지 조사를 수행하였다. 2007년에 작성된 생태자연도를 고시하였다.

⑤ 서울시 비오톱(biotop) 등급

서울시는 기존의 도시개발에서 벗어나 자연과 공존하는 도시를 만들기 위해 비오톱 개념을 도시계획에 도입하였다. 따라서 1999년 국내에서는 처음으로 비오톱을 지도상에 표기한 비오톱 지도(biotop map)를 작성하였고, 2010년에는 토지를 총 5개의 등급으로 비오톱 유형을 구분해 지정하고 있다. 특히 비오톱 1등급지에 대해서는 서울시 도시계획조례 제 24조에 의해 일체의 개발행위를 금지하고 있다. 2등급지에 대해서도 원칙적으로 개발과 해제가 불가능하고 3등급 이하는 적절한 절차를 거쳐 해제할 수 있다.

4) 녹지생태학의 금후 과제와 전망

녹지환경에서의 지속가능한 개발(Sustainable development)이라는 개념은 금후 국토이용과 지역에서의 토지이용에 있어 가장 기본이 되어야 할 것이다. 따라서 녹지생태학의 금후 전개방향은 환경에 관한 실천적인 과학으로서 실효성을 드높여 갈 것이다. 그 하나의 과제는 지구적 규모의 글로벌한 환경문제에의 대응을 들 수 있다. 이러한 문제에 대해서는 다음의 「지구환경문제의 대응」에서 구체적으로 논하고 있다. 환경문제에 대해서 일반적으로 범지구차원에서 생각한다는 중요성과 각 지역의 구체적인 여건을 충분히 고려하여 행동해야 된다는 중요성이 지적되고 있다. 이것은 마치 자동차 바퀴에 있어 양바퀴가 항시 동시에 움직인다는 관계와도 비교될 수 있다.

또한 환경영향 평가 및 환경관리계획 등의 제도에의 반영을 비롯하여 환경교육 및 주민참가 등의 제반 활동에 학술적 도구로의 반영이 요구되고 있다. 이와 같이 우리 앞에 산재한 많은 과제들에 대해 앞으로 녹지환경학의 활발한 전개가 크게 기대되는 바이다.

(2) 환경영향평가(environmental impact assessment)와 녹지관리 계획

1) 환경영향평가 제도의 개요

자연환경에 관련한 질은 일단 후퇴되어 버리면 그 회복 및 복원이 대단히 어렵다. 그러나 사람들은 유감스럽게도 환경이 회복 불가능할 정도로 악화된 이후에 이르러서야 사후 조치를 취하는 상황이 종종 있다. 무분별한 택지개발이나 도로건설, 골프장, 각종 레저시설 등으로 자연환경을 파괴하고 그에 따른 환경악화가 가시적으로 드러날 때에 비로소 방안을 강구하는 것이 보통이다. 그러나 최근에는 각종 개발행위 시 환경에 대한 사전조사를 실시하고, 그 개발이 환경에 미치는 영향을 사전에 예측하여 평가하며, 대체안의 확립 및 환경에 미치는 악영향의 방지등과 같은 대책을 검토하는 환경영향평가 제도가 각국에서 적극적으로 도입되고 있다.

우리나라는 1977년 환경보전법을 제정하면서 환경영향평가의 법률적인 근거를 마련하였고, 1981년 "환경영향평가서 작성 등에 관한 규정"을 제정하면서 본격적으로 시행되기에 이르렀다. 이 제도는 개발의 주체와 지역 주민들의 의견을 조정할 수 있는 의사 조정기구의 역할도 할 수 있다는 의미도 있다. 1990년부터 주민들의 참여가 시행되고 있는 것이 좋은 예이다. 우리나라에서 환경영향평가를 받아야만 되는 사업의 유형은 1993년까지는 15개 분야로 지정되었으나, 1994년 시행된 환경영향평가법에서 다음과 같이 16개 분야로 지정되었다. 이후 2008년 환경영향평가법이 제정되고, 2012년 7월에 환경영향평가법을 전면 개정하여 18개 분야로 확대되었다.

즉, 대상 사업은 도시 개발, 산업입지 및 공업단지 조성, 에너지 개발, 항만 건설, 도로 건설, 수자원 개발, 철도 건설, 공항 건설, 하천의 이용 및 개발, 매립 및 개간사업, 관광단지 개발, 산지 개발, 특정지역 개발, 체육시설의 설치, 폐기물 및 분뇨처리 시설 설치, 국방 . 군사시설 설치, 토석 등 채취, 친수구역 조성 등의 18개 분야이다. 이 18개 분야의 사업은 다시 82개의 세부사업으로 구분된다.

2) 환경영향평가제도의 운용

우리나라에서는 대규모 개발사업이나 특정 프로그램을 비롯하여 환경영향평가법에서 규정하는 대상사업에 대해, 그 사업에 의해 유발될 수 있는 모든 환경 관련 영향에 대하여 사전에 조사하고 예측 및 평가를 통해 자연환경 훼손과 생활환경 오염을 최소화하기 위한 방안을 마련하는 차원에서 운용되고 있다.

기존에 운영되었던 “사전환경성검토” 및 “환경영향평가” 제도가 동일한 목적의 사전협의 제도임에도 불구하고 “환경정책기본법”과 “환경영향평가법”으로 각각 분리되어 있어 처리절차가 복잡하고 적용에 일부 혼선이 빚어지는 상황이 나타났다. 따라서 2011년 환경영향평가법이 전부 개정되어 2012년 7월 전면 시행에 들어간 환경영향법으로 통합하여 “전략환경영향평가”, “환경영향평가”, “소규모 환경영향평가” 등으로 구분하여 시행하고 있다.

① 전략환경영향평가

2018년 12월부터 시행되고 있는 환경영향평가법 제2조에 밝혀진 바에 의하면 “전략환경영향평가는 환경에 영향을 미치는 계획을 수립할 때에 환경보전계획과의 부합여부 확인 및 대안의 설정, 분석 등을 통하여 환경적 측면에서 해당계획의 적정성 및 입지의 타당성 등을 검토하여 국토의 지속가능한 발전을 도모하는 것을 말한다“고 나타나 있다. 또한 평가 대상이 되는 사업은 다음과 같다. 이들 사업에 있어, ‘국방장관이 군사상 고도의 기밀보호가 필요하거나 군사작전의 긴급한 수행을 위하여 필요하다고 인정하여 환경부장관과 협의한 계획’을 비롯하여 ‘국가정보원장이 국가안보를 위하여 고도의 기밀보호가 필요하다고 인정하여 환경부장관과 협의한 계획’은 전략환경영향평가에서 제외할 수 있다고 밝혀져 있다.

- 도시의 개발에 관한 계획
- 산업입지 및 산업단지의 조성에 관한 계획
- 에너지 개발에 관한 계획
- 항만의 건설에 관한 계획
- 도로의 건설에 관한 계획

- 수자원의 개발에 관한 계획
- 철도(도시철도를 포함)의 건설에 관한 계획
- 공항의 건설에 관한 계획
- 하천의 이용 및 개발에 관한 계획
- 개간 및 공유수면의 매립에 관한 계획
- 관광단지의 개발에 관한 계획
- 산지의 개발에 관한 계획
- 특정 지역의 개발에 관한 계획
- 체육 시설의 설치에 관한 계획
- 폐기물 처리시설의 설치에 관한 계획
- 국방, 군사시설의 설치에 관한 계획
- 토석, 모래, 자갈, 광물 등의 채취에 관한 계획
- 환경에 영향을 미치는 시설로서 대통령령으로 정하는 시설의 설치에 관한 계획

② 환경영향평가

환경영향평가는 환경에 미치는 실시 계획, 시행계획 등의 허가, 인가, 승인, 면허 또는 결정 등을 할 때에 해당 사업이 환경에 미치는 영향을 미리 조사, 예측 및 평가하여 해로운 환경영향을 피하거나 제거 또는 감소시킬 수 있는 방안을 마련하는 것을 말한다. 위의 개발 사업에 있어, 사업의 시행에 의해 영향을 받게 되는 환경 인자에 대해 평가한다. 환경영향평가 항목은 크게 자연환경, 생활환경, 사회 · 경제 환경 등의 3분야로 구분된다.

③ 소규모 환경영향평가

소규모 환경영향평가는 환경보전이 필요한 지역이나 난개발이 우려되어 계획적 개발이 필요한 지역에서 개발사업을 시행할 때에 입지의 타당성과 환경에 미치는 영향을 미리 조사, 예측 및 평가하여 환경보전방안을 마련하는 것을 말한다. 소규모 환경영향평가 대상은 농림지역에서는 7,500㎡ 이상 30,000㎡ 미만인 장소에서 관리지역에서는 5,000㎡ 이상 30,000㎡ 미만인 장소에서 공장(부대 창고, 야적장 포함) 조성 사업, 창고(야적장, 작치장) 조성 사업, 주택(전원주택 단지) 건설 사업, 체육시설(소규모 운동장) 사업, 교통시설(주차장 시설에 한함) 설치 사업, 공간시설(공원 포함, 유원지 제외) 사업, 개간 사업(초지 조성 포함), 종자 관련 시설(종자 연구, 생산 및 가공 등의 시설) 설치 사업 등이 해당된다. 그 외에도 개발제한 구역 및 산지관리법, 자연공원법, 습지보전법, 초지법 등의 지역에서 이루어지는 제한된 면적의 사업 시행에도 적용된다.

④ 환경영향평가서의 제출

사업 시행자가 위와 같은 사업을 시행하고자 할 경우에 우선 환경영향평가서 초안을 작성하여 관할 시장 또는 군수에게 제출해야 한다. 이 환경영향평가서 초안에는 반드시 사업에 대한 개요, 개발 기본계획의 개요, 평가 대상지역의 설정, 환경현황에 대한 조사내용, 적절한 대안이 있는 경우 그에 대한 분석 및 평가, 환경영향에 대한 분석 및 저감방안, 주민 등의 의견 수렴을 위한 절차 및 방법 등의 계획, 환경에 미치는 불가피한 영향이 모두 포함되어야 한다. 환경에 미치는 불가피한 영향이란 주민의 생활환경 및 재산상의 피해와 그 감소방안을 포함해야 한다. 전략환경영향평가서, 환경영향평가서, 소규모 환경영향평가서의 분량은 중요하지 않은 자료의 나열을 피하고 반드시 환경영향평가에 필요한 내용만 기술한다. 가급적 도표, 사진, 그림 등을 활용하는 것이 좋다. 분량은 300면 내외(소규모 환경영향평가서의 경우에는 150면 내외)가 적절하며 부록은 본문 분량의 2분의 1 이내를 원칙으로 한다.

이와 같은 내용의 환경영향평가서 초안을 접수한 시장 및 군수는 10일 이내에 사업개요, 공람기간, 공람장소 등을 2개 이상의 지방 일간신문에 공고하고 평가서 초안은 30일 이상 지역주민들에게 공람하여야 한다. 지역 주민은 공람기간동안 평가서 초안을 검토하여 예상되는 환경 피해를 공람만료 7일 전에 시장 및 군수 등에게 제출 할 수 있다. 이 때 지역 주민들의 의견을 접수한 시장 및 군수는 주민의 의견과 공청회 개최 여부를 공람 기간 만료 후 14일 이내에 개발 사업자에게 통지한다. 단 공청회는 의무 사항은 아니기 때문에 지역 주민들이 개발 사업에 대한 의사를 제시하기 위해서는 반드시 공청회 개최를 요구하는 것이 좋다.

환경영향 평가서 초안에는 사업의 개요를 비롯한 각종 내용들이 기재되어 있으므로 개발 사업으로 인한 환경에 미치는 영향의 종류 및 피해 가능성을 신중하게 검토하는 것이 바람직하다. 환경영향 평가 항목은 자연 환경, 생활환경, 사회경제환경으로 구분된다. 환경영향평가서 초안 제출 이후에는 주민의 의견을 수렴하여 작성한 최종 보고서를 승인 기관장에게 제출하고 승인기관장을 통해 환경부 장관과 협의해야 한다.

최종 보고서에는 평가서 초안 내용의 분석 및 평가, 주민과 관계 행정 기관장의 의견을 비롯하여 공청회 개최결과의 분석 및 평가, 환경영향 평가의 결과를 반영하여 수립한 사업계획안의 내용, 사후 환경영향 조사에 관한 내용 등이 포함되어야 한다. 그러므로 해당 주민들은 평가서 초안 공람 시 그들이 제출한 의견과 공청회 개최 시 제기한 의견이 최종 보고서에 적절히 반영되었는가를 확인하고 이의가 있을 시에는 이의 신청을 할 수 있다.

환경영향평가 운영에서 크게 제기되고 있는 문제점은 미래의 불확실한 환경 상태를 예측하는 것이기 때문에 아무리 과학적 방법으로 예측하더라도 정확한 결과를 얻기 어렵다는 것이다. 또한 운영상의 문제점이 지적되고 있다. 즉, 환경영향 평가의 객관성과 공정성이 꾸준히 지적되고 있다. 이와 함께 환경영향 평가 기간이 너무 짧아 내용보다는 형식으로 흐를 위험성이 많다.

3) 외국의 환경영향평가제도

1970년 미국에서 최초로 국가환경정책법(National Environmental Policy

Act; NEPA)이 도입되면서 환경영향평가제도가 성립되었다. 이 법률은 연방정부의 주요한 활동에 관해서 정부가 그 활동이 환경에 어떤 영향을 미치는가를 포괄적으로 검토하고 그 결과를 공표하는 것에 의해 정부의 각종 계획결정에 시민의 참가를 의무화하는 것이다. 그것은 종래의 연방정부의 정책 결정 수속을 근본적으로 수정하는 법률이었다. 또한 전반적인 절차와 지침 등의 세부 내용은 대통령 직속기관인 환경질위원회(Council on Environment Quality; CEQ)에서 정하고 있다. CEQ는 NEPA에 의해 조직된 기구이며 대통령이 임명한 위원으로 구성되며 연방기관의 환경정책 수립과 NEPA 수행을 감독한다.

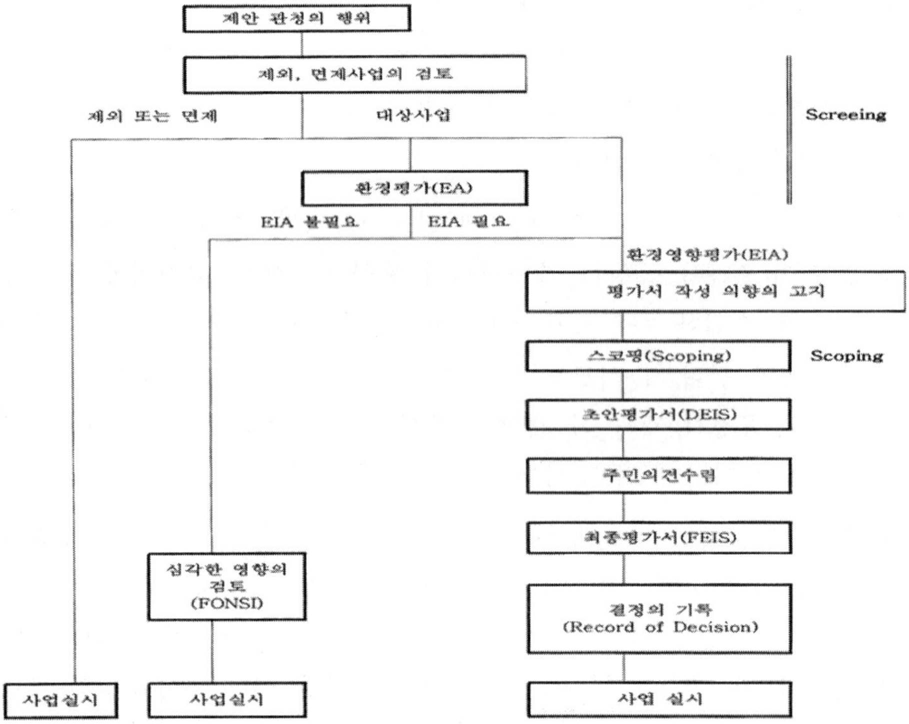

출처 : UNEP (2002)

그림 1.10 미국의 환경영향평가 스크리닝 및 스코핑 과정

일본을 비롯한 캐나다, 유럽, 등에서 이와 같은 제도가 논의되는 계기는, 환

경에 대한 사전예방 제도로서 미국에서의 환경어세스먼트법(Environmental Impact Assessment) 제도화의 영향을 받아 이루어졌다.

일본에서는 1972년 6월의 「각종 공공사업에 있어서의 환경 보전 정책에 관하여」라는 주제로 내각회의를 실시한 근가를 기초로 국가의 행정기관이 주관하는 공공사업에 대해서 환경에 대한 영향을 배려하는 각종 절차의 도입이 이루어져 왔다. 또한 일본정부는 1984년 8월의 「환경영향평가 실시에 대해」라는 내각회의 결정에 기초를 두고 환경영향평가를 행정적으로 실시하기 위한 요강을 정했다. 이들에 의해 현재에는 여러 가지 사업을 담당하는 관청이 각각의 대상 사업에 따라 기술적인 방법을 결정하는 것에 의해 환경 영향평가를 실시하고 있다. 또한 지방자치단체에서도 조례 및 요강에 의해 독자적인 환경영향평가 제도의 도입을 시행하기에 이르렀다. 1993년에 제정된 환경기본법에서 환경영향평가가 법률상의 위치를 부여받았고, 1997년 환경영향평가법이 의회에서 가결되어 공포되었다.

일본의 정부 및 지방 자치단체에 의해 실시되고 있는 환경영향 평가에는, 심사항목으로서 식생이 포함되고 있다. 종래의 식생 보전 방법은 학술적으로 귀중한 군락, 천연 상태에 가까운 군락, 경관의 구성요소로서 중요한 군락 등과 같이 개개의 식물군락 특성이 평가되고 그 중요성을 기초로 보전행위가 시행되는 것이 일반적인 방법이다.

예를 들어 일본의 삼림식생에 대해 살펴보면 최근에는 자연식생에 특히 높은 평가가 이루어지고 있다. 삼림식생을 자연림, 2차림, 인공림으로 구분하고 국토의 삼림을 개괄적으로 살펴보면 각각이 차지하는 비율은 일본국토의 21%, 26%, 22%로서 국토 전체에 거의 균등하게 배분되어져 있다. 그러나 지방 자치단체별로 삼림식생 특색을 비교하면 자연림의 분포는 지역에 따라 극단적으로 편중되어 있다. 홋카이도(北海道)를 제외한 국토를 2분하는 식생대로서 너도밤나무 구역과 동백나무 구역의 자연식생 비율을 비교하면 전자가 일본 국토의 12.7%를 차지하는데 비해 후자는 1.6%에 지나지 않아 옛날부터 인간활동이 활발하게 이루어졌던 동백나무 구역의 자연식생은 극단적으로 감소하고 있다.

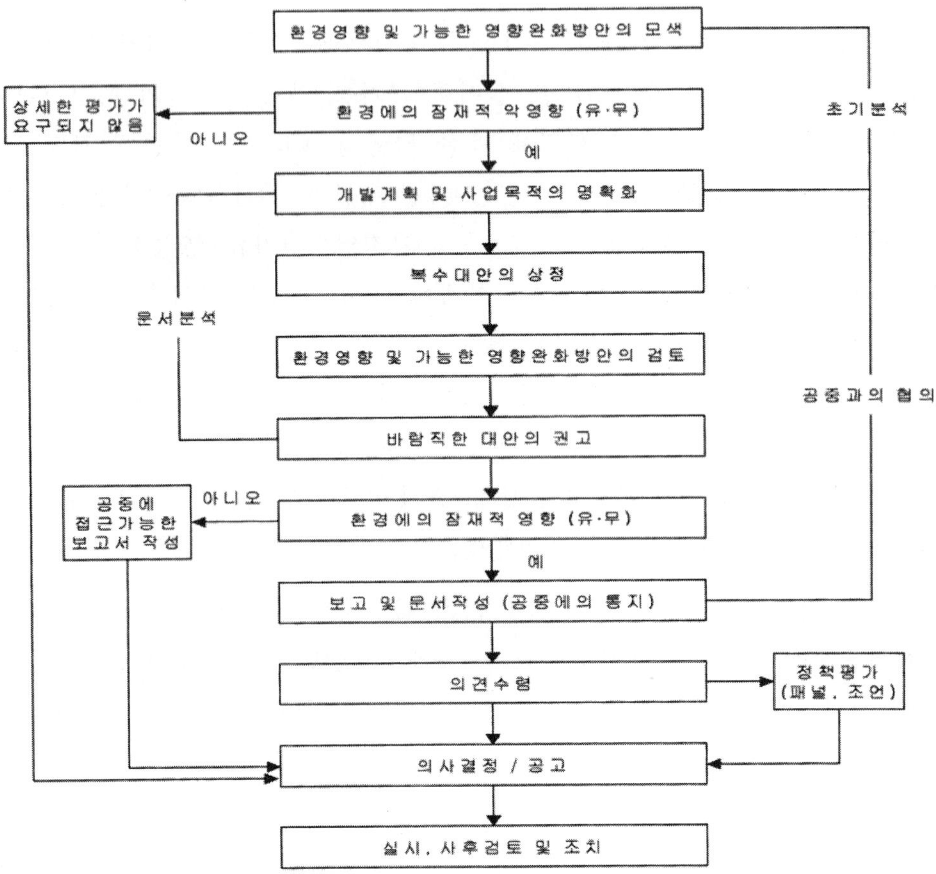

그림 1.11 캐나다 환경영향평가 개념도

캐나다는 1973년에 환경영향평가제도가 도입되었으나, 법 제도의 운용과 구속력에 대한 해석상의 혼란이 빈번하여, 1992년 6월 지속가능한 개발의 핵심적인 수단(a critical tool for sustainable development)으로 캐나다 환경영향평가법(Canadian Environmental Assessment Act; CEAA) 제도를 마련하였다. 이와 같은 환경영향평가 과정은 연방(federal)뿐만 아니라 주

(provincial), 지방(municipal), 토지소유권협정(land claim agreement)에도 존재한다. 평가의 대상은 연방관청이 사업의 대상자인 경우, 연방관청이 사업을 실시하기 위해 제안자에게 출자하거나 자금을 공여한 경우, 연방관청이 사업을 인허가 또는 면허를 준 경우, 기타의 경우 등 4종류로 구분하고 있다.

유럽연합(EU)의 환경평가(Environmental Assessment; EA)는 1985년에 채택되었고 1988년에 발표된 "특정의 공공 및 민간사업의 EIA에 관한 유럽 공동체이사회지령"에 기초한 환경영향평가와 2001년에 채택된 "계획 및 프로그램의 환경영향평가에 관한 지령"과 계층구조를 이루고 있다.

4) 환경 관리 계획에 의한 녹지의 보전

① 제도의 개요

일반적으로 환경영향 평가는 개개의 사업이 실시되기 직전에 행하는 것이 일반적이기 때문에 평가 결과에 의해 사업의 내용을 변경하는 것은 어려운 상황이다. 그것은 위치의 선정 및 대체안의 검토 등이 그 이전의 상위 계획에 있어서 결정되어지기 때문이다. 그러므로 환경영향 평가를 효과적으로 행하기 위해서는 조기의 계획단계에 있어 사전심사가 필요하고 사업계획 초기 단계에서 환경에 대한 영향을 생각하는 "계획 어세스먼트"의 제도가 시행되고 있는 지역도 일부 있다.

이와 같이 생각하는 방법을 좀더 진전시켜보면 지역환경에서 바라는 모습을 사전에 검토하여 그 기본방침에 기초하여 각종의 환경영향평가를 행함으로서 장래의 환경을 창조할 수 있게 된다. 이와 같이 생각하는 방법으로부터 개발계획에 동반한 환경영향평가의 검토에 덧붙여 a. 공해방지, b. 자연환경보전, c. 쾌적한 환경 만들기라고 하는 각종 환경문제에의 대응으로 지역을 핵으로 하여 통합시켜 문제가 발생하기 전에 해결하고자 하는 환경관리계획의 책정이 지방공공 단체를 중심으로 시도되고 있다.

지역의 자연환경보전을 위해서 각종 자연환경 요소를 파악하는 것이 필요하다. 식생은 생태계 중에서 주요한 위치를 차지하고 있기 때문에 각지에서 조사가 행해지고 있다. 더욱이 식생보전을 위해 장래 식생의 형태를 정하는 "식생계획"을 동시에 검토할 필요가 있다. 식생계획의 첫 번째 목적은 환경요소 가운데 생물적 자원인 식생을 영구적으로 유효하게 이용하고자 하는 광의의 보전이며 나아가 두 번째 목적은 보다 협의의 보전으로서 녹화계획 및 식생관리계획의 지침이 되고자 하는 것이다. 식생계획은 지역전체를 대상으로 고려할 필요가 있으며 지방자치단체에서 책정하고 있는 환경관리 계획과 적절히 조화시켜 책정해 가는 것이 바람직하다.

② 도시화의 진전에 따른 녹지의 변화

환경관리 계획에서 도시화를 적절히 제어하는 것에 의해 무질서한 시가지의 확대를 막고 자연환경과 인간의 공생 방안이 필요로 되고 있기 때문이다.

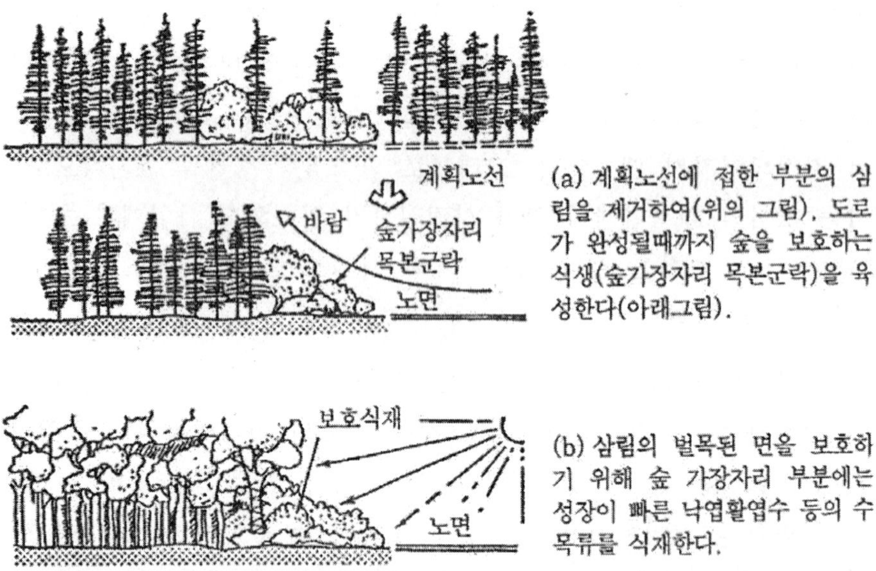

그림 1.12 개발 계획에 따른 도로건설에서 자연림의 보호방법

시가지 확대에 의해 식생의 양과 질의 저하가 현저히 나타난다. 또한 도시 중심부에서는 어느 정도의 규모를 지닌 식물군락은 존속하는 것이 어렵게 되

고 있다. 그러므로 무질서한 시가지의 확대에 의한 식생 보전을 도모할 필요가 된다.

제 3 장
녹지의 기능

1. 녹지의 다양한 기능

식물이 환경에 미치는 긍정적인 기능은 시대에 따라 변화해 왔다. 예전에는 식물은 단순히 식량을 공급해주고 목재로 이용되는 직접적 효용이 대부분이었다. 경우에 따라 종교나 신앙의 대상이 되어 가꾸고 숭배되기도 하였다. 그러나 시대가 흘러 인간의 인지능력이 향상되고 활동영역이 확대됨에 따라 수자원 함양을 비롯하여 토양침식 방지, 산사태 방지와 같은 재해경감과 같은 식물의 간접적 기능이 생겨나기 시작하였다. 고도로 발달된 오늘날의 산업사회에 이르러서는 기본적인 공익적 간접기능은 물론 공해방지 및 대기정화와 같은 환경개선 효용을 비롯하여 정서함양 등과 같은 새로운 환경재로서의 기능을 지니게 되었다.

다양한 종류의 수목류를 비롯하여 초본류들로 이루어진 녹지공간은 단순히 아름다운 경관을 조성하는 미적인 기능뿐만 아니라 각종 기능적인 면을 복합적으로 지닌다. 따라서 식물이 지니는 다양한 기능은 현대생활에서 발생하는 많은 환경문제를 적극적으로 해결할 수 있는 열쇠가 될 수도 있다.

그림 1.13 뉴욕 메디슨 스퀘어 도시공원의 녹지

녹지공간을 조성하는 궁극적 목적은 쾌적한 생활공간을 창조하기 위한 것이다. 최근에 '어메니티(amenity)'라는 용어가 유행하고 있다. 어메니티라고 하는 것은 흔히 「쾌적성」이라고 번역되지만 그 안에 내포하는 의미는 단순히 우리말의 쾌적성이라고 번역하는 것은 적절하지 않다. 어메니티라고 하는 것은 「질서 있는 쾌적함」이라는 의미가 있으며 표면적인 쾌적함만에 국한되는 것은 아닌 것 같다. 또한 단순히 공간적, 물리적인 쾌적함만이 아니라 사회적, 정신적인 쾌적함도 포함되어야 한다.

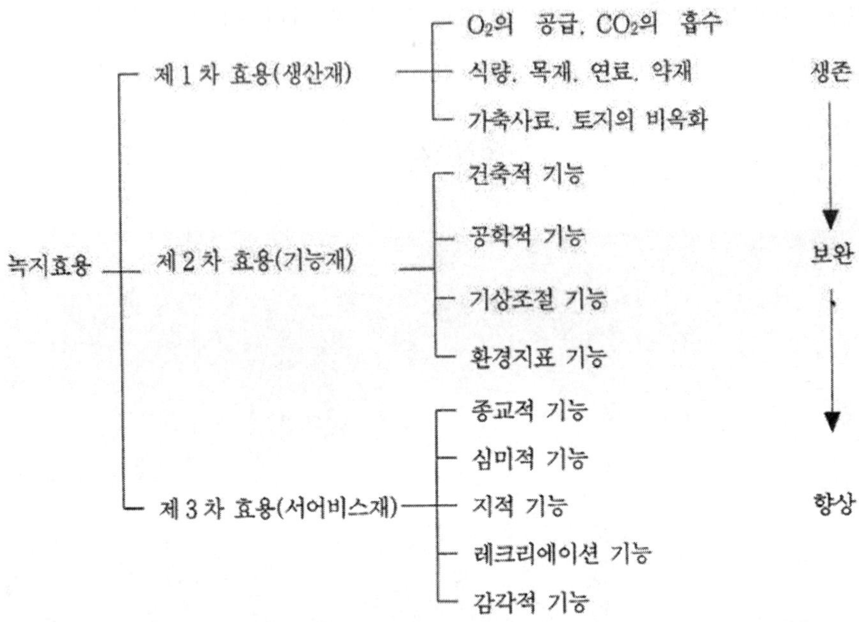

그림 1.14 인간과 녹지와의 관계

그림은 이와 같은 입장에서 사람과 식물과의 관계를 살펴본 것이다. 그림에서 제1차 효용(생산재)은 식물의 광합성에 의해 생산된 식물체 및 생성물(산소)을 이용함으로써 인간의 생존과 필연적으로 관계가 있다. 예를 들어 식량, 각종 생활용재, 연료 등으로 이용된다.

제2차 효용 (기능재)은 인류의 생존에 직접 관여하는 효용이 아니라 생활환경을 형성하는 기능적인 역할을 담당하는 것이다. 따라서 생존을 보다 쾌적하게 하기 위한 효용 또는 이와 같은 효용에 보완적으로 관계하는 것이다.

제3차 효용 (서비스재)은 인간의 생존에 반드시 필요한 필수조건은 아니지만 생활의 여유를 줄 수 있고 보다 적극적인 즐거움을 제공할 수 있는 것이다. 예를 들어 식물을 관상용 또는 애완용로 재배하는 것을 일컫는다.

그림 1.15 녹지에 의한 구역나누기

2차 효용으로서의 기능재는 또 그림 1.14에서와 같이 4가지로 구분하였다.

건축적 기능 (공간조절) 이라 하는 것은 녹지를 바닥, 천정, 담 등과 같은 구조물과 같은 부류로 취급하여 무기적인 건축재료와 동일하게 보는 것이다. 이들을 적절히 조합하여 녹지를 건축적으로 이용하고자 하는 것이다. 예를 들어 옥외공간을 살아있는 녹색식물에 의해 구획 지우거나 담장을 두를 수 있고, 적당히 시선을 가려줌으로서 인간의 생존을 보다 안정적으로 도모할 수 있다. 더 구체적으로는 구획의 명료화, 차폐 등을 목적으로 한 벽 또는 담장으로서의 생울타리 또는 수림 등이 있다.

공학적 기능 (환경보전 기능) 이라고 하는 것은 녹지가 지니는 질을 비롯하여 양 및 생리적 특성을 효과적으로 이용하여 시끄러운 경음을 비롯하여 대기

오염, 화재, 토양침식 등에 대한 방지 및 완화를 공학적인 측면으로 도모하고자 하는 것이다. 또한 사람과 자동차의 교통을 조절하는 수단을 비롯하여 각종 불쾌한 섬광의 방지 기능 등과 같은 역할을 수행하는 것이다.

기상조절 기능 (미기상 조절) 이라고 하는 것은 식물의 존재에 의해 태양방사, 기온, 바람, 비, 눈, 안개 등을 조절하여 쾌적한 자연환경을 조성하는 것을 일컫는다.

끝으로 환경 지표기능(환경의 지표성) 이라고 하는 것은 대기오염, 수질오염 등의 환경오염정도를 식물에 의해 종합적으로 지표화 될 수 있는 효용을 일컫는다. 또한 이와 같은 기능은 오래 전부터 경험적으로 이용해온 식생과 토지에서의 생산력 관계, 이른바 토지 포텐셜에 의한 지표성을 가지는 것으로의 효용도 포함된다.

2. 녹지에 의한 기능적 효과

(1) 건축적 기능(공간조절 기능)

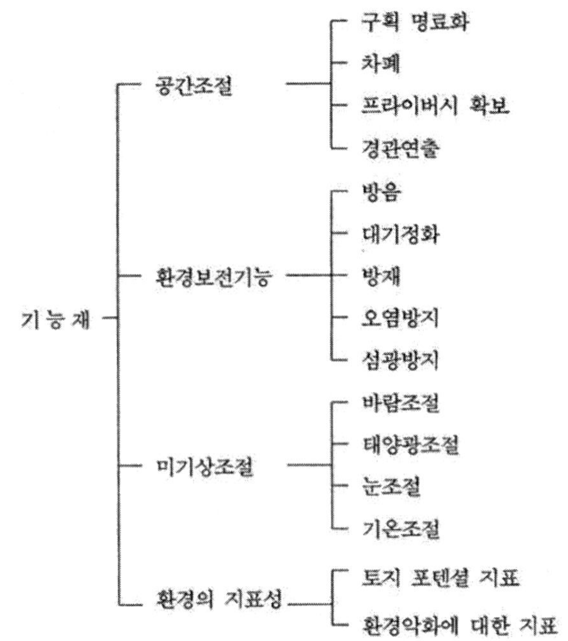

그림 1.16 녹지의 기능재로서의 효용

다양한 형상과 질감을 나타내는 교목, 관목, 지피식물, 잔디 등의 녹화식물은 건축적 잠재력을 지닐 수 있는데, 예를 들어 바닥, 벽, 지붕 등의 구조적 역할을 할 수도 있다. 식물의 형태적 특성을 충분히 살리고 배식형태와 밀도 등을 적절히 조절하여 공간을 구획화할 수도 있고 불필요한 경관이나 개인의 사생활 보호를 위한 차폐기능 등을 발휘할 수 있는 것이 녹지의 건축적 기능(공간조절)이다. 수관이 울창하게 형성된 교목 밑에 설치된 벤치를 상상해보자. 이 공간에 앉아 있는 사람은 외기둥으로 지어진 정자 밑에 있는 느낌을 받을 것이다. 또한 조밀하게 밀식된 관목 산울타리는 공간을 여러 구획으로 분할할 수 있다. 열식된 교목은 담장과 같은 역할을 하여 동선을 적절히 유도할 수도 있다. 또한 상록성 교목류를 식재하여 연중 불필요하거나 추한 환경을 은폐시키거나 격리 또는 제한하기도 한다.

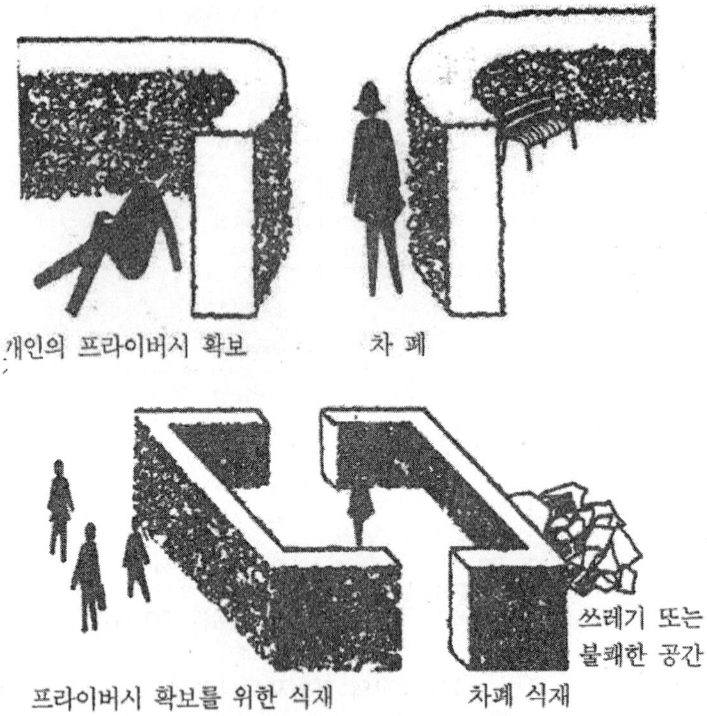

그림 1.17 녹지의 건축적 기능

1) 구역나누기

인간에게 주어진 실내외 공간은 크면 클수록 좋은 것이 아니라 마음을 안정시킬 수 정도의 안락한 공간이야말로 가장 적정한 규모라 할 수 있다. 이와 같은 사실은 옥내공간에서만 적용될 수 있는 것이 아니라 옥외공간에서도 마찬가지이다. 사람들은 옥외공간에 있어서도 목적에 알맞는 적당한 넓이를 취함으로서 쾌적한 공간을 조성한다. 또한 각종 옥외 생활공간에서도 공간에는 각자가 부여된 역할 분담이 있다. 예를 들어 주택의 외부공간에 있어서는 현관 앞의 공간과 출입구 쪽 또는 정원공간 등은 각기 역할이 크게 다르다. 이와 같이 성격이 판이한 공간을 명확하게 나눌 수 있는 것도 인간생활에서는 대단히 중요한 것으로서 구획을 구분할 수 있는 재료로 가장 효과적인 것이 녹지라고 할 수 있다.

건축이 「벽」, 「천정」, 「바닥」 등의 세 가지 요소에 의해 옥내공간을 규정하는 것에 대하여 조경녹화는 식물재료를 이용하여 동일한 3요소에 의해 옥외공간을 규정지울 수 있다. 구체적으로 생울타리는 벽으로서의 역할을 충분히 할 수 있다. 큰 가지와 잎을 지니고 있는 교목 밑에 서 있어 보면 나무의 수관부는 건축에서의 천정 역할을 할 수 있고 잔디는 바닥이 될 수도 있는 것이다. 이와 같이 살아있는 식물을 효과적으로 이용하여 「벽」, 「천정」, 「바닥」의 3요소를 구성하는 조경녹화는 훌륭하게 옥내공간을 구획지울 수 있는 방법이다.

2) 차폐

공간을 구획 짓는 작업은 상황에 따라 여러 형태가 있을 수 있다. 흔히 생울타리나 관목에 의해 장애효과를 발휘함으로서 구획 구분의 효과를 내고 있다. 이와 같은 경우에 식물의 잎이나 가지의 밀도는 최대한으로 빽빽한 것이 좋으며 식재밀도도 조밀하게 하여야 한다. 또한 그 식재방법 및 높이에 따라 효과는 다양하게 나타날 수 있다. 예를 들어 사람의 무릎 높이 정도로 낮게 조성된 생울타리의 경우에는 누구나 안으로 들어오려고 마음만 먹는다면 언제든지 쉽게 안으로 들어올 수 있는 상황이다. 결국 이 정도의 생울타리라면 단순히 시각적으로 연속성을 지니며 심리적인 공간 구획을 지우는 경우라 할 수 있다. 그러나 생울타리가 허리 높이 정도로 높아진다면 여전히 시각적인 차단율은 높지 않지만 물리적인 차단은 어느 정도 가능한 구역이 될 수 있다. 또한 사람의 눈높이 이상으로 조성된 생울타리의 경우에는 시각적으로도 물리적으로도 완벽한 차단효과를 실현할 수 있다. 이와 같이 상황에 맞추어 생울타리의 높이를 조절함으로서 생활공간을 다양하게 조절할 수가 있다(그림 1.17). 이른바 유명한 정원의 경우에는 이러한 식재수법들이 요소요소에 적절히 이용되었다. 즉 식재조건에 따라 심리적인 차폐수법 또는 시각적 물리적인 차폐수법 등으로 이용되어 경관조성은 물론 사람들에게 큰 거부감을 주지 않고 동선의 흐름을 원활히 조절할 수도 있다.

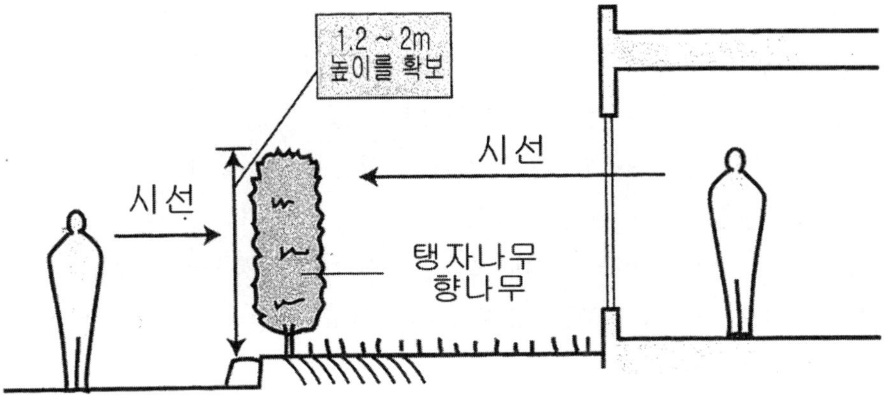

그림 1.18 외부로부터의 시선과 출입을 차단할 수 있는 생울타리 조성

적당하게 시각적인 차폐를 행함으로서 노출된 공간의 일부에 개인의 프라이버시를 확보해 줄 수가 있고 시각적으로 불량한 건축물이나 공동묘지, 쓰레기장 등과 같은 불쾌한 경관을 가려줄 수도 있다. 또한 이동하면서 관찰하게 되는 경관의 경우에는 차폐의 정도를 적절히 조절함으로서 이상적인 경관연출도 가능하다.

녹지를 이용하여 차폐효과를 얻기 위해 다음의 사항들이 사전에 분석 및 평가되어 적절한 차폐녹지의 형태, 높이, 규모, 범위, 식재 가능한 식물의 종들이 결정될 수 있다.

- 차폐의 대상
- 차폐가 필요한 시각적 방향
- 차폐 대상의 계절적인 경과특성
- 관찰자의 시각 또는 움직임(정지상태 혹은 움직이는 상태)

- 관찰자의 위치 또는 접근 각도
- 관찰자 시선유도의 가능성

그림 1.19 녹지의 차폐 기능

그림 1.20 녹지의 생울타리 기능

이상에서 밝힌 바와 같이 식물을 이용하여 공간을 조절하는 경우에 중요하게 고려하여야 할 것은 「시각」이라 할 수 있으며 다음과 같이 설명할 수 있다. 일반적으로 대상물이 '보인다', '안보인다'를 논할 때에는 흔히 시력을 문제 삼기도 하지만 보통 사람들의 평균 시력이라고 할 수 있는 1.0 정도의 시력은 대상물을 그 크기의 3.488배 정도 거리에서 정확히 볼 수 있는 시력이라 할 수 있다. 이러한 수치가 기본적으로 일반적인 인간의 시각상 인지 한계라고 생각되지만 이와 같은 것은 그 대상물에 대해 적극적으로 보려고 하는 노력하는 경우의 수치이다. 그러므로 일반적인 경우에 있어서는 대상물에서 시각적으로 인지되지 않고 놓치는 가능성이 더 많다. 여기에 대해 경관론에서는 언제나 대상을 확실히 볼 수 있는 시각 1°, 즉 대상을 그 크기의 57.3배 거리로부터 본 경우의 응시각을 한계로 잡고 있다.

시각환경의 문제는 단순히 시각적으로 보이는 것에만 머물지 않고 인간이 심리적으로 받는 압박감 등에 대해서도 고찰할 필요가 있다. 이른바 수직방향 시각이 45° 이상에서 관찰되는 대상물에 대해서는 강한 압박감을 받게 되며 대상물의 세부사항에 대해서도 심리적인 영향을 미칠 수 있다. 즉, 색채는 물론 질감, 콘트라스트 등도 반드시 고려할 사항이다. 시각 30° 에서는 시점으로부터 주체적 대상임에는 크게 변화가 없고 세부사항도 약간 흐려지게 되고 압박감도 어느 정도 약화된다. 시각 18° 에서는 세부사항은 거의 무시되고 시야 내에서 단순히 윤곽 또는 녹음으로만 보일 뿐이다. 시각 14° 에서는 주체적 시각은 될 수 없고 시야 내에서 경관의 일부로서 구성요소에 불과하게 된다. 이상은 수직방향의 시각만을 논한 것에 불가하지만 도로 시설물에서와 같이 수평방향으로 길게 설치하는 경우에는 그 정도가 크게 영향을 미치게 된다. 그러므로 장방형에서 긴 변을 짧은 변으로 제하고 변의 길이 비를 구하여 이것을 정방형으로 환산하고 정방형의 한 변을 포함하는 시각에 의해 환산시각을 구하는 방법이 있다. 이것에 의하면 변의 길이 비가 10인 경우, 환산시각은 짧은 변의 약 2.5배로 된다.

위에서 논한 대상물들이 경관적으로 바람직하지 못한 경우에 이러한 이론을 바탕으로 녹화에 의해 차폐하는 수법이 자주 이용되고 있다. 이와 같은 경우에 이론적인 근거는 다음과 같다.

가장 단순한 모델에 의해 숲에 의한 차폐효과를 나타낸 것이 그림 1.21에 나타나 있다. 이 그림에 의하면 차폐효과를 위해 필요로 하는 숲의 높이 H_T는 다음과 같은 식에 의해 구해진다.

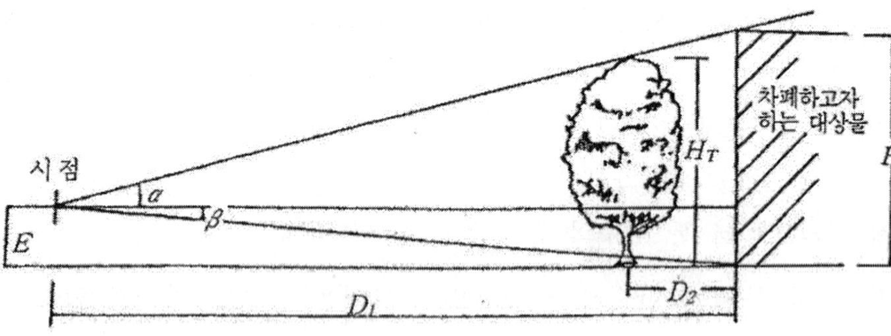

그림 1.21 수목에 의한 차폐 이론

$$H_T = H-(H-E)\ D_2/D_1$$

여기에서 H_T : 대상물로부터 D_2의 거리에 식재한 경우 필요한 수고(m), H : 대상물의 높이(m), D_1 : 시점과 대상물의 거리(m), D_2 : 식재지점과 대상물과의 거리(m), E : 시점의 지상고(m).

이와 같은 식에 대상물의 높이(H), 거리(D_1), 시점의 지상고(E) 등의 조건이 주어지면 대상물을 차폐하는데 필요한 수고가 식재위치에 따라서 적절히 구해질 수 있다. 우리들이 이해할 수 있는 바와 같이 식재위치를 시점에 가깝게 하면 할수록 필요한 수고는 더 낮아도 가능하지만 일반적인 경우에 시점은 불특정 다수인 특성을 지니는 것이 대부분이므로 시점을 대상물에 가깝게 조성하여 차폐하는 수법은 반드시 유리한 것이 아니다.

한편 녹지 폭을 충분히 조성한 경우에는 완벽한 차폐효과를 기대할 수 있지만 생울타리 형태로 폭이 좁은 일렬식재를 한 경우에는 시점에 따라 잎과 줄기가 엉성한 빈 공간을 통하여 내부가 들여다보이는 경우가 발생하기도 한다. 예를 들어 사람의 시력 한계에서는 10m 정도 떨어진 곳에서는 1.5cm 크기에 해당하며 20m 떨어진 곳에서는 2.9cm가 된다. 일반적으로 생울타리의 경우, 직경 2-3cm 이상 되는 빈 공간이 없다면 적어도 시점 10m 정도 떨어진 곳에서의 생울타리 차폐효과는 충분하다고 할 수 있다. 그러나 이와 같은 효과는 생울타리로 식재한 수목의 적절한 관리(정기적인 정지, 전정 작업)가 이루어진 것을 전제로 한다. 그러나 비교적 잎과 줄기 상태가 엉성한 수종(수수꽃다리, 일본목련, 위성류, 아까시나무 등)에서는 상당한 빈 공간이 생길 수 있고 낙엽성 수종에서는 겨울철에 잎이 떨어져 버리므로 계절에 따라 차폐효과가 현저히 떨어진다는 것을 염두에 두어야 한다.

이와 같이 투시율은 수종의 밀도 및 빛의 투과율에 의해 지표를 삼을 수 있다. 차폐식재를 실시하는 경우에 적절하게 대상물에 접근시켜 식재한다면 단순한 일렬식재만으로도 충분한 차폐효과를 기대할 수도 있다.

(2) 생활환경보전 기능

1) 식물에 의한 대기정화 기능

식물도 대기오염의 피해자인 것은 말할 것도 없다. 식물과 대기오염과의 관계는 일반적으로 피해자와 가해자의 관계로 보는 경향이 많다. 그러나 「식물의 대기정화 기능」이라고 하는 관점에서 양자 간의 관계를 이해하려고 하는 연구자는 그리 많지 않다. 그러나 이것을 물리적, 화학적 현상으로 해석해 본다면 식물에 의해 상당한 효과가 발휘된다는 것을 알 수 있다. 이와 같은 주제에 대해 조경분야에서는 아주 오래 전부터 관심을 가지고 응용되었다. 이 분야에서의 녹지 기능으로서 방진(防塵), 방연(防煙)효과 등을 중요하게 들고 있으며 「녹지는 도시의 허파이다」와 같은 표현도 구미에서는 오래 전부터 이야기 하던 것들이다. 그러나 그 내용은 주로 정성적(定性的)인 것이 많고 구체적으로 정량적(定量的)인 수치를 제시하여 효과를 논술한 것은 거의 없었다.

이러한 주제는 공업단지 등에서 완충 녹지대 계획, 도로변 환경보전을 위한 환경 시설대의 설계분야에서 필수적인 기본지식으로서 반드시 잘 이해하고 있어야만 한다. 따라서 본 장에서는 이와 같은 시점에서 수림(樹林)의 대기정화 기능에 관해 해설하고자 한다.

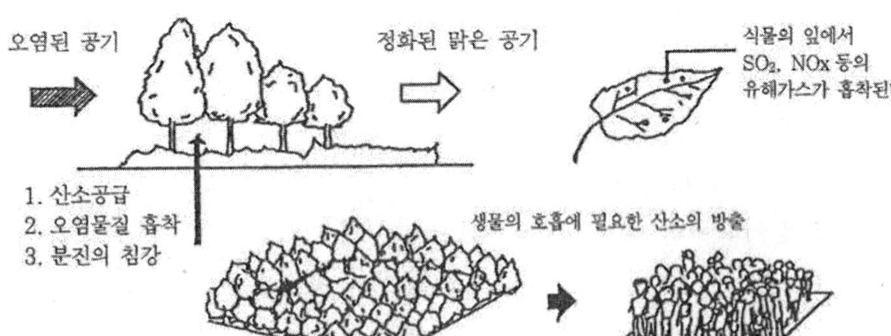

그림 1.22 녹색식물에 의한 공기정화 효과의 모식도

대기정화 기능에 있어 대기오염의 발생원과 피해자와의 사이에 녹지대가 존재한다면 (이와 같이 발생원이 지상 근처에 존재하는 예는 도로를 주행하는 자동차 등이 해당한다. 또한 대규모 공장 시설물 등에서는 보통 상당히 높게 만들어진 굴뚝이 발생원이 되며 이때에는 수림대의 높이 보다 더욱 높게 위치한다), 오염물질은 기류에 의해 수림방향으로 이동되어 그림에 나타난 바와 같이 변화한다. 즉, 오염물질은 흡착, 흡수, 확산, 침강이라고 하는 현상에 의해 그 양이 현저히 감소되어 피해자 방향으로 흘러가게 된다. 따라서 녹지에 의한 대기정화 기능이 나타나는 것이다.

대기정화가 가능한 녹색식물의 대표적인 생리적인 특성은 광합성을 수행함으로서 동화양분을 생산할 수 있다는 것이다. 식물의 광합성은 공기 중의 탄산가스를 흡수하고 동물의 호흡에 필요한 산소를 방출하며 공기 중의 분진을 흡착한 후 강수 시에 지면으로 씻어버릴 수 있는 능력을 지닐 수 있다.

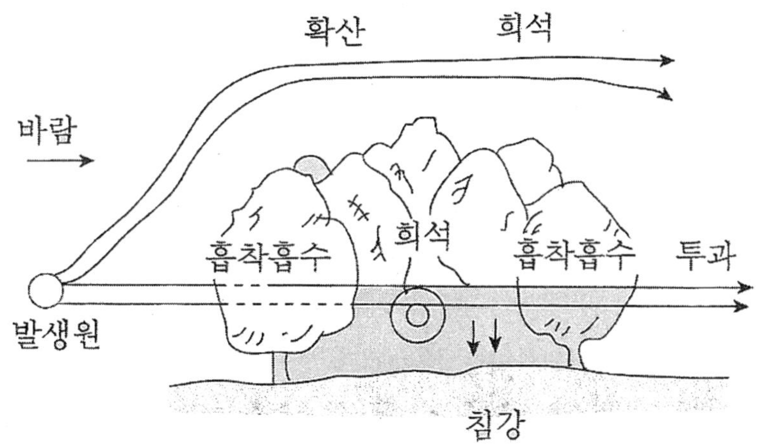

그림 1.23 수림에 의한 대기정화효과 모형도

그동안의 연구에 의하면 성숙한 한 그루의 너도밤나무(*Fagus multinervis*)

는 한 해 동안에 방출하는 산소의 양이 약 800세대의 단독주택 공간에서 필요한 양과 맞먹는다고 한다. 식물은 기공을 통하여 이산화탄소를 흡수하고 뿌리로부터 물을 흡수하여 태양에너지를 이용하여 동화양분을 흡수한다. 이와 같은 과정에 의해 글루코오스(포도당; glucose)라고 하는 유기화합물을 합성하고 부산물로 분자상태의 산소를 내뿜는다. 또한 기체(gas) 상태의 각종 오염물질도 이산화탄소 흡수 시에 식물체에 흡수되어 분해되거나 희석되기도 한다. $1m^2$의 잎 표면은 한 시간에 약1.5g의 CO_2 를 흡수한다. 그러므로 잎의 표면적이 약 $1,600m^2$인 너도밤나무는 광합성 최적조건에서 시간당 $2,400m^2$의 CO_2와 물 960g을 흡수하고 태양에너지 6,075cal를 이용하여 1,600g의 글루코오스를 합성하고 1,712g의 산소를 방출한다는 것이다. 물론 햇볕이 없는 상태에서 식물체는 호흡작용에 의해 산소가 소비되고 이산화탄소가 방출되지만

광합성 과정에서 소비되는 이산화탄소 양의 1/3~1/5 정도에 불과하므로 대기환경에는 전혀 문제가 없다.

정상적인 식물체는 기공의 개폐작용과 더불어 상당량의 수분을 증산시킨다. 실험에 따르면 성숙한 과수는 하루 동안에 1에이커에서 600t의 물을 증산에 의해 소비시킨다. 이 과정에서 공기 중의 습도가 적당히 조절되어 공기를 쾌적하게 해준다. 또한 잎 뒤에 물방울을 형성하여 공기 중의 각종 부유성 고형물을 흡착하여 제거할 수도 있다. 대부분의 식물체 잎들은 먼지 또는 꽃가루와 같은 각종 고형물들을 흡착하여 제거할 수 있는 능력을 지니고 있다. 그러나 이와 같은 흡착능력은 잎의 모양이나 엽면적, 잎 표면의 털 등과 같은 다양한 요인에 의해 능력의 차이를 나타낸다.

특히 대기 정화를 고려한 녹화수종을 선정하는 데에는 다음과 같은 사항들을 고려하는 것이 필요하다.

- 대기오염 물질의 흡수 또는 흡착능력이 뛰어날 것

- 각종 대기 오염물질에 대한 저항성이 클 것
- 제반 환경조건(광선, 온도, 바람, 토양, 수분 등)에 대한 적응성이 뛰어날 것
- 이식은 물론 기타 유지 관리가 용이할 것
- 수시로 변하는 식물체의 생리적인 변화에 따라서 오염물질 제거 능력이 크게 변화되지 않을 것
- 미적으로 뛰어날 것
- 시장성이 높아 대량 구입 및 조달이 가능할 것
- 번식이 용이하고 형질이 강건할 것

앞에서 밝힌 흡착(吸着)효과라 함은 고체상태 또는 액체상의 대기오염 물질이 식물체의 표면에 부착되어 버리는 것을 나타낸다. 또한 흡수(吸收)효과는 기체상태의 오염물질이 식물체의 기공 등과 같은 기관을 통하여 식물조직 내부로 들어가 소멸되어 버리는 것을 일컫는다. 확산(擴散)의 의미는 오염물질이 숲 가장자리에서 기류의 흐름과 더불어 수관 상부로 이동하여 농도가 희석되어 버리는 것을 말한다. 끝으로 침강(沈降)이라고 하는 것은 기류와 더불어 숲속으로 침입한 오염물질이 기류속도가 감소함에 따라 비교적 중량이 무거운 오염물질들이 중력 낙하하여 소멸되어 버리는 것을 나타낸다.

이상에서 밝힌 바와 같이 식재에 의한 대기정화 효과를 고려하는 경우에 그 오염물질은 고체 오염물질 즉, 입자상의 오염물질(mist 등의 액체상 오염물질도 포함될 수 있다)과 가스 상태의 오염물질로 구분하여 취급할 필요가 있다. 그러나 입자상 오염물질에 있어서도 자동차의 배기구를 통하여 배출되는 배기가스의 경우에는 입자가 0.5㎛ 이하의 미립자인 경우가 대부분이다. 따라서 이 정도의 입자는 식물체의 기공을 충분히 통과할 수 있는 크기이므로 식물에 의해 흡착뿐만 아니라 흡수기능에 의해서도 대기정화가 가능함을 고려할 필요

가 있다. 그러나 이와 같은 효과에 관해서는 다양한 요인이 많이 존재하고 있으므로 앞으로 실험적인 연구가 반드시 필요할 것이다. 다음에서 각각의 현상에서 일어나는 메커니즘(mechanism)을 살펴보도록 하자.

우선 흡착기능에 있어서는 다음과 같이 설명할 수 있겠다. 기류와 더불어 운반되어진 입자상 오염물질이 장애물에 해당하는 식물체 표면의 미세한 돌기물에 충돌하여 튀어 나오지 않고 그대로 멈추어 버리는 것이다. 이와 같이 오염물질이 식물체에 충돌할 필요가 있지만 그 충돌률은 다음 식에서와 같이 불특정 무차원소 K의 증가계수로 나타내는 것으로서 좀 더 자세히 살펴보면 일반적으로 입자가 크고 유속이 빠르며 장애물이 작으면 작을수록 충돌률이 크게 된다. 또한 충돌한 물질이 그 자리에 쉽게 정지하기 위하여는 식물체 표면에 존재하는 가는 털 등에 의해 물리적으로 충돌한 힘을 흡수하던지 점착성의 물질이 존재하여 쉽게 고정될 수 있어야 한다.

$$K = (D_p . \rho_o / 9 \tau \rho) . (U / \iota)$$

여기에서 D_p, ρ_o : 입자의 직경(cm) 및 밀도(g/㎤), U : 풍속(cm/s), ι : 장애물의 직경(cm), τ와 ρ : 공기의 흡착계수(g/㎤).

이상의 결과들에 의해 대기 중의 부유성 분진을 흡착시키기 위하여 이상적인 녹지 및 녹지를 구성하는 수종을 제안할 수 있다. 예를 들어 잎의 형태가 다양한 형태의 미세한 돌기물을 지니고 있거나 최대한 복잡한 구조를 가지는 것이 좋다. 즉, 잎은 소형이라고 하여도 식물체에 많이 붙어 있어 전체적으로 표면적이 넓은 것이 이상적이다. 구체적인 예를 들어보면 편백이나 화백과 같은 측백나무과 식물을 비롯하여 소나무과 식물과 같은 침엽수가 이상적이고 활엽수에서는 플라타너스와 같이 잎에 조밀한 털이 존재하는 것이 효과적이다. 또는 녹지대를 최대한 오염원에 접근시켜 조성함으로서 오염물질이 멀리 확산되기 전에 고농도 상태에서 흡착시켜 버리는 것도 고려할 수 있다. 다음에서 한쪽 편에서의 흡수는 다음 식에 의해 설명한다.

$$f = \frac{1}{1/k + 1/k'}(x - x')$$

여기에서 f : 단위 엽면적 . 단위 시간당 흡수량(mg/s), k : 수송계수(cm/s), k' : 기체 분자에 의한 수송계수(단위 면적당 cm/s), x : 외기에서 오염물질 분자의 농도(mg/㎤), x′ : 기공내부에서 흡수면에서의 오염물 분자 농도(mg/㎤).

또한 x' 는 오염물질 종류에 의해 달라질 수가 있지만 일반적으로 문제가 되는 SO_x, NO_x 등의 오염물질의 경우에 $x' = 0$ 라고 하여도 무방하다. 또한 k는 k′ 에 비교하여 기류가 몇 cm/s 이상에서는 10배 이상 수치가 되고 근사치로서 $1/(1/k+1/k') ≒ k'$ 로 생각하여도 무방하다. 즉 위의 식에서 근사적 관계로서

$$f = k'x$$

로 되고 f는 x에 비례하며 k' 의 경우에는 기공개폐면적에 의해 설명되는데 식물이 활발히 광합성작용을 행하고 있을 경우에 가장 최대가 된다. 이와 같은 사실을 녹지를 구성하는 수종 등과 관련하여 설명하면 광합성, 호흡, 증산 등의 생리활성이 최대한 큰 것이 이상적이다. 다시 말해 생육이 왕성하고 성장속도가 빠른 수종이 좋다는 이야기이다. 또한 오염 발생원에 가깝게 녹지대를 조성하여야만 효과적이라는 것은 흡착의 경우와 마찬가지이다. 여기에서 중요한 사실은 흡착이나 흡수의 경우에서도 녹지대가 너무 견고한 벽을 형성하여 방풍림에서와 마찬가지로 오염된 기류가 수목의 수관부를 따라 흐르게 되면 녹지대 고유의 효과인 흡착 및 흡수효과가 줄어들고 만다. 실제로 조성

된 녹지대는 상당히 밀도가 엉성한 것이 많으며 녹지대 내에 식재된 수목들의 경우 군락 내부로 오염된 공기가 비교적 침입이 용이한 상태가 전체적으로 녹지의 흡착량 증가에 있어서도 이상적이라 할 수 있다. 흡착 및 흡수되어진 오염물질은 수관류와 더불어 또는 낙엽이나 개체의 고사와 더불어 토양 중에 고정되어진다고 생각된다.

이상에서 밝힌 흡착 및 흡수기능은 오염물질의 절대량을 감소시킨다고 하는 점에서 커다란 의미가 있지만, 확산의 효과는 발생원, 숲, 피해자 상호간의 위치관계에 의해 그 농도를 희석 가능한 점에서 효과가 있다. 보통 오염 발생원이 높게 위치하면 할수록 가까운 곳으로는 쉽게 낙하하지 않아 근방의 접지농도는 상대적으로 낮게 나타나고 최대 농도는 오염 발생원에서 상당히 떨어진 먼 곳에서 나타난다. 또한 그림에 나타난 침강기능은 토양입자, 중금속등 비교적 중량이 있는 오염물질에서는 효과적이다. 이들은 풍속이나 대기 안정도에 의해 큰 차이가 나지만 오염 발생원의 바로 근방에서 가라앉는 것이 보통이고 먼 거리까지 확산하는 경우는 거의 드물다.

다음에서 일본에서 구체적으로 흡착, 흡수량에 관한 연구결과를 나타내면 토쿄도(東京都)내의 환상 7호선(環狀7号線) 정도 규모로 건설된 도로(왕복 4차선, 하루 교통량 6만대 정도) 양측에 폭 10m 정도의 녹지대가 조성되었다고 할 때, 그 연장은 500m (이 때 양측의 녹지대 면적 합계는 1ha 정도가 된다.) 정도이다. 이곳에서 일 연간 발생하는 분진은 (자동차 배기구로 부터 배출된 미립자만을 뜻하고 노면에서 발생된 분진 등은 포함하지 않는다.) 100kg 전후, NO_2, SO_2 등의 기체상 상태 오염물질은 각각 30kg정도로 추정된다.

제거되는 오염물질의 양은 환상 7호선 변의 길이 500m 녹지대의 예로서 총배출량의 10% 정도이다. 그러나 오염물질은 일단 배출되면 그것을 완전히 제거하는 것은 현재 상태로는 불가능 하다. 앞에의 환상 7호선 예와 같이 10% 정도 만이라고 제거될 수 있다면 대단히 효과적이라고 할 수 있다. 또한 분진에 대해서는 노면으로부터 올라오는 것들까지 포함한다면 흡착량은 더욱 늘어날 것이다. 도로 주변에 식재된 너도밤나무 숲에서 측정된 예를 살펴보면 약 4000kg/ha라고 알려져 있다. 이상에서 밝힌 예측치는 상당한 오차를 지니는 예측에 불과하며 실제로 설정된 조건만을 기초로 예측한 것이라는 것을 밝혀둔다.

이상에서 밝힌 녹지와는 별개의 녹지에서 나타나는 대기정화 효과에 관한 것을 들어보자. 녹지가 삼림규모가 되면 삼림욕으로 대표되는 일련의 리후레쉬(refresh) 효과를 가져오기도 한다. 피톤치드라고 하는 나무의 줄기나 잎에서 방출되어지는 휘발성 테르펜(terpene)계 물질에 대한 살균 효과는 약학 또는 임학 분야에서 서서히 밝혀지고 있다. 이러한 효과들도 의심할 여지없이 식물의 중요한 역할이며 이와 같은 효과까지 모두 포함하여 녹지는 「도시의 허파」라고 하는 기능을 충분히 수행한다고 할 수 있다. 지금까지 밝힌 내용들은 주로 오염 발생원에서 근거리에서 나타나는 현상들을 문제로 삼은 주제였지만, 보다 먼 원거리를 예로 들어 국토수준, 대륙수준, 나아가 지구수준의 문제로 까지 확대된다면 상당히 색다른 평가도 나올 수 있다.

2) 방음 효과

녹지대 내부를 소리가 투과하는 경우에 소리의 감소기구는 그림 1.24로 설명된다. 이 그림에서 흡수라고 하는 것은 녹지대 내부를 투과하는 과정에서 줄기나 잎 또는 식물의 조밀한 가지에 의해 소리가 흡수되어지는 것을 말한다. 잎의 부착형태가 복잡하고 조밀한 식물종에서는 잎 전체가 이른바 다공질 재료와 같은 역할을 하여 소리 에너지의 일부가 이 구멍 안으로 마찰저항이나 점착저항 또는 미세한 섬유상 기관의 진동에 의해 미소한 열에너지로 전환되는 것을 말한다.

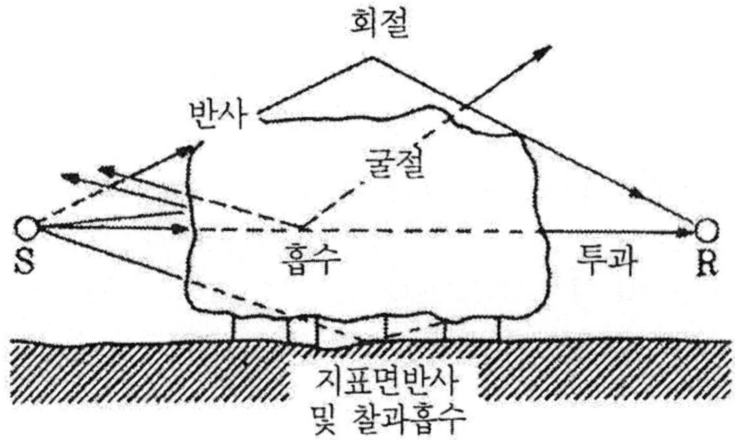

그림 1.24 숲에 의한 방음효과 기작

반사라고 하는 것은 수목이 지니는 잎이나 줄기 가지 등에 소리가 부딪쳐 그 면에서 반사하는 것을 일컫는다. 복잡한 면을 지니는 수목의 경우는 반사라고 하는 표현보다 산란이라고 하는 표현이 더욱 적절하다고 생각된다. 이와 같은 산란에 의해 소리를 청취하는 쪽으로 향하는 소리의 에너지가 현저히 감소하는 효과이다. 지표면 반사, 즉 찰과흡수라고 하는 것은 숲으로 소리가 입사하여 지표면이나 지피식생에 의해 반사 및 흡수가 일어나는 것이다. 이상과 같이 물리적 현상에 의해 녹지는 소리를 현저히 감소시킬 수 있다고 생각된다. 또한 그림 중의 굴절, 회전도 소리가 빛과 동일한 파로 해석하는 경우 나타나는 각종 현상들이지만 이들은 녹지대의 방음효과 측면에서는 이른바 마이너스(−)로 작용한다.

① 소음차단 효과

일본의 도로공단시험소(日本道路工團試驗所)에서 생울타리 녹지의 소음감소 효과 실험을 수행하였다. 소음이 발생하는 스피커(SP)와 측정 마이크(M) 사이에 생울타리를 식재하였다. 이와 같은 생울타리에 의한 소음감소 효과는 식재 배열 수에 의해 상당한 차이를 나타낸다. 주파수가 큰 소리일수록 소음 감소량은 커진다. 침엽수와 활엽수 사이에서 소음차단 효과는 현저한 차이가 나타났다. 또한 수목에 의한 반사효과도 알 수 있었다. 이와 같은 수종에 따른 소리 감소의 효과 차이는 흡음작용 보다는 반사작용에 의한 것이라 사료된다.

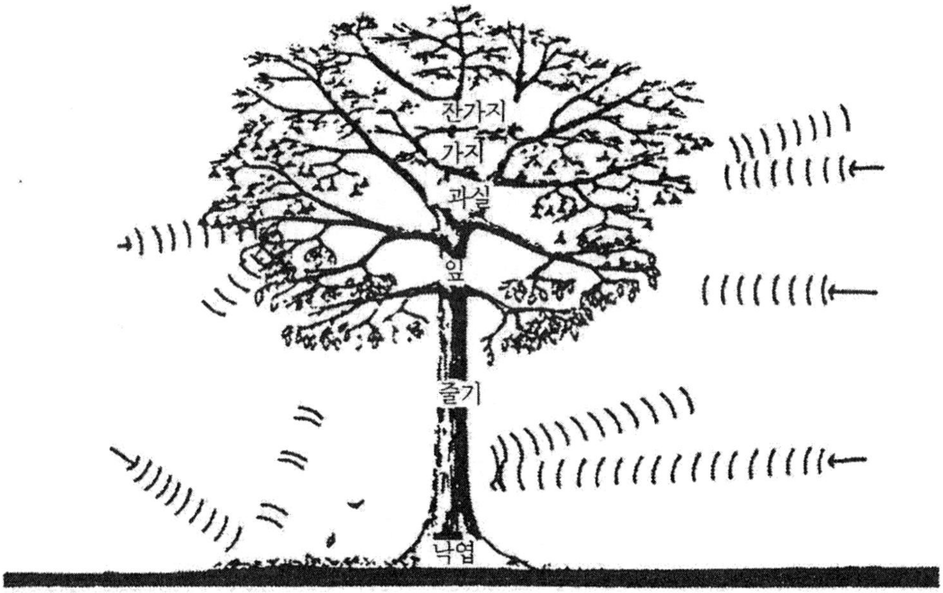

그림 1.25 소리를 차단할 수 있는 식물의 다양한 부위

지금까지의 다양한 실험결과를 종합하여 다음과 같은 방음효과를 예측하여 보았다. 수목에 의한 이상적인 방음효과는 3.7dB(A)/20m라고 할 수 있다.

이상에 나타난 각종 결과를 기초로 동일한 면에 존재하는 녹지대를 가정하여 계산해보면 약 8dB(A)가 도로에 접한 20m 녹지대에서의 방음효과라고 할 수 있다. 8dB(A)의 감소량은 방음벽과 비교해 보아도 결코 손색이 없는 효과라 할 수 있다. 그러나 각종 비용을 고려해보면 방음벽이 압도적으로 유리하다. 단 녹지대는 방음효과뿐만 아니라 다양한 기능을 지니기 때문에 단순히 경제적인 면만을 고려할 수는 없다.

따라서 지금까지의 피상적인 결과만으로 녹지의 방음효과를 평가한다는 무리이다. 그러나 고밀도로 택지화된 도시 내에서 80dB(A)의 경음을 50-60dB(A)까지 감소시킬 수 있는 것은 반드시 녹지효과 만은 아니다. 경우에 따라서 녹지와 방음벽 및 방음둑을 적절히 병용하여 실용화시키는 것이 현실적이다.

표 1.8 각종 생울타리의 치밀도와 투과 정도(각 수치는 수직면적 20 × 20cm에서 실행)

수 종	안팎의 구 분	20×20cm 잎의 매수	한 잎당 평균면적(χ)	표준 편차	20×20cm의 총잎의 면적	계	치밀도= 총엽면적/400	투과율
사철나무	外 內	102 74	18.5㎠ 16.3	2.4 2.2	1.663㎠ 1.369	3.032	7.6	생울타리에서 10m거리에서 불가능
금 송	外 內	153 84	6.2 5.6	1.6 1.4	949 470	1.419	3.6	불가능
가시나무	外 內	153 128	16.3 14.7	3.7 3.2	2.494 1.882	4.376	10.9	전혀 불가능
아왜나무	外 內	112 103	28.3 25.6	2.0 2.0	3.170 2.637	5.807	14.5	전혀 불가능
감탕나무	外 內	115 76	12.3 8.2	2.6 1.6	1.415 623	2.038	5.1	전혀 불가능

또한 녹지의 방음효과는 단순히 경음 발생원에 대한 차폐효과를 비롯하여 마스킹 효과 및 심리적인 완화효과도 있다. 그러나 녹지의 독특한 음향효과와 잎에 의한 반사효과도 있으므로 충분한 고려가 필요하다.

식물은 스스로 잎에서 소리를 발생시킬 뿐만 아니라 녹지에 서식하는 새나 벌레 등의 작은 동물이 지저귀는 소리를 간접적으로 발생시킬 수 있다. 이와 같은 소리를 자연음이라 하며 인간에게 쾌적한 느낌을 줄 수 있다. 이러한 자연음이 불쾌한 소음을 상쇄하여 완화시키는 효과를 마스킹 효과라고 한다. 예를 들어 잎이 부스럭거리는 소리는 수고 15m정도 느티나무 수관부에서 풍속 5m/s 바람이 불 때 55-60dB(A) 정도 소리가 발생한다. 주파수 영역은

6,000Hz전후이며 중심주파수는 상당히 부드러운 음역이다. 작은 새가 지저귀는 소리는 보다 부드러운 음에 가깝고 2-3 정도 음계의 음이 조합되어 마치 노랫소리와 같이 들린다. 꾀꼬리는 '꾀꼴꾀꼴' 하고 지저귀는데 처음의 「꾀」 부분이 2,400Hz 정도이고 뒤의 「꼴」 부분은 4,800Hz 정도이며 1 옥타브의 2음으로 이루어졌다. 그 소리는 8m정도 떨어진 곳에서 약 60dB(A) 정도의 소음을 나타내었다. 또한 느티나무 밑에서 참새가 짹짹거리는 소리는 7-8m 떨어진 곳에서 65dB(A)에 달한다. 자연음에 의한 마스킹 효과는 불쾌한 경음을 상쇄시킬 뿐만 아니라 '사운드 스케이핑(sound scaping)' 으로의 역할도 무시할 수 없다.

사람들은 항시 소리와 함께 생활하고 있으며 그 음이 불쾌하지 않기를 바란다. 위와 같이 녹지에서 발생하는 자연음은 음향 환경 창조에 중요한 역할을 한다. 실재로 일본정원에서 "흐름", "폭포"는 정원 내에서 자연음 발생이라고 하는 음향환경 창조에 없어서는 필수적인 존재이다.

또한 음향렌즈 효과란 숲이 마치 볼록렌즈 역할을 하여 숲이 소리에너지를 수렴하여 증폭시킨다는 것이다. 이것은 숲 안팎의 공기 질량 차이가 발생시키는 것으로 안팎의 고유 음향저항이 변해 그 경계면에서 음파의 굴절이 생기는 것이다. 실재로 이것을 측정한 예를 살펴보면 맑은 날 바람이 없는 새벽 전후에 가장 현저히 나타나지만, 그 효과는 겨우 1-1.5dB 정도로 나타났다.

② 소음의 본질

소음(noise)이란 간단히 표현해 불쾌한 소리로서 사람에 따라 인식의 차이는 다를 수 있다. 심한 소음은 사람들에게 일시적 또는 영구적 청각 장애를 일으킬 수 있다. 또한 연속적인 소음은 청각의 예민도를 점차적으로 둔화시킨다. 이와 같은 소음에 의해 청각 장애의 발생은 물론 사람들의 일상적인 대화를 방해하고 정신 집중을 방해하며 경우에 따라 신경장애나 불면증 등이 나타날 수 있다. 비록 낮은 소음일지라도 사람을 긴장하게 만들며 상대방의 말이 잘 들리지 않아 쉽게 피로해지고 신경이 날카로워지며 일의 능률이 떨어진다. 최근의 의학 연구에 의하면 각종 소음은 사람들에게 긴장과 스트레스, 분노, 사고 위험성, 불면증, 고혈압 및 기타 신장질환과 같은 정신적, 육체적 장애를 유발시킬 수 있다 그러므로 소음도 넓은 의미에서 대기오염의 한 종류라 할 수 있다.

표 1.9 소음 기준 초과에 따른 주민 반응

소음 초과 정도 dB(A)	예상되는 주민 반응
0	무반응
5	간헐적인 불평
10	전반적인 불평
15	집단 항의
20	적극적인 집단 항의

자료 : 한국소비자보호원, 1993.

소리는 어떤 물체가 진동하면서 반복적으로 공기에 압축과 팽창을 가하여 발생하는 것이다. 이 압축과 팽창이 음원으로부터 파동처럼 번져가는 것을 음파라 한다. 음파는 파장과 진동수에 의해 그 특성이 결정된다. 소리의 고저는 진동수에 따르며 진동수는 주파수라고 하며 주파수가 높을수록 높은 소리가 나타난다. 주파수가 같아도 그 소리의 에너지는 다를 수 있다. 소리 에너지는 소리의 강도를 결정한다. 또한 음원이 진동 할 때 움직이는 폭을 진폭이라 하며 진폭이 클수록 큰 소리가 들린다.

소리의 크기는 "bel" 이라는 단위로 표시하며 bel의 1/10단위를 나타내는 " decibel(dB)" 단위를 사용한다. 과학적인 측정에 의하면 0 - 1 dB는 일반 사람들이 들을 수 있는 가장 약한 소리이다. 보통 대화하는 소리는 60dB 정도이며 자동차의 경보음 소리는 90dB, 제트기 엔진 소리는 140dB 정도로 측정되었다.

도시생활에서는 자동차를 비롯하여 비행기, 중장비 소음, 기계음, 모터소음, 전자제품 소음과 같은 듣기에 불쾌한 소리들이 많이 발생하고 있다. 이와 같은 소음을 경감시키기 위해서는 상당한 비용이 소모되므로 자발적인 소음 규제가 어려운 실정이다. 그러므로 적절한 녹지환경을 조성하여 소음의 경감을 도모할 수 있다.

3) 토지보전 기능

옛날부터 녹지의 토지보전 효과는 널리 활용되어 왔다. 일제의 압제로부터 해방된 이후 그동안의 무분별한 자원 약탈과 연료채취로 인해 전국 곳곳에 광대한 면적의 민둥산 황폐지가 펼쳐져 있었고 그 복구를 위해 사방공사가 활발히 이루어졌었다. 해안가에서 흔히 자라는 곰솔(해송)숲은 해안의 모래가 내륙으로 침입하는 것을 방지하기 위하여 주민들이 수세대에 걸쳐 열심히 조성해온 해안사방림이다. 또한 삼림 벌채에 의한 토지의 황폐를 방지하기 위해 벌목금지법의 지정 등이 엄정하게 시행되었다. 또한 토목구조물을 이용하여 경사면의 안정화를 도모하고 녹화를 시도하기도 하였다. 그러나 최근에는 반대로 대규모 토목공사에 의한 거대 개발이 가져온 환경파괴 현장을 식생의 원형복구 시도와 식생에 의한 자연경관조성이 대단히 중요하게 인식되고 있다.

질 높은 목본식물에 의한 녹지복원이 활발히 추구되고 있다. 주로 초본식생에 의해 녹화된 사면에서도 시공후의 경과 연수가 더해감에 따라 다양한 식생의 자연적 침입에 의한 사면의 식생상태가 다양화하게 된다. 앞으로 더욱 다양한 종류의 식물재료가 이용될 수 있음을 고려해 보면 각 식물들이 지닐 수 있는 토지보전의 메커니즘과 그 한계를 미리 밝혀두는 것도 매우 중요하다고 할 수 있다.

① 녹지의 토지보전 기능의 분류

식생은 지표를 식물로 피복하여 토지에 가해지는 각종 침식력을 완화하는 기능을 가지고 있다. 식생이 지니는 각종 토지보전 기능, 즉 침식력 완화 기능을 녹화공사와의 관계로 분류하면 표 1.10과 같다.

표 1.10 식생의 침식력 완화기능

침식력과 침식의 원인	침식형태	침식력에 대한 식생의 기능
· 중력(重力) 서릿발, 동결, 융해	질량침식	지표면 피복이 온도교차로 완화하여 서릿발, 동결의 방지나 동결깊이의 감소를 비롯하여 입자와 토괴의 붕괴를 방지한다.
표토의 강도저하	붕 괴	식물의 근계가 표층토의 강도를 보강하고 붕괴를 억제한다.
· 우수력(雨水力) 빗물낙하 충격력	빗물침식	지표면의 낙엽이나 초본류가 빗방울의 충격력을 감쇄한다.
표면수의 유속	표면침식	식생경작에 의한 토양의 표면유량을 감소시키며, 초본류나 낙엽 등의 지표피복이 표면수의 유속을 감쇄한다.
· 풍력(風力) 지표풍의 풍속	풍력침식	지표면의 풍속을 감소시켜준다.

식생은 지표피복을 만들고 상기의 질량침식을 비롯하여 빗물에 의한 침식, 표면침식 또는 바람에 의한 침식 등 지표에서 일어나는 각종 침식들을 경감하거나 방지한다. 식생피복이 완성되면 빗물침식을 비롯하여 표면침식은 거의 완전히 방지 될 수 있다. 이 때 대상지역의 지질, 기후, 식생에 의해 독특한 표층토양이 형성된다. 녹화공사의 최종목적은 잠재식생의 성립을 가능하게 하는 표층토 형성을 촉진하고 그것을 안정된 상태로 경사면에 계속적으로 유지 가능한 조건을 만드는 것이라 할 수 있다. 이때 토양의 밀도는 감소하고 공극이 풍부하게 되며 역학적 강도가 작은 표층토가 만들어져 빗물의 대부분이 지하로 침투하여 붕괴형의 침식현상이 일어나기 쉽게 된다. 한편 식물의 근계는 토양의 강도를 보강할 수 있도록 작용한다. 식생에 의한 토양강도 향상의 매커니즘과 그것을 발휘시킬 수 있는 조건은 대단히 복잡하다. 그러므로 수목의 토양 붕괴방지 기능은 다른 침식방지 기능과 같이 명확한 설명을 하기가 어려운 주제이다.

② 식생의 토지보전 기능

앞에서 밝힌 각종 침식작용에 대한 식생 기능을 주로 한 메커니즘에 의해 검토해 본다. 식생은 초본과 목본으로 나뉠 수 있고 그 기능차이를 분명히 인식할 수 있는 것들을 시험한다. 여기에서 바람에 의한 침식작용에 대하여는 설명을 생략한다.

그림 1.26 녹지에 의한 사면 안정 기능

㉮ 식생의 질량 침식 방지 기능

식물에 의하여 식생지(植生地)와 나지(裸地)에서 서릿발의 발생을 비롯하여 토양 동결의 유무 및 깊이가 크게 차이 난다는 것은 경험적으로 알려져 있다. 겨울철 지면에서 발생하는 서릿발은 봄철 해동기에 토양을 불안정하게 하여 붕괴의 요인이 되는 경우가 많다. 그러나 식생의 양과 동결에 의한 경사면 침식량의 관계를 정량적으로 평가하는 방법을 구체적으로 제시한 것은 아니다. 서릿발에 대하여 초본, 목본식물의 방지효과는 매우 뛰어나다. 초본류에 의해 서릿발 발생이 억제되고 침식 토사량도 크게 감소하는 것을 알 수 있다. 우리나라와 겨울철 기상조건이 유사한 일본에서도 상당수의 사면이 서릿발이나 동결현상이 흔히 발생하는 기상 영역에 들어간다. 특히 서릿발현상이 크게 나타나는 화산회토 같은 토양이 일본의 사면지에서 광범위한 부분을 차지하고 있다고 가정한다면 이런 문제는 녹화측면에서 대단히 중요하다.

초본식생은 밀도가 높은 것일수록 서릿발 발생을 방지할 수 있는 효과가 크게 나타난다고 할 수 있다. 초본식생은 동결의 깊이를 감소시킬 수 있으며 동결된 표토의 해동 시에 일어나는 낙석이나 붕괴에 대해서는 큰 효과가 없는 것 같다. 한편 목본성 식물에 있어서는 근계가 땅 속 깊숙이 신장하기 때문에 표토의 붕괴나 낙석을 방지하는데 효과를 발휘할 수 있다.

㉯ 식생의 표면침식 방지 기능(빗물에 의한 침식작용을 포함한다)

ㄱ. 초본식물의 기능

표면침식이란 떨어지는 빗방울의 작용에 의해서 지표면을 통한 수분침투 능력의 감소, 지표면에서의 빗물흐름 발생, 빗물의 흐름에 의한 토양입자의 이탈, 운반의 과정이 계속적으로 진행하는 것을 일컫는다. 초본식생은 이런 모든 과정에 영향을 미치고 침식을 감소시키는 방향으로 작용한다. 다양한 초본식생으로 지표면을 피복하면 표면침식은 현저히 감소하게 된다. 경사면의 식생피복률과 표면침식량은 높은 상관관계를 나타낸다. 사면에 생육하는 초본식생이 표면침식방지에 미치는 영향을 다음과 같이 열거할 수 있다.

- 초본류의 잎이나 줄기는 빗물의 충격력을 현저히 감소시켜 빗물에 의한 침식작용을 줄여준다.
- 초본류의 뿌리는 토양표층에 고밀도로 분포하여 토양입자를 강하게 결속시키고 지표면에서 빗물의 흐름에 의한 토양입자의 이탈이나 유실을 방지한다.

- 초본류의 근계는 분포밀도가 높아 표층토의 침투능력을 개선시키고 지표면에서 빗물의 흐름을 억제시켜 준다.
- 높은 밀도로 생육하고 있는 초본류의 줄기는 지표면에서의 빗물의 흐름을 조절하여 줄 수 있는데 특히 유속을 감소시켜 빗물에 의한 토양 입자 운반능력을 감소시킨다.

토양표층에서 빗물의 침투를 크게 저해하는 빗물 충격층이라고 하는 얇은 피막이 형성되어 빗물 침투율이 급속한 감소현상을 나타내게 된다. 침식의 초기작용으로서 큰 힘을 가지고 있는 빗방울의 운동에너지도 얇은 지표면 피복물에 의해 간단해 소거될 수 있다. 즉, 녹화공사에 있어서 시공된 식물종자의 유실방지를 위하여 간단한 지면 피복물과 고분자 물질의 피복물을 사용하는 것은 이와 같은 이유 때문이다. 초본식생이 지표를 전면 피복하게 되면 빗방울에 의한 침식은 거의 완전히 방지될 수 있다. 초본식생은 빗방울의 침식작용 감소와 더불어 위에서 열거한 작용을 지닌다. 식생은 강력한 토양 침식방지 작용을 나타내기 때문에 초본식생이 밀도 높게 생육하는 사면에서는 표면침식은 거의 완전히 방지될 수 있다. 녹화공사에서 초본류를 이용한 급속 전면녹화를 많이 시공하는 것은 초본식생의 강력한 침식방지 기능을 기대하기 때문이다. 또한 건조지대에서의 조기 전면녹화(早期全面綠化) 이론도 이와 같은 초본식생이 지니는 강력한 침식방지 기능을 기초로 한다.

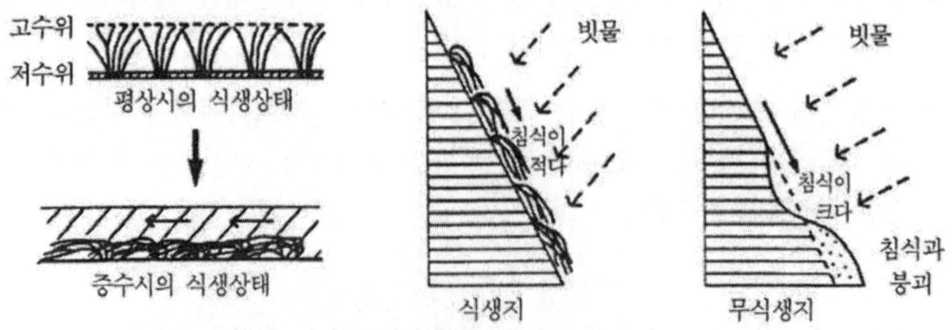

그림 1.27 하천주변에서 식생에 의한 자연보호 기능
비가 오거나 중수시에는 식물체가 도복되어 지표면의 침식을 방지한다.

ㄴ. 목본식물의 기능

목본성 식물의 특징은 풍부한 수관부를 지니고 있으며 일반적으로 높게 자란다는 데에 있다. 또한 목본식물은 하부식생을 포함하여 수관부가 2층(層) 이상의 다층으로 구성되는 경우가 많다. 목본식물의 수관은 표면침식 방지에도 역할을 담당할 수 있다. 목본식물과 표면침식과의 관계에 대하여 정리한 내용은 다음과 같다.

- 수관이 4m 이상인 경우에는 숲속에서의 빗물 운동에너지가 숲 밖에서보다 더욱 높아지므로 숲속에서 지표면 침식작용이 더욱 많이 일어나게 된다.
- 숲 속에서의 침식방지는 지면을 피복한 지피식물의 양과 잡초의 무성한 정도에 의해 지배되기 때문에 숲속의 지표면이 나지화 되지 않도록 관리하는 것이 중요하다. 태양광선이 적당히 숲 속으로 들어올 수 있도록 조치하여 적극적으로 잡초를 발생시키거나 수관이 복층화된 숲을 조성하여도 효과적이다.

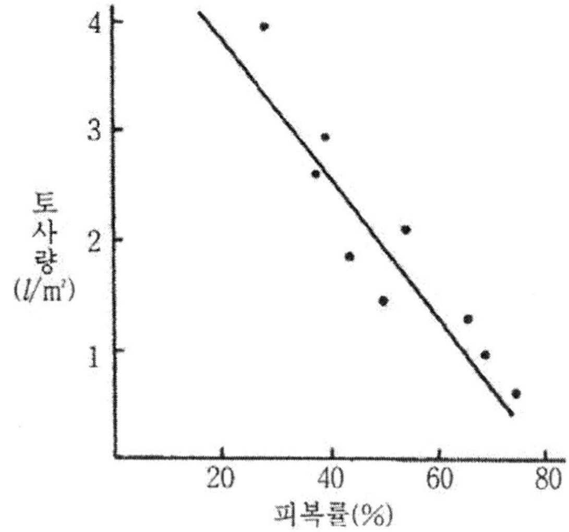

그림 1.28 사면의 초분류 피복율과 침식토사량과의 관계

- 낙엽이나 부러진 나뭇가지 등에 의해 어느 정도 지표면이 피복되어 있는 숲속에서는 수분의 침투가 잘 이루어지는 표층토가 깊은 곳까지 발달되기 때문에 지표면을 흐르는 빗물을 대부분 방지하여 표면침식 현상은 거의 일어나지 않는다.
- 실험에 의하면 100mm/h 정도의 강우 강도에서 발생하는 유출토사량을 0.1ton/ha/h 이하로 억제하기 위하여 필요한 낙엽량(落葉量)은 낙엽송과 참나무에서 약 8mm, 소나무는 4mm 정도의 두께가 필요하다고 한다.

㉰ 식생과 경사면 붕괴와의 관계

식생으로 지표를 피복하면 표면침식이 정지하고 식물생육에 적합한 팽윤상태의 표층토가 경사면에 쌓이게 된다. 이와 같은 표층토를 사면에 유지시켜주는 것은 토양 자신의 역학적 강도와 식물 근계(根系)에 영향을 받는다. 식생이 지니는 사면붕괴 억제 기능에 있어서 식물근계에 의한 토양의 역학적 강도 보강 메커니즘을 비롯하여 다양한 강도의 실제 사면에서 근계가 어떤 형태로 분포하여 사면의 강도 보강에 영향을 미치는 가를 밝혀 보고자 한다.

ㄱ. 식생 지하부에 의한 토양의 강도보강

식물 근계의 말단부에 이르기 까지 미세한 토양 입자가 들어가 있고 이들이 서로 결합되어 토양의 역학적 강도를 증가시키는 것으로 실험에 의해 알려져 있다. 그러나 그 매커니즘에 관해서는 명확하지 않은 점들이 많다. 식물 근계에 의한 토양의 강도 보강에 관한 현재까지의 연구 결과의 개요를 정리하면 다음과 같다.

- 어린 묘목을 식재한 실험장치나 유사근계를 사용한 실험에 의하면 식물의 뿌리에 의한 토양강도 보강은 점착력(粘着力)의 증가라고 하는 연구 결과가 많이 보고되어 있다. 또 수직응력(垂直應力)이 매우 적은 상태에서는 근계가 내부마찰각(內部摩擦角)을 증가시키는 작용을 하는 것도 알려져 있다.
- 뿌리에 의한 토양의 강도 보강을 점착력의 증가로 나타내는 경우에 그 증가량(c)는

  $$c = \frac{m}{k\Sigma qt}$$

  로 표시할 수 있다. 여기에서 qt는 뿌리 뽑힘에 대한 최대 저항력(引拔抵抗力), m은 단위 면적당 뿌리 수, k는 보정상수(補正常數)로 1.12이다.
- 초본류의 뿌리는 토양이 불포화(不飽和)일 때 목본류 뿌리와 거의 비슷할 정도의 효과를 발휘하지만 포화 시에는 토양에 대한 강도 보강 효과가 극도로 떨어져 버린다. 이와 같은 경우에 뿌리의 양 대소(大小)와는 거의 관계가 없다. 이러한 점에서 초본류의 뿌리와 목본류의 뿌리는 큰 차이를 나타낸다.

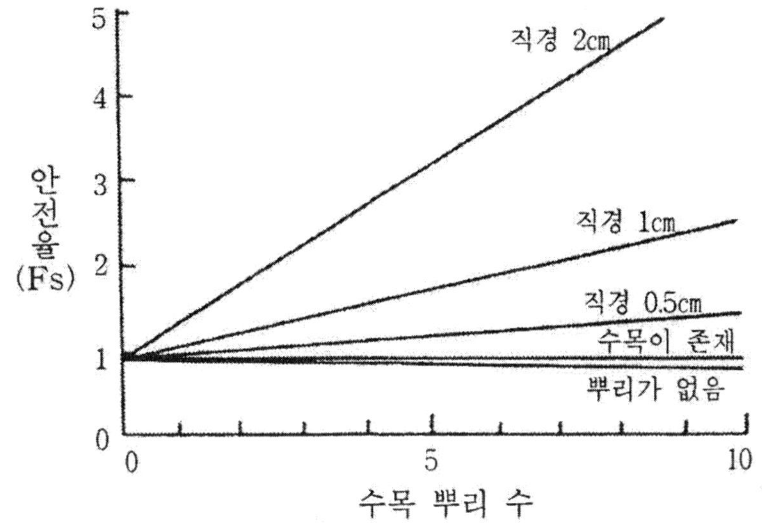

그림 1.29 사면상의 수목뿌리와 사면의 안전율

ㄴ. 수목의 근량(根量)과 사면 안전율(斜面安全率)

단단하고 미끄러운 사면에 생육하고 있는 수목의 뿌리가 사면 안전율(Fs)을 어느 정도 증가시키는 가를 사면안정식(斜面安定式)을 이용하여 계산하였다. 경사각 : 35 °, 표토 깊이 : 50cm의 경사면에 수령(樹齡) 20년생으로 지상부가 210kg인 수목이 있다고 가정하자. 토양은 화강암이 풍화된 마사토라고 설정하고 수목이 식재되어 있지 않았을 때, Fs = 1.0이 되도록 토질상수(土質常數 : 토양의 단위 체적 중량, 점착력, 내부 마찰각)를 가정하고 미끄러운 사면은 부드러운 표층토 바로 밑에 형성되어 있다고 하자. 수목의 뿌리에 의한 뿌리의 강도 보강은 앞의 식을 실험에 의해 구한 것을 이용하였다.

직경 2cm의 뿌리가 5줄기/㎡ 존재하면 안정율은 3.0 이상이 된다. 직경 1cm인 뿌리의 경우에도 6줄기/㎡의 조건에서 안정율은 2.0이 되고 수목의 뿌리는 대단히 큰 안정율 상승을 나타내고 있다.

이와 같이 소량의 뿌리에 의한 사면 안정율이 크게 증가하는 것은 수목의 뿌리가 존재하는 표층토 범위에서 붕괴되기 쉬운 미끄러운 사면이 형성되기 어렵다는 것을 나타낸다.

ㄷ. 녹화사면의 식생과 붕괴발생(崩壞發生)

식물의 뿌리는 강한 힘으로 토양 강도를 보강해줄 수 있다. 그러나 식물이 경사면에 생육하고 있다고 하여 반드시 사면 붕괴 현상이 일어나지 않는다는 보증은 없다. 앞에서 밝힌 바와 같이 사면에 있어서 붕괴와의 관계는 실제로 사면의 하층토내로 수목의 근계가 어느 정도 분포되어 있는가가 큰 영향을 미친다. 그러나 사면붕괴와 식생과의 관계는 대단히 복잡하고 불명확한 점이 많이 남아있다. 여기에서는 녹화사면에서의 식생과 붕괴현상과의 관계에 대한 기본적인 사항과 문제점들을 정리해본다.

- 초본류, 목본류를 막론하고 식생은 지상부의 크기에 비례하는 생육기반으로서 적당한 표층토 깊이가 필요하다. 이러한 표층토의 안정에는 토양의 강도 상수와 단위 체적 중량, 지하수 위, 사면의 경사도 등과 같은 요소에 의해 결정되는 한계토층 깊이(限界土層深)가 있는데 한계토층 깊이가 그 이상으로 깊게 되면 사면은 붕괴하고 만다. 이 한계토층 깊이에 대하여 식물의 뿌리가 어느 정도 보강과 수정작용이 가능한가 하는 것이 문제이다.
- 초본류가 밀도 높게 생육하고 있을 때에 식물의 뿌리는 가는 실로 만들어진 그물을 촘촘히 표층토 안에 깔아 놓은 것과 같은 상태가 되어 표층토를 판상으로 일체화 해준다. 표층토가 얕고 한계 깊이 이하인 경우의 토층은 더욱 안정도가 증가된다. 포화 시에는 토양 붕괴에 대한 초본류 뿌리가 큰 효과를 발휘할 수 없게 되므로 일반적으로 한계 깊이 이상의 표층토에서는 초본류에 의한 사면안정 효과는 기대할 수 없다.
- 일반적으로 수목의 양호한 생육을 도모하기 위하여 깊은 표층토가 필요

하다. 그러나 그 만큼 표토는 불안정한 상태에 놓여 있다. 이렇게 불안정한 토층을 수목의 뿌리가 어느 정도 잡아줄 수가 있다. 수목의 뿌리가 매우 단단한 하층토(下層土) 및 풍화암(風化岩)의 균열된 틈 사이로 신장하게 되면 사면의 안정성을 현저히 증가시켜 줄 수 있다. 그러나 녹화사면에서는 이와 같은 조건이 언제나 만족되는 경우는 드물다.

- 녹화사면의 대부분은 풍화된 암석이나 화강암 성분으로 이루어진 마사토, 화산성 퇴적토 등으로 구성되는 경우가 많다. 이들 토양은 지표면에 노출되면 재풍화가 개시된다. 절개되기 이전부터 풍화가 진행되기 시작하여 절개된 이후에도 심한 재풍화가 이루어지는 장소에서는 수목의 뿌리가 제대로 효과를 발휘할 수 없다. 그러나 재풍화가 표면으로 부터 아주 완만히 진행되기 때문에 적절히 풍화층을 유지하면서 불규칙한 깊이로 풍화가 진행되는 장소에서는 수목의 뿌리에 의해 어느 정도의 사면안정화를 꾀할 수 있다.
- 수목 뿌리에 의한 사면 안정성의 증대 효과는 비교적 깊게 형성된 표층토 하부로 수목의 뿌리가 어떻게 분포하고 어느 정도 밀도로 존재하는가를 비롯하여 표층토에 비해 상대적으로 단단한 하층토에 이르기 까지 충분히 신장되어 있는가에 크게 영향을 받는다. 그러나 이러한 지하부 영역에서의 뿌리 분포양식은 다양한 요인들에 의해 지배되기 때문에 구체적인 평가는 쉽지 않다. 이와 같은 점에서 수목류의 뿌리를 공학적인 설계기준에 반영하기에는 어려움이 있다.
- 사면녹화는 기본적으로 안정화된 깊은 표층토에 수목을 정상적으로 생육시키는 것이 원칙이다. 그러나 초본류, 관목, 교목의 순으로 뿌리가 심근성(深根性)을 나타내므로 수목류의 뿌리가 토양 깊숙이까지 용이하게 발달할 수 있는 조건을 갖춘 경사면은 시간 경과에 의해 사면안정 효과를 어느 정도 기대하여도 좋을 것 같다. 이 때 수목의 지상부가 처하는 각종 환경적인 요인은 별개의 문제로 해결할 필요가 있다.

4) 미기상 조절 기능

녹지공간에 의해 불쾌한 태양 복사열을 적절히 차단하거나 공중습도 유지, 공기흐름을 부드럽게 조절하므로서 쾌적한 생활공간을 창출할 수 있다. 사람들이 안락하게 느끼는 쾌적범위(comfort zone)는 개인에 따라 약간의 차이가 있으나 대부분의 사람들에게 적합한 일반적인 기준이 있다. 수관이 무성한 교목류는 적당한 그늘을 만들어 주어 시원함을 느끼게 하며 교목은 물론 관목, 잔디, 지피식물 등은 지면으로 부터의 태양 복사열을 차단할 수 있다. 건물 주변에 식재된 수목이나 벽면에 붙여진 덩굴성 식물은 건물과 식물과의 사이에 정체공간을 만들어 갑작스런 온도변화를 방지함으로서 내부공간의 온도변화를 완화시켜준다.

그림 1.30 녹화에 의한 복사열 차단으로 미기상조절

인간이 느끼는 쾌적함은 더위와 추위를 감지하는 체감온도에 있다. 그러므로 인간은 생활의 쾌적함을 쫓아 주택의 구조를 비롯하여 기술 및 재료 등을 지속적으로 개량하여 왔다. 대부분의 사람들은 우리 체온에 해당하는 37℃ 정도에서 가장 쾌적함을 느끼고 개인에 따라 차이는 있으나 이온도에서 올라가거

나 내려갈 때 불쾌함을 느끼게 된다. 따라서 각종 에너지를 소비하여 거주공간의 냉방 및 온방시설을 완비하였다. 오늘날, 지구 온난화 현상을 비롯하여 산성비 등과 같은 지구 환경문제도 결국은 우리 인간들이 생활의 쾌적함을 추구하기 위하여 소비한 화석연료와 같은 에너지 자원의 양과 관련이 있다. 이와 같은 범지구적인 문제를 해결할 수 있는 간단한 방법의 하나는 개개인이 에너지 사용을 절제하는 것부터 시작할 수 있다.

녹지는 환경문제를 일으키지 않고 어느 정도의 기상조건을 완화시킬 수 있는 능력을 지니고 있다. 식물이 무성한 녹지공간과 나지대를 비교할 때 체감온도는 2~3℃이상 나타날 수 있다. 특히 우리나라는 겨울철 및 이른 봄에 차고 건조한 계절풍이 불어온다. 바람은 적절하게 완만한 흐름에서는 쾌적한 느낌을 받지만 속도가 빨라지면 심한 불쾌감과 불안감을 느낀다. 적당한 녹지는 바람의 흐름에 대하여 저항을 줌으로서 풍속을 완화시켜 사람들에게 안락감을 주고 기온을 조절할 수도 있다. 녹지의 미기상 조절에 대해서는 제주도와 같이 바람이 심하게 부는 지역에서 흔히 볼 수 있는 마을주변의 삼나무 숲을 떠올리면 이해가 쉬울 것 같다. 이러한 숲들은 일반적으로 북쪽에서 불어오는 겨울철의 차가운 계절풍을 막기 위하여 삼나무나 편백과 같이 키가 큰 교목으로 울창하게 조성되었다.

동남쪽에는 강한 바람을 막아주는 것뿐만 아니라 시각적인 차폐효과를 얻기 위하여 생울타리를 심어 놓기도 하였다. 그리고 남향의 마을 어귀에는 큰 느티나무가 몇 그루 무성하게 자라고 있기도 하다. 이와 같은 느티나무는 녹음수이므로 여름철에는 남국의 강한 직사광선으로부터 건물이나 사람들을 지켜줄 수 있으며 겨울철에는 찬바람을 막아줄 수도 있다. 이와 같은 효과는 수목의 식재밀도를 비롯하여 수고, 잎의 조밀도, 수관의 형태 등 다양한 요인들에 의해 다양하게 작용한다. 그러나 도시 내에서 너무 완만한 바람은 공기의 움직임을 감소시켜 대기 중에 각종 오염물질을 정체시키고 여름철에 무더위를 가중시킬 수 있다. 고층빌딩에 의해 바람의 흐름이 크게 방해를 받는 도심지의 연중 기온의 평균치가 시골에 비해 약 0.5℃~1℃ 정도가 높다는 것은 널리 알려진 사실이다. 그러므로 도시 내에서 녹지공간을 조성하는 경우에 배식 형태는 물론 규모 및 위치선정 등에 신중을 기하여야 한다. 다음에서 이러한 녹지의 미기상 조절에 관해 논하고자 한다.

① 기온조절 기능

보통 숲 속의 기온은 숲 외부와 비교하여 일교차 및 연교차도 상대적으로 적다. 이와 같은 현상은 하루 중 나뭇잎이나 지표면으로부터의 증발산에 의한 잠열에 의해 열에너지의 방출과 야간에 있어 나뭇잎의 수분에 의한 열에너지 유지에 의한 것이라고 할 수 있다. 해안이나 호수주변에 위치하는 지방에서 상대적으로 기후가 온화한 것과 동일한 이유이다.

물은 쉽게 더워지지 않고 금방 식지도 않는다. 이런 성질에 의해 상당히 넓은 지역에서도 기온에 영향을 미칠 수 있다. 숲은 이와 같은 효과를 이용하여 기온을 조절할 수 있다. 또한 수목은 보다 직접적으로 기온을 온화하게 할 수 있다. 도시의 느티나무 가로수에서 측정한 실험결과에 의하면 수관 하부와 수관부의 외부에서 최대 2℃ 정도의 온도차이가 나타난다. 가로수 수관부의 외부는 콘크리트나 아스팔트, 유리 또는 철판 등으로 이루어져 있는 경우가 대부분이므로 낮 동안에 흡수된 태양열은 쉽게 방출되어 수관부의 하부와는 온도차이가 나는 것이다. 2℃라고 하는 온도 차이는 수치로 볼 때는 매우 적게 느껴질지 모르지만, 사람이 온도에 대한 반응은 의외로 민감하여 소수점 한 자리 정도의 변화도 느낄 수 있을 정도이다. 이와 같은 현상은 목욕탕에서 미세한 온도변화나 감기가 걸렸을 때 스스로 느끼는 체온변화를 생각해보면 이해 할 수 있을 것이다. 따라서 2℃라고 하는 기온차이는 사람에 있어서 대단히 큰 온도차이라는 것을 알 수 있다.

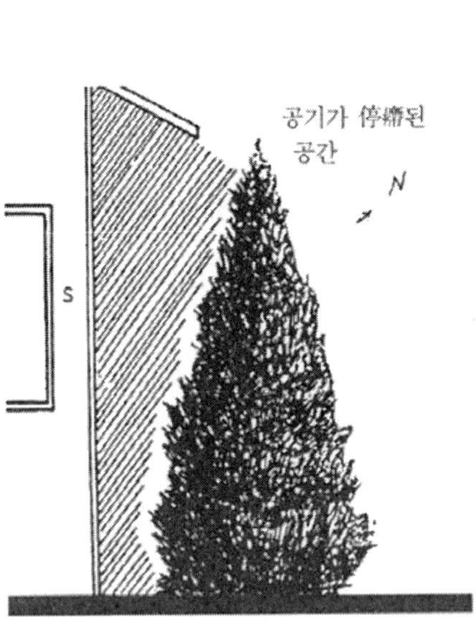

그림 1.31 건물 벽면 주변에 조성된 녹지는 내부의 미기후 변화에 대한 완충공간의 역할을 한다.

체감온도는 단순히 기온뿐만 아니라 일사량, 풍속, 습도 등과도 깊은 관계가 있다. 이와 같은 요인들이 더해져 숲이 지니는 녹음효과는 더욱 큰 수치를 나타낸다. 예를 들어 원구형 온도측정기(globe thermometer; GT)로 측정된 수치는 기온 이외에도 일사량, 기류 등의 요소가 더해져 있으며 WBGT(wet blub globe thermometer index)에는 여기에 습도를 더한 것이다. 이들 수치에 의해 앞에서 밝힌 느티나무 가로수의 그늘이 주는 청량함을 나타내보면, 그 차이가 GT로는 8도, WBGT는 4도로 나타나는데, 체감온도에 가까운 수치이다. 또한 어느 단지에 있어서 8월의 측정치로서 건물의 남쪽에 식재된 아까시나무의 그늘에 의해 건물의 벽면온도가 약 10℃ 이상 낮게 나타나는 것이 확인되었다. 콘크리트 벽면은 금방 뜨거워지고 금방 식어버리는 특성이 있다. 이와 같은 특성이 도시기후를 만들어내는 요인이 되기도 한다. 이와 같은 콘크리트의 특성을 덩굴식물 등으로 적절히 피복하여 여름 또는 겨울철에 급격한 온도변화를 예방한다면 보다 쾌적하게 도시 기후를 개선할 수 있을 것이다. 녹지에 의해 불필요한 태양 복사를 차단하거나 적절히 투과시키고 강한 바람을 완화시키며 대기 중으로 수분을 발산하며 지면으로부터의 수분증발을 감소시켜 줌으로서 온도와 습도가 적절히 조절된 미기후공간을 조성한다.

② 광선조절기능

태양광선, 즉 일사량은 기상요소에 있어 가장 중요한 것이며 앞에서 밝힌 기온이나 대기의 변화를 가져오는 직접적인 원인이 된다. 여기에서는 이와 같이 열에너지의 일원으로서 광선뿐만 아니라 단순히 「빛」으로서의 태양광선 조절에 대해 살펴보겠다. 빛에 대한 요구는 어떠한 행동상태에 있는가에 따라 큰 차이가 있다. 수면 중에는 가능한 어두운 것이 좋고 미세한 수작업이나 독서를 하는 동안에는 밝은 것이 좋다. 그러나 여하한 경우에 있어서도 태양의 강한 직사광선은 별로 환영할 만한 것이 아니다.

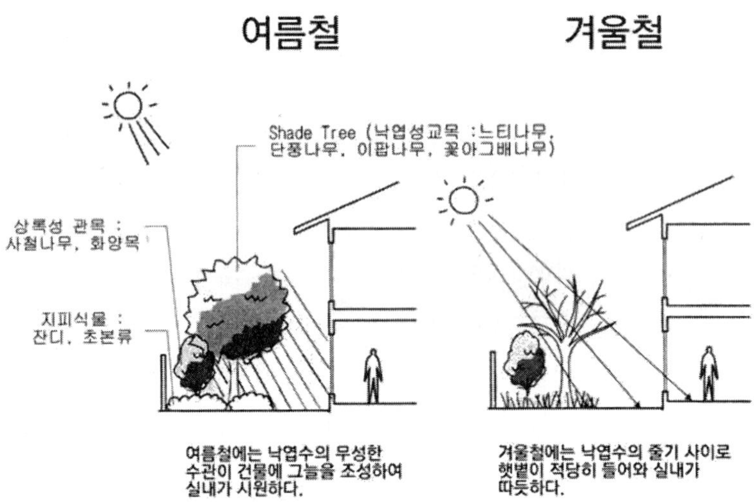

그림 1.32 건물 벽면에 접한 위치에 식재한 녹화수목은 계절에 따라 건물에 쾌적한 환경을 조성해준다.

그러므로 주거공간을 만들 때에도 햇볕을 가릴 수 있는 지붕을 설치하거나 블라인드 등으로 밝기를 조절할 수 있도록 배려하고 있다. 낙엽수는 옥외에서 태양광선을 조절하는데 상당히 효과가 있다. 여름철 강한 직사광선이 내리쬐는 시기에는 잎이 무성하여 그늘을 만들어 주고 겨울철에는 낙엽이 떨어져 광선투과율이 좋다. 또한 숲에 있어서는 수면이나 콘크리트면으로 부터의 반사광을 차단할 수 있다. 인공적인 지붕대신에 등나무 퍼골라 또는 포도덩굴 퍼골라 등을 설치하는 것에 의해서도 같은 효과를 얻을 수도 있고 덧붙여 꽃과 잎도 감상할 수도 있다. 이와 같이 자연의 지붕을 이용하는 것은 단순히 자연을 감상하는 것뿐만 아니라 에너지 절감효과도 크게 얻을 수가 있다.

그림 1.33 벤치에 그늘을 만들고, 광선을 조절할 수 있는 녹지면적 확대

③ 습도조절기능

도시기후에 있어 쾌적함을 잃게 하는 제2의 요인은 건조화라고 할 수 있다. 자연토양이 거의 사라져버린 도시에서는 습도를 조절할 수 있는 수분이 극히 적은 상태이다. 따라서 감기를 비롯하여 기관지 계통의 질병이 늘어난 것은

이와 같은 도시 사막화의 탓이라고 지적하는 의사도 있다. 식물은 하루 동안 증산작용에 의해 다량의 수분을 대기 중에 방출한다. 예를 들어 한 그루의 너도밤나무 성목은 여름철에 하루 동안 285-380 ℓ 정도의 수분을 소비하고 4000 ㎡의 과수원에서는 하루에 600톤 정도의 수분을 증산한다고 알려져 있다. 또한 잔디밭에서도 1㎡에서 하루에 20ℓ의 플라스틱 용기 한통 이상의 물을 대기 중에 방출한다고 보고되어있다. 수목의 울창한 수관은 지상으로 떨어지는 강우를 어느 정도 차단하여 강수속도를 완화시켜 주며 수분을 유인하여 완만한 수분증발을 유도한다. 이와 같이 식물은 대기 중에 습기를 보충해주어 적당한 습도를 조절할 수 있다.

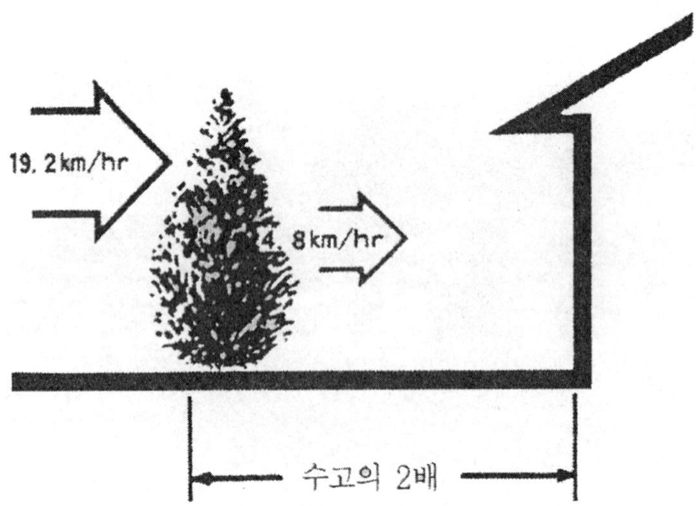

그림 1.34 건물주변에 식재된 수목은 풍속을 약화시킬 수 있다.

④ 바람 조절기능

여름철 기온이 높고 습한 열대야에 약간이나마 불어주는 바람은 우리들의 기분을 좋게 해준다. 한편 추운 겨울철에 부는 바람은 한기를 더욱 심하게 느끼게 한다. 실제로 풍속이 1m/S 증가하는 것에 따라 체감온도는 1℃ 씩 내려간다고 알려져 있다. 또한 바람은 생명이나 재산을 위협하는 원인이 되기도 한다. 그러므로 강한 바람에 대하여 오래전부터 여러 가지 대책이 강구되어져 왔다. 이 가운데에서 특히 방풍림은 여러 곳에서 널리 조성되고 있다. 녹지에 의해 풍속을 어느 정도 약화시킬 수 있는 가는 녹지를 구성하는 숲의 구조(높이, 밀도) 등에 의해 차이가 나지만 일반적으로는 80% 이상 바람을 약화시킬 수 있다고 한다. 다음에서 녹지의 구조와 방풍효과와의 관계에 대하여 설명하고자 한다.

㉮ 수고(樹高)

방풍효과에 미치는 범위(wind shadow)는 바람 상층부에서는 수고의 2-5배, 바람 하층부에서는 15-20배 거리가 그 범위에 속한다. 그러므로 이것을 기준으로 식재하고자 하는 나무의 높이를 결정할 수가 있다. 목본성 식물은 높게 자라면 자랄수록 밑부분의 가지가 위로 올라가 공극이 생기게 되므로 단순히 몇 그루 정도의 열식에 의해서는 수관 하부에서 강한 바람이 불어오게 된다. 이와 같은 현상을 방지하기 위하여는 단순하게 교목만을 식재하는 것이 아니라 중교목, 관목 등과 같이 다양한 식물을 포함하는 다층림(多層林)을 구성하는 것이 효과적이다. 또한 식재된 수목의 선단부도 일정한 것보다는 약간 불규칙한 것이 효과적일 수 있다.

㉯ 수림 폭(樹林幅)

조성된 숲의 폭은 다음에서 논하는 밀도와 관련이 크지만 그 폭이 직접적으로 방풍효과에 영향을 미치는 것은 아니다. 그러나 숲에 있어서 방풍효과가 가장 크게 나타나는 곳은 숲의 내부에서 나타난다. 따라서 바람으로부터 보호하고자 하는 대상물은 숲으로 둘러싸게 조성하는 것이 이상적이다.

㉰ 수림 밀도(樹林密度)

바람 하부의 방풍효과가 미치는 범위를 넓이기 위하여는 숲의 밀도를 너무 높게 하지 않는 것이 좋다. 즉 이상적인 숲의 밀도는 50-60% 정도가 적당하다고 알려져 있다. 이 정도 숲의 밀도라면 너무 조밀하지 않을 정도로 수목을 식재하여도 무관하다고 할 수 있다.

숲에 의한 바람 조절기능은 단순히 방풍효과 뿐만 아니라 적절한 식재형태에 의해 적당히 바람의 흐름을 변화시켜 줄 수도 있다는 것이다. 예를 들어 반대 방향에서 불어오는 바람을 건물의 창문을 통해 들어올 수 있도록 하거나 수관하부로 부는 바람을 창문으로 유도하는 등과 같은 다양한 방법들이 모색될 수도 있다.

㉱ 방풍용수로 적합한 수종

식물의 입장에서 강한 바람은 생육을 제한하는 인자이다. 그러므로 바람에도 잘 견디고 생장이 왕성하고 지엽이 적절하게 분포하여 방풍효과도 뛰어난 목본류가 좋다. 특히 수목류는 뿌리가 깊게 밑으로 뻗어내려가는 심근성이 바람직하며 줄기나 가지가 풍압에 견딜 수 있는 강한 수종이 좋다. 특히 삽목이나 접목 등의 연양번식에 의해 번식된 목본류는 뿌리의 발달이 천근성이 되기 쉬우므로 가능하면 실생번식된 직근성인 개체가 좋다. 일반적으로 다음과 같은 조건을 만족하는 수종은 상록활엽수보다는 낙엽활엽수가 적당하다.

⑤ 색 완화 기능

우리들의 도시는 온통 회색 콘크리트와 검은 색의 아스팔트가 함께하는 삭막한 도시이다. 검은 색은 흰색에 비해 70% 이상 열을 더 받는다는 것이 알려져 있다. 가뜩이나 열을 내뿜는 거대한 공룡과 같은 도시에서 이와 같은 어두운 색조들은 도시를 더욱 불쾌한 공간으로 만든다. 식물에의한 푸른 녹지공간은 사람들로 하여금 안도감과 위안을 받게 한다. 그러므로 도시 내에 최대한으로 광범위한 녹지대를 조성하여 시각적으로나 물리적으로 쾌적한 공간을 조성하여야 하겠다.

⑥ 눈(雪) 조절 기능

녹지는 내리는 눈을 직접 지표에 낙하시키지 않고 도중에서 차단할 수 있는 역할도 한다. 이와 같은 것은 강우(降雨)시에도 마찬가지로 작용 할 수 있지만 강설(降雪)시에 더 효과적이다. 그러나 이른바 숲이 눈에 대한 조절기능이라고 하는 것은 바람에 의해 불규칙한 깊이로 눈이 쌓이는 것을 막아줄 수 있다는 것이다. 즉, 바람이 약화된 곳에 눈이 낙하하여 깊게 쌓이고 풍속이 빠른 곳에서는 눈이 쓸려나가는 현상을 숲이 막아줄 수 있다는 것이다. 이와 같은 경우에 나타나는 효과 범위 및 정도는 수목의 높이, 폭, 밀도에 영향을 받는다. 수목은 지면 가까이에서 강한 바람을 동반한 폭설을 방지해줄 수도 있다. 이것은 앞에서 밝힌 방풍효과를 비롯하여 다음에서 논할 안개조절 기능과 거의 비슷하다. 한편 숲은 필요에 따라 늦은 봄까지 눈을 녹지 않게 하는 데에 이용될 수도 있다. 즉, 남쪽에 수목을 조밀히 식재하여 눈이 쌓인 곳에 그늘을 지울 수가 있다.

적설량이 많은 우리나라의 중북부 산간지방에서는 눈과 강한 바람에 저항성이 있는 수종의 선택이 중요하다. 기본적으로 내동성이 강해 저온에 의한 동해를 받지 말아야 하며 눈의 무게에 의해 가지가 찢어지지 않는 강한 수종이 좋다. 특히 눈을 동반한 강한 눈보라에도 견뎌야 하므로 풍압저항성도 강하고 심근성인 수종이 바람직하다.

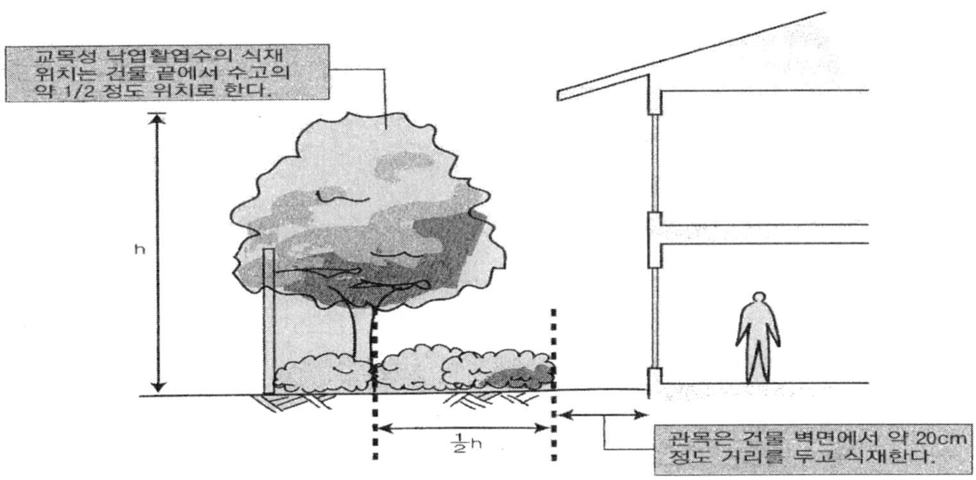

그림 1.35 미기상 조절을 위한 건물 앞의 녹화수목 식재위치

⑦ 안개(霧) 조절 기능

숲에 의해 안개를 조절할 수 있는 메커니즘은 3.2절(2)항에서 밝힌 대기정화의 분진 흡착 기능과 거의 비슷한데 안개 입자는 부유분진 보다는 상대적으로 크기 때문에 흡착효율은 뛰어나다. 적절한 구조로 이루어진 숲은 짙은 안개를 조절할 수 있는 기능은 물론 분진 흡착 기능도 함께 한다. 또한 염분이 강한 바닷바람도 숲에 의해 어느 정도 방지할 수가 있는데 이것도 안개조절 기능과 비슷하다고 할수 있다. 또한 식물체는 기공으로부터 특유의 향기를 발산한다. 따라서 대기중의 불쾌한 악취를 제거할 수도 있으므로 쾌적한 공기를 우리들에게 공급할 수 있다.

5) 교통조절 기능

녹화기능을 고려할 때에 도로식재를 무시하는 것은 있을 수가 없다. 그 밖의 식재분야에 비교하여 주로 기능을 중시한 식재가 행해지고 있다. 고속도로에 있어서의 식재기능은 표 1.11과 같이 분류될 수 있다. 지금 부터 알 수 있는 바와 같이 그 대부분은 앞에서 밝힌 것을 포함하고 특별히 도로에만 한정되는 것들이 아니다. 여기에서는 고속도로에서 특유의 자동차 주행에 대한 쾌적성과 안전성을 목적으로 한 기능식재에 관하여 논하고자 한다.

표 1.11 도로식재의 기능분류

<table>
<tr><td rowspan="8">안전운전 기능</td><td rowspan="2">유도 기능</td><td>시선유도 식재</td></tr>
<tr><td>선형예고 식재</td></tr>
<tr><td rowspan="4">사고방지 기능</td><td>명암순응 식재</td></tr>
<tr><td>차광 식재</td></tr>
<tr><td>출입방지 식재</td></tr>
<tr><td>완충 식재</td></tr>
<tr><td rowspan="2">휴게조성 기능</td><td>녹음 식재</td></tr>
<tr><td>휴게 식재</td></tr>
<tr><td rowspan="5">경관조성 기능</td><td rowspan="2">경관조정 기능</td><td>차폐 식재</td></tr>
<tr><td>경관조화 식재</td></tr>
<tr><td rowspan="3">경관연출 기능</td><td>강조 식재</td></tr>
<tr><td>조망 식재</td></tr>
<tr><td>지표 식재</td></tr>
<tr><td rowspan="4">환경보전 기능</td><td rowspan="2">재해방지 기능</td><td>방재 식재</td></tr>
<tr><td>법면보호 식재</td></tr>
<tr><td rowspan="2">환경조화 기능</td><td>자연환경조화 식재</td></tr>
<tr><td>생활환경조화 식재</td></tr>
</table>

① 시선유도 기능

예를 들어 평탄지 도로에 있어서도 좌우로 커브를 이루고 있는 경우에 운전자는 눈앞의 커브는 인식을 하지만 어느 정도 심한 굴곡을 이루고 있는지는 정확히 파악할 수가 없다. 이와 같은 경우에 커브가 심한 도로변에 생울타리 형태로 수목을 열식하면 운전자는 도로가 어느 방향으로 어느 정도 굴곡을 이루고 있는가를 쉽게 알 수가 있다(그림 1.36). 이러한 기능을 시선유도 기능이라고 한다.

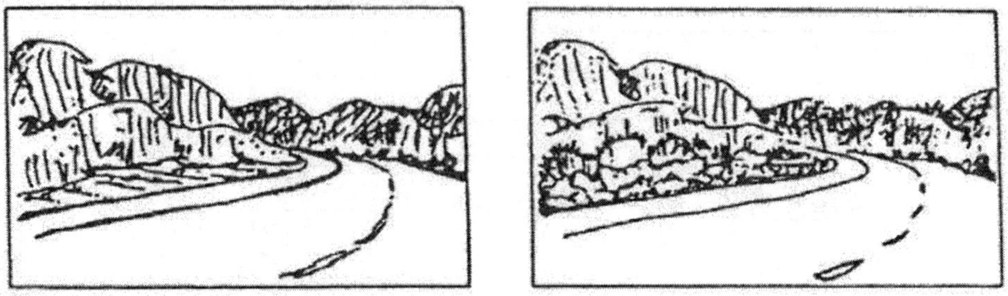

식재 전 식재 후

그림 1.36 녹지의 시선유도 기능

이와 같은 식재에 의해 전방의 커브 존재가 강조되어 운전자에게 주의를 환기시켜 줄 수가 있다. 또한 도로의 종단선형에 식재된 교목 가로수는 시선을 유도하는 점에서 효과가 있으며 이러한 식재를 특히 「선형 예고 식재(線形豫告植栽)」라고 하기도 하지만, 최근에는 이러한 기능도 시선유도에 포함하고 있다.

② 충격완화 기능

자동차가 차도를 벗어나 밖으로 튀어 나가는 사고가 발생할 경우 그 충격을 완화시켜 줄 수 있는 기능이다. 예를 들어 도로 주변에 관목을 견고히 식재함으로서 자동차의 차도 이탈을 방지할 수가 있다. 식재하는 수목은 관목이나 덩굴성식물이 좋으며 수간(樹幹)이 굵은 교목을 식재하는 경우에는 충돌사고에 의해 차안에 있는 사람들에게 충격의 위험이 있을 수 있다. 과거에는 중앙분리대 식재에서도 충격완화 기능을 기대하였으나 식재할 수 있는 면적이 일반적으로 협소하고 차량의 대형화와 고속화에 의해 그 효과는 크게 기대할 수 없게 되었다.

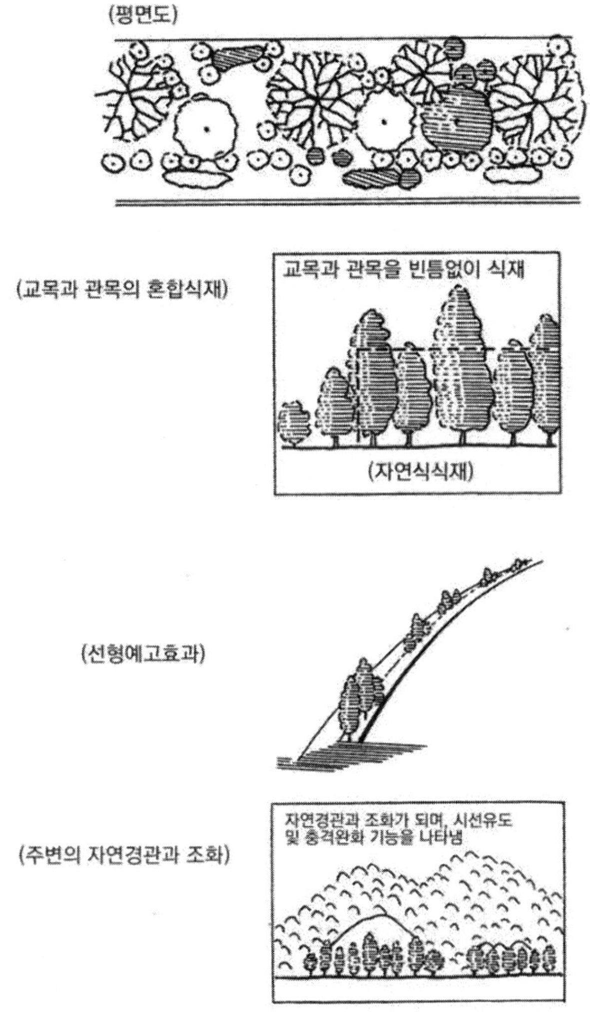

그림 1.37 자연식 식재를 통해 주변 경관과 조화를 꾀하며 복합효과도 나타내는 식재방안

③ 섬광 방지 기능

녹지의 섬광 방지 기능이라 함은 중앙분리대 식재가 주는 기능으로 흔히 알려져 있는데 대향차의 전조등에서 발생하는 강한 불빛에 의해 운전자의 눈부

심 현상을 막아줄 수 있는 기능이다. 6m 간격으로, 1개소에 3그루 정도를 심는 것이 일반적인 식재양식이다. 이것은 그림 1.38에서 보여주는 이론적 근거에 바탕을 둔 것이다.

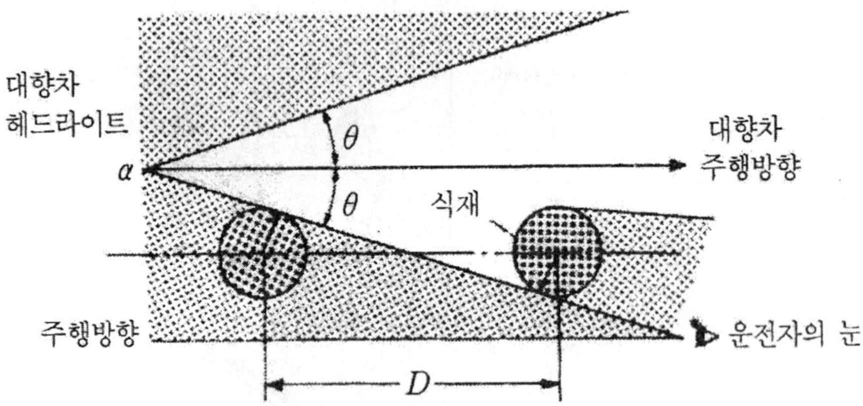

그림 1.38 헤드라이트 조사각과 식수간격

$$D = \frac{2t}{Sin\,\theta}$$

D : 식수간격, r : 수관반경, θ: 조사각

* 헤드라이트 불빛 차단식재의 식수간격과 수관직경

식수간격	수관직경
200cm	40cm
300	60
400	80
500	100
600	120

표 1.12 자동차 운전자 눈높이 및 전조등의 높이, 조사각

종류	눈높이	전조등 높이	조사각
승용차	120cm	80cm	12° (JIS)
버스, 트럭	200cm	120cm	12° (JIS)

④ 지표 기능

단순한 지형이 계속적으로 이어지는 도로를 장시간 동안 운전하고 있으면 현재 주행하고 있는 지점이 어느 곳인지 깨닫지 못하게 되는 경우가 많다. 이와 같은 경우에 모양이 특이하거나 특징이 있는 수목을 도로변에 식재함으로서 익숙한 운전자는 그 위치를 용이하게 확인할 수 있게 된다. 이것을 녹지의 지표기능이라고 하며 이른바 랜드마크(land mark)를 뜻하는 것이다. 그러므로 주변의 식생과는 확연히 다른 수목을 식재하는 것이 중요하고 경우에 따라서는 상당량의 녹지량을 조성하는 것이 식재방법이다.

⑤ 명암 순응 기능

터널의 출구와 입구는 터널내부의 어둠 및 외부의 밝음에 비교하여 극단적으로 명암 차이가 나며 사람의 시력이 원활히 적응할 수가 없다. 그러므로 터널 내부는 조명장치를 이용하여 일정한 조도를 유지하도록 한다. 특히 터널의 출구와 입구 부근은 조도를 높여 주고 중앙부는 어두운 상태를 유지하여 운전자의 터널 통과를 안전하게 배려하고 있다. 또한 출입구 부근에 식재를 함으로서 운전자의 눈이 보다 쉽게 적응할 수 있도록 적당한 음영을 준다. 이와 같은 것을 명암 순응 기능이라고 한다. 그러나 현재 고속도로는 시속 80 ~ 100 km/h 이상으로 주행하는 것이 보통으로서 이러한 고속 상태에서는 터널 출입구의 식재 효과를 크게 기대할 수는 없다고 한다.

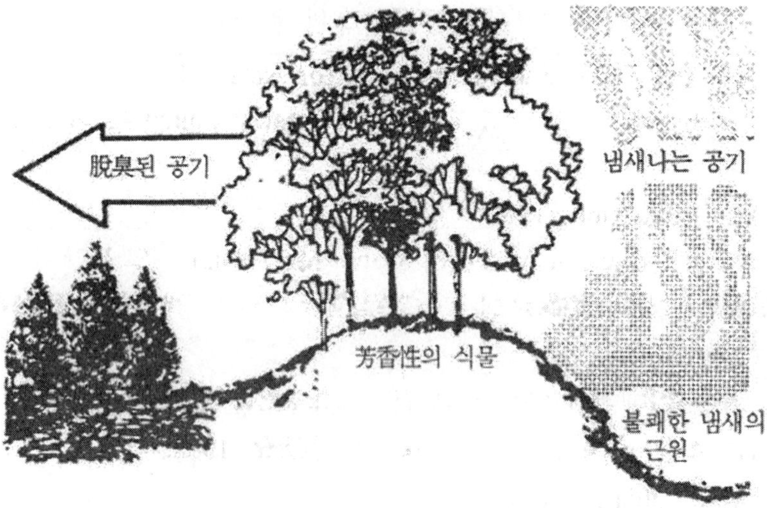

그림 1.39 녹지는 주변으로부터 불쾌한 냄새를 제거하여 쾌적한 환경을 만들어 준다.

6) 건강 증진 및 정서안정 효과

아름답게 핀 꽃을 보고 불쾌한 느낌을 갖는 사람은 없을 것이다. 지구상에 존재하는 많은 자연물, 인공물을 통틀어 우리는 초록빛 식물에서 가장 편안한 마음을 갖게 된다. 특히 식물은 화분이나 분재, 토피어리(Topiary) 등으로 다듬어져 사람들에게 더욱 많은 즐거움과 미적 가치를 발휘할 수 있다. 이와 같은 현상은 지구상에 인류가 출현한 이래로 줄 곧 주변에 식물과 함께 생활하고 의존하여 살아왔기 때문일 것이다. 구체적으로는 식물을 보고 있노라면 심리적으로 정서가 안정되고 혈압이 떨어지며 근육이 이완되어 온 몸이 편안하게 되며 뇌파의 α파가 증폭되며 심장박동이 안정된다는 연구결과도 보고되어 있다. 또한 식물과 함께한다는 것은 건강한 사람들뿐만 아니라 정신적, 육체적으로 장애를 지닌 사람들에게도 큰 효과를 나타내는 것으로 알려져 있다. 특히 미국 필라델피아의 의학임상실험연구소(Institute of medecine and clinical practice)에서 벤자민 러쉬(Benjamin Rush; 1746-1813)는 1798년에 이미 정신병 환자를 치료하기 위하여 '정원가꾸기' 를 도입하여 효과를 보았다고 한다. 그 후에도 정신질환자는 물론 척추 손상환자를 비롯하여 중풍 환자 각종 지체 장애자들의 치료효과를 증대시키기 위하여 일반적인 의학요법과 더불어 다양한 현태의 식물요법이 이용되고 있다. 현재 미국이나 캐나다, 일본, 영국 등의 선진국에서는 식물 가꾸기나 감상 등의 식물요법이 정신적, 육체적으로 미치는 효용이 매우 높기 때문에 치료효과는 물론 요양이나 직업 훈련의 한 방법으로 크게 주목되고 있다. 또한 식물은 고유한 가치 이외에도 새나 짐승들의 먹이와 안식처를 제공해줌으로서 녹지대에 이들을 유인하여 도시 내에 생태환경 질을 높일 수도 있다.

그림 1.40 도심의 녹지는 정서안정에 효과적이다.

7) 야생생물 보호 기능

녹지는 인간뿐만 아니라 조류를 비롯한 각종 야생동물들에게 서식공간과 먹이을 제공해주는 기본적인 역할을 비롯하여 인위적인 녹지공간의 적절한 조성에 의해 야생동물들의 이동, 번식, 재해방지 등을 2차적으로 도모할 수도 있다. 꽃아그배나 팥배나무와 같은 장미과 식물의 풍부한 열매는 새들의 먹이로 이용되며 주변의 새들을 녹지공간으로 불러들이는 역할을 한다. 또한 상수리나무, 졸참나무, 굴참나무 등의 참나무과 식물들은 부전나비류의 먹이가 되며 참억새, 띠 등의 화본과 식물은 부채나비, 왕그늘나비, 줄나비 등의 먹이가 될 수 있는 식물이기도 하다. 한편 적절한 면적과 형태로 조성된 다양한 종류의 녹지는 삼림성 조류를 비롯하여 초원성, 수변성 조류들의 서식공간을 제공해 줄 수 있다.

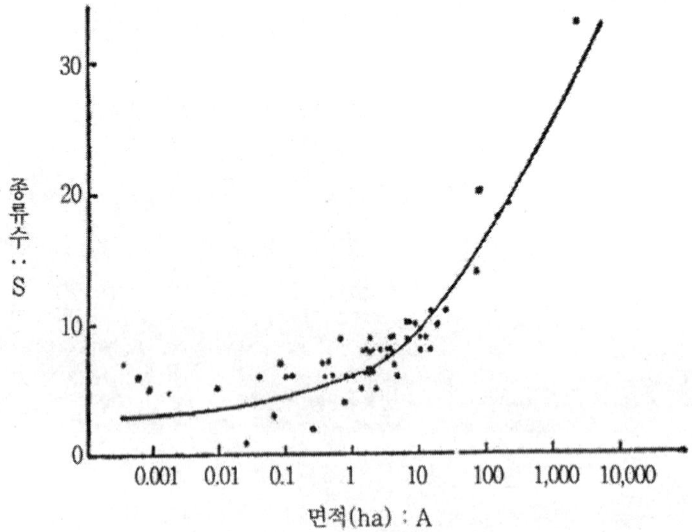

$$S = 3 + \frac{55}{1 + e^{2.68 - 0.831 \log A}}$$

그림 1.41 숲의 면적과 조류의 종류수(種類數)와의 관계

적당한 녹지공간의 설치는 동물들을 재해로부터 보호해줄 수 있는 기능도 지닌다. 독일의 아우토반 고속도로 주변에는 교목을 충분히 식재하여 도로를 횡단하는 조류나 비행성 곤충류의 도약거리를 확보하여 질주하는 자동차와의 충돌을 막아주는 배려도 해주고 있다.

제 4 장
성공적인 녹화를 위한 제반 고려사항

성공적인 녹지 공간을 창조하기 위해서는 기후 및 생물적 요인 등의 주변 환경에 크게 작용한다. 특히 군락을 이루어 성장하는 식물 집단은 상대적으로 영향을 많이 받는다. 식물과 환경과의 사이에는 극히 상호적인 관계가 있다. 다양한 녹화공사 시공 시나 도시 내의 녹지대를 조성하는 경우에도 마찬가지로 각종 조건을 무시한 시공법이나 식물 종의 선택은 반드시 실패에 이르고 만다. 녹화공사의 목적은 점점 다양화되고 있으나 환경보전이라는 관점에서 의의를 찾고자 할 때에는 녹지가 역으로 생물 및 기상환경에 미치는 간접적인 영향도 잘 이해해 두는 것이 좋다.

1. 녹화와 기상환경

다음에서 녹화공사를 규제하는 기상조건과 녹지가 완전히 조성된 이후의 시점에서 녹화공간이 기상조건을 변화시키는 2가지 측면에서 제반 사항들을 검토할 필요가 있다.

(1) 녹화공사를 규제하는 기상조건

지구 전체의 자연식생을 거시적으로 보면 온도와 수분조건에 의해 거의 결정되는 것을 알 수 있다. 이 그림에서 종축(縱軸)은 온량지수(溫量指數)로서 월 평균기온 5℃(식물활동에서 저온 쪽의 한계라고 한다) 이상의 적산온도이다. 이와 같은 식생 분포계열은 산록에서 고산지대에 이르기까지 해발고도의 변화, 또는 사막지대에서 온대지역에 이르기까지 위치의 변화에 따라 다르게 나타난다.

최근 대기 중에 이산화탄소 농도가 급격히 높아짐에 따라 근본적인 대책방안으로 지구환경 보전에 관한 연구가 진행되고 있다. 특히 기후학적 방법에 의한 연구 성과는 기상조건으로부터 결정되는 식물생장의 잠재 포텐셜을 거시적으로 이해하는데 도움을 준다. 대상으로 하는 지역의 1차 순생산력(net primary productivity, NPP)은 태양 방사에너지의 연간 순방사량과 식물생산에 큰 영향을 주는 건조도에 의해 어느 정도 추정 가능하다. 또한 이러한 자료들을 바탕으로 반경험적으로 여러 가지 예측 모델이 제안되었다.

실제적으로 온대지역 산림에서 CO_2 고정량은 광합성에 의한 고정량과 호흡에 의해 방출되는 양이 거의 균형을 이루고 있다. 초기 성장단계에서는 CO_2 고정량이 방출량을 초과하지만, 산림의 성숙과 더불어 호흡에 의한 동화양분 소비가 증가하여 어느 시점에서 양자 간에 균형이 얻어지게 된다. 그러나 산림이 파괴되면 산림 및 토양에 축적된 이산화탄소가 대기 중으로 일제히 방출되게 된다. 그러므로 산림 자체가 대량의 이산화탄소를 고정하고 축적할 수 있다는 점은 오늘날 이산화탄소에 의한 지구온난화 차원에서 큰 의의가 있다.

녹화사업이 식물의 생장을 촉진하는 사업으로 인식되는 한 앞에서 설명한 기본적인 식물생장의 형태와 허용되는 식물구조가 기상조건에 의해 크게 규제

된다는 것을 명심해야 한다. 특히 자연 환경조건이 전혀 다른 해외에서 녹화사업을 실시하는 경우에는 무엇보다 염두에 두어야 할 사항들이다.

녹화공사는 자연조건하에서 식물의 생육이 곤란한 장소에 인위적으로 식물의 성장을 촉진하는 기술이므로 무엇보다 가혹한 기상 제한조건을 완화하는 기술도 필요하다. 예를 들어 건조지에 있어서의 관개시설은 먼 옛날부터 인류가 개발하여 사용한 기술이다. 그러나 역사가 꽤 깊은 관개기술에 있어서조차 시설에 의해 발생하는 토양의 염류축적문제에 대한 근본적인 대책에 대해서도 아직 속수무책인 면이 있다. 기상조건이 가혹할수록 그에 따른 완화기술도 어려움이 크며 필요한 경비도 상당하다. 녹화를 위한 기상조건 완화대책을 어느 정도 고려해야 할까, 하는 문제에 대하여는 녹화 대상지의 목적과 주변사회 여건, 경제적 조건 등을 감안한다.

앞에서 밝힌 내용들은 지구 전체를 거시적인 안목으로 살펴본 것으로 각 지역에서는 나름대로의 향토적인 세부 문제가 존재한다는 것을 염두에 두어야 한다. 우리나라 현존 식생구조의 대부분은 다양한 인위적 간섭현상이 강하게 나타나는데 온도조건을 비롯하여 계절적인 강우변동 관계로 식물성장이 제한되는 지역, 계절풍에 의한 토양침식이 큰 성장 저해요소로 작용하는 지역 등 그 지역 특유의 기상조건이 존재한다. 그러므로 녹화사업에는 반드시 현지 실정에 적합한 녹화기술의 적용이 필요하다.

(2) 녹화공간의 기상환경 변화

식물이 거의 없는 황폐지나 인공 조성지에 대한 녹화사업이 진척되고 식물로 피복이 진행됨에 따라 그 지역의 기상환경도 변화한다. 무더운 여름철에 직사광선을 받는 시가지나 나대지로부터 숲 속으로 들어가면 시원함을 느끼게 되고 추운 한겨울에는 반대로 온화함을 느낄 수 있다. 즉 녹지에 의해 미기상이 대폭적으로 변화하여 사람들에게 쾌적함을 느끼게 해주는 것이다.

황량한 나지대와 숲의 기상학적 견지 차이는 전자에서는 지표면을 경계면이라고 보고 열에너지, 수분, 가스 등의 교환을 생각하지만, 후자인 숲에서는 수관부 상단면과 지표면과 2개의 경계면이 존재함에 따라 수관과 지표면과 사이에 별개의 기상환경이 존재하게 된다. 이러한 환경에서는 열적으로는 수관에 의해 그 변동이 크게 완화되고, 적당한 수분을 유지하는 공간이 되어 온화하고 습윤한 조건이 된다. 숲 상부의 경계면과 나지대 경계면의 큰 차이점은 열에너지 반사율의 차이(전자가 적다)와 증발, 증산량의 차이라고 할 수 있다. 식물체는 활발한 증산작용에 의해 수분을 대기로 방출하고 에너지를 잠열로 소비한다. 그러므로 대기 중의 온도를 올려줄 수 있고 기온을 내려주는 결과를 가져온다.

위와 같은 숲속의 2개 경계면을 포함하여 미기상 변동을 상세히 조사한 연구의 예는 많지 않다. 일본 사가현(滋賀縣)의 소나무와 삼나무 혼합림(소나무우세)에서 7월에 조사한 예가 있다. 햇빛에 의한 순방사에너지의 대부분이 지상 8-9m의 수관층 상부로부터 증발산잠열(蒸發散潛熱)이나 기온 상승을 가져오는 높은 열, 숲 속의 공기나 지면 등에 있는 저축열로 교환되어버린다. 따라서 지상 5m에서는 수관상의 에너지 가운데 약4%만이 도달한다는 것을 나타내고 있다. 시험 대상지에 생육중인 소나무의 지하고가 4.3m인 것은 이 결과와 대응하고 있다. 또한 순방사량의 수직분포에서 지상 8-9m의 수관층이 이 숲에서의 열수지(熱收支)면에서 식물 피복면(경계면)으로서 역할을 한다고 생각된다.

기온변화를 보면 지상 9m이상은 수직방향과 거의 비슷한 온도이지만 한낮에는 숲속을 향해 온도가 현저히 낮은 것을 나타내고 있다. 가장 더울 때의 수관 윗부분과 숲 근처와의 온도 차이는 섭씨 4도 정도로 나타난다. 한낮에 가장 고온이 되는 층은 순방사 에너지가 가장 많이 흡수되는 8-9m보다 상부이고 수목 상층목의 높이인 10-10.5m보다 1m정도 더 높은 곳이라고 판단된다.

수증기압의 변화를 보면 숲속에서는 높고 수관부를 향하여 점차로 감소되는 경향을 보여준다. 따라서 8-9m의 수관층 내에서 급격한 변화가 보여진다.

인구가 집중되고 도시화가 진행되면 "도시기후"라고 불리는 도시 고유의 기상 상태가 생겨난다. 그것은 대기오염, 고온화(도시온도), 건조화, 안개 발생 등과 같은 현상으로 나타난다. 독특한 도시 온도의 원인으로는 각종 연료소비에 의한 인공적인 열의 대량 발생, 대기오염에 의한 온실효과, 콘크리트 등 인공구조물이 경작지나 녹지보다 열용량이 크고 야간에 많은 열을 방출하며 시가지에 늘어선 빌딩숲에 의해 환기가 잘되지 않기 때문이다. 그러므로 도시 안과 밖의 기온차이는 겨울철 맑고 온화한 야간에 가장 크게 나타난다. 예를 들어 겨울철에는 섭씨 7-8도 정도에 달한다고 할 수 있다. 그러므로 도시 내부를 더 많은 식물로 녹화하는 것은 도시기후를 쾌적하게 완화하는데 반드시 필요하다.

그림 1.42 삭막한 콘크리트 건물의 녹화는 생활환경 개선 효과가 있다.

도시녹화를 행하는 목적으로서 "생활환경의 개선"을 둘 수 있다. 이 경우에 대상 지역에서 소규모 도시 공간의 미기상 변화가 가장 큰 의미를 지닌다. 예를 들면 가로수는 도로 보행자에 대하여 직사광선을 피할 수 있는 녹음수로 큰 의미가 있고, 콘크리트 벽면을 덩굴성 식물로 피복하는 것은 일광을 적절히 차단할 수도 있다. 이와 같은 것들은 인간에 있어서 "쾌적함"을 주는 것이며 미기후상의 물리적 조건을 개선함과 더불어 "녹(綠; green)" 을 도입함으로서 인간에게 심리적인 안정감을 주어 다양한 상승효과에 의해 "쾌적함"을 느끼도록 하는 것이다.

또한 광범위한 수림대의 조성은 강풍을 차단하고 사람들에게 쾌적한 공간을 꾸며줄 수 있다. 이와 같은 효과를 기대하고 거주지 주변에는 방풍림이 계획적으로 조성된 사례가 많다. 계절풍이 강한 지역에서는 옛날부터 민가 주변에 반드시 숲을 조성하였다고 추측된다. 수림대에 의한 강풍의 경감은 황사나 미세먼지의 확산 억제에도 큰 효과가 있다.

2. 녹화와 생물적 환경

녹화는 자연계에서 생물적 요소인 식생을 창출하는 행위이다. 그러므로 녹화에 있어서 식생에 관한 생물적 환경에 대하여 충분히 이해할 필요가 있다. 식생에 관한 생물적 환경에는 플로라(flora)적 요인과 생태적 요인이 있다.

플로라적 요인에는 식물의 종 분포에 관한 요인이며, 생태적 요인이란 기후환경과 토양환경에 의한 총체에 의해 만들어지는 환경요인이다. 식생은 이 두 가지 요인을 기초로 존재한다.

우리나라의 자연식생은 다음과 같이 구분되지만 기후적 요인과 지역의 플로라적 요인에 의한 상관과 구성종들이 전혀 다른 다양한 형태의 삼림이 지역적으로 나타나기도 한다.

(1) 우리나라의 자연식생

우리나라는 수리적으로 북위 33-43°, 동경 124-132° 사이에 위치하는 북반구의 온대지역에 속하는 남북으로 길게 형성되어 대륙과 해양에 접한 반도국가로서 다양한 식물들이 분포하고 잠재자연식생의 다양성도 매우 높다. 특히 아시아 계절풍 지대에 속하여 사계절의 구분이 매우 뚜렷하게 나타나며 겨울철의 차고 건조한 기후와 여름철의 무더위 및 집중호우는 식물의 분포와 녹화 식재에 큰 영향을 주고 있다. 그러므로 우리나라의 자연은 8개의 지구생물군계(biome) 가운데 온대림 지역에 속한다. 특히 우리나라의 식생은 전북구계계(全北區系界 : Boreal kingdom)의 동아시아 구계구(Sino - Korean - Japanese region)에 속하며, 빙하의 영향이 적어 국토면적에 비해 종이 다양하다. 현존하는 식생은 기후조건을 비롯하여 토양, 지형 등의 조건에 따라 독특하게 형성되므로 자연환경의 지표 및 녹화를 위한 식재에 중요한 지표가 된다.

1) 남부 난대상록활엽수림대

전남, 경남의 해안 도서지역을 포함하여 제주도의 저지대가 해당되며 북위 35° 이남 지역에 분포한다. 후박나무를 비롯하여 귤나무, 차나무, 팔손이나무, 가시나무류, 동백나무, 돈나무, 구실잣밤나무와 같은 난대성 상록수들이 자라고 있는 지역이다. 이 지역의 초본성 식물로는 석곡, 사철난, 새우란, 문주란, 약모밀 등이 분포한다. 이 지역은 강우량이 풍부하고 연평균 기온이 14℃ 이상이며 겨울철에는 평균기온이 0℃ 이하로 내려가는 경우가 드문 매우 온화한 곳이다. 우리나라에서 생물다양성이 가장 높게 나타나는 지역이다.

그림 1.43 문주란 자생지(제주도 토끼섬)

2) 중부 낙엽활엽수림대

우리나라에서 가장 광범위하게 분포하는 식생으로서 주로 북위 35-43° 사이의 고산지대를 제외한 지역에 해당한다. 이 지역은 온대북부림, 온대중부림, 온대남부림과 같이 구분되며 토양은 주로 갈색 삼림토로 이루어져 있다. 온대남부 낙엽활엽수림대에는 비자나무, 대나무, 단풍나무, 팽나무 등이 자란다. 온대중부 낙엽활엽수림대에는 신갈나무, 때죽나무, 쪽동백나무, 당단풍 등이 자란다. 온대북부 낙엽활엽수림대에는 겨울철의 기온이 한랭하고 생육기간이 짧기 때문에 내한성이 강한 낙엽활엽수들이 우점하는 수림대이다. 주요수종으로는 신갈나무, 졸참나무, 서어나무, 들메나무, 난티나무, 개암나무, 피나무, 단풍나무류 등이 있다. 그러나 낙엽활엽수들이 사람들의 훼손에 의해 소나무숲으로 변한 곳도 있다.

3) 북부 침엽수림대

연평균 기온 5℃ 이하의 북부 고산지대와 개마고원 일대에 주로 분포한다. 토양은 기온이 낮고 유기물이 지표에 많이 축적되는 포드졸(podzol)토로 이루어져 있다. 이 지역은 전형적인 냉대 기후대로서 가문비나무, 전나무, 분비나무, 잣나무, 잎갈나무 등의 침엽수림대가 형성되어 임산자원으로의 가치도 높다. 그러나 일부 지역에서는 고유 임상인 침엽수림이 인위적인 벌채나 산불 등으로 인해 자작나무, 황철나무, 피나무 등의 2차 천이 낙엽수림대로 바뀐 곳도 있다.

(2) 녹화에 영향을 주는 플로라적 요인

식물의 분포는 종에 따라 다르기 때문에 그 집합체라고 할 수 있는 지역의 식물상은 지역에 의해 다르다. 어떤 지역의 식물상은 그 지역의 시간적인 성립과정에 영향을 받아 형성되며 종의 진화와 변이의 역사성 및 종의 이동성 등과 같은 각종 요인에 의해 몇 가지의 지역구분이 가능하다. 이와 같은 지역

구분을 식물구계(植物區系)라 한다.

우리나라는 전북식물구계계의 동아시아 구계구에 속하는 지역으로서, 지형 및 기타 환경조건의 독특함에 의해 매우 풍부한 온대성 식물들이 자생한다. 세부적으로는 우리나라 북부지역은 중국의 동북부, 러시아 일부 지역과 함께 만주구에 속하고, 중부지역은 한반도 고유의 식물상이 나타나는 한반도구로 구분된다. 또한 남부 해안지역 및 제주도는 한일 난대구에 속한다.

녹화 시에 플로라적 요인이 중요한 것은 향토종 식물을 이용해 녹화를 실시하는 경우이다. 향토종은 외래종에 대응한 용어로서 자생종, 야생종, 재래종 등으로 불리는 경우도 있다. 최근에 종의 유전적 성질에 관한 연구가 활발히 이루어져 동일한 종에서도 유전적 성질이 지역적으로 다른 개체군으로 나타나는 것이 다양한 식물 종에서 밝혀졌다. 이와 같은 현상은 식물의 지역에 따른 생태형(ecotype)으로 해석하기도 한다.

일본 도쿄 앞바다의 이즈 오오시마(伊豆大島)섬에서 돈나무(섬음나무; *Australian laurel*) 잎의 모양이 혼슈(本州)의 돈나무와 비교하여 현저히 다른 것을 발견하였다. 그러므로 무분별한 관광객들에 의해 짓밟혀져 파괴되어 버린 해변가 고유의 돈나무 군락을 복원하기 위한 인위적인 식재를 할 때, 이즈(伊豆)에서 자생하는 돈나무를 육묘하여 사용해야 한다는 것을 알았다. 자생지에 따라 돈나무 잎의 형태가 현저히 다르다는 사실을 발견하였다. 따라서 녹화 시에 돈나무를 분류학적으로 정확히 동정하여 식재하여도, 경우에 따라서는 유전적 형질이 전혀 다른 식물이 도입되었을 가능성이 있다.

그림 1.44 자생식물의 자생지 복원은 향토종으로 해야한다. (사진은 미선나무)

따라서 엄밀한 의미에서의 향토종 식재는 그 지역에서 자라는 향토종을 번식시켜 사용하는 것이 복원의 원칙이다. 우리나라에서도 파괴된 자연환경을 복원하거나 식물개체가 매우 드문 희귀 및 멸종위기 식물을 복원하는 경우가 종종 있다. 이와 같은 경우에는 반드시 자생지에서 채집된 식물유전자원을 인공 증식하여 복원하는 것이 바람직하다. 더욱이 유전자의 다양성을 부여하기 위해 무성번식 보다는 종자를 통한 유성번식에 의해 번식된 식물체를 사용하는 것을 권한다.

(3) 녹화와 생태적 요인

식물 생육은 기후환경과 토양환경에 크게 의존하지만 그것을 총체로 한 환경이 생태적요인이다. 생태적요인은 잠재 자연식생과 각종의 입지구분에 의해 이해되고 잠재자연식생도(潛在自然植生圖) 및 입지구분도(立地區分圖)로 도식화되며 녹화 계획의 기초자료가 된다.

1) 잠재자연식생에 의한 방법

잠재자연식생(potential natural vegetation)은 어떤 대상지에 가해진 인공적인 요인을 완전히 제거했을 때, 그 장소에서 종국적으로 확보되는 자연식생이라 할 수 있다. 잠재자연식생은 대상지가 생물공간을 지지하는 잠재능력을 자연식생의 식물군락으로 표시한 것이기 때문에, 생태적 요인을 가장 정확하게 나타낼 수 있다. 또한 잠재자연식생을 지도상에 나타낸 잠재자연식생도를 작성함으로서 녹화 대상 공간 전체의 생태적 요인을 나타낼 수 있다.

잠재자연식생의 구성종 안에서 가장 적절한 식물들을 선별하여 식재함으로써 자연식생을 기조로 한 이상적인 녹화를 행할 수 있다. 잠재자연식생은 몇 단계의 대상군락(代償群落)을 계열로 나뉠 수 있기 때문에 대상군락의 구성종 안에서 적절한 식물을 선택함으로서 잡목림이나 반자연초지 등과 같은 대상군락을 기조로 한 자연스런 녹화를 할 수가 있다.

녹화대상지의 생태적 요인에 있어, 잠재 자연식생을 이용하여 이해하는 방법은 대상지역의 토양이나 지형 등과 같은 자연환경이 현저하게 변화를 받지 않은 경우에 적용되는 것이다. 도시 내에서 자연환경이 크게 변형된 장소를 비롯하여 지형을 인공적으로 변화시킨 녹지 조성지에서는 식생의 생육기반인 토양이 거의 없기 때문에 잠재자연식생을 추정하기 어렵고, 이 방법을 적용할 수도 없다.

① 우리나라의 잠재자연식생

우리나라가 속해 있는 북반구 온대지역에서는 기후적, 토지적인 모든 환경조건을 총화한 극상림으로 대표되는 자연림이 잠재자연식생이라 할 수 있다. 우리나라에서 전형적인 자연림이 거의 존재하지 않는 오늘날에 잠재자연식생을 판단하기란 매우 어렵다. 그러나 중북부지역에서는 너도밤나무과 참나무속(Quercus)의 신갈나무, 졸참나무, 굴참나무, 갈참나무, 상수리나무, 물참나무 등이 어우러진 낙엽활엽수림은 전형적으로 우리나라의 잠재자연식생이라 할 수 있다.

② 잠재자연식생 분석의 필요성

잠재자연식생에 관한 구체적인 연구는 현재 파괴된 녹지를 복원하고 재창조하는데 그 모형을 제시할 수 있다. 보다 정확한 잠재자연식생의 파악은 대상지역에 있어서의 제반 환경요소에 대한 종합적 분석을 통해 성취되며 결국 입지의 수용능력에 대한 올바른 평가를 통해 이루어질 수 있다. 잠재자연식생에 대한 연구는 아직 경험에 의존하는 것이 일반적이다. 그러므로 녹화에 응용하기 위해 대상지역에 남아있는 식물개체나 식생으로부터 간접적으로 분석하는 초기단계에 머무르고 있다. 그러나 최근에 일본이나 유럽에서는 과학적인 자료에 의한 잠재자연식생의 평가와 그 결과를 녹화현장에 도입하기 위해 다양한 시도를 꾀하고 있다. 우리나라에서도 잠재자연식생 분석과 GIS 등의 다양한 기법을 동시에 적용하여 얻어진 자연정보의 축적을 통해 녹화는 물론 나아가 국토개발을 위한 지침이 될 수 있을 것이다. 또한 잠재자연식생에 대한 정확한 식물사회학적 정보는 적지적소에 가장 적합한 녹화가 가능하고 한반도의 생태계 관리에 효율적으로 응용할 수 있다. 한편 현재 자연생태계의 평가기준으로 널리 활용되고 있는 녹지자연도에 대해 그 사정기준의 과학성과 표준화를 꾀하는데 이용될 수도 있을 것이다.

2) 잔존 자연식생에 의한 입지구분

도시 내에 존재하는 공간과 같이 자연이 크게 변형된 지역이나 지형이 바뀌어진 조성지에서는 주변에 잔존하고 있는 현존식생을 기본으로 하여 생태적 요인의 입지구분이 가능하다. 녹화대상지가 소규모이고 또 주변에 잔존식생이 있는 경우에는 그 식생을 구체적으로 조사하여 그것과 동일한 토양기반을 만들고 그 위에 현존식생의 구성종 및 대상군락의 구성종을 식재하는 방법이 가능하다.

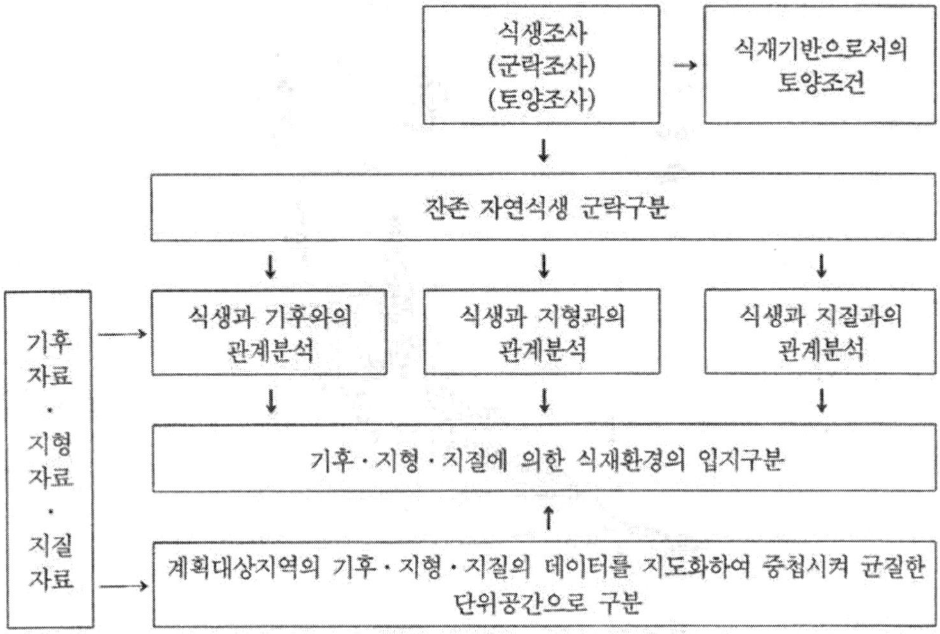

그림 1.45 잔존자연식생에 의한 입지구분 순서

그러나 녹화 대상지가 광범위하고 주변에 잔존식생이 결여되어 있는 경우는 다음과 같은 입지구분 방법이 있다. 이것은 광역적인 지역의 녹화계획에 사용된 예로서 처음에 잔존하는 현존식생을 조사하여 군락구분을 행한다. 다음으로 식물생육에 있어 주요한 환경요인으로 작용하는 기후, 지형, 지질들과 잔존식생 군락과의 대응관계를 분석한다. 끝으로 대상지역의 기후, 지형, 지질의 데이터를 지도화하여, 다른 결과들과 중복시켜 입지구분을 행하는 것이다. 토양에 있어서는 식재기반을 조성할 때 필요한 각종 토양조건 데이터를 얻기 위하여 조사한다(그림 1.45).

3. 성공적인 녹화를 위한 각종 조사법

성공적인 녹화공사를 행하기 위해서는 사전에 각종 조사단계가 필요하다. 녹화계획을 비롯한 설계 단계는 녹화의 시공 전 단계로서, 이 단계에서는 앞에서 밝힌 바와 같이 녹화 대상지의 제반 환경에 관한 조사가 주요한 항목이 된다. 이 단계의 조사가 충분히 행해져 있다면 성공적인 녹화가 기본적으로 가능하다. 그러나 녹화에 사용되는 식물은 살아있는 생물이기 때문에 토목재료나 건축재료 등과 같이 시공시의 상태가 그대로 변화하지 않고 지속되는 것이 아니라 시간의 경과에 따라 성장하고 나아가 성숙하여 새롭게 갱신되어지는 것이다. 또한 시간 경과에 따라 식생 천이를 진행시켜 시공 당시의 상태와는 전혀 다른 식물사회로 이행되는 경우도 있다.

이와 같은 이유들 때문에 녹화공사에서는 시공전과 똑같이 시공 후의 조사도 중요한 역할을 지닌다. 시공 후 나타나는 식생 상태를 정확히 조사하고 진단하여 그것을 기초로 처음에 목표로 한 식생을 향해 지속적인 관리작업이 반복될 필요가 있다. 시공 후의 조사는 녹화한 장소에서 생육하는 식물에 관한 조사가 주를 이루고 식물과 일체를 이루는 토양조사도 포함된다.

식물 조사에는 식생을 식물군락으로서 바라보는 생태학적 조사와 식물개개의 성장 및 활력도 등의 생육상태를 주로 관찰하는 생리, 생태학적 조사로 구분된다. 생태학적 조사는 녹화 시공지에 있어서 식물군락의 각종 내용들을 조사하는 현지 조사에 의해 실시된다. 또한 생리, 생태학적 조사는 현지에서 식물체를 직접 계측하는 작업과 더불어 리모트 센싱 또는 모니터링 방법 등과 같은 각종 계측기기를 이용한 조사도 함께 실시한다.

그림 1.46 도시녹화용 식물은 성질이 강건해야 한다.

(1) 생태학적 조사법과 평가기준

1) 녹화와 식물군락

① 식물군락의 개념

녹화는 식생을 성공적으로 이룩하는 행위이다. 식생이란 어떤 지역 또는 공간을 덮고 있는 식물 또는 식물사회의 전체를 일컬으며 절사면 식생이나 해안식생과 같이 특수한 지역 녹화에서 사용되는 용어도 있다. 녹화는 식물을 취급하는 행위이며 그 결과로서 식생이 나타난다.

식생을 이해하기 위해서는 식물군락의 시점이 매우 중요하다. 식물군락은 식물사회 또는 식물공동체와 같은 의미이며 동일한 입지조건을 기본으로 성립된 종 조성이나 생활형 조성 등의 생태적 성질이 동일한 종집단이다. 식물군락은 식생과는 다른 용어로서 식생을 식물군락으로 보는 것이 녹화에 있어 생태학적 조사의 기본이 된다.

식물군락이 성립하는 조건은 식물의 종이 군락적 질서를 지니는 조건이다.

식물에 있어 어떤 종이 군락을 구성하기 위하여 아래와 같은 세 가지 조건을 충족하여야 한다.

㉮ 종이 플로라의 분포영역에 있을 것

㉯ 군락의 환경적 질서규제를 받을 것 : 환경적 질서규제는 군락의 외적 요인이라고 할 수 있다. 기온이나 강우 등과 같은 기후적 요인, 지형, 지질, 지하수위 등과 같이 식물체에 작용하는 토양적 요인, 동물적 요인, 인위적 요인 등이 있다.

㉰ 군락의 사회적 질서 규제를 받을 것 : 사회적 질서 규제는 군락의 내적 요인이라고도 할 수 있다. 식물 종 간의 직접적 또는 간접적 경쟁관계, 공생관계, 기생관계 등의 공존관계이다.

이와 같은 조건들을 만족하는 종이 어떤 군락의 구성종으로 되어 있고 이와 같은 종과 군락의 관계를 파악하는 것이 식생을 보는 기본적인 시점이 된다. 식물군락은 종 구성을 비롯하여 우점종 생활형 등의 차이에 의해 분류가 가능하다. 종 구성에 의한 분류는 군집분류라고도 하는데 식물군락의 가장 일반적인 방법으로 이용된다. 군집분류는 브라운-블랑케(J. Braun-Blanquet)가 제창한 분류 방법이기 때문에 Braun-Blanquet의 군집 분류라고도 한다. 군집은 식물종에 상당하는 단위이고 종(種)위에는 속(屬)과 과(科)와 같이 상급의 단위에 의항 등급이 있다.

식물군락이 이와 같이 다른 군락과 명확히 구분되는 단위로서 파악되는 것은 일반적으로 군락 단위설(群落單位說)이라고도 불린다. 여기에 대해 식물군락은 단위로 불 수 없으며 각 종들이 환경요인에 적응하여 고유한 분포를 하고 있는 것이 모여져 있다고 파악하는 군락연속체설(群落連續體說)이 있다. 환경제어 요인이란 표고, 경사도, 방위, 토양조건 등의 다양한 환경축 또는 그와 유사한 곳들이다. 군락연속체설에는 군락은 경계가 명확한 단위가 아니라 종의 분포영역이 중복된 하나의 상태라고 보는 것이다.

식물군락을 어떻게 파악할 것인가라는 문제는 이와 같은 군락 간에 기초를 두지만 동시에 녹화와 같은 응용적 관점으로는 과연 어떤 군락관이 녹화대상지에 적절할 것인가를 생각하는 것이 중요하다.

② 녹화와 식생 천이

녹화에 의해 만들어진 인위적인 식생은 시간 경과와 더불어 성장하고 주변으로부터 다양한 식물들이 침입하여 식생 천이가 진행된다. 식생 천이는 단순히 천이(succession)라고도 한다. 일반적으로 나지대가 형성되면 우선 1,2년생 초본류가 침입하고 시간이 지남에 따라 다년생 초본류로 부터 관목 나아가서 양지성 교목류가 침입하고 다음에는 내음성이 강한 교목류의 숲으로 변화하는 자연현상이다. 식생 천이는 자연이 보다 풍부하고 다양한 상태로 이룩되는 현상이며 식물사회가 스스로 생성 및 발전하는 기구를 내포하고 있는 시간계열적인 자연현상이다.

자연현상으로서의 식생천이는 어떤 장소에 생육하는 식물군락이 시간의 경과에 따라 조성 및 구조를 변화시켜 다른 식물군락으로 이전하는 과정이다. 인위적으로 녹화된 장소는 이런 자연현상을 필연적으로 받게 된다. 녹화는 식생천이의 장(場)을 만들어내는 것이라 할 수도 있고 경우에 따라서는 식생천이를 전제로 하여 녹화공사를 할 필요가 있다. 천이는 시작부터 극상에 이를 때까지 다양한 단계가 있고 녹화의 목표는 천이 단계에 대응하여 파악된다. 녹화가 목표로 하는 식생은 천이의 초기 단계인 초지를 비롯하여 중간상태의 관목림 및 극상의 교목림 등에 이르기까지 다양한 단계가 있다. 목표식생과 녹화 시공후의 관리와의 관계는 그림 1.47과 같다. 목표식생에 도달하기까지가 육성관리의 단계이고 목표식생에 달한 후에 그것을 유지하는 것이 유지관리 단계이다.

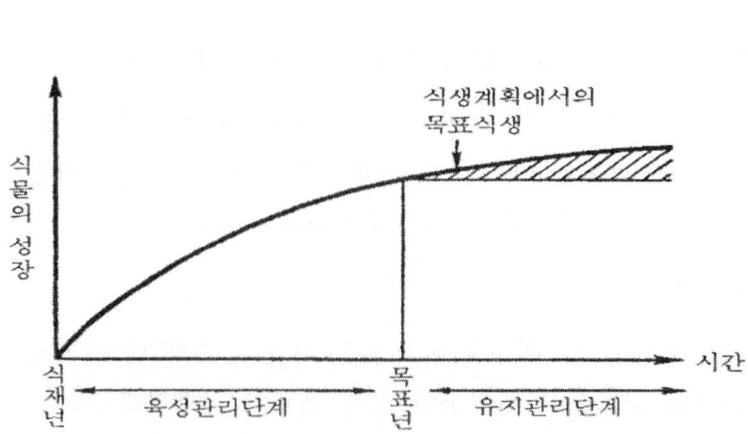

그림 1.47 식생관리계획의 시간적 단계

식물군락은 자연적 입지조건과 인위적인 관리를 바탕으로 정상상태에 이르게 된다. 이것은 지속군락이라 한다. 지속군락은 제초작업, 시비관리, 기타 제반 작업들에 의해 관리되어지고 있는 다양한 형태가 존재한다. 예를 들어 잔디밭을 비롯하여 방목이나 산불에 의해 관리되어지고 있는 초원, 자연상태에서 유지되고 있는 자연림 등 다양한 것들이 있다. 녹화가 목표로 하는 식생은 이와 같이 지속군락이어야 하며 지속성이 분명하지 않은 식생을 목표로 하면 정상상태를 지니지 못하여 관리단계에서 많은 어려움이 따른다.

녹화방법은 목표식생에 도달하기까지의 시간설정 차이에 의해서도 달라진다. 목표식생에 대하여 단기완성형으로 시공하는 경우에는 식생천이에 대해 심각하게 고려할 필요는 없다. 그러나 장기육성형인 경우에는 식생천이에 대한 정보가 반드시 필요하고 시공 후에도 적절한 조사를 실시하여 천이의 상태 진단을 반드시 시행해야 한다.

2) 군락조사 방법

군락조사에 앞서 해당지역에 대한 1/50,000, 1/25,000, 1/5,000 등의 지형도 혹은 항공사진, 지적도, 임야도, 도시계획도, 토양도, 지질도와 같은 각종 도면을 수집하여 검토하는 것이 유리하다. 특히 식물군락 조사는 각종 도면을 기초로 지형 및 기타 환경요인을 사전에 숙지하고 수차례에 걸친 현장조사에 의해 정확한 식생조사 및 분석이 가능할 것이다.

① 표본 추출

녹화시공 후에 식물군락 상태를 살펴보기 위하여는 대상지에서 식물군락의 표본조사가 필요하다. 이러한 조사를 군락조사 또는 식생조사라 한다. 표본조사를 하기 위해서 처음에는 대상지 전역을 조사하여 식생의 개략적인 현황을 조사한다. 대상지가 광대한 면적인 경우에는 항공사진을 이용하면 효율적이다. 또한 조사 시에 녹화시공에 사용되었던 계획도나 설계도를 준비하면 매우 편리하다.

식생의 개략적인 현황을 조사하는 것에는 우점종이나 상관적 특징에 의해 식생형태를 구분하고 그 분포 상태를 도면상에 나타내면 좋다. 여기에서 구분된 식생형태는 군락조사의 결과에 의해 식물군락으로서 분류될 가능성이 높은 것이다. 군락조사에 있어서는 하나의 형태에 다섯 개 이상의 표본추출(sampling)이 요망된다. 이것은 군락조사를 위해 식물의 육안관찰에 의한 동정과 빈도 및 군도 등의 각종 측도에서 발생하는 오차를 최소한으로 줄이기 위한 것이다.

㉮ 포본추출법

포본추출에 있어서 조사구를 설정하는 장소의 식생이 균질할 것과 입지조건이 균질한 것을 확인한 후에 조사구를 설정한다. 식물군락의 주변부는 인접하는 군락의 구성종이 침입하여 혼재되어 있는 경우가 있다. 이것을 주변효과라고도 하지만 이와 같은 주변효과의 영향을 최소로 줄이기 위해서는 인접군락으로 부터 충분히 떨어진 곳에 조사구를 설정하여야만 한다. 그 거리는 조사하는 군락의 최상층 높이에 상당하는 거리보다 가급적 큰 것이 좋다.

포본추출법에는 다음과 같은 3가지 방법이 있다.

- 전형표본추출법(典型標本抽出法) : 대상이 되는 군락 안에서 가장 전형적이라고 생각되는 장소에 조사구를 설정하는 것으로서 산림식생 조사를 비롯하여 일반적인 식생조사에 이용된다.
- 무작위추출법(無作爲抽出法) : 조사 대상지 내를 조사구의 크기로 격자형태로 분할하고, 난수표를 사용하여 무작위로 추출하는 방법으로서, "랜덤 샘플링(random sampling)" 이라고도 한다. 이 방법은 조사구 설정에 있어 주관을 배제할 수 있는 방법이다. 초원과 같이 거의 균질한 식생이 광대한 면적에 걸쳐 이루어진 경우에 적합한 방법이다.
- 계통추출법(系統抽出法) : 일정한 형식에 따라 규칙적으로 표본을 추출하는 방법으로서, 선상으로 길게 이어지는 도로변 혹은 하천변의 식생을 일정한 간격으로 조사할 때, 적합한 표본추출 방법이다.

㉯ 조사구의 형태

조사구의 형태는 면(面)에 의한 방형구법, 띠 형태의 벨트 트랜색법, 선에 의한 접선법, 점 형태의 포인트법 등이 있지만 일반적으로 널리 이용되어지는 것은 방형구법과 벨트 트랜색법이다.

- 방형구법(quadrat method) : 정방형을 기본으로 한 작은 방형구를 이용한 방법으로서 쿼드렛법이라고도 한다. 쿼드렛의 크기는 각 군락의 최소면적에서 가장 적당한 넓이에서 취하는 것이 일반적이다. 군락조사에서 가장 널리 이용되는 방법으로서 군락의 분류 및 군락구조를 조사하는데 적합하다. 방형구의 형태는 조사대상 군락의 형태나 지형 등의 상태에 따라 장방형이나 원형과 같이 변형된 형태가 될 수도 있다. 또한 하나의 방형구안에 임상식생의 동태를 비롯하여 군락구조를 해석하기 위하여 면적이 보다 작은 서브-쿼더렛으로 설정하는 경우도 있다.
- 벨트 트랜섹(belt transect) 법 : 방형구법의 변형된 방법의 하나로 대상구법(帶狀區法)이라고도 한다. 기준선을 따라 일정한 폭을 지닌 띠(帶)

혹은 선(線) 형태의 조사구를 설정하고 그것을 일정한 간격으로 조사하는 것으로 방형구를 일정한 방향으로 연속되게 이어 놓은 것이라고 말할 수도 있다. 벨트 트랜섹트법은 입지조건이 계속적으로 변화하는 것에 따른 식생변화를 조사하는데 적합하다. 도로의 절사면, 식생의 상부로부터 하부로의 변화를 비롯하여 도로에서 숲 속을 향하면서 도로주변의 식생변화 또는 수변식생에 있어 육상으로부터 물속에 이르기까지의 식생변화 등의 조사에 적합한 방법이다.

㉰ 조사구의 크기

조사구의 크기는 조사 목적 및 대상으로 하는 식물군락의 성질에 따라 다르다. 보통 교목림은 100-400㎡, 관목림은 25-100㎡, 고경성 초원은 4-25㎡, 저경성 초원은 1-4㎡, 선태류 및 지의류는 0.1-1㎡로 설정한다. 방형구를 설정한 군락 조사 및 군락구조의 해석을 위해 표본 조사구는 그 군락의 종조성 특징이 나타나야 한다. 따라서 군락의 구성종이 나타날 수 있는 최소면적(minimal area)이 이상적이다.

② 군락 측정

식물군락을 대상으로 종 조성 및 군락 구조에 대한 데이터를 수집하는 작업이 군락 측정이다. 군락측정에서는 식물에 관한 데이터로 종명(種名), 계층구분(階層區分), 피도(被度), 군도(群度), 생활형(生活型), 활력도(活力度) 등의 각종 군락측도를 기록하고 입지조건에 관한 데이터로서 지형, 지질, 토양, 일조 등의 요인을 기록한다.

군락측정에는 전층 군락 측정(全層群落測定)과 분층 군락 측정(分層群落測定)이 있다. 전층군락 측정이라고 하는 것은 삼림 등과 같이 다층의 계층구조를 가진 식물군락에 대해서 전 계층에서 식물종들의 피도 및 군도를 측정하는 것이다. 분층군락구조라고 하는 것은 다층의 계층구조를 지닌 식물군락에서 관목층 및 초본층 등과 같이 특정한 계층을 대상으로 하여 식물개체수를 비롯하여 개체 하나하나의 크기를 측정하는 것이다. 삼림에서 각 수목에 대한 조사는 주로 교목층을 대상으로 하는 분층군락 측정에서이다.

군락측정을 실시하는 경우에는 각지에서 얻어진 데이터를 용이하게 상호 비교하기 위하여 조사용지의 양식을 통일하는 것이 좋다.

표 1.13은 식물군락 조사 시에 널리 사용되고 있는 군락조사표이다. 이 조사표는 전층 군락 측정에 사용된 것으로 식물에 관해서의 군락측도도 확립되어있다. 계통추출법에 의해 추출된 대량의 조사 데이터를 처리하기 위하여 종명 및 측도(測度)를 코드화 한 것이다.

표 1.13 군락조사표 예

( ) 식 생 조 사 표

No. 조사지 도 군 시 명 도 ( ) (도폭) (표고) m

(지형) 산정상:산등성:사면(상 · 중 · 하/凹 · 凸) 계곡:평지 (바람에 의한 지형) 유 · 무 (방위)

(토양) 회색토 · 갈색 삼림토 · 적 · 황 · 황갈색 삼림토 · 흑 · 소택 · 충적 · 고습초 · 비고암층 · 고암층 · 수면하부 (광선) 양지 · 반음지 · 음지 (경사)

(토양습기) 건조 · 적합 · 습 · 과습 (면적) × m²

(계층) (우점종) (높이m) (식피율%) (흉고직경cm) (식생단면)

Ⅰ 교목층

Ⅱ 아교목층

Ⅲ 관목층

Ⅳ 초본층

Ⅴ 이끼층

(군 락 도) (출현종수) 19/ 년 월 일 조사자

S	L	D	S	V	SPP.	S	L	D	S	V	SPP.	S	L	D	S	V	SPP.

S : 계층, L : 생활형, D : 우점도, S : 군도, V : 활력도

군락측정에 이용되는 주요한 군락측도에는 다음과 같은 것들이 있다.

㉮ 피도(cover degree)

식물이 공간을 피복하고 있는 상태를 나타내는 측도로서 식피율이라고도 한다. 식물의 지상부를 지표면에 수직으로 투영하고 그 면적이 조사구 면적에서 차지하는 정도를 백분율(%)로 나타낸 것이다.

㉯ 우점도(dominance)

식물이 군락 내에서 어느 정도의 우점상태에 있는가를 나타내는 종합적인 측도이다. 우점상태는 피도만으로 나타낼 수도 있지만 피도 이외에 개체수 및 빈도를 더한 종합우점도로 나타내는 경우가 많다.

군락조사표에는 우점도는 피도와 개체수를 조합한 Braun-Blanquet의 측도에 의한 종합우점도를 이용했다. 이 방법에서 우점도는 다음과 같이 7단계 계급으로 구분되어진다.

- r : 최소 피도로 나타나고 우연히 들어온 종인 경우가 많다
- + : 개체수도 적고 피도도 적다.
- 1 : 개체수는 많으나 피도는 5% 이하 또는 피도가 10%이하이고 개체수가 적다.
- 2 : 개체수가 상당히 많거나 적어도 피도가 10 -25% .
- 3 : 개체수는 관계없이 피도가 25-50%.
- 4 : 같은 종류의 피도가 50-75%
- 5 : 같은 종류의 피도가 75-100%

㉰ 군도

조사구 내에서 식물이 군생하는 상태를 나타내는 측도로서 Braun - Blanquet에 의해 다음과 같이 5계급으로 나뉘어진다 (그림 1.48).

1 : 단생, 2 : 소군상, 3 : 소군의 반점상, 4 : 큰 반점상 또는 구멍이 뚫린 카펫 형태, 5 : 카펫 형태로 전면에 생육하고 있다.

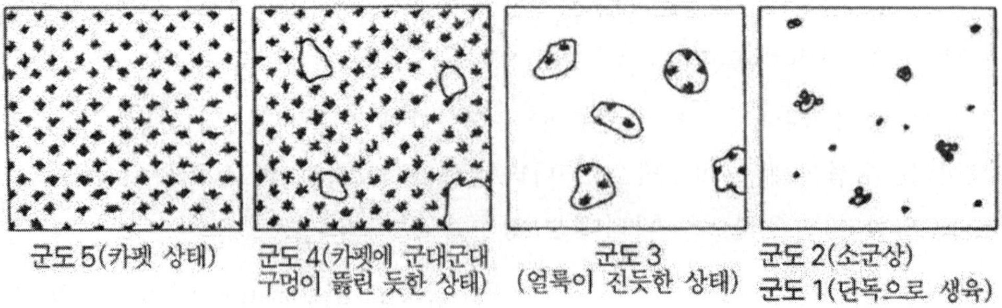

그림 1.48 군도의 모식도

㉣ 종의 목록화

삼림식생과 같이 다층구조를 나타내는 조사구에서는 식생층 별로 구분하여 기재하며 갈대군락과 같이 초장이 긴 초본식생에서는 상층부와 하층부로 나누어 조사한다. 또한 야외에서는 동정이 불가능한 식물 종은 물론 가능한 모든 식물들의 표본을 채집하고 정확한 동정을 한다.

㉤ 군락 구분

식생조사에서 설정된 조사구에서 출현한 어린 싹을 포함한 모든 식물 종들을 목록화해야 한다. 이를 토대로 각 조사구 별로 출현한 종에 대해 우점도와 군도를 한 줄로 정리하여 기록한다. 다시 식물 종 별로 어떤 조사구에서 출현하였는지의 빈도(%)로서 상재도(常在度)를 구한다. 상재도가 높은 것부터 순서대로 나열한다. 상재도는 5단계로 구분하며 상재도표를 작성한다. 보통 상재도 Ⅱ-Ⅲ 정도의 상재도를 나타내는 종을 식별종 후보로 하여 부분표를 작성한다. 조사구의 배열 순서와 출현종을 상호 비교하면서 알기 쉽도록 식별종군을 집단화(grouping)한다. 상재도Ⅰ의 종 및 Ⅳ와Ⅴ의 종을 더해 군락식별표를 완성한다. 군락식별표 내에서 상재도가 높은 대표적인 종으로 군락명을 정한다.

③ 군락식재 설계

자연식생에 가까운 군락식재를 행하는 경우, 우선 그 모델이 되는 현존식생이 자연식생인가 아니면 대상식생인가를 파악해야 한다. 예를 들어 우리나라 중북부 지방의 잠재자연식생은 신갈나무로 알려져 있다. 그러나 영남지방 산간지대에서는 특별히 사람의 인위적인 훼손을 받지 않았음에도 소나무군락이 유지되는 지역이 있다. 이와 같은 장소는 오랜 기간 동안 급경사에서 토양 표토가 유실되고 화강암을 모암으로 하는 척박한 마사토가 노출되어 낙엽활엽수가 자리잡지 못하고, 소나무만 살아남은 결과라 할 수 있다. 이와 같은 조건의 장소인 경우에 특별히 토양개량이나 환경개선이 이루어지지 않는 한 소나무가 자연식생이라 해야 할 것이다.

3) 식물군락 평가

식물군락의 평가는 식물군락이 녹화목적에서 어떤 기능 및 형태를 차지하는가 하는 정도를 밝혀주는 것이다. 그러므로 식물군락의 현존량, 자연성, 다양성 등을 조사, 분석하거나 식물군락의 천이상태를 진단하여 천이계열을 예측하는 것이 필요하다. 평가에 대해서는 녹화목표에 알맞는 적절한 식생관리가 행해진다.

① 식물군락의 생육상태 평가

식물군락의 생육상태는 식물개개의 생육상태, 식물군락의 현존량, 군락의 다양성, 군락의 종조성적 특징 등에 의해 조사된다. 이들은 어떤 시점에 있어서 군락 상태를 나타내는 것으로 다음항의 식생천이 상태진단과 조합하여 식물군락 평가에 사용한다.

㉮ 종의 생육상황

식물군락을 구성하는 여러 종들의 생육상황에 대해서는 앞 절에서 밝힌 군락측정에서 논한 바 있는 피도, 우점도, 밀도, 빈도, 활력도, 생활형 등의 조사가 사용된다. 이들은 측정치를 그대로 사용하는 경우와 계급구분을 하여 양적 측정치로 구분하는 경우가 있다.

Braun-Blanquet의 종합우점도를 피도백분율로 변환시키는 데는 다음과 같이 한다.

+ = 0.1%, 1 = 5.0%, 2 = 17.5%, 3 = 37.5%, 4 = 62.5%, 5 = 87.5%.

녹화용 초본류의 발아 후 생육상태를 조사할 때에 밀도는 살아있는 식물개체수로 표시된다.

㉯ 식물군락의 현존량

현존량이라고 하는 것은 식물군락을 구성하는 식물의 중량과 체적 등의 양으로서 이들에 의해 식물군락의 생육상황을 표시할 수 있다.

식물의 중량은 초본류를 주로 한 군락에서는 계층 또는 초장에 의해 층별로 절단하여 생체중 및 건물중에 의해 나타낸다. 이들은 종 및 부류별 군으로 정리하여 나타내는 경우도 있다.

목본류를 주로 한 삼림식생에서는 각 수목에 대한 조사를 행하여 입목 밀도(立木密度), 흉고단면적(胸高斷面績), 입목간재적(立木幹材積) 등을 구한다. 입목 밀도는 단위 면적당 수목의 본수(本數)이고 흉고 단면적은 단위 면적당 흉고 단면적의 합계치이다. 수목이 적은 경우에는 지표부에서의 단면적 합계치인 기저단면적을 사용한다.

㉰ 식물군락의 다양성

식물군락은 시간의 경과에 따라 종수가 증가하고 군락구조도 복잡하게 된다. 식물군락에서 종조성의 복잡함을 나타내는 것이 다양성 및 다양도지수라 할 수 있다. 다양도 지수는 종수와 개체수와의 관계를 수학적으로 표시한 것으로서 Fisher-Williams의 α , Simpson의 λ, 모리시다(森下)의 β 등의 지수가 사용된다. 또한 정보 이론에 의해 다양도를 구하는 방법도 있다.

② 식생천이의 상태 진단과 예측

식생천이의 진행 상태를 진단하고 장래의 천이 방향을 예측하기 위해서는 각 식물군락의 천이상태를 생활형 조성과 천이도에 의해 수량적으로 조사하고 식물군락 상호간의 유사성에 의해 천이의 전후관계를 판단하여 그것을 기초로 한 천이개요를 예측하는 방법이 이용된다.

㉮ 식생천이의 상태 진단

식생천이의 진행은 식물군락의 종조성 및 생활형 조성 변화에 의해 조사된다. 천이의 초기에는 초기상의 군락 구성종이 출현하고 극상에 가까워질수록 극상의 구성종이 많아진다. 이와같은 변화는 생활형 조성의 변화에도 나타난다. 또한 식생천이는 식물군락의 현존량 증가와 다양성이 늘어나는 것에 의해서도 얻어진다.

식생천이의 상태 진단으로서 일반적으로 이용되는 것은 생활형 조성에 의한 진단과 천이도에 의한 진단이다.

생활형 조성에 의한 진단은 식생천이가 진행함에 따라 출현하는 식물의 생활형 조성이 변화하는 것에서 착안된 진단방법이다. 일반적으로 나지대에 침입한 초기 천이군락에는 1,2년생 식물이 많고 몇 년 후에는 지중식물, 반지중식물, 지표식물들이 증가한다. 또한 시간이 경과함에 따라 관목 및 소교목류가 증가하고 나아가 교목류에 의한 삼림이 형성된다.

이와 같은 변화를 보기 위하여 각 군락 구성종의 생활형을 종수 백분율과 더불어 피도를 사용한 백분율로 나타낸 것이 생활형 조성(생활형 스펙트라)라고 한다. 어떤 식물의 생활형은 생육하고 있는 모든 장소에서 동일하게 나타난다고 할 수 없으며 환경에 따라 생활형도 달라지기 때문에 각 조사지에서 보다 철저히 생활형을 기록하는 것이 바람직하다.

㉯ 식물군락의 유사성

천이에 있어 식물군락의 전후관계 및 천이계열 추정을 할 때에 식물군락 상호간의 유사성을 파악할 필요가 있다.

식물군락의 유사성은 2개의 군락에서 공통으로 출현하는 종에 착안하여 구한다. 2개 군락의 종류를 각각 a, b 로하여 양 군락에서 공통하는 종수를 c로 하였을 때 2개 군락의 유사성은 다음과 같이 표시될 수 있다.

Jaccard 의 공통계수 $\dfrac{c}{a+b-c}$

Sϕrensen 의 유사계수 $\dfrac{2c}{a+b}$

이들은 공통하는 종수만으로 유사성을 본 것이지만 각각의 종이 나타내는 우점도 및 밀도 등의 양적 측도를 더하여 보다 정확한 계수를 구할 수도 있다. 양적 측도를 더한 계수에는 다음과 같은 것이 있다.

Whittaker 의 유사도 지수 $\dfrac{2c}{a+b} \times 100$

a : 어떤 군락에서의 각종 양적 측도의 합계치
b : 다른 군락에서의 각종 양적 측도의 합계치
c : 양 군락에서 공통하는 종의 양적 측도에서 작은 쪽 수치의 합계치

이와 같이 하여 얻어진 군락의 유사성은 앞에서 밝힌 식물군락의 종조성에 의한 분류에서도 사용된다.

㉰ 천이계열의 예측

각 군락의 식생천이 상태진단과 군락 상호간의 유사성 검토를 기초로 천이계열이 예측된다. 천이계열은 식물군락이 시간적으로 변화해가는 과정을 모식적으로 나타낸 것으로 기후, 지형, 지질 등의 자연적 조건 및 지리적 조건의 차이에 의해 지역적으로 다를 수 있다.

천이계열에는 극상을 향하여 정상적인 진행천이를 하는 정상 천이계열과 천이가 정체하거나 방향을 잃어 편향 천이계열이 되는 경우도 있다.

천이계열 예측은 실제의 녹화 시공지에서 시공 후에 실태조사를 행하고 그것을 기초로 한 경향을 예측하는 방법과 천이를 둘러싼 제반조건을 이용하여 시뮬레이션에 의해 예측하는 방법이 있다. 천이계열이 정확히 예측되면 식생천이의 동향에 적합한 적절한 식생관리를 행할 수가 있다. 그러므로 예측의 정밀도를 최대한으로 높이는 것이 앞으로의 연구과제로 매우 중요하다.

4) 녹화식물 형상의 계측

① 수목의 형상과 현존량

수목의 형상은 가장 기본적인 데이터이며, 이것을 지속적으로 측정하면 수목의 생장속도, 생장률 등을 구체적으로 파악될 수 있다. 현존량은 샘플을 채취하여 각 수목의 형상과 상대 성장측정치를 이용하여 군락 전체의 양을 구한다.

성장추(成長錐)를 이용하여 줄기에서 코어 샘플을 채취하여 식물의 연령을 파악할 수 있으므로 1회의 조사로 식물의 비대성장 과정을 어느 정도 알 수가 있다.

온대지역에 생육하는 소나무류는 1년, 1회에 한해 곁가지를 신장시키기 때문에 매년 줄기의 길이를 정확히 조사하여도 개략적인 수고 생장량을 추정할 수 있다. 또한 신초의 길이나 굵기는 수목의 활력을 잘 반영해주는 지표로 이용할 수 있다.

② 성장량 조사

정기적인 식물형상계측에서 성장속도를 측정하고자 하는 경우 캘리퍼나 자 등을 이용한 통상적인 방법으로 유목은 1개월 정도, 교목은 1년이 최소 간격이 된다. 이 이상의 정밀도로 직경 성장을 측정하고자 할 때는 알미늄 밴드제의 덴드로미타(測樹器; dendrometer)를 이용한다. 얻어진 데이터는 성장속도와 성장률로 비교, 검토한다.

한편 수목의 신장성장에 관해서 비디오나 정밀기기를 이용한 실험적인 측정법은 있으나 앞으로 현장에서 보다 간편하게 측정할 수 있는 방법의 개발이 절실히 요망된다.

5) 녹지의 모니터링

① 녹지의 리모트 센싱

원격탐사, 리모트 센싱(remote sensing)이란 용어는 미국 해양연구소의 Evelyn L. Pruitt가 처음으로 사용하였다. 물질이 태양에너지를 받아 반사하거나 방사하는 전자파 세기에 의한 계측에 기초를 두고 있다. 센서(sensor)의 종류 및 개방된 정보시스템 환경인 플랫폼(platform)의 종류에 따라 다양한 데이터가 얻어지는데 원격탐사, 원격탐지, 원격측정 등으로 흔히 불리고 있다. 일반적으로 인공위성이나 항공기 또는 기구 등을 이용하여 지상의 대상물을 주기적으로 탐사하는 것이 보통이지만 지상에서도 멀리 떨어진 대상물을 관측하는 경우도 리모트 센싱이라 한다. 리모트 센싱은 단시간에 광범위한 지역에서 다양한 정보를 수집할 수 있고, 기록된 정보는 필요에 따라 언제든지 재현할 수 있으며, 대상물에 직접 손을 대지 않고도 정보를 수집할 수 있는 특성이 있다.

녹지 모니터링을 위하여 녹화 대상지의 면적, 필요한 정밀도, 측정 목적 등에 의해 적당한 조사 방식을 선택할 필요가 있다. 비화상 데이터를 얻는 분광방사계 및 방사온도계 등이 측정에 이용되기도 한다. 분광방사 특성을 수동적인 화상 데이터로 얻어질 뿐만 아니라 능동적인 마이크로파의 영상 레이더 시스템의 이용도 앞으로 기대된다.

② 소규모 지역 리모트 센싱

대상지 스케일이 작은 경우에 이용될 수 있는 측정 장비로는 항공기를 비롯하여 헬리콥터, 모형비행기, 열기구, 연, 타워 등이 있다. 300ha 정도의 대규모 녹지대의 식생분류 평가에는 항공기 MSS(multispectral scanner)가 대단히 유효하다.

적외선 칼라사진 필름은 상태유지를 위해 반드시 냉동상태로 보존할 필요성이 있으며 현장에서의 필수 기자재로는 필터가 부착된 카메라이다. 카메라를 모형비행기나 기구에 탑재하여 촬영하면 3밴드 데이터가 얻어진다. 그러나 이와 같은 경우에 정확한 수직사진은 얻기가 힘든 경우가 많다. 그러나 6점 이상의 지형 실측 데이터와 공중에서 촬영한 2장의 경사진 사진이 있다면 디지탈 지형모델이 작성 가능하다. 따라서 분광방사 특성의 해석결과를 이것으로 합성할 수 있다. 그러나 최근에는 적외선 칼라 필름 입수가 곤란하게 된 것도 염두에 두어야 한다.

적외선 영역에 까지 높은 감도를 지니는 비디오카메라를 이용하면 현장에서 화상을 모니터하면서 필터를 바꾸며 멀티밴드 화상 기록이 가능하다.

열적외선(온도)은 방사온도계 열영상장치로 계측 가능하다. 항공기에 탑재된 6채널 열적외선 센서를 이용한 온도 분포 데이터 및 수 십분 간격으로 측정한 온도차 결과로 식생의 판별이나 증산량을 추정할 수 있는 데이터가 얻어졌다.

그 외에도 실험실에서 클로로필 형광을 이용한 광합성능력 측정도 시험되고 있다. 또한 특정한 파장의 레이저 광선이 띠는 형광 특성은 식물의 종류에 따라 현저히 다르게 나타난다. 이와 같은 결과는 콩이나 옥수수 등에서 나타났다. 형광 강도는 잎의 장해 현상에 의해 저하하는 것이 모니터링되었다. 또한 항공기에 레이저 거리 측정기기를 탑재하여 수목의 수관부 및 지면까지의 거리를 연속적으로 측정할 수 있게 되었다. 이것을 이용하여 군락의 높이나 수관의 밀도 등이 파악될 수 있다.

6) 각종 모니터링 방법의 적용

모니터링 방법은 녹화지 특성에 따라 적절히 적용할 필요가 있다. 샘플의 다양한 영향을 피하기 위해서 연속적인 조사항목 및 연속적인 조사구 설정이 바람직하다.

수목 활력도의 개략적인 육안조사는 수세, 수형, 가지 신장량, 고사부위의 존재 유무, 잎과 가지의 밀도, 잎 모양, 잎의 크기, 엽색, 맹아 시기, 낙엽 상황, 단풍 상황, 개화 상황, necrosis(반점)의 유무 등과 같은 총 13항목에 걸쳐 실시한다. 조사된 결과는 정상 상태(1점)로 부터 현저한 이상 상태(사정)에 이르기 까지 4단계로 평가하고 산술평균에 의해 피해도를 평가한다. 이와 같은 조사방법은 건전한 수목이 각종 피해를 받아 쇠퇴하는 과정을 개략적으로 파악하는 데에는 매우 유효하다. 그러나 불량상태가 발생하는 초기단계 부터 불량한 입지조건에 이르기까지의 진단에는 적합하지 않다. 또한 앞에서의 조사방법들이 정확하지 않은 데이터라고 한다면 보다 간편한 생육진단법을 이용할 수도 있다. 다양한 모니터링 수법을 적절히 조합하여 최근의 정보에 의한 일일 변화, 계절 변화, 연중 변화를 통한 식물의 성장에서 부터 다양한 형태의 스케일에 대응한 식물 생체정보, 환경 조건 등을 동시에 계측하는 것이 이상적이다. 따라서 식물의 생육장애가 발생한 경우에 앞에서의 각종 데이터에 의해 그 시기에 발생하는 특정한 장애요인 구명에 도움을 줄 수 있다.

또한 녹화대상지가 광범위한 경우에는 인공위성 데이터가 유효하지만 그렇지 않은 경우에는 대표적인 지점에서의 소규모 지역적 리모트 센싱이나 대표적인 군락에서의 종, 개체, 입지조건 등을 직접 계측하여 체계적인 방법에 의해 파악하는 것이 좋다.

이와 같은 모니터링 데이터는 컴퓨터에 데이터베이스로 축적하여 해를 거듭하며 데이터를 비교하여 각 사례를 분석하면 결과가 간단히 해석될 수 있어 매우 편리하다. 이와 같은 경우 데이터 축적이 무의미화 되지 않도록 하기 위하여 미리 데이터 구조를 신중히 검토할 필요가 있다. 또한 측정치를 기초로 한 정확한 진단을 위하여 모든 식물에서의 표준적인 데이터 참조가 필요하다. 그러나 모든 유용 수종에서 특히 야생초화류 등에 관해서는 아직 충분한 연구가 이루어지지 않은 상태이므로 참조가 곤란한 경우가 많다. 앞으로 다양한 데이터의 축적과 교환의 기회를 마련할 필요가 있다.

(2) 녹화에 의한 경관 창조

경관이란 독일어의 "Landschaft" 또는 영어의 " Landscape"을 번역한 것이다. 경관에 대한 정의는 다양하지만 흔히 우리의 눈에 보이는 경치 혹은 경개, 풍경, 풍치라고 하는 가시적인 대상에 지리, 토지, 지형, 지물, 기타 인문사회학적인 내용을 포함하여 다양한 분야에서 폭넓게 사용하는 용어이다.

그림 1.49사 생울타리용 식물은 아름답고 관리가 용이해야 한다

경관이 이와 같이 분야에 따라 의미의 차이는 있을 수 있으나 자연성과 인공성을 포괄하고 있는 풍경을 의미하고 반드시 아름다움을 조건으로 하지는 않으며 우리 주위의 환경이다. 일반적으로 경관은 우리를 둘러싸고 있는 모든 것이며 그것이 바로 환경이기도 하다. 그러므로 경관과 환경은 따로 떼어서는 생각할 수 없고 매우 유기적인 관계를 지닌다. 이렇게 우리가 살아가는 환경이기도 하지만 눈앞에 전개되고 있는 그대로의 객관성 있는 대상물이며 지표면의 연속체, 인간의 삶이 형성되는 공간을 포괄하고 있는 폭넓은 개념이라 할 수 있겠다.

이와 같은 경관을 체계적으로 구분하는 데에는 몇 가지 유형이 있을 수 있지만, 여기에서는 녹지와 관련하여 Litton이 삼림경관을 분석하기 위한 방법으로 다음과 같이 7가지 유형으로 구분한 예를 소개하겠다. 그는 경관유형을 지배하고 구성하는 4가지 요소로 형태(form), 선(line), 색(color), 질감(texture) 등을 들고 있으며 이들 요소의 상호조합과 상대적 비중이 경관의 중요성을 강조한다고 밝혔다. 또한 우리들이 인식하는 각 경관미를 변화시키는 운동(motion), 빛(light), 기후 조건(atmospheric condition), 계절(season), 거리(distance), 조망 위치(dbservation position), 규모(scale), 시간(time) 등 8가지의 변화요인도 구체적으로 제시하였다.

1) 경관의 유형

① 펼친 경관(panoramic landscape)

넓은 초원이나 끝없이 펼쳐진 바다 또는 높은 산 정상에서 밑으로 내려다보는 경치와 같이 시야를 가리는 것 없이 무한하게 펼쳐진 듯한 경관을 일컫는다. 전경관(全景觀)이라고도 하며 근경(近景)을 형성하는 단거리 및 중경(中景)을 형성하는 중거리역에 시선을 가리는 장애물이 없기 때문에 원경(遠景)을 조망하는데 지장을 주지 않는 장엄한 경관이다.

② 지형 경관(feature landscape)

다양한 특징을 나타내는 지형이 연출하는 경관으로서 보통 조망자는 강한 인상을 받게되고 일반적으로 경관의 지표가 된다. 지형경관은 조망 대상이 되는 형상물 또는 형상물의 집단으로 구성된 경관이 주변환경에 있어 우세성을 보여 두드러져 보이는 경관으로 천연의 미적경관(natural landscape)이라고도 한다.

③ 포위 경관(enclosed landscape)

위요경관(圍繞景觀)이라고도 하듯이 녹지나 자연물, 구조물 등의 연속적인 집단이나 대상물에 의해 둘러싸여 나타나는 경관을 일컫는다. 공간의 규모가 크거나 작은 것에 관계없이 나타날 수 있는 경관으로서 마치 벽과 같이 생긴 대상물에 의해 쉽게 연출된다. 이 때 둘러싸여진 지면이나 수면은 하나의 바닥을 형성한다. 포위경관은 이 벽과 바닥의 특성으로 한정되고 벽을 구성하는 대상물이 매우 원거리에 위치하고 시선을 차단하는 장애물이 위치하지 않는 경우에는 펼친경관으로 분류한다. 일반적으로 포위경관에서 사람들은 아늑하고 보호받는 듯한 느낌을 받기가 쉽기때문에 휴식장소 등에 녹지를 이용한 포위경관을 만들어 주는 것도 좋다.

④ 초점 경관(focal landscape)

우리들이 어떤 특정한 경관을 조망할 때 시선이 한 초점으로 집중되어 보여지는 경관을 일컫는다. 예를 들면 가로수가 일정한 간격으로 식재된 직선으로 조성된 도로의 한가운데 서서 응시하면 시선이 멈추는 점에 형성되는 경관이다. 또는 계곡의 끝에 폭포가 흘러내리는 경우 이것도 역시 초점경관이다. 초점경관은 지형, 식생 등에서 조망자의 시선을 한 곳으로 유도하여 형성된다. 초점경관은 의식을 집중시킬 수 있고 강조의 효과도 가져올 수 있는 경관이다.

⑤ 덮개 경관(canopied landscape)

관개경관(冠蓋景觀)이라고도 하며 상층부가 나무의 수관부로 덮이거나 덩굴성 식물이 무성하게 식재된 퍼골라 등에서 마치 하늘을 덮은 듯이 지붕을 형성하고 있는 경우 그 안에서 나타나는 경관이다. 이 경관은 상대적으로 소규모로 나타나는 경관이며 도로에서 수관이 무성한 가로수에 의해 조성되는 경우에 특히 빛과 그늘에 의한 유형변화가 급속하게 이루어져 시시가각으로 다른 느낌을 준다.

⑥ 세부 경관(detail landscape)

관찰자가 대상물에 가까이 접근하여 나무의 모양이나, 잎, 열매, 색 등을 구체적으로 들여다 보면서 느끼는 경관이다. 그러므로 다른 경관에 비해 상대적으로 거리가 가까운 근경과 직접적으로 연관되어 있다. 이 경관은 다른 경관에 비해 비교적 소규모 경관이며 경관을 구체적으로 이해하기 위해서는 관찰자의 세심하고 면밀한 관찰이 요구된다.

⑦ 일시 경관(ephemeral landscape)

자연의 상황변화에 따라 경관의 모습이 달라지는 경우이다. 아침에 해가 떠오르는 경관이나 저녁 노을, 구름이 만들어내는 독특한 모습들, 안개에 의한 신비로운 경치, 설경, 호수면에 비친 주변의 경치 등 단시간 또는 순간적으로 나타났다 사라지는 순간적 경관을 일컫는다.

위에서 열거한 7가지 경관의 유형에서 펼친 경관, 지형 경관, 포위 경관, 초점 경관 등은 규모가 큰 대경관(macro-landscape)에 속하는 기본적 유형(fundamental types)이라 하며 나머지 덮개 경관, 세부 경관, 일시 경관 등은 소경관(micro-landscape)으로서 보조적 유형(support types)으로 구분한다.

2) 경관요소로서의 식물의 특성

식물은 다양한 형태로 주요 경관 요소로 작용할 수 있다. 각기 다른 식물이 지니는 고유한 성상, 수형, 수피, 줄기, 가지, 잎, 꽃, 열매 등 식물의 세부적인 형태가 경관 조성과 밀접한 관계를 지닌다.

- 성상 : 낙엽수, 상록수, 교목, 관목, 초본 등이 계절에 따라 고유하게 나타낼 수 있는 고유한 아름다움
- 수형 : 식물 나름대로 고유하게 지니는 모양, 목본류의 수형(원추형, 타원형, 우산형, 난형, 구형, 수지형, 포복형, 만경형 등)
- 수피 : 수피의 질감(부드럽다, 거칠게 갈라진다, 얇게 벗겨진다 등), 색깔(흰색, 초록색, 갈색 등)
- 줄기 : 직립형, 수양형, 포복형, 덩굴형
- 가지 : 조밀함, 색깔, 가지가 뻗은 모양(마주나기, 어긋나기, 둘러나기

등)

- 잎 : 색깔, 모양, 크기, 단풍, 표면의 특성(털의 유무, 번쩍거림 등)
- 꽃 : 색깔, 크기, 개화시기
- 열매 : 색깔, 모양, 크기, 계절성, 동물들의 먹이로 이용될 수 있는 가능성(새나 작은 동물을 유인하여 경관을 연출할 수도 있음)

제 5 장 녹화용 재료

녹화공사의 성패(成敗)는 녹화 대상지의 환경조건에 적합한 녹화식물의 선별을 비롯하여 식재한 식물들이 건전한 생육을 도모할 수 있도록 녹화기반의 정비 및 양생관리 방법 등에 의해 결정된다. 특히 최근에는 녹화공간이 확대되고 다양화함에 따라 식물의 생육환경은 더욱 가혹한 조건으로 나타나고 있다. 이와 같은 공간에 있어서 식물의 적절한 선택 이상으로 식물의 건전한 생육이 가능하도록 각종 녹화 기반재료를 이용한 식재기반 정비가 필요하게 되었다. 따라서 다양한 녹화 보조재를 이용한 각종 양생 관리대책이 필요하게 되었다. 이상과 같은 배경에 의해 최근에는 다양한 종류의 녹화 기반재료를 비롯하여 녹화 보조재의 개발이 활발하게 이루어지고 있다.

1. 녹화식물

(1) 녹화식물의 종류

넓은 의미에서 녹화목적으로 식재 가능한 모든 식물을 총칭하여 녹화식물이라 한다. 흔히 녹화식물이라고 하면 초본류 및 목본류를 비롯하여 야생식물, 재배식물 등의 구별없이 대부분의 식물이 포함되기 때문에 매우 다양하다. 최근에는 녹화형태의 다양화와 더불어 과수, 채소, 임목 등과 같이 생산을 목적으로 하는 농작물 또는 잡초로 분류되는 일부의 식물들도 녹화재료로 사용되고 있다. 그러므로 과장하여 표현하면 지구상의 거의 모든 식물이 녹화식물로 식재될 수 있다는 것이다.

한편 녹화식물은 식물의 형태, 성질, 환경 저항성의 차이 또는 식재 목적, 용도, 공간 등에 의해 다양한 식물군으로 구별된다. 이와 같은 식물군은 경우에 따라서 별도로 편의적인 호칭이 붙여지는 것들도 있다.

그림 1.50 도시에 조성관 토피어리원

또한 녹화에 사용되는 식물은 녹화 대상공간의 환경조건, 공간 특성에 적합하고 녹화 시 추구하는 각종 기능을 충족하여야만 한다.

다음에서 다양한 도시 녹화공간 또는 절개사면, 음지와 같이 대표적인 녹화 대상지의 식재를 위한 녹화식물이 구비하여야만 하는 몇 가지 조건 및 식재

가능한 식물군에 대해서 논한다.

1) 도시녹화용 식물

단순히 도시녹화라고 표현하지만 대단히 폭넓은 내용을 포함한다. 공원, 가로, 주택단지, 학교, 하천주변, 고속도로 등의 공공 공간, 또는 공장, 개인주택 등의 건축공간과 같은 도시 또는 공간에 있어서 경관조성을 첫 번째로 하고 다음으로 환경의 보전, 방재 등과 같은 다채로운 기능 목적을 위하여 행하는 녹화로서 사용되는 식물의 종류도 대단히 많다.

도시 녹화공간은 일반적으로 식물의 생육환경으로서 가혹한 조건이 많으며 장소에 따라서는 토양의 이화학적 성질의 불량, 염분을 포함하는 바람, 저온, 일조 부족, 자동차의 배기가스 등과 같이 식물의 생육에 저해요인이 될 수 있는 환경 조건하에 놓여 있다. 그러므로 적절한 환경내성을 지닌 식물을 적절히 사용하는 것도 녹화의 성패를 결정한다.

국가를 비롯하여 지방자치 단체 등의 공공기관이 행하는 도시공원 등의 녹지공간 정비에서 이루어지는 녹화는 품질규격이 정해진 공공용 녹화수목을 중심으로 잔디나 다채로운 지피식물에 의해 녹화가 이루어진다. 해마다 녹지의 관리면적 증대에 따라 식재후의 유지관리 작업에 일손이 제대로 미치지 않아 유지 관리가 용이한(maintenance easy)한 지피식물 사용이 급속히 늘어나고 있는 것도 최근의 특징 중 하나이다.

또한 고속도로와 같이 특수한 곳에서의 식재는 교통안전, 환경보전, 경관조성 등을 목적으로 한 각종 기능이 효과적으로 발휘될 수 있도록 한다. 따라서 각자의 기능을 가장 효과적으로 나타낼 수 있는 다양한 종류와 형상을 지닌 식물이 사용되고 있다.

도시녹화에서 중요한 가로수는 도시 내의 도로에 경관을 조성하고, 녹음 제공을 목적으로 식재하고 있지만 도시 안전상 중요한 역할도 담당하고 있다. 한편 도로는 식물의 생육환경으로는 매우 가혹한 환경조건하에 놓여 있으므로 식물도 이에 적응하여 생육을 하여야만 한다.

그러므로 가로수의 구비조건으로서는 수형이 아름답고 우리나라와 같은 온대지방에 있어서는 4계절에 따라 풍부한 변화를 나타내며 성질이 강건하고 병충해가 적으며 가능한 한 수관부가 커 충분한 녹음을 만들 수 있어야만 한다. 동일한 수종의 교목을 8-6m 간격으로 도로의 양측에 식재하는 방법이 가로수의 기본형이며 우리나라에서는 북쪽으로는 강원도에서부터 남쪽으로는 제주도에 이르기까지 200종류 내외의 수종이 흔히 식재되고 있다.

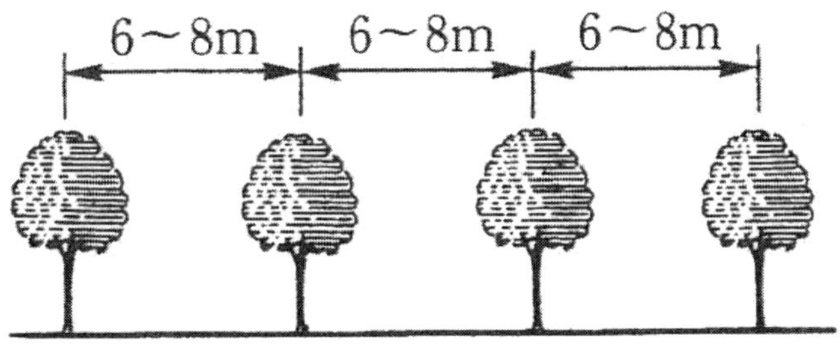

그림 1.51 가로수 식재 간격

최근에는 교목과 관목뿐만 아니라 다양한 수종들을 자유로이 조합하여 식재하거나 비정형식 식재 등과 같은 다채로운 형태의 가로수 식재도 보여지고 있다. 특히 근래에 이르러 녹지공간에 많은 종류의 지피식물들을 식재하는 사례가 늘어나고 있다. 특히 우리나라의 일반적인 도시공간은 인구밀도가 매우 높고 외국에 비해 상대적으로 면적이 좁기 때문에 식재공간이 부족하다. 그러므로 가로수의 하부 공간을 비롯하여 교목류의 하부에 관목 또는 지피식물 등을 식재하여 최대한의 녹지를 확보할 필요가 있다.

이와 같이 다채로운 종류의 식물을 이용하여 녹화하는 경향은 최근 도시녹화의 전반적인 경향이라 할 수 있다. 주택단지에서도 「다양한 종류의 식물을 이용하는 녹화」가 표방되어 종래에 한 단지에서 이용되는 녹화식물의 종류가 50-60 종류 정도였지만 최근에는 한 단지당 150-200종류 정도의 식물이 식재되고 있으며 개성있는 녹지공간을 창출하려 애쓰고 있다. 일반주택의 정원에 식재되는 목본류를 정원수라 일컫는데 이것은 특정한 수종군을 가리키는 것이 아니라 대부분의 일반수종들이 정원수로 이용되고 있다. 그러나 형상이 아름답고 환경적응성이 좋으며 너무 크게 자라지 않는 것이 흔히 정원수의 조건이라고 말한다.

표 1.14 서울에 식재된 주요 가로수 수종

순 위	수 종	나무수	비율(%)
1위	양버즘나무	122,094	49.4
2위	은행나무	92,819	37.6
3위	은단풍나무	8,352	3.4
4위	수양버들	4,858	2.0
5위	느티나무	3,204	1.3
6위	벚나무	3,157	1.3
7위	포플러	2,828	1.1
8위	메타세쾨이아	2,623	1.1
9위	현사시	2,447	1.0
10위	회화나무	1,805	0.7

또한 도시의 주택을 개성적으로 조경할 수 있는 것은 무엇보다도 생울타리 식재라고 할 수 있다. 생울타리는 수목을 조밀하게 열식하여 강전정에 의해 정형화하여 구획설정, 공간분활, 진입 금지, 차폐, 경관조성 등의 다양한 기능 발휘가 기대된다. 따라서 생울타리에 이용되는 수종은 잎과 줄기가 밀생하는 것, 형태가 아름다운 것, 강전정에 견딜 수 있는 것, 맹아력이 뛰어난 것, 하부 줄기가 잘 발달되고 밑으로 늘어지는 것, 병충해가 적은 것, 관리가 용이한 것 등의 조건을 지니는 것이 바람직하다.

2) 자생식물

일반적인 녹화식물은 대부분이 품종으로 육성된 품종인 경우가 많다. 그러나 자연미를 나타내고 자연환경 복원에 적합한 우리나라 자생식물의 도입도 활발하다. 자생식물이란 "우리나라의 산이나 들에 자연적으로 발생하여 자라는 식물"을 광범위하게 일컫는다. 흔히 야생식물이라고 하는 경우도 있으나 자생식물과 귀화식물을 포함하여 재배식물과 반대되는 개념으로 야생식물이라 한다. 그러므로 엄밀한 의미에서 자생식물과 야생식물의 개념은 다르다. 우리나라의 자생식물은 대상이 되는 종수도 많고 그 생태적 특성도 다양하다. 그러나 우리나라의 환경조건에 장기간동안 적응하여 살아온 식물이므로 녹화식물로 사용하여도 생육상태가 좋으며 우리의 경관과 정서에 잘 어울리는 식물이기도 하다. 특히 녹지환경 복원 또는 녹지환경 창조를 위해서 다양한 형태와 성질로 나타나는 식재대상지에 대해 자생식물을 적절히 선발하여 식재한다면 좋은 효과를 가져올 수 있다. 그러나 식물의 종류에 따라서는 뛰어난 관상가치에도 불구하고 식재는 물론 사후 관리가 까다롭거나, 식재시기가 제한되어 있는 경우가 있고 대량으로 유통할 수 있는 자생식물 종묘확보가 어려우며 종자의 발아율이 떨어지고 가격이 비싼 단점도 있다. 그러므로 우수한 자생식물을 녹화용 식물로 이용하기 위해 생태적인 특성의 규명은 물론 재배방법, 번식방법 등이 빨리 연구되어야 할 것이다.

(2) 특수지 녹화식물

1) 인공지반 녹화식물

최근 공원녹지 이상으로 새로운 녹화공간으로서 주목을 받고 있는 곳이 건축물의 옥상, 벽면, 실내공간 등의 건축공간 영역이다. 그러나 식물의 생육환경 측면으로 보면 이와 같은 공간은 대단히 가혹하고 특수한 조건하에 놓여있다. 사용되는 식물은 이와 같이 극한의 환경조건에 잘 적응할 수 있어야만 한다.

건축물의 옥상을 녹화하는 것은 도시의 열섬(heat island) 현상의 방지대책, 에너지 절감대책 등으로도 그 중요성이 사회적으로 인식되고 있다. 이와 같은 녹화에 있어서는 건축물 구조에 따라 하중제한이 있기 때문에 그 범위 내에서 녹화기반을 조성하고 식물을 도입하여야만 한다. 따라서 녹화에 이용되는 식물도 가능한 한 소형으로 무게가 가벼운 것이 좋다. 또한 토양의 양이 한정되기 때문에 그 만큼 건조 조건하에 놓이게 되어 적합한 관수설비가 없는 곳에서는 내건성이 풍부한 식물의 선정과 도입이 필요하다. 또한 통상적으로 노지에서 재배되는 식물을 식재하면 얇은 지반에 뿌리가 제대로 발달되지 않기 때문에 옥상 녹화에 사용되는 천근성(淺根性) 식물재료의 생산 및 개발이 필요하다.

건축물의 벽면녹화는 벽면의 하부 및 상부 또는 각 층의 베란다에 식재공간을 만들고 거기에 덩굴성 식물을 식재하여 덩굴을 위로 자라게 하거나 밑으로 늘어지게 함으로서 녹화하는 방법을 주로 사용하고 있다. 독일에서는 얇고 특수한 생육배지를 벽면에 붙이고 거기에 내건성이 풍부한 다육성 식물인 세듐속(*Sedum* sp.) 식물을 식재하여 성공적인 녹화를 기도하는 방법도 시도되고 있다.

그림 1.52 기존의 건물에 별도의 방수처리 및 배수시설 없이 녹화

- 건물의 실내는 다음과 같이 식물이 생육하기에 부적절한 자연조건을 지닌다.
- 태양광선의 직사광이 미치지 않기 때문에 일조조건이 큰 제약을 받는다.
- 녹화기반이 존재하지 않는다.
- 강우가 도달하지 않는다.
- 통풍이 원할하지 못하다.
- 일반적으로 연간을 통해 아열대 기후대의 온도 조건과 유사하다.

위에서 밝힌 바와 같이 외부공간의 녹화공간과 구별하면 특수한 조건으로서 대단히 가혹한 환경조건이다. 지금까지 실내녹화용 식물로는 열대, 아열대 원산의 관엽식물들이 주로 사용되었지만 최근에는 실내 녹화공간의 다양화를 꾀하는 의미에서 내음성이 풍부하고 우리정서에도 잘 어울리는 "자생식물"인 온대성 조경식물을 이용한 녹화가 주목되고 있다. 여하튼 실내녹화에 사용되는 식물은 재배단계에서 낮은 조도 조건하에서의 순화처리가 된 것을 이용하는 것이 좋다. 또한 실내에 토양을 도입하면 실내가 더러워지거나 관수관리를 성력화하기 위하여 수경재배에 의한 실내녹화방법도 주목되고 있다. 이와 같은 방법으로 녹화하는 경우 수경재배에 충분히 순화된 식물을 이용할 필요가 있다.

건물 외부의 녹화에 있어서는 건축물의 완성과 더불어 완성형의 녹화를 요구하는 경우가 많다. 노지에서 재배된 수목을 식재하면 활착을 좋게 하기 위하여 잎과 가지를 적당히 제거하여야 하지만 이와 같은 경우 완성형의 수형으로 복구하기 위해서는 여러 해를 필요로 한다. 그러므로 최근에는 단기간에 완성형의 녹화가 가능하도록 대형 컨테이너에 재배한 수목 사용이 시도되기도 한다. 또한 컨테이너 재배수목은 다음과 같은 녹화상의 장점을 지니므로 앞으로 그 생산량이 매년 증가할 것으로 예상된다.

그림 1.53 용기에 경량 토양을 객토한 옥상조경

- 활착률이 높다.
- 식재시기를 가리지 않는다.
- 이식후의 생육이 지연되지 않는다.
- 이식이 곤란한 수종도 식재할 수 있다.
- 생산 단계에서 번거로운 굴취작업, 뿌리감기 등의 기술이 필요없고 출하시 노력과 경비가 절감되는 이점이 있다.

그 외에 도시 녹화 공간 중에는 지역적으로 식물 생육에 특수한 환경조건이라 할 수 있는 한랭지역, 아열대지역, 수변지역, 임해(매립)지역, 음지 등이 있다. 이러한 지역 및 공간을 녹화하기 위하여 각 환경조건에 알맞은 적응성 또는 내성을 지닌 식물의 도입이 필요하다.

한랭지에서는 한랭한 정도에 따라 다르지만 내한성이 높은 식물의 도입이 필요하다. 또한 한랭지 중에서도 적설 한랭지라고 불리는 강설량이 많은 지역에서는 강설에 의해 수목의 가지나 줄기가 부러지는 피해를 고려하여 식물을 선택할 필요가 있다.

제주도와 같은 난대지역에서는 내서성을 지니는 난대성식물들 가운데 일부가 녹화용 식물로 이용될 수 있다.

수변 지역에 대해 녹화공간으로서의 환경특성으로 구분하여 보면 수면, 물속, 물가, 고수부지 등으로 구분된다. 수면녹화에는 부유식물이나 부엽식물 등이 이용된다. 웅덩이나 연못, 하천, 공원 안에 인공적으로 조성된 시냇가에 접한 수심 0-30cm 내외의 수중녹화에는 주로 정수식물이 이용된다. 웅덩이나 연못, 하천 또는 인공적인 시내주변의 녹화에는 호습성 및 내습성을 지닌 식물이 이용된다. 양수식 댐의 저수지 주변, 하천변, 주택단지내의 유수지 등 때때로 물이 잠기는 조건에 놓이는 고수부지에서는 침수저항성이 풍부한 식물을 사용하여 녹화한다.

임해(매립)지의 경우에는 내염성이 풍부한 식물을 활용하여 녹화를 할 수 있지만 염분농도가 높은 강한 바닷바람이 불어오는 장소에서는 갈대발이나 염풍 방호 휀스(fence) 등과 같은 방풍시설도 병행한다. 바닷가에서는 바닷가에 주로 생육하는 식물을 이용하는 것이 효과적인데 모래가 불어오는 것을 방지하고 녹화기반의 안정을 도모하기 위하여 자갈이나 돌을 쌓거나 성질이 강한 잡초 등을 심어 모래가 날리는 것을 어느 정도 막아주는 것이 좋다.

2) 절개사면 녹화용 식물

절개사면은 절단 또는 성토에 의해 인공적으로 형성된 경사면이며 식물의 생육기반으로서 토양의 이화학적 성질도 매우 불량한 경우가 많다. 또한 암반층이 드러난 절개사면에서는 토양이 거의 존재하지 않는 경우도 있다.

이러한 절개사면 녹화는 사면의 안정 및 토양의 침식방지를 목적으로 실시하며 나아가서는 경관적인 효과를 높이기 위하여 행해진다. 이와 같은 기능을 달성하기 위해 우선 앞에서도 논한 바 있는 특수한 환경 특성을 지닌 절사면 녹화에 사용할 수 있는 식물은 다음과 같은 특성을 지니는 것이 이상적이다.

표 1.15 절개사면 녹화용 양잔디의 특성

식생명	형태 및 생리적 특징	번식법 및 용도	녹화활용상의 특징
Kentucky bluegrass	• 1년 1회 개화 • 다년생초종 • 뿌리는 근경과 분얼경에서 나옴	• 종자채취 후 파종 • 농가 및 습기찬 곳에서 잘 자람 • 정원용, 비탈녹화용	• 근계발달 양호 • 활착양호 • 종자구입 양호 • 발아율 우수
Tall fescue	• 한지형 초종 • 다발형 생육 • 토양적응성 양호 • 내건성 강함	• 종자채취 후 파종 • 운동장, 수로, 비행장 등 • 사면녹화용	• 근계발달 양호 • 지상부생장 양호 • 경관양호 • 종자구입 양호 • 발아율 우수
Perennial ryegrass	• 다년생 초종 • 다발형 생육 • 섬유상 근계 • 한지형 초종	• 종자채취 후 파종 • 정원, 묘지, 비행장, 골프장, 비탈녹화용	• 경관양호 • 지상부생육 양호 • 발아율 우수 • 종자구입 양호
Orchardgrass	• 다년생 초종 • 내음성 강함 • 내한성 강함 • 내공해성 강함 • 토양적응성 강함 • 한지형 초종	• 종자채취 후 파종 • 운동장, 정원, 비행장, 목초, 사면녹화용	• 경관양호 • 근계발달 양호 • 지상부 생장 우수 • 혼파유리 • 발아율 우수 • 종자구입 양호
Weeping lovegrass	• 다년생 초종 • 난지형 초종 • 내음성 약함 • 내한성 강함 • 토양적응성 강함	• 종자채취 후 파종 • 조경용, 비탈녹화용	• 단일종 파종 유리 • 근계발달 양호 • 지상부생장 우수 • 발아율 우수 • 종자구입 양호
Timothy	• 다년생 초종 • 한지형 초종 • 내한성 강함 • 내공해성 강함 • 토양적응성 강함	• 종자채취 후 파종 • 목초용, 조경용, 사면녹화용	• 경관양호 • 근계발달 양호 • 지상부생장 우수 • 발아율 우수 • 종자구입 양호
Alfalfa	• 다년생 초종 • 내음성 강함 • 내한성 강함 • 토양적응성 강함	• 종자채취 후 파종, 줄기번식 • 목초용, 조경용, 사면녹화용	• 근계발달 양호 • 번식력 강하여 이용 삼가 • 지상부 생장 우수
White clover	• 다년생 초종 • 내한성 양호 • 내음성 양호 • 토양적응성 양호	• 종자번식, 포복경번식 • 조경용, 비탈녹화용	• 근계발달 양호 • 번식력이 강하여 이용 삼가 • 지상부 생장 양호
Red clover	• 다년생 초종 • 내음성 양호 • 양지생육 양호	• 종자번식, 포복경번식 • 조경용, 비탈녹화용	• 정착 빠름 • 척박지 생육 양호 • 번식력이 강하여 이용 삼가

- 건조에 강하고 척박지에서도 잘 자라는 식물
- 발아가 빠르고 생육이 왕성하며 강건한 식물
- 지하부가 잘 발달하는 식물
- 다년생 식물
- 종자의 대량입수가 가능하며 값이 싼 식물

이와 같은 조건을 만족하고 절사면 녹화에 흔히 이용되는 식물로서는 켄터키 31 훼스큐로 대표되는 녹화용 서양잔디류가 압도적으로 많다. 또한 일부에서는 조기에 목본성 식물의 군락을 조성하기 위하여 녹화용 잔디종자에 목본성 식물의 종자를 혼파하는 경우도 있다. 비교적 경사면이 완만한 성토지의 경우에는 토양침식이 크게 염려되지 않는 한 경관조성과 생활환경 보전을 목적으로 한 녹지 조성을 위해 목본성 식물의 묘목이나 근삽 드물게는 성목을 식재하는 방법이 이용되는 경우도 있다. 또한 자연공원지역의 절개사면에 있어서는 향토식물로 녹화를 도모하는 것이 원칙으로 되어있다.

한편 절개사면 녹화에 사용되는 식물 양상이 한국, 일본과는 전혀 다른 곳이 미국이라 할 수 있다. 미국에서는 관리의 성력화를 위하여 잔디보다도 덩굴성 식물인 헤데라(*Hedera* sp.)속 식물류, 건조에 강하고 아름다운 꽃이 피는 다육식물인 세듐류를 비롯하여 가자니아와 같은 원예식물 등으로 녹화되어 있는 절사면이 많다.

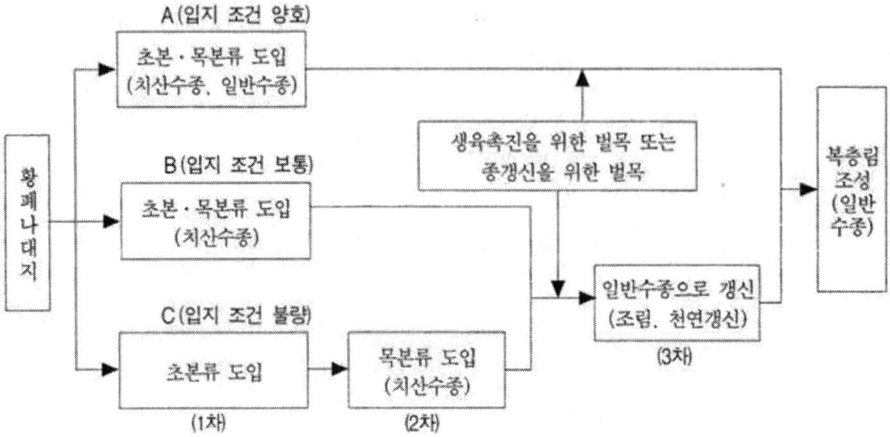

그림 1.54 황폐한 나지 사면으로부터 목표로 하는 식생형태까지 유도하는 방법

한국에서도 최근에는 경관의 다양화를 도모하는 의미에서 경사가 비교적 완만한 절개사면이나 소규모 절사면에서 헤데라류를 비롯하여 다양한 지피식물들로 녹화하는 경우가 많아졌다. 절개사면을 보다 다채롭게 녹화하기 위하여 야생식물 종자를 잔디류와 혼파하는 방법도 시도되고 있다.

절개된 경사면을 돌로 쌓거나 콘크리트에 의해 구축된 절사면도 최근에는 경관상의 요청에 의해 녹화를 시도하는 경우가 많아졌다. 가장 일반적인 방법으로는 덩굴성식물을 절사면의 상부 또는 하부에 식재하여 덩굴의 생육신장에 따라 녹화를 기도하는 방법이 행해진다. 그밖에 절사면의 요소요소에 구덩이를 파고 거기에 꽃이 아름다운 관목류나 덩굴성 식물, 초본성의 지피식물등을 식재하여 녹화하는 방법도 이용되고 있다.

3) 음지 녹화용 식물

도시는 물론 녹화하고자 하는 대상지에 음지조건은 흔히 나타날 수 있다. 음지녹화를 가장 경제적이고 효과적인 방법으로 실현하기 위하여 식물의 선정시 다음과 같은 요건을 만족하는 식물재료를 선정하는 것이 좋다. 도시에서의 음지는 건물의 북측면이나 건물과 건물사이, 고가도로와 같은 구조물의 하부,

정원이나 공원 내의 무성한 숲 속 등과 같이 다양한 공간이 존재한다. 이와 같은 공간의 녹화는 호음성 또는 내음성이 풍부한 식물을 사용하여 녹화를 할 수 있지만 흔히 지피식물을 사용하는 경우가 많다. 음지녹화용 식물은 다음과 같은 조건을 지녀야 한다.

- 내음성을 충분히 가질 것.
- 건조에 강할 것: 강우에 의한 수분공급이 충분하지 못한 경우가 많이 발생하므로 음지에 식재할 식물은 내건조성도 함께 지니는 식물이 유리하다.
- 분진, 배기가스 등을 비롯한 각종 대기오염에 강할 것.
- 토양의 물리적인 성질이 악화된 지역에서도 생육이 가능할 것: 도시 내에서 지피식물 식재지의 대부분은 지하부에 뿌리발달에 불리한 각종 매설물들이 존재하거나 불량 폐기물들이 묻혀있는 경우가 많다. 또한 식재지 조성 시에 동원된 각종 중기에 의하여 토양은 경화되고, 따라서 배수성, 통기성을 비롯한 각종 물리적인 성질이 악화된 상태이다.
- 다양한 토양의 화학적 성질에도 적응이 가능할 것: 도시의 식재지는 주변 환경에 의해 토양의 화학적인 성질이 수시로 변화될 수 있다. 예를 들어 식재지 주위를 둘러싸고 있는 콘크리트 건물에 녹아나오는 시멘트 성분은 토양을 서서히 알카리화 할 수가 있으므로 이와 같은 변화에 적응할 수 있어야 한다.
- 건전하게 생육한 식물체일 것: 근본적으로 불리한 환경에 적응할 수 있는 내성을 지니고 있어야 하지만 식재하고자 하는 식물 개체가 건전하게 생육된 식물체이어야 한다.

2. 녹화의 실제

(1) 녹화식물 선택

다양한 종류의 녹화식물 가운데 식재 대상지의 환경조건과 목적에 적합한 식물이 우선적으로 선정되어야 한다. 녹화식물의 종류가 정해지면 식물의 특성에 적절한 식재방법에 의해 녹화한다. 식재방법에 있어서도 식물의 종류는 물론 식재지의 제반 여건에 따라 많은 차이가 있다. 다음에서 녹화를 위한 식물의 선정 및 식재방법에 관한 일반적인 사항만을 간추려서 요약하였다.

우선 다양한 종류의 녹화식물들 가운데서 식재지에 가장 적합한 식물을 선택하기 위하여는 다음과 같은 과정에 의해 선별작업을 한다.

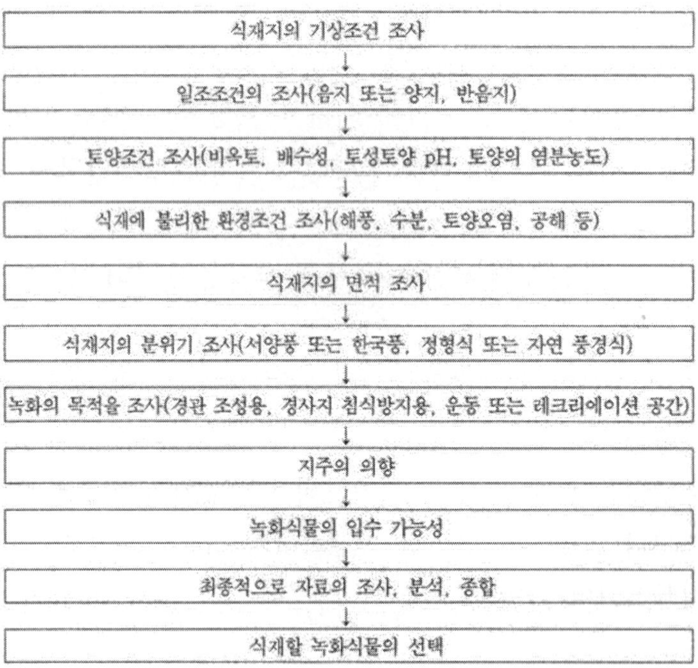

그림. 1.55 녹화용 식물 선별작업 과정

적합한 녹화식물을 선정하기 위해 무엇보다 녹화 대상지의 기상조건을 철저히 조사하여야 한다. 일반적으로 식물을 결정하는 가장 큰 요인인 온도조건은 면밀히 검토하여야 한다. 따라서 겨울철의 최저기온 및 평균기온, 서리, 강우량, 최대풍속, 적설량 등과 같은 자연 환경조건에 대하여 조사한다. 일반적인 환경조건을 조사한 후에는 식물의 광합성에 영향을 주는 조도 및 일사량을 조사한다. 분광 에너지 조사는 일사계를 사용하면 수광량을 정확히 조사할 수 있으나 간단히 조도계를 이용하여 조사할 수도 있다. 식재지의 수광량에 의해 양지 또는 반음지, 음지 등으로 구별한다. 또한 연간을 통해서도 기상조건 변화에 따라 녹화식물의 생장특성도 나타난다. 이와 같은 조건들이 면밀히 조사되면 토양의 배수성, 토양의 물리화학적 성질, 경사도, 지하수위 등의 토양조건 및 주어진 식재지만의 특수한 환경조건을 조사한다. 예를 들어 식재지 주위에 공해 유발시설이 존재한다거나 강한 바닷바람이 부는 곳 또는 식물에 유해한 동물의 서식, 사람이나 자동차의 통행이 많거나 야간에 강한 조명을 발하는 조명시설 등이 존재하는가 등을 조사하여야 한다. 특히 식물의 생육에 저해요소는 철저히 조사되어야 한다.

대상 식재지의 규모를 조사하고 원래의 자연적인 분위기 또는 연출하고자 하는 경관의 유형에 관해 검토한다. 또한 녹화식물을 식재하려고 하는 목적이 단순히 경관을 창출하기 위해서만이 아니라 절개면의 토양침식 및 붕괴를 방지하거나 섬광이나 복사열 방지 등과 같은 부수적인 기능을 동반하여야 하는가를 조사하여야 한다. 만일 이와 같은 녹지의 기능성을 필요로 한다면 식물의 선정에 좀 더 신중을 기울여야 하겠다.

지금까지 조사된 내용을 분석하고 종합한 내용을 기초로 적절한 식물을 선정하고 기본적인 식재설계를 한다. 기본계획안을 식재지의 지주에게 제시하고 의향을 타진한다. 식재목적이나 형태가 처음부터 지주에 의해 제시되는 경우도 있지만 대부분의 경우는 추상적인 경우가 대부분이므로 전문가가 미리 계획안을 구체적으로 마련하여 지주에게 제출하는 것이 효과적이라고 할 수 있다. 지주와의 접촉 및 교섭이 완결되면 계획안에서 선정된 식물의 구입여부를 조사하여야 한다. 식물소재는 종류가 다양하기 때문에 종묘시장에서 입수하기 곤란한 종류들도 있기 때문이다. 최종적으로 조사된 자료를 분석하고 종합하여 식물을 선정하고 식재설계를 완료한다.

(2) 식재지 기반 정비

조건에 적절한 녹화식물을 선정하여 녹화를 하였으나 생육불량 및 식물체의 고사현상과 같은 부정적인 결과가 발생하는 요인의 대부분은 식재 대상지의 사전정비가 충분치 못한 경우가 대부분 이다.

표 1.16 녹화식물의 생육장애 예

기상장해	냉해(冷害), 가뭄해, 서리 · 우박의 해, 해풍에 의한 해
대기오염에 의한 해	불소, SOχ, NOχ, 오존 등
생육기반(土壤)	pH이상, 영양장해, 답압(踏壓), 과습피해, 토양오염피해 등
병해(病害)	바이러스, 마이코프라스마, 세균, 방선균, 조류(藻類) 등
충해(蟲害)	곤충, 벼룩 등
동물에 의한 해	쥐, 토끼, 멧돼지, 노루 등

녹화의 성공여부를 좌우하는 가장 큰 요점은 식물의 생육기반이 되는 토양공간을 어떻게 잘 관리하는 가에 달렸다. 녹화식물은 종류가 다양하여 각 종류에 따라 최적의 토양 환경조건이 차이가 나므로 여기에 맞추어 식재기반의 정비 및 관리를 행하여야 한다. 그러나 일부의 특수한 종류를 제외하고 공통적인 토양환경의 준비방법은 최대한 식재공간은 여유있게 확보하고 충분히 경운작업을 실시하며 부식질이 풍부한 유기질 비료 및 무기질 비료를 적절히 시용하는 것이 기본적 이다.

표 1.17 녹화식물의 생육불량 원인과 개량대책

	녹화식물의 생육불량 원인	개량 대책
물리성	식재공간이 너무 좁다	공간확대
	자갈 등의 이물질이 토양 내 존재	경운 및 제거작업
	토양의 경화	충분한 경운 및 출입제한 유기질, 무기질의 토양개량제 사용
	투수성, 통기성 불량	경운 및 토양의 팽윤화 작업 유기질, 무기질의 토양개량제 사용
	보습성 불량 및 과도한 건조	보습성 증진을 위한 유기질비료 사용 적절한 객토작업
	배수불량, 과습	토양개량, 배수시설
화학성	부식질 및 비료성분 부족	부엽토,유기질 비료 사용 화학비료 사용
	토양 pH 부적합	토양 pH의 교정

식재 예정지의 정비작업에 앞서 토양의 성질을 파악하고 배수조건, 비옥도 등을 조사하는 것이 중요하다. 따라서 특별한 토양개선 작업 없이 식재가 가능한지, 아니면 객토 또는 기타 토양개량작업, 배수로 설치 등의 토목공사 등이 필요한지를 판단하여야 한다. 만일에 적극적인 토양개선 작업이 필요한 경우는 조사된 내용을 기초로 표에 나타난 바와 같이 식재에 불리한 원인을 해결한다. 예를 들어 토양개량 대책의 하나로서 토양개량 자재를 사용하는 경우는 개량목적, 현지의 토양조건에 따라 각기 다르겠지만 일반적으로 퇴비, 왕겨, 토탄, 피트모스(peatmoss), 바크(bark) 등의 유기질계의 토양개량제를 사용하거나 펄라이트(perlite), 버미큘라이트(vermiculite) 등의 무기질계 토양개량자재를 병행하여 사용할 수 있다. 따라서 토양 : 유기질계 토양개량제 : 무기질계 토양개량제 = 6:2:2 정도의 비율(용적비)로 혼합하여 사용하여 상당한 효과를 기대할 수도 있다.

현지의 토양사정이 열악하여 모든 토양을 완전히 교환해 주어야할 경우에는 적절한 토성의 기준을 두고 해결될 때까지 개량작업을 한다. 일반적인 녹화식물 식재지에서 삼고 있는 토양의 기준을 표 1.18에 나타내었다. 예를 들면 기

준에 이를 때까지 독특한 특성을 지닌 각종 개량제를 이용한 객토작업을 한다.

표 1.18 녹화식물 식재지의 토양개량 목표

항 목	개량목표 기준
토양경도	야마나까식 토양경도계로 23mm 이하
투수계수	10-4 cm/sec 이상
pH	5.0 ~ 7.5
전질소	0.06% 이상
유효인산	10mg/100g 이상
염기치환 용량	6me/100g 이상
치환성 석회	2.5me/100g 이상
염소이온	0.2% 이하
전기 전도도	1.5m℧ 이하
부식도	3.0% 이상

이외에도 토양개량 방법으로는 목본성 식물의 식재 시에는 광범위한 식재지 전체의 토양을 객토하는 것이 아니라 식물을 식재할 구덩이를 중심으로 한 주변만을 개량하는 경우도 있다. 그러나 토양을 20-30cm 깊이 까지 전면 개량하는 것이 가장 바람직하다고 할 수 있다. 또한 녹화식물 식재에 있어서는 시비 작업도 대단히 중요하다. 녹화 식물의 종류나 식재지 토양의 특성에 따라 크게 달라질 수 있으나 일반적으로 질소, 인산, 칼리 등의 3요소 및 미량요소를 적절히 보급한다. 시비량을 결정할 때는 작물의 생육이 가장 왕성하게 나타날 수 있도록 충분히 하는 것이 좋겠지만 비료의 가격 및 인건비 등을 고려하여 경제적으로 유리하게 해야 한다. 이론상의 시비량은 다음과 같은 방법에 의해 결정할 수도 있다. 즉 식물체내의 함유되어 있는 구성성분을 조사한 다음 천연공급량과 흡수율을 고려하여 대체적인 시비량을 계산하게 된다.

그림 1.56 식재를 위해 사전에 토양기반 조성이 필요

시비량=식물체내의 전 구성 성분량(흡수량)-천연공급량/비료요소의 흡수율(시비율)

이와 같은 식은 하나의 기준이지 모든 식물이나 재배지에 적용되는 것은 아니다. 따라서 경우에 알맞게 시비량은 조절할 필요가 있다. 토양 pH는 식물의 성장에 영향을 끼치게 되므로 산성 토양의 교정은 다음과 같은 식을 참고로 한다.

$1m^2$ 당 석회 시용량 = 60g x (목표로 하는 pH - 현재의 토양 pH)

보통 식물을 식재하기 전에 시비하는 것을 밑거름이라고 하고 작물의 생육 도중에 시비하는 것을 중거름이라고 한다. 또한 낙엽성 목본식물에서와 같이 저장양분을 증가시켜 주기 위하여 가을철에 시비하는 것을 가을 거름이라고 한다. 밑거름은 장기간의 생육기간에 걸쳐서 효과를 나타내는 완효성 비료를 시비하는 것이 좋고 토양개량의 효과도 더불어 가져야 하므로 퇴비, 녹비, 깻묵 등이 많이 사용된다. 인산질 비료는 유실의 우려가 적고 일시에 다량을 시

비해도 큰 해는 없으므로 밑거름을 줄 때 전량을 시비한다. 중거름은 밑거름의 효과가 점차로 감소되고 식물체의 비료부족의 증세가 나타나거나 식물의 생육을 촉진시키고자 할 때 시비하는데 주로 화학비료를 사용한다. 시비 방법으로는 토양에 시비하는 방법이외에도 비료를 수용액 상태로 희석하여 식물체에 직접 살포하여 흡수되도록 하는 엽면살포(foliage spraying) 방법도 있다. 엽면살포는 식물체 잎을 직접 흡수되므로 효과가 바로 나타난다. 따라서 식물체의 지하부가 부실하거나 식물체가 쇠약하여 비료분의 흡수가 원활치 못할 때 주로 사용한다. 엽면살포 방법으로는 주로 분자량이 적고 물에 잘 녹으며 식물체의 쉽게 흡수될 수 있는 비료가 좋으며 식물체의 잎에 약해가 나타나지 않아야 한다. 살포방법은 식물체의 잎에서 기공이 많이 자리잡고 있는 잎의 뒷면에 주로 살포하는 것이 효과적 이다.

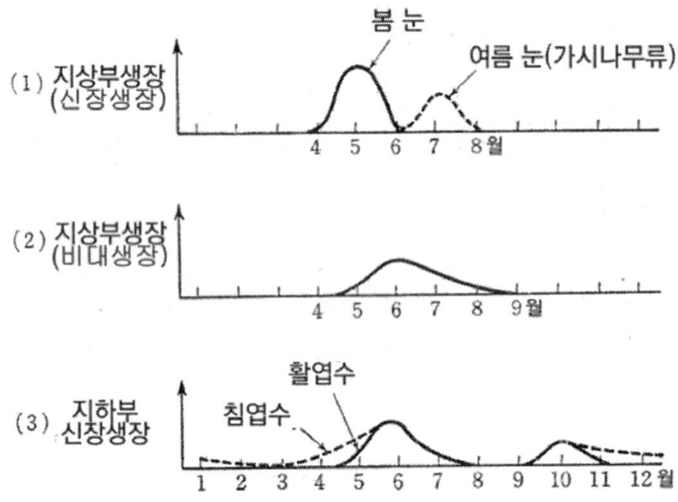

그림 1.57 녹화 수목의 연간 생장 패턴

(3) 식재밀도

녹화식물을 사용하여 일정한 면적을 녹화하여야 할 경우에 가장 문제가 되는 점은 어느 정도 간격으로 밀도를 조정하여 식재할지를 결정하는 것이다. 단위면적당 식재밀도를 높게 하면 지면녹화 속도는 빨리 나타나지만 시공비가 많이 드는 단점도 있다. 일반적으로 녹화식물의 식재에 의한 여러 가지 장점에 대하여는 잘 알고 있지만 시공비가 높게 책정된다는 인식이 있다. 그러나 적절하게 식재밀도를 조절함으로서 이와 같은 인식을 불식시킬 수 있다. 반대로 식재밀도를 너무 낮게 하면 시공비는 적게 들지만 경관을 조성하기까지 긴 시간이 걸린다. 또한 지면피복이 완전히 이루어질 때까지 나대지가 오래도록 남게 되므로 잡초가 번성하게 되며 따라서 제초작업에 많은 비용이 들기도 한다.

적절한 식재밀도는 다양한 녹화식물의 종류에 따른 형태를 비롯하여 크기는 물론 생장속도 등에 따라 각기 다르기 때문에 한마디로 서술할 수는 없다. 따라서 일반적인 개념으로 식재목적, 식물의 생육특성, 경제성, 관리정도 등의 제반 여건을 충분히 고려하여 결정한다. 참고적으로 공원이나 정원 등의 공간에 녹화식물을 식재하는 경우에 식재 당년에 곧바로 경관형성이 가능한 완성형, 식재한 후 1-2년 정도에 경관형성이 가능한 반완성형, 식재 후 3-4년 이후에나 경관형성이 가능하도록 시공하는 장래 완성형 등으로 구분할 수 있는데, 이와 같은 경우 일반적인 기준은 아래의 표 1.19와 같다.

표 1.19 녹화식물 식재 시 식재밀도 기준 (1㎡당 식재주 수)

녹화식물의 종류	완성형	반완성형	장래 완성형
대형 목본류	5	4-3	2-1
소형 목본류	16	9	5
대형 초본류	16	9	5
소형 초본류	64-49	36	25-16
대형 덩굴류	25	16	9-5
소형 덩굴류	36	25	16-9
대나무류	49	36	25-16
양치류	25	16	9-5

(4) 녹화기반 재료

식물의 생육기반이 되는 토양공간 즉, 녹화기반 형성에 관여하는 배양토를 비롯한 토양 개량 자재, 비료, 배수자재 및 보습재료 등을 총칭하여 녹화기반 재료라고 한다.

앞에서 밝힌 바와 같이 녹화의 성패는 도입한 식물의 생육상태를 좌우하는 녹화기반의 정비가 어느 정도 갖추어져 있는가에 결정된다 하여도 과언이 아니다.

최근의 녹화공간 토양은 매우 열악한 상태가 대부분이고 경우에 따라서는 암반이 노출된 절개사면 , 콘크리트 사면, 건축물의 옥상면, 벽면 또는 실내공간과 같이 토양이 존재하지 않는 무토양 녹화대상지도 많이 존재한다. 그러므로 이와 같은 장소에 적합한 녹화기반재의 도입에 의한 개량조치가 반드시 필요하다.

표 1.20 주요토양 개량제

종 류	개량기능	주요효과와 자재명(상품명)
석회질 자재	① 토양의 산도(酸度) 교정 ② 불용성 양분의 가용화(유효화)	① 강산성토양의 산성도를 교정하는 것과 더불어 토양중의 불용성 질소, 인산 등의 양분을 가용성화한다. 다만, 과다하게 사용하여 pH(KCl)가 6.5 이상이 되면 철, 망간 등의 미량요소를 불용화하기 때문에 석회질 자재의 시용량을 시용후 pH(KCl)가 6.5~6.2정도가 되도록 주의한다. ② 자재명:석회질비료, 고토질비료, 규산질비료
무기질계 토양 개량재	① 토양산성의 완화 ② 토양완충능력의 증대 ③ 토양의 물리성 개량 →투수성, 통기성, 보수력의 증대 ④ 토양의 화학성 개량 →치환용량의 증대(보비력의 증대)	자재명 • 벤트나이트:점토광물 몬모리로나이트를 주성분으로 하는 점토로서 Ca, Mg, K 등을 포함하며, 토양산성을 완화시키고 보비력(保肥力)을 높이며, 화산회 토양에 대해서는 번토성(蕃土性)을 약하게 한다. • 지올라이트:제3기계 응회암으로부터 변질, 생성된 것으로 주로 몬모리로나이트, 석영 등으로 구성되어 있다. 강한 보비력이 있어 양분의 유실을 억제한다. • 버미큘라이트 :규석을 소성, 가공한 것으로 다공질의 경량자재이다. 중첩된 토양을 팽윤시켜 투수성, 통기성을 양호하게 한다. 사질토양에 대해서는 보비력도 증가시킨다. • 퍼얼라이트:진주암을 열처리, 가공한 것으로 다공질의 가벼운 자재이다. 다공질이므로 토양의 물리성을 개량한다. • 부석 :응회암을 분쇄, 가공한 것으로 염기치환용량의 결과 보비력을 증대시킨다.

유기물계 토양개량재	① 고분자 화합물계의 자재	① 토양의 물리성 개량 (투수성, 통기성, 보수성을 증대)	① 토양에 단립(團粒)구조를 생성시켜 물리성을 개량하지만 비교적 값이 비싸다. 다음과 같은 몇가지 종류가 있지만 주효과는 거의 비슷하다. ② 자재명(상품명):크릴리움, 보펄, 단릅. EBa, DH-2, PVW/MA 등
	② 후민산계의 자재	①부식질의 증가 ②완충능력의 증대 ③보비력의 증대 ④일부는 N, Ca, Mg를 포함하는 것도 있다	① 토양개량의 효과는 완효성(緩效性)이지만 부식질 결여 토양에 유효하다. ② 자재명(상품명):후미졸, 아즈민, 텔라이트, 텐푸론.
	③ 목질계의 자재	①토양의 물리성 개량 ②부식질의 증가 ③보비력의 증대 ④양분의 공급	① 톱밥, 수피 등을 재료한 퇴비로서 자가제조한것도 있지만 다양한 상품명으로 시판되고 있다. ② 제품에 따라 품질의 차이는 있으며, 발효시켜 퇴비화 한 것을 선택할 필요가 있다. 일반적 성질은 N(%) P2O5(%) K2O pH C/N C.E.C(치환용량)1.5~2.0 0.8~1.5 0.4~0.6 6.7~7.3 30전후 30~80

※ CEC 의 값은 3 개월 발효한 것으로 30~40, 5~6 개월 발효한 것은 60~80.

1) 토양개량 자재

토양의 이화학적 성질을 개선하기 위해 사용하는 자재들의 총칭이다. 일반적으로 토양개량 자재는 원료의 차이에 의해 유기질계, 무기질계, 고분자합성계의 3종류로 구분된다.

유기질계 토양개량 자재로 사용하는 제품에는 수피, 왕겨, 당밀, 이탄, 바크, 추비, 왕겨추비, 피트모스 등과 같이 다양하게 존재한다. 특히 이와 같은 자재들은 토양을 팽윤시켜 단립구조 형성을 촉진시키므로 토양의 보수성 및 배수성 회복에 도움을 준다. 또한 부식질의 공급 및 비료효과도 기대할 수 있다.

무기질계 토양개량 자재 제품에는 진주암, 흑요석, 응회암, 규석 등을 고온으로 처리한 펄라이트, 버미큘라이트, 지올라이트(zeolite), 벤토나이트(bentonite) 등이 있다. 모두 다공질이며 경량성 자재가 많고 보습성은 물론 통기성 배수성 회복에도 도움을 준다.

고분자(high polymer)계 토양개량 자재에는 카치온(cation)계 고분자인 EB-a 등이 있는데 토양의 단립화를 촉진하고 통기성 및 투수성을 회복시키기 위해 팽윤한 토양상태 형성이 가능하다. 또한 최근에는 친수성 폴리머로 불리는 고분자 흡수제가 자신의 수백배 이상되는 물을 흡수할 수 있는 성능을 지니므로 보수재로서 사막과 같은 건조지역 녹화 등에 널리 활용되고 있다.

토양개량 자재는 단일한 종류를 토양에 혼입하여 사용하는 경우와 토양의 개량목적에 따라 2종류 또는 3종류의 토양개량 자재가 조합되어 사용되는 경우가 있다. 대부분 토양 중에 용적비로 10-20% 정도의 비율로 혼입한다. 또한 유기질계 토양개량 자재와 무기질계 토양개량 자재를 적당하게 혼합하여 자연토양 대신에 초경량의 인공지반 녹화용 배양토 또는 실내녹화용 배양토로서 활용되는 경우도 점차로 늘어나고 있다.

2) 비료

녹화용 식물의 재배목적은 작물, 과수, 임목 등과는 달리 수확을 목적으로 하지 않고 경관적으로 양호한 생육상태를 유지하고 경우에 따라서 토양의 침식방지 등과 같이 녹화에 부과되는 다양한 기능을 발휘시킬 수 있는 건전한 생육상태가 확보될 수 있는 것이 중요하다. 녹화용 식물의 비배관리에 있어서는 이와 같은 재배목적에 적합한 성능을 지니는 비료를 사용하는 것이 중요하다. 또한 녹화공간도 예산 등과 같은 제반 요소에 관계가 있으므로 빈번한 시비작업이 이루어질 수 없는 것이 일반적인 실정이다. 따라서 녹화용 비료는 저농도 상태로도 효과를 장기간 동안 유지할 수 있는 것이 이상적이다.

현재는 비료에도 많은 종류가 있다. 이들은 농업 목적, 임업 목적용으로 주로 사용되는 비료이기 때문에 녹화용 비료로서는 완전히 적합하지 않으나 아직까지 대용할 수 있는 비료가 개발되지 않은 상태이다. 따라서 앞으로 녹화목적에 적합한 녹화전용의 비료 개발이 시급히 요망된다. 최근에 이르러 잔디전용의 비료 또는 녹화수목 육성용으로 토양 삽입식 비료와 같이 효과가 장기간 지속되는 것도 개발되어졌다.

3) 배수 자재

연간 강우량의 대부분이 여름철 비로 쏟아지는 우리나라는 장마철에 대비한 녹화기반 정비에 있어서 보수성과 배수성의 고려가 중요하다. 특히 예기치 못한 대규모 집중호우에 식물의 지하부를 보호할 수 있는 배수시설이 중요하다.

이제까지는 배수를 도모하기 위한 골재로서 자갈이나 경석 등이 주로 사용되었지만 최근에는 경량의 펄라이트가 널리 사용되고 있다. 또한 배수불량에 의한 뿌리의 부패를 방지하기 위한 자재를 비롯하여 경화된 토양을 개량하기 위한 자재의 활용도 활발하다. 또한 구미에서 개발된 자재로서 뛰어난 내하중 능력을 지니며 여하한 녹화공간에도 사용될 수 있는 합성수지재의 배수자재도 도입되어 널리 사용되고 있다.

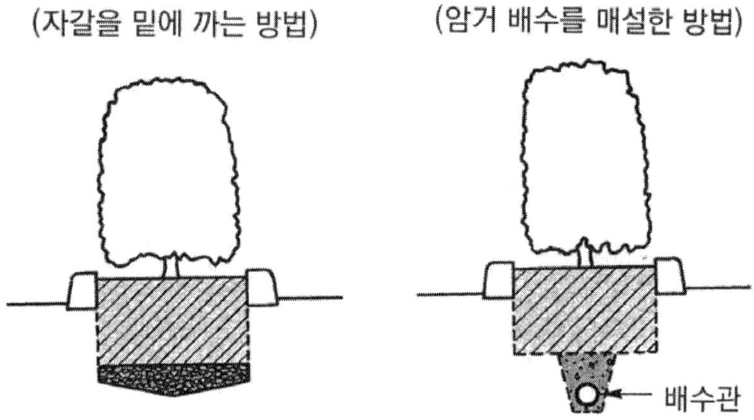

그림 1.58 지하수위가 높아 배수가 잘 안되는 식재지의 개선방안

4) 인공지반 녹화를 위한 녹화기반 재료

녹화기반으로서의 인공지반은 앞에서 밝힌 바와 같이 다양한 종류의 토양개량재를 조합한 인공 배양토를 사용하는 특성 이외에도 배수, 관수 장치가 일체화되고 녹화기반과 식물이 유니트(unit)화된 보다 시공성이 뛰어난 자재들도 개발되어 있다. 또한 락-울(rock wool)과 같이 시설원예 분야에서 이미 사용되고 있는 자재를 녹화기반 재료로 활용하는 것도 시도되고 있다.

실내녹화 공간의 대부분은 인공지반을 녹화기반으로 활용하고 있다. 또한 실내에 자연토양을 사용하면 실내가 더러워지고 많은 문제들이 따르기 때문에 관수 관리를 비롯한 제반 관리가 성력화할 수 있고 편리한 녹화기반으로서 수경재배 기술의 도입도 여러 가지 형태로 시도되어지고 있다.

그림 1.59 도시의 건물 외부 녹화

5) 절개사면 녹화를 위한 녹화기반 재료

절개사면 녹화분야에서 녹화기반재는 녹화공법 분야로 확립되어 흔히 녹화기초공법이라고 불리워진다. 녹화 기초공법은 녹화용 식물이 경사면에 충분한 뿌리를 발달시켜 건전한 상태로 생육하기 위하여 절개사면의 안정화 및 침식의 방지, 토양개선과 확보 또는 그 밖의 환경제어 요인들을 제거하는 것을 식생도입 이전에 필요한 토목 공작물 등에 의해 행하는 공법이다. 주요한 공법으로는 생육기반 안정에 관한 공법, 생육기반에서의 식물 생육성 개량에 관한 공법, 생육조건 완화에 관한 공법 등이 있다. 이들에 관해서는 2편 1장에서 상세하게 설명하고자 한다. 녹화기초공법은 현장의 상황에 따라 적절하게 선택하고 경우에 따라서는 몇 가지 공법을 조합하여 활용할 수 있다.

(5) 녹화 보조재료

녹화식물에서 식재 목적을 충분히 발휘할 수 있고 건전한 생육을 도모하는데 활용되는 자재를 총칭하여 녹화 보조재료라고 한다.

한 마디로 녹화 보조재료라 하지만 내용적으로는 매우 다양하게 나뉘어진다. 최근에 이르러 환경조건이 가혹한 조건의 녹화공간이 증가됨에 따라 다채로운 녹화요구 공간에 식물의 건전한 생육을 보조하기 위한 각종 자재들의 개발이 이루어지고 있다.

본 절에서는 모든 자재를 망라하여 구체적인 성능을 소개하는 것은 생략하고 최근에는 어떤 종류의 자재들이 개발되고 있는지 등의 동향에 대하여 간략히 논하고자 한다. 또한 제초제, 살균제, 살충제 등과 같은 농약도 넓은 의미에서 녹화 보조재료에 포함할 수도 있지만 이들에 관해서는 많은 참고서적들이 출간되어 있으며 지면상의 문제도 있으므로 생략한다.

1) 이식작업과 관련한 보조재료

우리나라에서도 임금상승과 고된 노동을 기피하는 현상에 따라 만성적인 인력부족 현상이 심화되고 있다. 그러므로 수목의 굴취작업에 필요한 뿌리분 뜨기, 새끼 감기 등의 제반작업에 숙련된 기술자 없이도 간단하게 작업할 수 있는 천이나 펄프재로 제작된 뿌리감기용 자재들도 많이 개발되어 있다. 또한 수목의 활착을 용이하게 하기 위하여 증산억제제, 발근촉진 및 활착제 등도 개발되어 판매되고 있다.

2) 양생관리와 관련한 보조재료

각종 자재류에 있어서 최근에는 기능적인 면은 물론 경관적인 면도 고려하여 제작되고 있다. 예를 들어 수목의 이식 후 설치하는 지주를 살펴보면 목재로 만들어진 자재 대신에 지하 매설 형태의 세련된 디자인의 지주가 개발되어 있기도 하다. 또한 식재된 식물들 주변에 잡초가 발생하는 것을 방지하고 건조화를 방지하며 경우에 따라서는 지표면을 보기 좋게 화장하거나 먼지발생을 방지하는 다기능을 겸한 보드형태, 패널형태, 시트형태, 매트형태 등의 자재를 사용하거나 수피조각 분쇄목 또는 분쇄석 등과 같은 다양한 종류의 멀칭재료도 개발되어 다방면에서 활용되고 있다.

수목의 겨울철 방한대책을 위해 줄기를 감아주는 새끼줄이나 거적 등을 대체할 수 있는 부직포, 펄프제지류 등도 널리 활용되어지고 있다. 과수재배에서 일소현상 방지 및 방한용 원예자재로 효과가 인정된 각종 자재들은 앞으로 녹화용 수목 재배에도 적절히 활용할 수 있는 방안이 기대되고 있다.

수세가 저하된 수목을 정상적으로 회복시키기 위한 수세회복제도 다양한 종류가 개발되어 있지만 아직까지 효과의 정도에 대해서는 과학적으로 검증된 것은 적다. 단 노거수 보호가 주목되고 있는 현재 이와 같은 자재들의 적극적인 활용도 앞으로 중요한 과제이다.

지하부에 분포하는 수목 근계가 필요 이상으로 무성하게 신장하는 것을 화학적으로 억제하기 위한 근계 조절제도 개발되어있다. 또한 수목 근계의 과다한 생장에 의해 포장자재가 파손되는 것을 방지해줄 수 있는 방안을 비롯하여 대나무류의 근계 신장 억제제 등도 광범위하게 활용할 것을 기대된다.

가을철 수목에 흔히 감아주는 해충 유인용 새끼줄 또는 가마니 조각 대신 보다 간편하게 시공이 가능한 테이프 형태의 녹화자재를 사용하거나 단순히 해충을 유인하는 용도뿐만 아니라 이런 테이프에 농약을 도포하여 살충효과도 복합적으로 나타낼 수 있는 녹화자재도 개발되어 있다.

잔디류의 경우에는 사람들의 답압으로부터 식물체를 보호하기 위해 답압방지제 또는 보조재료 등도 널리 활용되고 있다.

표 1.21 우리나라의 각 지역별 녹화가능 수종의 예

구 분	지역 구분	목본성 녹화식물의 종류
난대 지역	북위 35°, 동해안을 따라 북위 36° 까지, 서해안을 따라 35° 까지	백서향, 백량금, 섬백리향, 장딸기, 팔손이, 자금우, 돈나무, 식나무, 녹나무, 가시나무, 이나무, 모밀잣밤나무, 무환자나무, 담팔수, 굴거리나무, 먼나무, 소귀나무, 조록나무, 황칠나무
남부온대 지역	동해안을 따라 북위 38°, 중부 내륙지역 36°, 서해안을 따라 37° 까지	개비자나무, 꽃싸리, 감태나무, 박쥐나무, 섬괴불나무, 산수국, 호랑가시나무, 굴피나무, 동백나무, 해당화, 낭아초, 서어나무, 팽나무, 히말라야시다, 편백, 너도밤나무, 비목나무, 참죽나무, 후박나무, 섬단풍나무, 윤노리나무
중부온대 지역	동해안을 따라 북위 40° 까지, 중부 내륙지역 38°, 서해안을 따라 39° 까지	산철쭉, 진달래, 회양목, 병아리꽃나무, 좀작살나무, 구기자나무, 갈기조팝나무, 팥꽃나무, 이스라지, 화살나무, 댕강나무, 덜꿩나무, 백당나무, 매자나무, 때죽나무, 참나무류, 소나무, 젓나무, 독일가문비나무, 화백, 복자기, 산겨릅나무, 음나무, 자귀나무, 황벽나무
북부온대 지역	우리나라에서 중부 온대지역의 북부 지역	눈측백, 개느삼, 생강나무, 좀목형, 자작나무, 거제수나무, 시닥나무, 잣나무, 젓나무, 산돌배나무, 팥배나무, 쉬나무, 산사나무, 쪽동백나무, 팽나무, 주엽나무
한대 지역	평안도 및 함경도의 고원지대 및 고산지대	구슬댕댕이, 등칡, 흰말채나무, 물싸리, 가문비나무, 낙엽송, 종비나무, 잣나무, 젓나무, 주목, 참느릅나무

3) 덩굴성 식물의 생육 보조재료

덩굴성 식물의 덩굴이 감고 올라갈 수 있는 자재로서 그물 형태 또는 팬스 형태의 생육 보조재료가 개발되어있다. 금속 및 목재를 이용한 휀스 형태의 보조재료는 덩굴성 식물을 이용한 벽면녹화용 보조재료로 사용될 뿐만 아니라 도로에서 식수지대를 입체적으로 녹화할 수 있고 공원 식재지에 생울타리 대신으로 활용될 수도 있다.

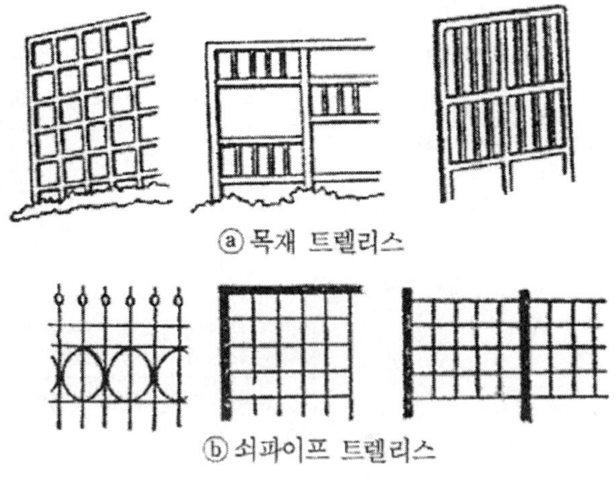

그림 1.60 덩굴성 식물의 생육보조재료로 이용되는 다양한 종류의 트렐리스

그림 1.61 덩굴성 식물을 이용한 녹화는 적절한 생육보조재료가 필요

4) 실내녹화와 관련한 보조재료

최근에 아트리움 등과 같은 실내녹화에 대한 수요가 높아져 실내녹화 특유의 녹화보조재가 개발되어지고 있다. 광환경 조건이 부족한 실내에 태양광선을 특수한 장치에 의해 유도할 수 있는 시스템도 개발되어져 있다. 반사경의 원리를 이용한 제품을 비롯하여 특수한 렌즈로 집광한 태양광선을 광화이버 케이블에 의해 전송하는 방식도 있다.

실내에서는 잎 표면에 먼지가 쉽게 부착되기 때문에 식물의 광합성이나 증산과 같은 식물의 중요한 생리기능이 저해되고 생육을 저하시키는 각종 원인이 따를 뿐만 아니라 병충해 발생의 요인이 된다. 잎에 붙은 먼지를 쉽게 제거하고 더불어 먼지의 부착도 어렵게 하며 잎의 광택을 유지하는 등 다양한 효과가 인정된 엽면세척제도 개발되어 있다.

제2편

녹화 공법의 전개

제 1 장
법면 녹화

여기에서 "법면"이라 함은 "인공적으로 조성된 경사진 사면"을 일컫는다. 법면에는 흙을 쌓아 올려 형성된 "성토지 법면"을 비롯하여 도로 개설 및 택지 개발 등과 같은 주로 토목적인 용도에 따라 자연사면을 절개하여 조성된 "절개지 법면"이 있다.

우리나라에서는 1960년대부터 시작된 고도 경제성장 시대의 시작과 더불어 철도, 도로, 택지, 공장용지 등의 개발이 활발히 이루어졌으며 이와 같은 각종 토목공사에 의해 조성된 법면이 널리 발생되고 있다. 따라서 다양한 종류의 법면녹화에 관련한 공법도 개발되고 있다. 우리나라에서 최근 이용되고 있는 조경분야에서의 다양한 형태의 녹화공법 발전은 주로 법면녹화 공법을 응용한 녹화기법에 의존하고 있다고 표현하여도 과언이 아닐 것이다.

법면녹화에 관하여는 이미 다양한 전문서적이 출간되었으므로 여기에서는 간략히 기초적인 문제점들을 비롯하여 현재까지 개발된 시공법의 개요 및 앞으로 해결하여야 할 각종 문제점 등을 중심으로 논하고자 한다.

1. 법면 녹화에 대한 기초적인 고찰

법면은 산허리를 절개하여 발생하거나 인공적으로 흙무더기를 쌓아올린 경우에 나타나는 경사면으로 토양은 척박한 심토층이 드러나는 경우가 많기 때문에 식물생육에 필요한 양분이 결여되어 있다. 토목분야에서 법면을 조성하는 경우에 경제적인 토지이용을 목적으로 급구배(急勾配)로 실시하는 것이 보통이다. 또한 발생하는 흙의 양이 적으므로 경제적이기 때문이다. 그러나 법면의 토질이나 암석질에 따라 안정적인 한계구배가 있기 때문에 일반적으로 이와 같은 안정한계구배(安定限界勾配)를 고려하여 조성하고 있다.

표 2.1 법면의 기반인 암석의 역학적 성질

성질 / 암석명	압축강도 (kgf/cm^2)	휨강도 (kgf/cm^2)	인장강도 (kgf/cm^2)	탄성계수 ($\times 105kgf/cm^2$)	프와송비 (Possions ratio)
화강암	631~3040	90~200	24~94	4.03~6.10	0.17~0.25
안산암	565~2340	67~179	29~100	2.38~4.04	-
현무암	467~2720	-	40~80	9.69	-
응회암	86~372	23~60	8.5~35	2.39~3.09	-
사 암	266~2380	54~94	25~29	1.72~2.09	0.09~0.33
점판암	425~1640	502~795	255	8.78~10.71	-
대리석	940~2320	32~306	38~107	2.85~8.40	0.22~0.35

안정한계구배는 지금까지 경험적으로 실시하고 있는데 성토의 경우에는 보통 29° 에서 34° 정도이며 절개의 경우에 사면이 흙이면 35 °에서 45° , 연암이면 45° 에서 51° 정도, 단단한 바위인 경우에는 50° 에서 60° 정도로 조성하고 있다.

표 2.2 지반의 토질에 따른 절개사면의 표준기울기(물매)

본 바닥의 토질 및 지질		흙깎기비탈높이(m)	기울기(물매)
경암	-	-	1 : 0.3~0.8
연암	-	-	1 : 0.5~1.0
모래(SP.SW)	-	-	1 : 1.5
사질토(SM.SC)	단단한 것(조밀)	5 이하 5~10	1 : 0.8~1.0 1 : 1.0~1.2
	연한 것(비조밀)	5 이하 5~10	1 : 1.0~1.2 1 : 1.2~1.5
역질토 · 바위 또는 호박돌이 섞인 사질토 (GW, GP, GM, GC)	단단하거나 입도분포가 고른 것(조밀)	10 이하 10~15	1 : 0.8~1.0 1 : 1.0~1.2
	연하거나 입도분포가 고르지 못한 것(비조밀)	10 이하 10~15	1 : 1.0~1.2 1 : 1.2~1.5
점성질토(ML, CL, OL)	-	10 이하	1 : 0.8~1.2
바위 또는 호박돌이 섞인 점질토		5 이하 5~10	1 : 1.0~1.2 1 : 1.2~1.5

법면이 안정구배를 이루고 있어도 나지상태로 남아 있으면 강우나 동결의 해동작용에 의해 침식현상이 발생하여 법면의 토사가 유출되고 점차적으로 파괴된다. 빗물에 의한 침식은 성토사면이나 절개사면에서 발생하고 동결 해동에 의한 침식은 급구배의 연암에서 많이 발생한다. 법면녹화공사는 원래 이와 같은 침식 현상을 방지하기 위하여 실시되는 공사이다.

우리나라에서 보통 나지면을 방치하게 되면 정상적인 상태에서는 주변의 식생이 금방 침입하여 초본류→관목류→교목류와 같은 천이 식생을 거쳐 고유 식생으로 피복되게 된다. 그림 2.1은 일본의 고속도로변 절개사면에 실시한 녹화작업 이후 일어나는 천이과정을 조사한 결과이다. 30년이 경과한 후 소나무나 사방오리나무가 우점하는 정상천이가 일어나거나 아까시나무, 칡이 우점하는 편향천이가 일어났다. 구배가 급하면 급할수록 식생의 침입이 적고 평균적으로 피도 80%이상의 양호한 식생상황이 이루어지는 것은 구배가 35도 이하의 법면이다.

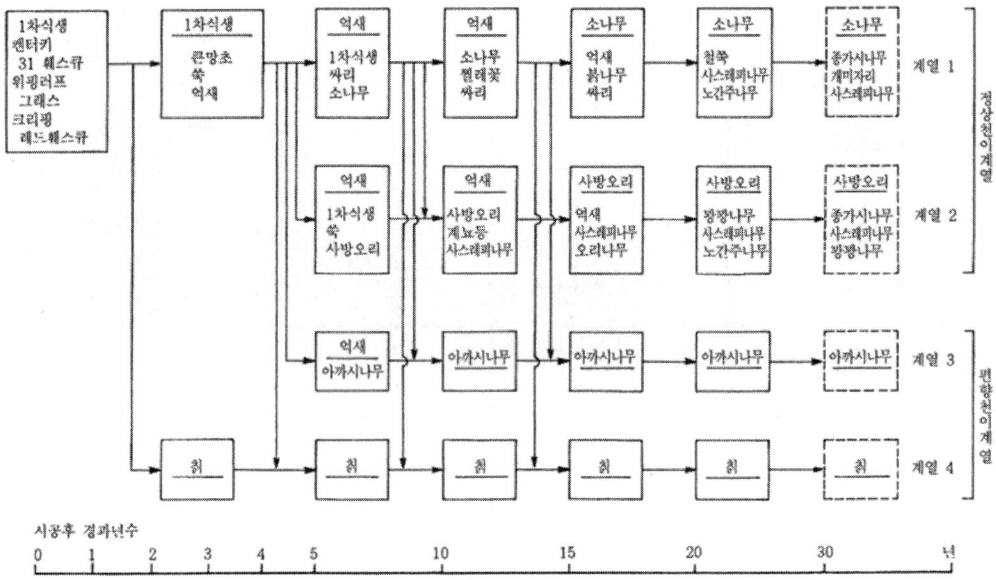

그림 2.1 고속도로변 절개사면 식생의 천이계열

이것은 법면의 구배가 급하면 급할수록 침식현상을 받기 쉽고 표토가 고정되지 않고 침입한 식물의 종자가 정착되기 어렵기 때문이다. 구배가 급할수록 법면 토양은 단단하고 식물의 뿌리 발달이 어려운 이유도 있다. 구배가 35도라고 하는 것은 법면 녹화공사 시공의 난이도를 나타내는 한계라고도 할 수 있으며 35도 이하이면 녹화공사 만으로 영구적인 법면을 유지할 수 있으며 그 이상의 급구배인 경우에는 적절한 녹화기초 공사를 병용할 필요가 있음이 경험적으로 알려져 있다.

그림 2.2 안산암

그림 2.3 현무암

식물의 근계가 침입 가능한 토양경도의 한계는 어느 정도 밝혀져 있다. 토양경도계(야마나카식)로 경도지수가 25mm 보다 단단하면 뿌리 발달이 어렵다. 이와 같은 수치는 토질에 따라 약간의 차이가 있지만 식물의 종류에는 큰 차이가 없다.

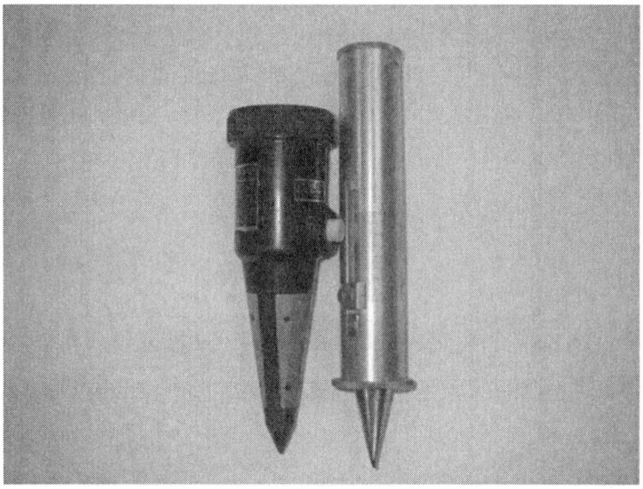

그림 2.3 야마나카식 토양경도계

일반적으로 큰 식물을 생육시키기 위해서는 그만큼 식물의 근계가 신장할 수 있는 부드러운 토양층(유효토양층이라고 한다)이 깊어야만 한다. 성토법면의 경우에는 인공적으로 흙을 쌓아올린 사면이기 때문에 근계가 신장할 수 있는 유효토양층도 충분하여 근계가 왕성한 교목류도 생육가능하다. 그러나 우리나라의 경우에 대부분의 절개법면은 단단한 암반과 같은 토양층이 많으므로 유효토양층을 인공적으로 조성하기 위하여 객토작업이 필요한 경우도 있다. 급구배 법면에서는 부드러운 객토층을 안정적인 상태로 유지하기 위하여 몇 가지 방법론을 강구하여야만 한다. 앞으로 설명하고자 하는 두꺼운 층으로 뿜어붙이기 공법을 비롯하여 녹화기초공법 등을 병행하는 것이 객토층을 안정시킬 수 있는 방법이다. 또한 효과적인 법면녹화를 위해 앞으로 보다 다양한 공법을 개발할 필요도 있다.

침식을 방지하기 위하여 가능한 한 짧은 시간 내에 나지대의 법면을 식물로 피복하여야만 한다. 여기에서 "급속녹화공법"이 개발된 의의가 있다. "급속녹화"에는 녹화속도가 빠르다고 하는 것과 시공속도가 빠르다고 하는 2가지 의미를 지니고 있다. 후자는 기계시공, 또는 제품화된 재료를 사용한 시공을 의미한다.

그림 2.5 사면기반 조성 사면안정녹화

(1) 법면녹화 요소

1) 적절한 식물 종의 선택

종자번식을 전제로 하여 발아세가 뛰어나고 초기성장이 왕성하며 품질이 좋고 균질한 종자를 대량으로 입수할 수 있는 식물을 이용하는 것이 좋다. 또한 척박한 토양에 견딜 수 있는 강한 식물이 좋다. 식재시기에 제한을 받지 않고 파종 후 단기간에 대량으로 발아하여 왕성한 초기 생장으로 나지 법면을 급속하게 피복할 수 있어야만 하며 기계시공이나 제품화된 재료를 조립하는데 취급하기 쉬운 종자로 시공할 수 있어야만 한다. 또한 넓은 면적의 법면을 단기간에 시공하기 위하여 양질의 균질한 종자가 대량으로 입수 가능하여야만 한다. 덧붙여 상록성인 녹화식물이면 더욱 바람직하다. 이와 같은 조건을 만족할 수 있는 것들은 주로 외국산 목초류(켄터키-31 훼스큐, 위핑러브그라스, 화이트클로버, 버뮤다그라스 등)가 있다. 환경친화적인 녹화식물로 최근에 관심이 크게 높아지고 있는 자생 식물종은 사실 크게 다양하지는 못하지만 쑥, 구절초류, 잔디, 김의털, 포아풀, 수크령, 강아지풀, 억새, 새, 매듭풀, 호장근, 비수리, 사초과 식물, 자귀풀, 차풀, 칡, 싸리, 족제비싸리, 낭아초 등이 있다. 특히 자생식물은 우리나라의 자연경관과 잘 조화되며 군락의 유지 및 보존에 있어 안정된 식생군락을 조성하며 식생천이 측면에서도 유리하다. 활착이 이루어진 이후에는 환경 적응력이 뛰어나 생육도 활발한 편이다. 그러나 외국산 목초류에 비해 상대적으로 종자의 발아 및 초기생장이 더디며 온대성 식물이므로 휴면기작에 의해 파종할 수 있는 시기가 제한되어 있다. 또한 현재 실정으로는 대량으로 종자를 채종할 수가 없기 때문에 종자가격이 비싸고 유통이 제한되어 있는 등 단점도 많이 지적되고 있다.

① 법면녹화 식물에 의한 토양보전 효과

법면에 녹화된 식물은 사면의 토양을 보전하는 기본적인 기능을 수행하고 있다.

- 비, 바람에 의한 토양의 침식을 방지해준다.
- 겨울철의 서릿발 발생과 표토유출을 방지해준다.
- 동결과 해동에 의한 토양의 기계적인 침식을 뿌리가 잡아준다.

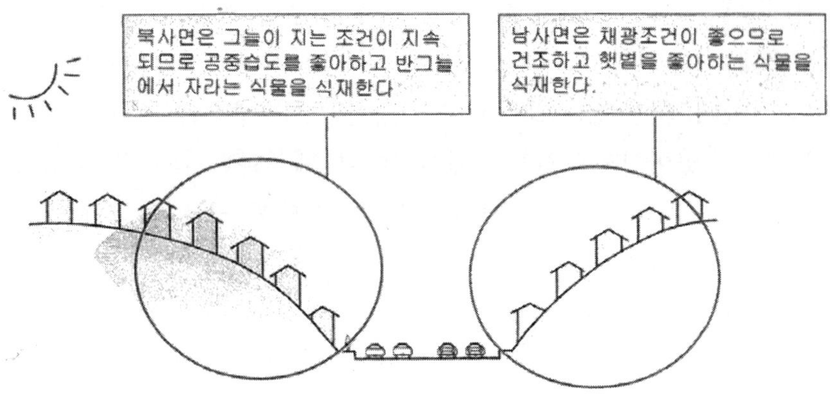

그림 2.6 사면의 방위에 따른 조경식물 식재 방법

② 법면 녹화용 식물에 대한 조사항목

- 식물의 근계 : 토양 고정효과에 영향을 준다. 발아 후 지역별로 측정한다.
- 활력 : 녹화식물의 종 갱신과 수명에 영향을 준다. 발아 후 성묘에 도달하기까지의 기간, 쇠약 및 고사되기까지의 기간 및 조간 등을 조사.
- 개화 및 결실 : 녹화식물 종의 갱신에 영향을 준다. 개화연령, 개화수, 결실시기, 결실율 등을 조사.
- 채종 및 저장 : 채종적기, ㎡당 채종량, 종자저장 온도 및 조건.
- 발아상태 : 채종시기 및 저장기간에 따른 발아상태, 발아촉진 방법, 발아율, 평균발아 기간, 발아세.

- 번식법 : 실생번식 이외의 영양번식법 가능성
- 재배 및 관리법 : 내한성, 내서성, 내음성, 내건성 및 내습성, 맹아 재생력, 병충해 유무

녹화공법 선정시 고려사항
- 법면 녹화의 목표
- 비탈면의 환경
  - 위도, 표고, 기온, 강수량, 적설량
  - 토지이용, 주변식생, 주변지형, 기존 수림지와의 거리
- 비탈면의 구조와 입지요인
  - 절·성토, 비탈길이, 방위, 경사, 지질, 토질, 토양
- 법면의 식생
  - 주변식생, 임상
- 법면 경관
  - 단위 생태계의 공간적인 분포양식.
  - 단위 생태계에 있어서 구성요소의 동태
  - 단위 생태계의 분포양식과 구성요소 동태의 시간적 동태
- 법면 유지관리

그림 2.7 법면 녹화공법 선정시의 제반 고려사항

표 2.3 종자뿜어붙이기공법에 사용되는 재료

종 류	재료의 특성
토양 안정제	토양을 결집시켜 유실을 방지하는 토양안정제로는 화이버(Fiber) 또는 펄프류와 같은 식물성 섬유류를 피복제로 많이 사용한다. 합성고분자제의 풀 종류 및 셀루로스풀과 같은 천연물에 가까운 액체 상태의 토양침식방지제이다. 비탈면 시공시 토양의 표층부를 고결시키고 피막을 형성하여 종자, 식물성 섬유류, 비료 등이 흘러 내리는 것을 방지하고 토양 침식을 억제하기 위하여 사용

	된다. 농도에 따라 종자 발아 및 생육을 억제하기도 한다.
녹화기반재	식물의 생육 기반이 되는 토양공간, 즉 녹화기반의 형성에 관여하는 배양토, 토양개량자재, 비료, 배수자재, 보습제 등을 총칭하여 녹화기반재라 한다, 비료로는 일반적으로 복합비료를 많이 사용한다.
토양개량재	토양의 이화학성을 개선하기 위하여 사용하는 자재의 총칭이며, 원료의 차이에 따라서 유기질계, 무기질계, 합성고분자계의 3종류로 나눈다. 토양개량제는 토양을 팽윤시켜서 단립구조의 형성을 촉진하기 위한 보수성, 배수성, 회복에 기여한다. 또 부식질의 공급 혹은 비료효과도 기대할 수 있다.
종자	도입초본류종자는 대부분 수입에 의한 도입종자를 사용하는데, 품질보증서 및 종자검증서가 있어야 하며, 최소 2년 이내에 채취된 종자로 평균 발아율은 60% 이상까지 사용할 수 있다. 순량은 95% 이상으로 건전하고 발아 생장이 보장되어야 한다. 일부 발아력이 좋은 자생식물도 이용한다.
색소	종자뿜어붙이기공법 시공시 종자 산포지역과 미산포지역을 색깔로서 구분하여 작업을 용이하게 하기 위하여 첨가하는 것으로서, 일반적으로 마아카이드 그린 등이 사용된다.
물	사용하는 물은 깨끗한 시냇물이나 지하수 물을 사용하며, 오염되거나 식물생육에 불리한 이물질이 섞여 있는 물을 사용해서는 안된다.

2) 비료

초기생장이 왕성한 식물을 이용하는 것은 그 만큼 많은 양분을 필요로 하는 것으로서 나지상태의 법면에는 양분이 거의 없다고 생각해도 좋다. 그러므로 녹화공사를 시행할 때에 대량의(종자 발아에 장애를 주지 않을 정도의 범위에서) 복합화학 비료를 사용하는 경우가 많다. 최근에는 유기물 비료를 병행하여 이용하는 공법도 증가하고 있다.

3) 침식방지제(재료)의 병용

시공직후의 침식을 방지하기 위하여 또 종자나 비료의 유실을 방지하기 위하여 적절한 재료로 사면을 코팅할 필요가 있다. 화학적인 침식방지제가 널리 개발되어 있는데 섬유질이나 짚 등을 재료로 만든 네트로 피복하는 방법도 있다. 또한 사면의 침식을 방지하고 안정화시키기 위해 콘크리트 또는 목재, 합성 플라스틱 재질로 제작된 격자틀을 부착하는 공법(latticed block pitching works)도 있다. 특히 토질 조건이 열악하여 사면의 붕괴가 우려되는 사면에는 사전에 사각형, 다이아몬드형, 육각형 등으로 격자틀을 부착하고 토양을 채운 후 적절한 방안으로 녹화를 한다.

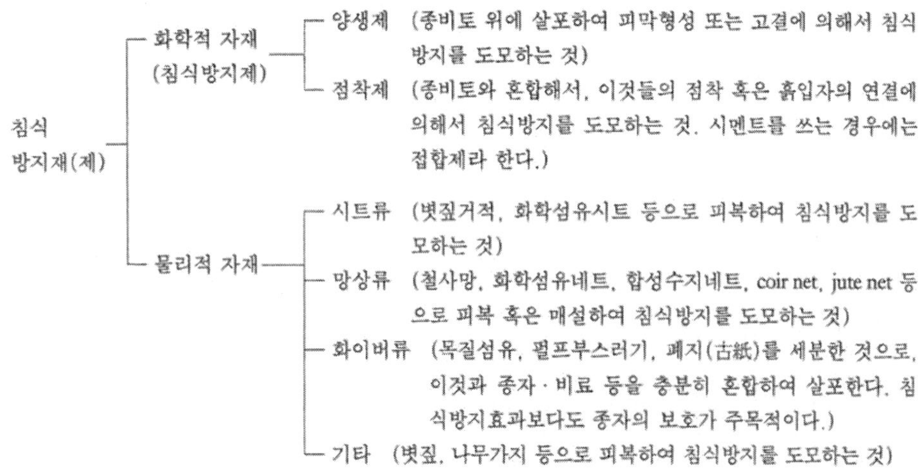

그림 2.8 토양침식방지재의 분류

(2) 법면 녹화공법

현재 시행되고 있는 법면녹화공법은 다양한 종류가 개발되어 있지만 기본적으로 급속녹화공법과 뜻을 같이하며 단단한 토양이나 암반으로 이루어진 법면 등과 같이 녹화시공이 극히 곤란한 장소에 녹화가 가능하도록 하는 공법도 몇 종류 개발되어 있다. 그러나 적절한 녹화공법을 선정하기 위해 다음과 같은 사항들을 사전에 검토해볼 필요가 있다.

- 대상 법면에서 추구하는 녹화목표
- 법면의 기상조건 : 위도, 해발고도, 기온, 온량지수, 강우량, 적설량, 무상기일, 일조시수
- 주변의 식생조건 : 주변식생, 기존 수림지와의 거리
- 법면의 구조와 입지조건 : 지질, 토질, 토양, 구배, 길이, 면적, 방위
- 경관적 요소
- 유지관리

표 2.4 복원목표에 따른 녹화방식

녹화방식 구분	녹화특징
점적(点的)녹화방식 Spot-revegetation measures	식생의 도입을 점상(적)으로 하는 녹화방식으로서, 이 방식에는 식생구멍심기, 새집붙이기 등이 있다.
선적(線的)녹화방식 Strip-revegetation measures	식생공법으로 시공할 때 식생공사를 선상 혹은 대상(帶狀)으로 시공하는 시공법으로서, 선적 녹화(선적 녹화공법)라고도 한다. 선적 녹화방식에는 식생대심기공법, 식생자루심기공법, 식생반심기공법, 새조공법, 선떼붙이

	기공법, 줄떼다지기공법 등이 있다.
면적(面積)녹화방식 Area-revegetation measures	점적 녹화방식, 선적 녹화방식에 대조되는 개념으로서, 녹화시공의 초기형상이 면적(面的, 面狀)으로 시행되는 방법이다. 종자뿜어붙이기공법, 거적덮기공법 등은 면적 녹화방식의 대표적인 것이다. 면적 녹화방식은 일반적으로 미기후의 개선, 내침식성 등의 측면에서 점적, 혹은 선적 녹화방식보다 우수하다.

1) 법면 안정화 공법

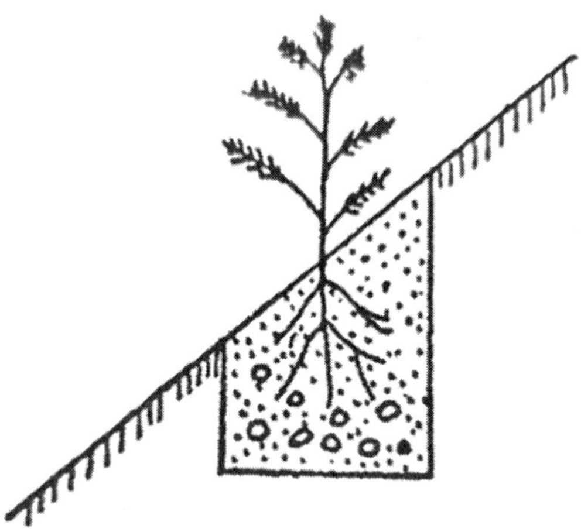

그림 2.9 사면에 구덩이를 파고 직접 식물을 식재해 줄 수 있다(점적녹화)

① 강화 공법(강화공법; consolidation measures)

급경사의 법면을 안정화시키기 위해 시멘트 또는 강도가 높은 고분자 물질을 주입하여 안정화하는 공법이다. 이와 같은 단순한 처리 이외에도 점토질 토양을 가열하여 굳히는 방법, 전기화학적 처리방법, 석회를 주입하는 방법 등 여러 가지 방법이 알려져 있다.

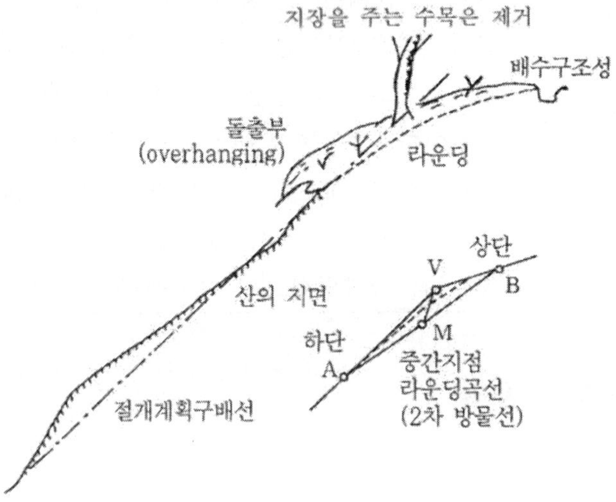

그림 2.10 사면 정상부 처리

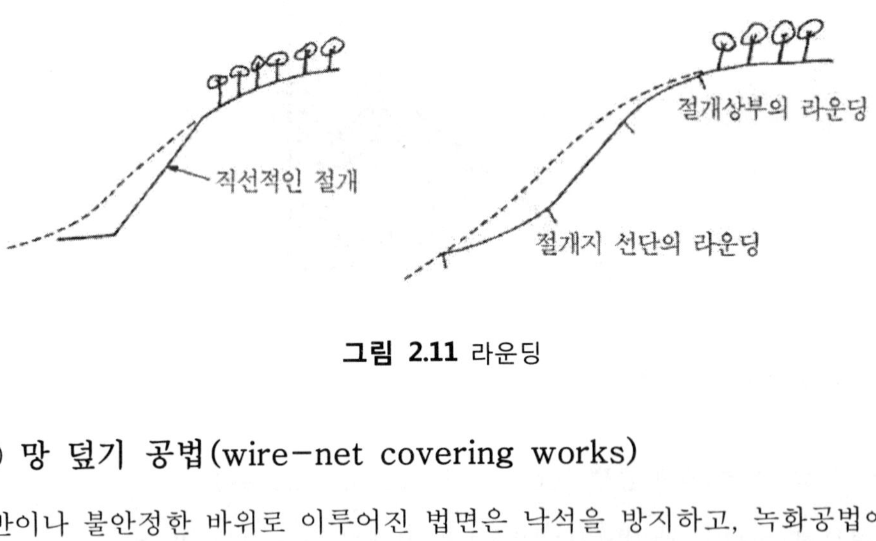

그림 2.11 라운딩

② 망 덮기 공법(wire-net covering works)

암반이나 불안정한 바위로 이루어진 법면은 낙석을 방지하고, 녹화공법에 따른 객토층, 녹화식물의 고정을 위한 사전조치가 필요하다. 보통 강도가 높은 철사망, 합성섬유, 네트 등을 이용하여 법면을 견고히 덮고 그 위에 기계시공을 실시한다.

③ 뜬돌(unstable rock) 제거

법면에 불안정한 상태로 위치하는 바위나 자갈 등은 낙석 등의 위험성을 지니고 있다. 이와 같은 상태의 뜬돌은 법면 안정화 및 녹화공법 시행 이전에 제거해주는 것이 안전하다. 뜬돌 제거 작업에서는 낙하하는 돌에 의한 안전조치를 충분히 취한 후 행해야 한다.

2) 기계 시공(機械施工)

시공 능률이 높고 광대한 면적의 법면을 효율적으로 녹화할 수 있기 때문에 현재 시공되고 있는 녹화공법의 주류를 이루고 있다. 기계시공법에는 펌프와 에어 건을 사용하는 방법으로 구분된다.

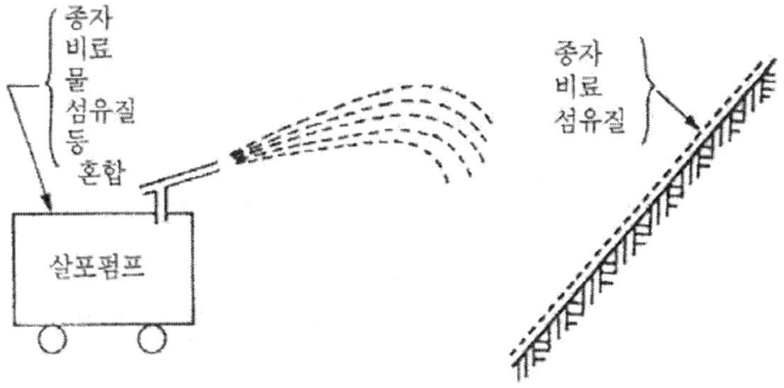

그림 2.12 펌프방식의 종자 살포공법

① 종자 뿜어 붙이기(seed spray measures)

(그림 2.12), 종자, 비료, 섬유질(fiber) 등을 물로 분산시켜 펌프 분사기(hydroseeder)를 이용하여 살포하는 녹화공법이다. "종자 살포공법" 이라고도 한다. 대형의 살포기계가 들어갈 수 없는 장소나 소규모 대상지에는 소형 운반식 분사기 또는 사람이 등에 짊어질 수 있는 분사를 이용하여 시공한다. 다른 공법에 비해 상대적으로 시공 능률이 뛰어나고 비용도 경제적인 장점이 있다. 주로 광범위한 면적의 토질이 부드러운 성토 법면에서 널리 이용되고

시공속도가 빠른 장점이 있다. 토양 유실이 우려되는 지역은 식물성 섬유로 제작된 네트(net)를 법면에 덮고 종자 뿜어 붙이기를 한다. 시공 이후에는 곧바로 추비를 하여 용탈된 비료분을 보충해주어야만 녹화식물의 정착이 용이하다. 섬유질이란 각종 양생재료를 의미하는데, 침식에 대한 내성은 그리 크지 않은 것으로 알려져 있다.

② 에어 건 방식

(그림 2.10), 물, 종자, 비료, 토양을 혼합하여 걸쭉한 죽(種肥土)처럼 조제한 것을 고압의 에어-건(air mortar gun)으로 분사하여 법면에 붙이는 공법이다. 별도로 "객토 뿜어붙이기 공법" 이라고도 한다. 종자 뿜어 붙이기 공법에 비해 종자 산포범위가 넓어 시공속도가 빠르다. 또한 단단한 재질의 경사지에서 급구배로 절개한 법면을 녹화하기 위하여 개발된 공법이다. 이 공법은 토양층을 어느 정도 깊이로 분사하여 부착하여 조성시킬 수 있으므로 근계침입이 곤란한 경질의 법면에도 시공이 가능하고, 경사가 심한 급구배 법면에도 점착성이 좋은 결과를 나타낸다.

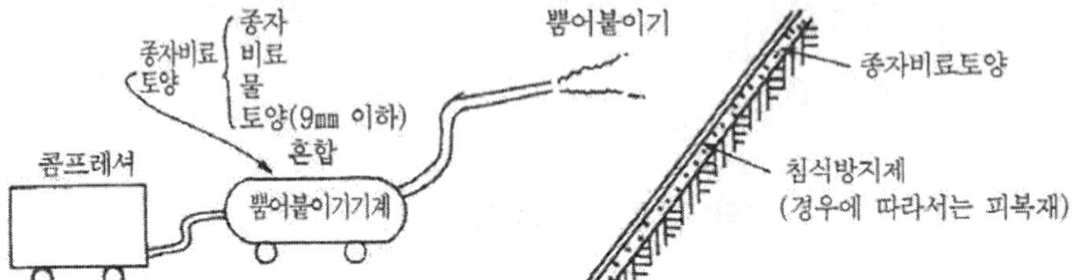

그림 2.13 에어건 방식의 녹화공법

객토층을 두껍게 시공하기 위하여 최초에 철망 등을 법면에 깔고 그 위에 비옥토(肥沃土)를 어느 정도 깊이로 분사하여 시공한 후, 다시 종비토를 분사하여 붙이는 예도 있다. 또한 시공된 종비토 위에 침식방지제를 2차로 살포하여 이미 시공한 종비토를 보호하는 것이 바람직하다. 토양이 얼기 쉬운 겨울철에 시공하는 경우에는 네트나 거적 등의 피복제로 시공면을 보호하는 것이 좋다.

사용하는 녹화식물의 종자는 양잔디류가 일반적이지만, 발아율을 높이고 생장과 경관적인 효과를 높이기 위해 여러 종류를 혼합하여 시공한다. 예를 들면, "3종 혼합 종자"로 널리 알려진 조합은 켄터키블루그라스(Kentucky blue grass) 20g/㎡, 위핑러브그라스(Weeping love grass) 0.5g/㎡, 화이트 클로버(White clover) 0.5g/㎡을 섞어서 녹화하는 것이다.

최근에 이르러 에어-건 방식을 사용하는 공법에도 다양한 발전이 이루어졌다. 경관보전이 필요한 녹화 대상지에 있어, 지금까지 녹화가 불가능하였던 암반상 법면을 녹화할 수 있는 공법이다. 분사된 깊은 객토층의 기본적인 재료는 유기물 혹은 토양, 종자, 비료 등과 함께 접착제의 역할을 하는 시멘트 또는 고분자 합성수지를 혼합한다. 암반상 법면에는 식물의 뿌리가 내부로 발달될 수 없기 때문에 두터운 객토층을 만들어 주는 것이 좋다. 법면의 안정성을 높이고 혼합물의 부착을 용이하게 하기 위해, 미리 법면은 잘 정리한 한 후, 철망을 덮고 핀으로 견고하게 고정한다. 5cm 이상의 깊이로 분사하여 토양을 부착하게 된다. 또한 종비토에 고분자물질 단립형성제(團粒形成濟)를 혼입하여 팽윤상태의 객토를 분사하여 부착율과 종자 활착을 높이는 공법도 시도되고 있으며, 긴 연속 섬유질을 혼입하여 보강하거나 내구성이 좋은 암면(rock wool)을 첨가하여 시공하는 공법도 개발되어있다.

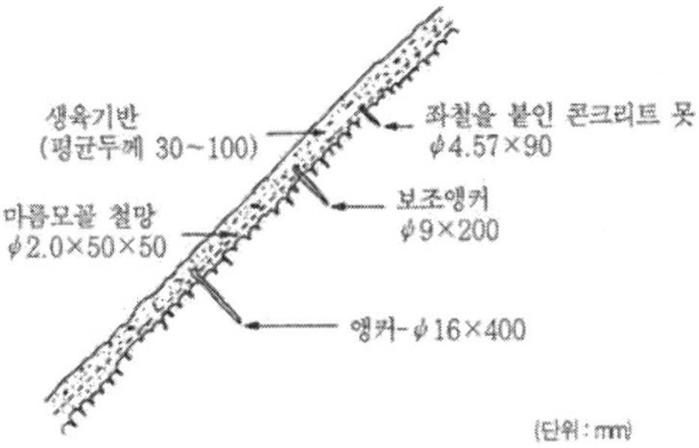

그림 2.14 두껍게 객토 뿜어 붙이기 공법의 구조

3) 제품화된 재료에 의한 공법

법면 녹화가 가능한 뗏장, 종자를 부착한 매트 혹은 주머니를 법면에 시공하는 공법이다. 소규모의 법면시공에는 기계 시공보다 간편하고 효율적이다. 인력을 활용하여 잔디 뗏장을 법면에 붙여 녹화하는 다양한 시공법이 대표적이다.

제품화된 녹화소재를 법면상에 안정시키기 위해 사면에 대한 기초공사가 필요하다. 가장 널리 이용되는 것은 격자틀 공법(그림 2.15)이다. 격자틀에 의해 법면의 안정을 증강시키는 것과 더불어 틀 안에 채운 토양을 안정시킨다. 급구배의 경우에는 격자틀 안에 흙주머니를 채우는 경우도 있다. 기타 옹벽과 녹화공법을 조합한 것으로 옹벽에 적절히 맞춘 식재 구덩이를 파고 녹화공간을 확보한 옹벽식 소단설치 공법도 있다.

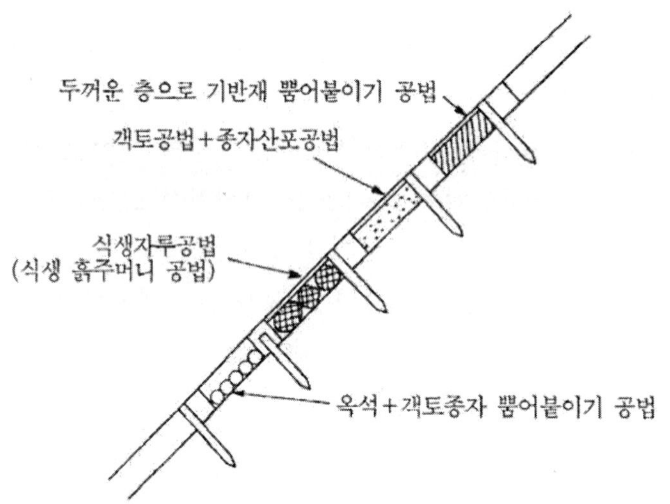

그림 2.15 콘크리트 격자틀 공법과 각종 식생공법의 조합

녹화소재를 시공 후 녹화식물을 보호하고 사면의 안정화를 위해 짚이나, 거적, 펄프 등으로 피복을 해주는 경우도 있다. 이것은 토양의 침식을 방지하고 종자발아와 생육환경을 개선하기 위하여 행하며 서릿발이나 동결이 심한 곳,

강우빈도가 높은 곳, 척박한 토질로서 쉽게 건조현상이 발생하는 곳에서 녹화 촉진에 뛰어난 효과를 발휘한다.

① 선상 녹화 공법(線狀綠化工法)

선상 녹화 공법은 사면에 뗏장을 띠(帶) 형태로 붙여 녹화하는 시공법으로 "선떼붙이기 공법" 이라고도 한다. 주로 민둥산과 같이 토양조건이 나쁜 장소를 어린 묘목, 잔디 뗏장, 기타 초본류로 녹화하는 방법으로 등고선을 따라 띠 모양으로 식재한다. 마사토와 같이 거친 토양의 퇴적지에서는 침식이 일어나기 쉽기 때문에 선떼붙이기를 연속적으로 시행하여 시공한다. 이 때 사면의 하부는 돌쌓기, 말뚝 보강, 격자틀 설치 등의 사면 보강 공사를 별도로 시공하여 구조를 강화하여 법면 전체의 안정화를 도모하는 것이 좋다. 선상 녹화 공법은 원래 들잔디 뗏장을 주재료로 식재하지만 경관을 조성하거나 견고도를 높이기 위해 다른 식생기반으로 대용하는 경우도 있다. 목본류는 싸리, 족제비싸리, 사방오리나무, 현사시나무 등을 주로 식재한다. 식재된 식물이 충분히 자라기 전에는 강우 등에 의한 침식이 발생할 수 있다.

② 면상 녹화 공법(面狀綠化工法)

면상 녹화 공법의 일반적인 녹화방법은 사면 전체를 잔디의 뗏장으로 시공하는 방법을 일컫고 평떼붙이기공법이라고도 한다. 이와 같은 공법은 사면의 경사도가 완만한 법면에 주로 시공한다. 평떼를 사면에 부착하고 원활한 활착을 위해 말뚝이나 철선으로 단단히 고정시켜야 한다. 평떼를 식재하기 전에 지표면에 남아 있는 돌이나 초목 등의 유해물을 완전히 제거해야 한다. 특히 토양조건이 불량한 경우에는 모래를 깔아주어야 한다. 사면보호 효과가 뛰어난 화본과 식물이나 심근성의 콩과식물 종자 등의 산파를 비롯하여 등나무, 담쟁이덩굴 등의 덩굴성 식물을 법면 전체에 식재하여 녹화하는 경우도 있다. 종자를 뿌린 후에는 짚, 나뭇가지, 거적 등으로 피복하여 지표면을 보호해준다. 대규모 면적을 녹화하기 보다는 황폐한 산허리의 복구 등에 주로 적용된다.

법면의 토사유실 및 녹화식물의 훼손을 방지하고 식생의 활착을 도모하기 위해 망덮기공법을 함께 시공할 수 있다. 망덮기공법은 코코넛 열매 또는 황마에서 추출한 식물성 섬유로 제작한 Net를 사면에 덮어주고 효과적인 면상녹화공법을 시도한다.

③ 식생 매트 공법

식생 매트 공법은 비료와 함께 잔디 혹은 초본성 식물의 종자 등을 부착한 매트(거적, 면포, 펄프 등)를 법면 전면에 붙여 녹화하는 공법을 일컫는다(그림 2.16). 주로 토양이 부드럽고 경사가 급하지 않은 성토면을 녹화하는데 적용하는 공법이다. 종자 발아가 용이한 봄-여름철에 시공하는 것이 원칙이다. 식생 매트를 이용하여 지표면을 피복하기 때문에 시공 직후부터 토양보호 효과가 나타난다.

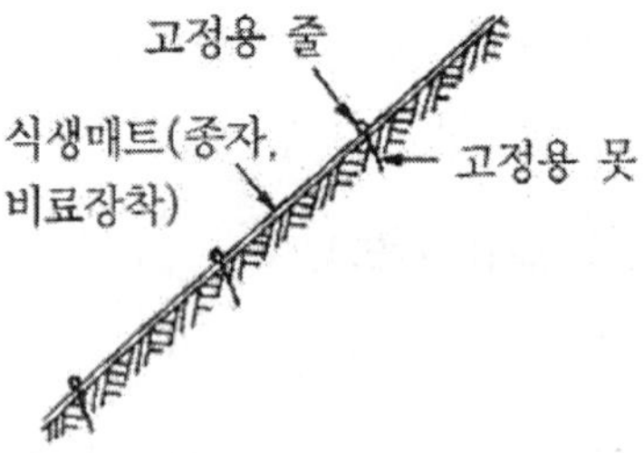

그림 2.16 식생매트 공법

④ 식생 주머니 공법

식물의 종자, 비료, 토양을 담은 견고한 주머니를 법면의 등고선을 따라 매립하는 공법이다. 주머니에 사용하는 종자는 서양잔디 혹은 잔디를 주로 사용하며 대상지에 따라 야생식물을 사용한다. 잔디 이외에는 억새와 같은 벼과식물의 종자나 사초과 식물, 비수리와 같은 콩과식물과 같이 개활지의 초기식생을 형성하는 강한 식물을 주로 이용한다. 식생 주머니는 식물이 발아하여 밖으로 빠져나올 수 있는 재질을 사용해야 한다. 식생 주머니의 매립에 의해 사면 보호 효과가 발휘되지만, 시간경과에 따라 내부의 토양 및 식물체가 유실될 수 있다.

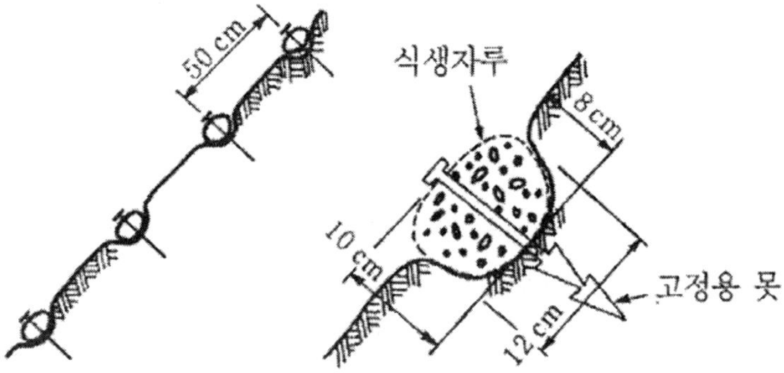

그림 2.17 식생자루 공법

(3) 법면 녹화공법에서의 과제

1960년대에 이르기까지 법면녹화공법은 법면의 침식을 방지하는 방재적 역할만을 강조했었다. 그러나 이후 환경 및 경관보전이 중요시되게 되어 법면녹화공법은 "자연경관 및 복원방법"으로서의 역할이 크게 요망되게 되었다. 환경이나 경관보전을 고려하지 않은 개발행위는 용납될 수 없고 그 만큼 법면녹화 공법의 역할은 크게 강조되고 있다. 여기에서 새로운 법면녹화 공법에서 요구되는 것은 "보다 질 높은 녹지도입"이라고 할 수 있다. 그것은 필연적으로 법면녹화공법에 다양성이 요구되고 다채로운 방향으로 발전할 필요가 있음을 나타내는 것이다.

제1의 방향은 지금까지 녹화를 기대하지 않았던 암반 법면과 같이 녹화작업이 대단히 어려운 법면에 적용 가능한 녹화공법의 개발이다. '뿜어붙이기공법'으로 대표되는 암반녹화공법의 개발이 적극 시행되었다. 단단한 암반에는 침식현상이 거의 없으므로 녹화는 방재적 의미는 거의 없고 완전히 경관보전을 목적으로 한다. 기술적으로는 성공단계에 있으나 제한된 객토층에만 식물의 생육기반을 도모하기 때문에 먼 훗날에 이르기까지 식생을 유지할 수 있을까 주의 깊게 관찰할 필요가 있다.

제2의 방향은 법면에 목본식물의 조기 도입이다. 우리나라의 자연경관은 기본적으로 삼림으로 구성되어 있고 법면에서 요구되는 자연식생복원도 목본류가 우점한 식생이 자연스럽기 때문이다. 양잔디를 중심으로 한 급속녹화공법에서도 최종적으로는 주변식생에 어울리는 삼림상태로 천이가 이루어진다. 그러나 거기에는 긴 시간을 요하는 취약점이 있다. 지금까지 법면녹화공법에 이용 가능한 목본류는 사방오리나무, 오리나무, 현사시, 버드나무류, 족제비싸리, 아까시나무, 소나무 등으로 불리는 사방용 수종의 일부로 한정된다. 앞으로 척박한 토양조건에 견딜 수 있는 수종에 대한 연구가 요망되는 한편 지금까지의 발상을 전환하여 법면의 토양조건을 보다 좋게 하여 선택 가능한 수종의 폭을 넓힐 수 있는 시도도 필요하다. 한편 법면에 대한 목본류의 식재는, 우리나라와 같이 여름철에 태풍이 불어오거나 겨울철 강하고, 지속적인 계절풍이 불어오는 지역에서는 울창하게 발달한 목본류의 수관부가 바람에 대한 저항을 받아 사면이 붕괴되는 원인이 되는 경우도 있다.

제3의 방향은 우리나라의 자연경관에 최대한 가까운 자생식물을 녹화소재로 적극 개발하는 것이다. 지금까지는 식물의 생육조건상 대단히 가혹한 조건하에서도 식물을 생육시키는 데 노력을 기울여야 했었다. 그러나 앞으로는 법면녹화가 이질적인 식생경관이 아닌 우리나라 자연경관과 어울리는 녹화공간으로 조성되어야 할 것이다. 목본층, 관목층, 초본층 등으로 식생층위가 다양하고 생태적으로 안정된 식생을 조성할 필요가 있다. 특히 법면녹화용 자생식물의 적극적인 개발과 시공방법, 관리 방안 등에 대해 적극적으로 연구하여야 한다.

제 4의 방향은 법면의 토목적 형상을 원하는 식생구조로 실현 가능한 형으로 변화시키는 것이다. 우리나라와 같이 좁은 국토에 험한 산지지형이 많은 곳에서 법면의 완구배화는 용이하지 않다. 일반적으로 법면은 직선적으로 조성되어 곡선으로 구성되어 있는 산악경관과는 완전한 이질감이 있다. 경관적 배려가 충분한 법면의 형상에 녹지를 복원하는 것으로 완전한 경관 복원이 가능하다.

(4) 법면 녹화 속도

다양한 녹화방법에 의해 녹화된 법면은 대상지의 기후와 토양 등 제반 조건에 의해 각기 다른 방향으로 천이가 시작된다. 최대한 빨리 법면을 안정시키기 위해 급속녹화공법을 적용한다. 보통 발아세가 뛰어나고 초기생장이 왕성한 외국산 목초류를 주로 이용하여 나지 상태의 법면을 급속히 피복하는 것(기후조건이 좋은 경우에는 보통 2-3개월에 전면 피복이 가능한 것)을 목적으로 녹화시공 한다. 그것은 나지 상태의 법면 침식을 신속하게 방지하기 위함이며 식물 종으로서는 잔디류가 최적이다. 그러나 외국으로부터 도입된 한지형 서양잔디류를 이용하여 영구적으로 법면을 피복을 계속하는 것은 바람직하지 못하다. 이와 같은 도입종들은 경우에 따라서 심각한 생태계 교란을 가져올 가능성이 있기 때문이다. 즉, 녹화된 장소를 벗어나 주변의 식생에까지 침입하여 식물생태계를 교란시키는 경우도 드물게 발생하기 때문이다. 특히 여름철 기온이 서늘한 우리나라의 강원도 산간지대에서 가끔 이와 같은 경우가 보여지고 있다. 일반적인 경우에는 시공 시에 시용한 비료의 효과가 없어질 때(시공 후 1-2년)에는 식재한 잔디류의 생육도 현저히 쇠퇴하게 된다. 그러나 말라버린 잔디류도 법면을 피복하고 있기 때문에 어느 정도의 침식은 방지 할 수 있다.

식재된 잔디의 생장쇠퇴와 더불어 주변의 고유 식생 침입이 시작되어 초본류→관목류→교목류와 같이 식생은 천이되어 주변식생과 거의 동일한 식생구조가 된다. 이와 같은 과정을 이룩하는데 필요한 시간은 앞에서 예로 들은 일본의 긴키(近畿)지방에서는 주변식생이 소나무 숲인 경우 10여년에서 20년 정도가 걸리는 것으로 밝혀져 있다. 지금까지의 연구결과를 보아도 구릉지에서는 순조롭게 이와 같은 과정을 거치는 경우가 많다. 그림 2.18은 일본의 교토(京都) 주변의 절개법면에서 녹화공사를 시행한 후의 식생변화를 추적 조사한 결과이다.

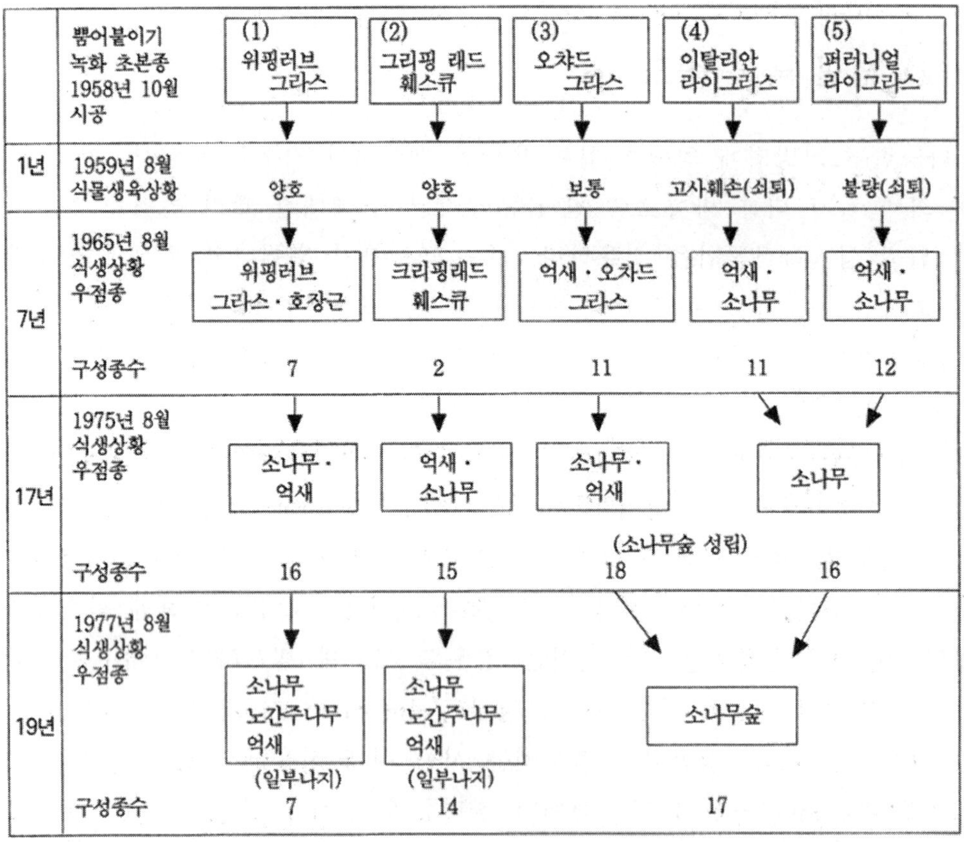

그림 2.18 법면 녹화시공후 식생천이상황

즉, 급속녹화 공법의 기본적인 이론은 인위적인 나지상태의 법면에 양잔디 선구 식물(先驅植物)을 도입하여 침식을 저지시키고 미기상 조건을 완화시켜 고유 식생 생육이 용이하도록 하는 것이다. 또한 자연조건하에서도 심한 침식현상에 의해 선구 식물 도입이 어려운 경우에 인위적인 처리에 의해 녹화가 가능하도록 하는 것이다.

그러나 표고가 높은 아고산지대에서는 이와 같은 천이현상이 순조롭게 진행되지 않는다. 또한 녹지가 거의 없는 상태의 도시 주변부에서와 같이 고유 식생이 결여된 경우에도 천이는 원활하지 못하다. 또한 경관보전 관점에서 목본성 식물의 조기도입을 요하는 경우에 있어서 도입한 잔디류가 왕성한 생육을 지속하면 할수록 목본류의 도입은 늦어지는 현상이 있다.

(5) 법면 녹화용 잔디류

잔디란 주로 재배종의 다년생 화본과 식물군을 일컫는데 질감이 매우 좋은 초본성 식물로서 낮은 키 또는 짧게 깍인 상태로 지표면을 효과적으로 피복할 수 있다. 특히 여러 종류의 양잔디류의 경우에는 발아율 및 발아세가 좋고 평균발아기간도 짧으며 생육이 왕성하여 종자뿜어붙이기와 같은 기계시공이 가능하여 사면 녹화용 소재로 가장 일반적으로 이용하는 식물들이다. 이들 잔디류는 환경적응성이 매우 뛰어나며 시각적으로 아름답고 토양보호, 방음, 반사광 흡수 및 운동장 등의 시설물 조성 등에도 널리 식재되고 있는 지피용 소재이다.

표 2.5 잔디 종자의 파종량(g/m²)[7)]

잔디의 종류	파종량
들잔디	10-15
파비아 그라스	20-30
버뮤다 그라스	15-25
코로니얼 밴트그래스	10-20
크리핑 밴트그래스	5-10
이탈리안 라이 그라스	100-200
퍼러니얼 라이그라스	100-200
켄터키 블루 그라스	10-30
래드 톱	40-50
톨 훼스큐	20-30

이와 같은 잔디류의 특성은 초장이 짧고 잎이 가늘고 작으며 밀생하여 자라는 성질이 있다. 또한 포복형(creeping type lawngrasses), 분주형(bunched type lawngrasses) 등의 생육형에 의해 지표면을 쉽사리 아름답게 피복할 수 있다. 성질이 강건하며 생장력이 뛰어나며 재생력과 맹아력이 좋다. 환경적응성이 다른 작물에 비하여 좋은 편이며 특히 악조건에 견디는 힘이 뛰어나다. 빈번한 예취 및 사람이나 동물들의 빈번한 밟는 압력에 잘 견디는 내답압성(tolent to step damage)도 매우 높다. 특히 이와 같은 물리적인 외부자극이 경미한 경우에는 도리어 생육을 촉진하기도 한다. 지표면을 피복하는 속도가 다른 식물에 비해 상대적으로 빠르며 관리하기가 용이하고 동물에 무해한 장점이 있다.

잔디류는 전 세계적으로 난대지역을 비롯하여 온대, 한대지역에 걸쳐 널리 분포되어 있다. 이들은 거의 600여속(genus)에 이르며 대표적으로 약 500여종(species)이 있다. 일반적으로 잔디의 분류는 생육지의 기후조건에 의해 생태적인 분류를 주로 하고 있는데 식물체의 겨울철 내한성 정도에 따라 난지형 잔디(warm season turfgrasses)와 한지형 잔디(cool season turfgrasses)로 구분하고 있다. 난지형 잔디류에는 한국잔디류(*Zoysia* Willd)를 비롯하여 바히아그라스(Bahia grass), 버뮤다그라스(Bermuda grass), 버펄로그라스(Buffalo grass), 센티페드그라스(Centipede grass), 카펫그라스(Carpet grass), 세인트 어거스틴그라스(St. Augustine grass) 등이 있다.

벤트그라스(Bent grass), 블루그라스(Blue grass), 훼스큐(Fescue grass), 라이그라스(Rye grass) 등은 한지형 잔디류에 속한다. 또한 잔디의 서식지에 따라 한국잔디 및 서양잔디로 구분하기도 한다. 한국잔디류에는 들잔디(*Zoysia japonica*), 금잔디(*Z. mattrella*) 등이 있고, 서양잔디류는 원래 서양에서 목초로 사용하던 것을 조경용으로 개발하여 식재되고 있는 Bermuda grass, Bent grass, Blue grass, Fescue grass, Rye grass 등과 같이 이미 열거한 종들이 대표적이며 대부분 상록성이다.

1) 난지형 잔디류

① 한국잔디류

- 학명 : *Zoysia* sp.
- 영명 : Zoysia grasses

한국잔디류는 우리나라와 같이 세계적으로 따뜻하고 습기가 적당한 온대지역에서 주로 재배되고 있으며 생장력은 느린 편이며 균등하고 밀도있게 생장하여 질 좋은 잔디를 형성한다. 특히 상대적으로 키가 낮기 때문에 예초 관리면에서 깎아주지 않더라도 적절한 높이를 유지할 수 있다. 여름철에는 잘 자라지만 겨울철에는 생육이 정지하고 지상부가 고사한다. 우리나라에서는 5-9월까지의 약 5개월간은 푸른 상태가 유지되며 나머지 기간은 갈색으로 변한다. 특히 겨울 동안은 휴면상태에 들어간다. 줄기와 잎이 매우 거칠며 강건하고 직립 생장습성을 지닌 관부, 지상 포복경 및 지하경이 왕성하게 벋어 옆으로 기는 성질이 강하다. 밀도 높게 빈틈없이 조성된 잔디밭에는 잡초의 침입이 어려울 정도로 생육이 왕성하다. 특히 가뭄 및 더위에 대하여 높은 저항성을 지니며 여름철의 습기에는 약하다. 양지성 식물로 그늘에서는 생육이 불량하고 병충해가 심하다. 내염성은 강한 편이다. 내답압력은 보통이다. 토양적응성은 좋으며 pH 6-7 사이의 배수가 잘되고 모래가 섞인 부드러운 토양에서 잘 자란다. 내병성도 강하며 잔디 제초제에 대한 내성이 강하다. 내공해성도 강한 편이다. 번식은 종피의 발아억제물질과 휴면성에 의해 실생 파종이 용이하지 않으므로 주로 뗏장식재와 같은 영양번식을 실시하고 있다.

한국잔디류의 실생파종 시 발아율을 높이기 위하여 가성소다로 처리한 종자를 이른 봄에 파종하고 통기용 구멍을 뚫은 비닐을 발아할 때까지 덮어준다. 또한 잔디나 잔디의 뿌리로 가득 차 있는 토양표층 또는 이식 및 번식을 목적으로 지면에서 떼어낸 토양표층의 일부를 떼라고 한다. 3월 중순에서 5월 중순경에 떼를 심는 번식방법을 널리 이용하고 있다. 실생번식에 비하여 녹화속도가 빠르고 고른 잔디를 형성할 수 있으며 제초 및 기타 관리가 용이한 장점이 있다. 잔디를 깔기에 앞서 토양을 잘 정리하고 퇴비를 20-30cm 정도의 깊이로 충분히 넣어준다. 지면을 잘 고르고 바닥을 가볍게 밟아 흙을 안정시켜준다. 떼는 잡초나 불량한 개체를 제거한 후 전면깔기, 띄어깔기, 모자이크깔기, 어긋나게깔기, 반절깔기, 줄깔기 등의 방법으로 깔고 판자로 가볍게 두들기거나 발로 밟아 토양에 잘 붙게한다.

주요한 한국잔디류는 다음과 같은 종류들이 있다.

- *Z. japonica* Steud : 들잔디. 우리나라 산야에 널리 분포하고 개화시기는 5-6월이며 작고 좁은 총상화서. 성질이 대단히 강건. 잎은 길이 5-10cm, 너비 2-5mm정도이며 우리나라에서 환경적응성이 뛰어나 사방용, 운동장, 묘지 조경용, 공원용, 비행장, 골프장 등의 대면적지에 적합하다.
- *Z. matrella* Merr : 금잔디. 들잔디에 비해 내한성이 약하여 주로 대전이남에서 널리 식재. 잎 길이는 4-12cm, 너비 3mm 내외이며 질감이 섬세하고 밀도가 높게 자란다. 성질은 강건한 편이나 내병성이 비교적 약하다. 정원이나 공원 등에 알맞다.
- *Z. sinica* : 갯잔디. 해안가의 모래땅에 주로 자생한다. 잎은 길이 3-9cm, 너비 1-3mm 정도로 들잔디에 비하여 가늘고 작으며 강건한 느낌을 준다. 성질은 강하고 사질토양을 좋아한다. 모래나 척박한 토양의 녹화에 사용.
- *Z. macrostachya* French et Sav. : 왕잔디. 중부 이남의 해안가에 자생. 잎은 호생하고 피침형으로 옆으로 퍼지며 길이 3-5cm, 너비 2-4mm 정도. 내한성은 약하고 성질이 강건. 강한 질감을 준다.

② 버뮤다그라스류

- 학명 : *Cynodon* spp
- 영명 : Bermuda grass, Wire grass, Dog' s tooth grass, Devil

grass, Bahama grass, Scotch grass

Bermuda grass류는 세계적으로 난지성 잔디의 대표적인 종류로 널리 재배되고 있다. 우리나라에서도 자생하는 우산잔디(*Cynodon dactylon*)가 있다. 우산잔디는 해안을 따라 강원도의 낙산사 근처에까지 주로 양지에서 자생하고 있는 적응력이 뛰어난 잔디이나 널리 알려지지 않은 상태이다. 세계적으로는 열대 및 난대에 걸쳐 광범위하게 분포하고 있다. 특히 기온이 따뜻한 난대지역에서는 중요한 잔디로 인정받고 있다. 우리나라와 같은 온대지역에서는 겨울 동안에 휴면상태가 되어 잎이 갈변하게 된다. 불완전 포복형의 생육형을 지니며 다른 잔디에 비교하여 상대적으로 포복경의 생장이 빨라 지면피복 속도가 빠르다. 보통 때의 초장은 15-30cm 정도이지만 이삭이 잎집에서 나오는 출수기 및 개화기에는 30-50cm, 경우에 따라서는 70cm에 이를 정도로 높게 자라므로 자주 깎아주어야 한다. 양지성 식물이므로 그늘에서의 재배는 불가능하다. 토양 적응성은 아주 좋으나 내한성은 약한 편이다. 재생력이 좋고 내답압력도 우수하고 병충해도 적은 편이다. 벤트그라스와 더불어 골프장의 퍼팅 그린(putting green)에 식재한다.

주요한 Bermuda grass류는 *C. bradleyi, C. dactylon, C. magennisii, C. transvaalensis* 등이 대표적인 종이다.

③ 바히아그라스

- 학명 : *Paspalum natatum* Flugge
- 영명 : Bahia grass

원산지는 남미이며 초장이 30cm 이상으로 자랄 수 있는 대형의 잔디이다. 흔히 초식성 가축의 목초로서도 널리 이용되고 있는 종류이다. 짧고 두터운 약간의 목질성 지상포복경을 발생시켜 치밀한 지면피복을 이룰 수 있다. 다른 잔디류에 비하여 잎이 크고 엽폭도 넓기 때문에 질적으로는 약간 쳐지나 내서성을 비롯하여 내건성, 내답압성, 내병성 등이 우수하고 특히 토양적응성이 월등하여 척박하고 산성의 사질토양지를 녹화하기에 적합하다. 내한성은 다른 잔디류에 비해 상대적으로 약한 편이다. 종자번식을 주로 하며 각종 운동 경기장을 비롯하여 사람들의 왕래가 많은 지역, 공원, 소규모 도로변의 경사면 등의 녹화 및 보호에 좋은 잔디이다.

④ 위핑러브그라스

- 학명:*Eragrostis curvula* Nees
- 영명:Weeping love grass

남아프리카 지역이 원산지인 잔디로 미국은 탄자니아를 통하여 수입되어 들어왔다. 성질이 대단히 강건하며 성장도 빠르고 내서성 및 내건성도 강하다. 내한성도 어느 정도 있다. 대형의 잔디로 초장 60-150cm 에 이른다. 잎은 가늘고 길며 길이 40-60cm 정도이고 안으로 말리며 끝이 밑으로 쳐진다. 종자 생산력이 우수하여 척박지 등의 악조건을 지닌 장소에서도 발아가 잘 되므로 절개 사면의 녹화용으로 널리 파종한다. 토양적응성이 뛰어나지만 특히 배수가 잘되는 사질양토를 좋아한다. 잔디 중에서 대형으로 자라는 부류에 속하며 관상가치가 떨어지므로 관상용으로 녹화하기보다는 절개사면이나 척박한 지표면의 녹화 및 보호용으로 사용할만 하다.

⑤ 버펄로그라스

- 학명 : *Buchloe dactyloides* Engeim
- 영명 : Buffalo grass

북아메리카 지역이 원산지이나 온대 및 아열대기후 지역의 비가 적은 곳에 잘 생육되는 잔디이다. 초장이 짧고 지상포복경을 내어 뻗어 나간다. 성질은 강건하고 내건조성 및 내한성도 강하다. 각종 토양조건에 잘 적응하며 비가 적은 건조 지역에 사용할만 하다. 잎은 가늘고 작으며 밀생한다. 잎에는 가는 털이 있기 때문에 회록색을 띤다. 수직생장이 느리기 때문에 가끔씩 예초한다. 수많은 포복경에 의해 밀생된 뗏장을 형성하면서 영양번식을 한다. 내음성은 약하다.

⑥ 센티페드그라스

- 학명 : *Eremochloa ophiuroides* Hack.
- 영명 : Centipede grass

원산지는 동남아시아로 지상포복경을 내어 퍼져 나간다. 버뮤다그래스와 카펫그라스의 중간형 형태를 나타낸다. 잎은 가늘고 작으며 초장은 짧다. 성장은 느린 편이다. 내서성 및 내건조성이 강하다. 토양적응성은 강하여 척박지에서도 잘 생육한다. 토양개량을 위해 석회를 과다하게 시비하면 철분 부족으로 인하여 황화현상을 일으키기도 한다. 내한성은 약하다. 산성토양에서 잘 자란다. 번식은 종자 번식 및 영양번식을 실시한다. 잎이 작기 때문에 운동장 등에는 적합하지 않고, 질감이 좋아 정원용 잔디로는 사용할만 하다.

⑦ 카펫그라스

- 학명 : *Axonopus affinis* Chase
- 영명 : Carpet grass, Louisiana grass

중부 아메리카 지역이 원산지로 초장 15-20cm 정도의 소형 잔디류이다. 잎 폭은 넓고 끝이 약간 둥글다. 내서성은 강하나 건조에 약하고 내한성이 없다. 병충해에 강하며 일조부족 상태에서도 어느 정도 견딜 수 있다. 지상포복경에 의해서 쉽게 퍼지고 마디에서 뿌리가 내려 밀집된 떼장을 형성한다. 뿌리는 다른 잔디와 비교하여 상대적으로 얕게 분포한다. 배수가 잘되고 습기가 적당한 비옥한 토양을 좋아한다. 내염성은 약하다. 내답압력이 강하므로 운동장, 공원, 정원, 골프장 등에 사용할 수 있다. 종자 파종이 잘된다.

2) 한지형 잔디류

한지형 잔디류는 사면녹화는 물론 조경용 소재로 식재될 뿐만 아니라 대부분 목초용으로도 사용되고 있다. 이들은 여름철 고온기에 잘 자라지 못하고 병충해가 많이 발생하며 기온이 서늘할 때 잘 자란다. 그러나 식물체의 질감이 좋고 지하포복형으로 지면을 쉽게 포복하여 좋은 잔디를 형성한다. 건조에 약하고 내음성이 약하다. 내답압력이 약하기 때문에 과도한 잔디 이용을 금한다. 병충해도 약하기 때문에 빈번한 약재살포가 요구된다. 전체적으로 잔디의 모양이 아름답기 때문에 골프장, 정원 등에 많이 이용된다.

① 벤트그라스류

- 학명 : *Agrostis* sp
- 영명 : Bent grass

벤트그라스류는 대표적인 한지형 잔디로 모양이 좋고 생장이 균일하여 일반적으로 가장 품질이 좋은 잔디로 인식되어있다. 사면 녹화용에 이용하기보다는 골프장이나 조경용지에 주로 사용되고 있다. 특히 골프장의 퍼팅 그린(putting green)에 식재하며 철저한 관리가 필요한 잔디이다. 벤트그라스류는 포복경이 잘 발달된 형과 잘 발달되지 않은 종으로 나뉜다. 불안전 포복형이나 포복력이 강한 포복경을 지표면에 강하게 뻗어나간다. 여름철에는 생육이 불량하며 병충해가 많이 발생한다. 양지성 식물로 그늘에 약하고 건조 및 과습에도 약하다. 내답압성도 약하지만 회복력이 강하므로 피해는 크게 나타나지 않는다. 잔디의 모양이 가장 아름다운 종류로 인식되어있다. 대표적인 벤트그라스 종은 *A. alba*가 있으며 "Redtop" 품종이 토양적응성이 좋고 내습성이 강하며 발아율이 좋아 사면 등에서 토양보호를 위해 다른 종들과 섞어 혼파재료로 많이 이용된다. 그 외에도 *A. palustris, A. tnuis, A. canina* 등의 종이 있다.

② 블루그라스류

- 학명 : *Poa* sp.
- 미국명 : Blue grass.
- 영명 : Meadow grass.

포아풀 속에 속하는 많은 종들에 대해 미국에서는 Blue grass, 영국에서는 Meadow grass로 칭하며 대부분 잡초로 분류되나 몇 종은 농업상 잔디로 널리 이용되고 있다. 한지형 잔디로 고온에서 생육이 불량하고 질병의 발생이 많다. 불완전 포복형으로 잎의 넓이는 3-4mm 정도이지만 잎의 길이 및 초장은 30-50cm 정도까지 자란다. 5월경의 출수 개화기에는 80cm까지 자라므로 예초관리가 필요하다. 비교적 습하고 약산성-중성인 비옥한 토양에서 잘 자란다. 내음성은 다소 약한 편이고 내답압력이 약하다. 일반적으로 "Kentucky bluegrass"로 널리 알려진 *P. pratensis* 종은 우리나라에서의 왕포아풀이다.

블루그라스류의 대표적인 종류는 *P. trivialis, P. annua, P. compressa* 등이 있다.

③ 훼스큐류

- 학명 : *Festuca* sp.
- 영명 : Fescue, Fescue grass

훼스큐류는 온대 및 한대지역에 걸쳐 약 100종 정도가 분포되어 있으며 종에 따라 일년생 또는 다년생으로 자란다. 우리나라에서는 산야에 자생하고 있는 김의털(*Festuca ovina* L.) 등이 여기에 속한다. 초장이 짧은 것부터 높은 종까지 다양하게 존재한다. 한지형 잔디 중에서 가장 내한성이 강하다. 다발형 잔디로 포복경이 없어 옆으로는 생육할 수 없고 분얼에 의하여 다발의 수가 늘어나 지면을 피복하게 된다. 내음성도 어느 정도 있으므로 교목이나 건물 등의 하부식재도 이용할만 하다.

대표적인 종은 "Red fescue"로 알려진 *F. rubra* 종이 있다. 이 종은 토양 적응성이 뛰어나며 추운지방에서 켄터키블루그라스 등과 같이 혼파하여 흔히 식재한다. 이외에도 *F. ovina, F. arundinacea* 등의 종이 있다.

④ 라이그라스류

- 학명 : *Lolium* sp.
- 영명 : Ryegrass

라이그래스류는 온대기후 지역에 널리 분포되어 있으나 주로 목초로 이용되고 있으며 일부가 잔디로 식재 되고 있다. 한지형 잔디로 포복경이 없는 다발형 잔디이다. 내음성이 비교적 좋다. 이탈리안라이그라스로 알려진 *L. multiflorum* var. *multiflorum*은 발아력이 뛰어나고 생육이 왕성하여 사료작물로 많이 재배한다.

⑤ 오차드그라스

- 학명 : *Dactylis glomerada* L.
- 미국명 : Orchard grass
- 영명 : Cock's foot, Rough cock's foot

오차드그라스는 기후 적응성이 매우 넓어 북쪽에서 남쪽에 걸쳐 넓은 위도범위에서 목초로 널리 재배하고 있다. 그러나 내건성 및 내서성, 내음성 등이 강하여 잔디용으로도 많이 식재되고 있다. 토양적응성이 매우 넓고 관상가치도 떨어지므로 낮은 질의 지표면 녹화를 위해 식재된다. 내한성은 다른 한지형 잔디류에 비하여 상대적으로 낮다.

⑥ 티모디

- 학명 : *Phleum pratense* L.
- 영명 : Timothy, Herds's grass.

주로 한랭한 지역에서 운동장의 잔디 조성을 위하여 혼파용으로 이용하는 다발형 잔디이다. 줄기는 직립성이며 기부에 짧은 분얼 마디가 있으며 그 마디에서 분얼경과 뿌리가 나온다. 줄기 밑동의 하나 또는 두 마디 사이가 약간 길게 자라고 비대해져서 인경을 형성하는데 이곳에 생육에 필요한 저장 양분이 축적된다. 티모디는 서늘하고 습한 기후에 잘 적응하나 더위와 가뭄에는 약하다. 종자는 타원형 또는 구형이며 번식은 주로 실생 파종에 의한다.

⑦ 스무드브롬그라스

- 학명 : *Bromus inermis* Leyss.
- 영명 : Smooth brome grass, Hungariam brome grass, Russian brome grass.

스무드브롬그라스는 가뭄과 고온 및 저온에 잘 견디며 성질이 강건하다. 그러나 내답압력 및 내예초력이 매우 약하다. 다발형 잔디이다. 유럽에서는 운동장의 잔디를 개량하기 위하여 혼파용으로 이용하기도 한다. 관상가치가 떨어지므로 도로변을 비롯하여 경사면의 토양보호를 위하여 일반적으로 식재된다. 번식은 주로 종자를 이용한 실생 파종에 의한다.

⑧ 크리스티드휘이트그라스

- 학명 : *Agrophyron cristatum* Gaertn.
- 영명 : Crested wheat grass

휘이트그래스는 이삭의 모양이 밀과 흡사하여 이와 같은 이름이 붙여졌다. 추위와 가뭄에 대한 저항성이 있고 토양적응성도 뛰어나다. 직립성이고 다발형이며 생육계절에 2-3회 정도의 예초를 할 필요가 있다. 한랭지의 골프 코스 및 운동장 등에 널리 식재된다. 물빠짐이 좋고 비옥한 사질양토를 좋아한다. 번식은 주로 실생 파종에 의한다.

⑨ 웨스턴휘이트그라스

- 학명 : *Agropyron smithii* Rydb
- 영명 : Western wheat grass

미국이 원산인 잔디로서 강한 지하경을 갖는 방석형으로 자란다. 튼튼한 지하 포복경을 지니고 빈틈없고 강한 뗏장을 형성한다. 서늘하고 습하며 강우량이 비교적 적은 지역에 적응된 다년생 잔디이다. 내한성 및 한발에 견디는 힘이 좋다. 토양적응성이 뛰어나고 성질이 강건하므로 도로변의 사면이나 심한 경사면의 토양침식 방지용으로 유효한 품종이다.

(6) 잔디의 선별 방법

사면이나 평지에 성공적으로 잔디밭을 조성하기 위해 우선 환경조건 및 녹화목적에 가장 적합한 잔디를 선별하는 과정이 필요하다. 잔디를 선별하기 위하여 다음과 같은 점들을 유의하여야 한다.

1) 식재지 자연환경에 잘 적응하는 종류

잔디 식재지의 온도, 광선, 수분 등을 비롯한 자연환경에 잘 적응할 수 있는 잔디품종을 선별하여 식재하는 것이 무엇보다 중요하다. 이와 같은 환경 적응성을 충분히 고려하여야만 아름답고 건전한 녹화효과를 가져올 수 있다.

표 2.6 온도에 따른 지역별 적용 가능한 잔디 종류들

지 역	잔디의 종류	온도 요구도
중, 북부 지역	켄터키블루 그라스, 크리핑밴트그라스, 코로니얼밴트그라스 래드톱, 크리핑래드훼스큐, 이탈리안라이그라스, 퍼러니얼라이그라스	저온
중, 남부 지역	금잔디, 들잔디 버뮤다그라스(들잔디류 보다 고온을 요구함)	고온

① 식재지역의 온도조건에 적응 가능한 종류

잔디식재에 있어 가장 유념하여야 할 점은 식재지의 온도와 토양조건이다. 우리나라는 남북으로 길고 해양과 대륙의 영향을 함께 받고 있으므로 지역에 따라 온도차이가 크게 나타난다. 남쪽으로는 제주도 및 다도해 지역에서부터 북부내륙 지역에 이르기까지 계절에 따른 온도 차이는 상당하다고 할 수 있다. 따라서 몇 종류의 잔디 품종으로 전국을 녹화한다고 하는 것은 무리라고 할 수 있다.

잔디는 종류 또는 품종에 따라 겨울철의 저온은 물론 여름철의 고온조건 등의 온도에 대한 반응은 큰 차이가 있다.

② 광선 요구도

대부분의 잔디류는 호광성 작물이므로 햇볕이 잘 드는 곳에 식재하는 것이 좋다. 일반적으로 한지형 잔디류의 상당수는 비교적 내음성이 있으나 그늘에서의 생육은 좋지 못하고 밀도도 낮아지며 쉽게 도태되는 현상을 나타낸다. 난지형 잔디류에서 들잔디나 금잔디등은 비교적 내음성이 있다고 알려져 있다. 그러나 버뮤다그라스는 특히 내음성이 약하나 '플로라터프' 품종은 어느 정도 내음성을 갖추고 있다. 그러나 이 품종은 일반적인 버뮤다그라스에 비해 높은 생육적온을 요구한다. 일반적으로 화본과 작물들은 내음성이 약한 것으로 알려져 있기 때문에 널리 사용되는 잔디류의 대부분은 심각한 그늘에서 재배하기는 어렵다.

③ 수분

잔디 재배에 있어서 수분관리도 대단히 중요하다. 일반적으로 한지형 잔디는 수분을 많이 요구하는 것들이 주를 이룬다. 특히 벤트그라스는 생육에 많은 수분을 요구하나 적절한 배수 관리를 필요로 한다. 이외에도 켄터키블루그라스도 많은 수분을 요구하므로 적절한 관수관리가 필요하다. 들잔디는 일반적으로 수분 부족에는 상당한 내성을 가진다. 또한 버뮤다그라스는 상당한 한발에도 견딜 수 있는 잔디류이지만 과다한 수분공급 및 배수 불량은 생육부진은 물론 심한 병충해를 동반한다.

④ 토양

잔디류는 특별히 토양을 가리지 않고 잘 자라는 식물에 속한다. 들잔디나 버뮤다그라스, 벤트그라스는 약간 산성 토양을 좋아하는 편이다. 이외에도 켄터키블루그라스는 중성에서 약산성의 토양을 좋아한다. 토양의 물리적인 성질은 일반적으로 사질양토가 적합하다. 점토질이 많은 토양은 배수성이 좋지 못하여 생육불량 및 병충해가 심하게 나타나고 잔디의 지상부가 답압에 의해 잘려지기 쉽다. 또한 농약이나 비료 등을 살포하였을 때 지하부에 오래도록 머무르기 때문에 경우에 따라서는 토양오염 및 식물체에 악역향을 줄 수 있다.

2) 관리의 용이도

사면 녹화용 식물로 잔디를 식재하였을 때는 많은 관리 작업을 필요로 하는 것과 비교적 관리를 하지 않아도 잘 자라는 종류가 있다. 식재지의 특성에 따라 이와 같은 성질을 잘 파악하여 잔디의 종류를 선택하여야 한다. 즉 충분한 관리가 가능한 경우는 벤트그라스를 선택하여 식재하면 좋은 경관을 꾸밀 수 있다. 그러나 금잔디 등은 관수, 제초, 시비 등을 비롯한 충분한 관리가 이루어지지 않으면 쉽게 도태되어 버리며 예취작업 후의 잔여물이나 고엽 등을 잘 제거해 주어야 하고 적절한 시기에 뗏밥을 주고 정기적으로 토양에 구멍을 뚫어 통기성을 좋게 하는 것이 중요하다. 특히 완만한 사면이나 사람들의 이용이 많은 경사면에 식재된 잔디밭은 정기적인 예취작업에 의한 경관조성도 필요하다. 예초 작업이 번거로운 경우는 버뮤다그라스에서 '톱 디프 그린'을 선택하면 이와 같은 것을 해결할 수도 있다. 이 품종은 거의 잔디를 깍아주지 않아도 되며 1년에 2-3회 정도의 예초 작업으로 잔디밭이 유지될 수 있다.

3) 답압에 내성이 강한 잔디의 선택

경사가 급한 사면의 경우에는 특별한 경우를 제외하고는 사람들의 출입이 거의 없겠지만 일반적인 잔디밭은 필연적으로 사람들의 이용가능성을 충분히 가지므로 어느 정도의 답압 내성을 가지는 것이 좋다. 잔디류들은 조직이 강한 것과 비교적 약한 종류들이 있으므로 식재지의 특성에 따라 적절하게 선택한다. 들잔디류는 답압에 의한 지상부의 절단에 상당한 내성을 가지나 벤트그라스류는 매우 약하다. 한지형 잔디류 가운데는 훼스큐류가 강하다.

4) 아름다울 것

식재지가 위치한 주위경관에 잔디의 초장이나 형태, 질감, 색 등이 잘 조화될 수 있는 품종을 선택하여야 한다. 사면이 조성된 위치나 성격은 물론 경관특성에 따라 선택하는 잔디의 종 또는 품종이 달라질 수 있다. 또한 정원의 종류에 따라 잔디의 선택도 달라질 수 있다. 즉, 동양풍의 정원 또는 기하학적인 지면녹화 등에 의한 서양풍의 정형식 정원에 따라 잔디의 선택도 달라질 수 있다. 그러므로 경관에 따라 다양한 형태를 지니는 잔디들 가운데 적절한 품종을 선택한다.

5) 종의 갱신에 유념할 것

사면 녹화 시 흔히 식재하는 양잔디류는 생육이 왕성하고 환경 적응성이 매우 뛰어나 식재 대상지를 벗어나 주변의 식생을 위협하는 경우도 간혹 발생한다. 특히 여름철에도 서늘한 기후 조건을 나타내는 우리나라의 중북부 산간지역에서 사면녹화에 사용한 한지형 잔디류들이 드물게 주변의 삼림에까지 침입하는 사례도 보여지고 있다. 이와 같은 현상은 녹화된 사면의 자연천이를 방해하여 주변과 이질적인 생태와 경관을 만들게 된다. 그러므로 이러한 결과가 우려되는 녹화 대상지에 식재하는 양잔디류는 불임성의 품종 내지는 개체들을 선택하거나 생육특성이 상대적으로 왕성하지 못하여 일정한 기간이 지나면 자생 식물종에 도태될 수 있는 종을 이용하는 것이 바람직하다.

(7) 잔디밭을 조성하는 방법

1) 상토의 준비

사면은 물론 일반적인 녹화 대상지에 잔디밭을 조성하기 위하여 종자를 구입하거나 뗏장, 포트, 잔디 매트 등의 입수가 끝나면 상토의 준비 작업이 필요하다. 잔디 식재를 위한 상토는 사질양토가 좋다. 보통 잔디밭은 사람들의 출입이 빈번히 일어나므로 점토가 많이 함유된 상토는 토양이 쉽게 단단해지며 배수 불량현상이 일어난다. 따라서 식재지를 20cm정도의 깊이로 경운하고 흙의 일부를 마사토 등의 사질토양으로 객토를 해준다. 너무 많은 사질토양이 혼합되게 되면 종자파종 시에 초기 생육이 불량하게 나타날 수 있으나 1년 후에는 왕성한 생육이 나타나게 된다.

배수불량이 나타날 가능성이 있는 곳은 미리 상토의 밑에 충분한 자갈층을 깔아 주거나 배수관을 묻어 주어야 한다. 객토와 경운 작업이 완료된 식재지는 갈퀴 등을 사용하여 토양 표면을 고르게 정리 해준다. 경우에 따라서는 일정한 간격으로 발로 다져준 후 다시한번 갈퀴로 정리 해준다. 퇴비 등의 유기질 비료로 밑거름을 충분히 넣어준다. 산성이 강한 토양의 경우에는 이 때 석회를 사용하여 토양산도를 조정해준다.

2) 콘크리트 등의 인공지반에 잔디를 식재하는 경우

잔디를 식재하기 위하여 위와 같이 적절한 상토를 준비하는 것이 좋으나 빌딩의 옥상이나 아파트 등의 베란다 공간과 같은 인공지반에 잔디를 식재하고자 하는 경우에는 부득이 콘크리트 위에 잔디를 식재하여야만 한다. 이때에는 잔디의 지하부에 충분히 토양을 붙여 식재하는 것이 좋다. 이와 같이 조성된 잔디는 적절한 시비작업 및 관수 관리를 철저히 하여야 하며 시기에 맞추어 새로운 잔디로 갱신작업을 하여야 한다. 콘크리트와 같은 인공지반 위에 잔디를 까는 경우 지하부에 뿌리가 생장할 수 있는 토양이 없는 상태이므로 뗏장이나 스펀지 잔디 등으로 식재하기가 곤란하므로 잔디 매트로 식재하는 것이 좋다.

3) 뗏장을 까는 법

뗏장은 우리나라의 경우 30cm×30cm로 자른 후 밑에 약 3cm 정도의 흙을 붙인 것을 시판하고 있다. 특히 흙이 붙어있지 않은 것을 스폰지 잔디라고 한다. 뗏장을 까는 방법은 잔디 매트를 사용하여 완전히 지면을 피복하는 전면 깔기, 이음매 깔기, 줄 깔기, 어긋나게 깔기 등의 방법이 있다. 뗏장은 식재하기 전에 조심스럽게 살펴 잡초나 병든 개체를 제거한다. 뗏장을 깐 후에 평편한 판자를 사용하여 표면을 충분히 두들기거나 발로 고르게 밟아 상토에 뗏장이 잘 붙을 수 있게 한다. 이와 같은 작업이 끝난 후에는 상토와 동일한 흙으로 잔디 위에 5-8mm 정도의 두께로 깔아준 후 발로 밟아 주거나 로울러를 사용하여 고르게 눌러준다. 강우기가 아니면 충분히 관수 작업을 실시한다.

일반적으로 뗏장을 까는 시기는 봄, 가을이 적합하다. 지방에 따라 약간의 차이는 있으나 보통 3-5월경, 9-10월경이 적합하다.

4) 종자 파종법

한지형 잔디의 상당수는 종자파종에 의해 잔디밭을 조성하는 경우가 많다. 파종시기는 한여름을 피하여 5-6월,9-10월경에 파종하는 것이 좋다. 이른 봄철에도 파종을 하기도 하나 잡초가 많이 발생하므로 될 수 있으면 피한다.

우선 일정한 면적의 식재지에 소정량의 종자를 준비한다. 준비된 종자는 양을 대충 4등분 한다. 1/4 정도의 종자를 취하여 한쪽 방향을 향하여 고르게 뿌려준다. 다시 1/4의 종자를 같은 방향으로 동일한 방향으로 뿌려준다. 다시 1/4의 종자를 앞에서 뿌려준 방향에 대하여 반대방향으로 동일한 방법에 의해 뿌려준다. 이것을 앞에서와 같이 2번 실시하게 되면 종자가 식재지에 고르게 파종된다. 경우에 따라서는 효과적인 녹화를 위하여 종자를 2-3종을 섞어서 뿌리는 경우도 종종 있다. 이와 같은 경우는 주가 될 기본종에 의하여 녹화가 이루어지기 이전에 생육이 빠르고 강건한 종으로 단시간에 녹화하기 위하여 이용된다. 종자를 뿌린 후에는 갈퀴로 가볍게 골라준다. 경우에 따라서는 갈퀴 대신 대나무 빗자루를 사용하여 가볍게 쓸어 주어도 무방하다. 특별히 흙을 덮어 줄 필요는 없다. 한국잔디와 같이 광발아성 종자는 종자가 바람에 날리거나 물에 유실되지 않도록 비닐에 구멍을 일정한 간격으로 촘촘히 뚫어 덮어 주거나 골판지 등으로 덮어준다.

표 2.7 잔디 종자의 파종량(g/㎡)

잔디의 종류	파종량
들잔디	10-15
파비아 그라스	20-30
버뮤다 그라스	15-20

크로니얼 벤트그라스	10-20
크리핑 벤트그라스	5-10
이탈리안 라이 그라스	100-200
퍼러니얼 라이그라스	100-200
켄터키 블루 그라스	10-30
래드 톱	40-50
톨 훼스큐	20-30

5) 근경산포 공법

한국잔디와 같이 포복성 지하경으로 번식이 가능한 종류는 가을철-봄철에 걸쳐 지하부 흙을 털어낸 후에 근경을 약 5cm 정도로 절단하여 지면에 고르게 산포하여 잔디밭을 조성하는 방법이다. 근경을 산포하기 전에 미리 지면을 고르게 정지하고 근경은 골고루 뿌려질 수 있도록 기계나 손으로 작업한다. 뿌려진 근경 위에는 고른 입자로 정선된 토양으로 복토하고 롤러(roller)로 평탄작업을 해준다. 근경의 발달을 촉진하고 고른 잔디밭을 조성하기 위해 근경을 잘라 일정한 농도의 생장조절물질을 처리하기도 한다. 근경 산포는 보통 인력으로 작업을 하지만, 특수한 작업기계를 제작하여 산포하기도 한다. 산포작업 후에는 복토를 하고 롤러를 이용하여 토양을 적당히 눌러준다.

그림 2.19 잔디 근경산포를 위한 현장 정비

그림 2.20 잔디 근경 산포 작업

그림 2.21 잔디 근경 산포 작업 후의 복토

제 2 장
환경림 조성

1. 환경림 조성과 관리

환경림 조성과 관리에 관한 기본적인 문제에서 녹화공법과 공통하는 일반적인 제반 문제에 대해서는 이미 상세히 설명한바 있다. 여기에서는 환경림 조성과 관리에서 나타나는 특별한 문제점의 기초에 대해 설명하고자 한다.

(1) 환경림 조성의 기초

1) 환경림(environmental forests)과 그 필요성

집단화한 수목에 의해 피복된 토지를 산림(forest) 또는 숲(woods)이라고 하며, 산림을 구성하는 수목의 물질생산 과정 및 그 존재는 주변환경에 큰 영향을 끼치며 환경내용도 크게 변화시킬 수가 있다. 이와 같은 작용이 인간의 존재 및 생활에 유익하다고 파악되는 경우에 환경림의 보전기능이라고 일컬어진다. 이와 같이 숲이 지니는 환경보전 기능의 특색은 그 영향력이 대단히 클뿐만 아니라 다각적인 면에서 복합적인 영향을 발휘한다는 것이다.

인간의 생활환경을 개선하고 유지하기 위해 숲이 지니는 환경보전 기능을 효과적으로 이용하여야 한다. 이와 같이 환경을 개선하고 보전할 수 있는 기능을 지닌 숲을 이른바 "환경림"이라고 한다. 따라서 모든 녹지는 환경림이 될 수 있다. 쾌적한 생활환경을 조성하는 데는 광대한 원시림으로부터 소규모 공원에 이르기까지 다양한 규모와 내용을 지닌 환경림이 정비되어야 할 필요가 있다.

대규모 공장지대, 공항, 도로, 주택단지 등의 대규모 자연 개발 시에는 주변 환경 보전을 위해 새로운 녹지가 조성되어야 할 것이다. 그러므로 환경림이란 인위적으로 조성된 인공적인 숲을 일컫는다. 이와 같은 환경림은 식생학적 고찰에 의해 지역의 제반 환경조건에 조화로운 잠재자연식생에 근거를 두고 과학적으로 조성할 필요가 있다. 우리나라에서는 "자연환경보전법"에서 '공단지역 기타 오염된 자연환경에 대한 개선이 필요한 지역 안에 조성되는 숲으로서 자연환경의 보전, 복원이나 대기오염, 수질오염, 소음, 진동, 진동, 악취 등 환경오염의 저감 및 재해의 방지를 목적으로 지정 또는 조성되는 다층구조의 안정된 숲을 말한다' 라고 명기되어 있다.

환경림은 자연환경보전법에도 밝힌 바와 같이 지역 환경에 있어 쾌적한 인간활동을 유지할 수 있고 지속적인 개발을 보장하는 보다 본질적이고 궁극적인 식물사회라 할 수 있다. 그러므로 이상적인 환경림의 조성을 위해서는 지역의 식물사회에 대한 체계적이고 면밀한 연구 조사가 반드시 필요하다.

2) 환경림 조성과 관리의 특성

환경림의 특성으로서 녹지면적이 대규모라고 하는 것과 평지에 조성된다는 것, 집단화한 수목에 의해 구성된다는 것 등을 들 수 있다. 그러나 가장 큰 특성은, 자연의 섭리에 의해 도입한 목본 군락과 토양기반이 안정된 계속성을 지닌 생태계를 형성한다는 것을 기대하여, 조성되고 관리되어야 한다는 것이다.

환경림의 또다른 특성은 경관조성을 갖추어야 한다는 것이다. 환경림 조성의 목적은 지역 환경을 보전하기 위해 녹지조성을 하여야 하지만, 그것이 반드시 자연식생의 복구 및 거기에 유사한 녹지조성일 필요는 없다. 인간 활동공간의 환경보전에는 앞에서 본 바와 같이 물리화학적인 것뿐만 아니라 쾌적함(amenity)의 창출을 비롯하여 레크리에이션 장소를 제공하는 것 등 비물리적인 내용도 포함되어 있다. 환경림에 있어서 그 이용형태에 따라서 이러한 기능을 구비하지 않으면 안되는 경우가 있다.

3) 환경림 조성과 관리에 관한 생태학적 기초

아직까지 환경림 조성의 역사는 비교적 짧고, 그 예도 많지 않기 때문에 현재로서는 구체적인 성립과정을 체계적으로 설명할 수 있는 충분한 자료는 없다.

그러나 환경림은 일종의 생태계로서 어떤 생태계의 성질은 생물계를 비롯하여 그 환경특성에 의해 결정된다. Jenny(1958)는 이것을 다음과 같이 간단한 관계식으로 모델화 했다.

$$L = f\ (\ cl,\ o,\ r,\ i,\ t\ )$$

여기에서 L은 생태계의 성질, cl은 기후조건, o는 생물상, r은 지형, i는 초기상태(모암), t는 경과시간을 나타낸다. 물론 생태계의 성질을 위의 식과 같이 나타낼 수가 있다 하여도 대부분의 경우 실제상으로 그 해답을 얻는 것은 곤란하다. 그런 의미에서 이것은 단순한 개념에 지나지 않는다고 할 수도 있지만 지금 L을 어떤 환경림의 특성, cl을 지역기후, o를 도입식물, r을 생육기반, i를 일반적인 초기조건이라고 바꾸어보면 이 모델은 환경림 조성에 관한 기본적인 특성을 나타낼 수 있다고 볼 수 있다. 이것은 환경림의 기본적인 성질이 이들 5가지 요인의 내용에 의해 결정되는 것과 동시에 환경녹화공학의 입장으로는 그 요인들의 제어를 통해 그 조성과 관리가 가능하다는 것을 의미하고 있다.

따라서 조성 및 관리의 기초가 되는 것은 생태학적 법칙성이며 현존하는 삼림 생태계에 관한 기존의 지식을 이용하여 그 존립을 제어하지 않으면 안된다. 환경림의 조성과 관리방안의 기초로 중요한 삼림 생태계 특성은 그 동태와 구조에서 특히 고려하지 않으면 안되는 다음과 같은 점들이 있다.

① 산림생태계의 동태

㉮ 생태계의 천이

생태계의 모든 성질이 시간적으로 변화하는 현상을 천이라고 부른다. 천이현상은 나지대→극상림과 같이 점진적인 것과 반대로 극상림→이차림과 같이 퇴행적인 것도 알려져 있지만, 환경림조성에 있어서는 진행천이의 경과가 그 모델이 된다. 진행천이에 있어서는 일반적으로 초본종이 주체→목본성 종이 주체, 양수군→음수군, 저군락 교목→고군락 교목, 현존량이 적음→현존량이 많음, 종다양성이 적음→종다양성이 많음과 같이 다양한 천이과정에서도 동질의 변화가 보여진다. 이와 같은 경과를 단적으로 나타낸 예를 그림 2.24에서 보여주고 있다.

㉯ 토양계의 시간적 변화

일반적으로 천이의 진행은 지상부에 있어서 현저히 나타나지만 지하부에서 나타나는 변화도 무시하여서는 안된다. 그림 2.24에서도 볼 수 있는 바와 같이 지상부의 변화와 더불어 지하부도 변화가 진행되고 있다. 수백년에 걸쳐 나타나는 경과의 한 예를 보여주고 상당히 짧은 시간에도 토양 중에 유기물이 집적되는 것을 알 수 있다. 이와 같이 토양내의 유기물 축적과정은 아래의 식에서와 같은 모델(Ogawa, et al., 1961)로 나타내고 있다.

$$m = V/\mu \ . \ (1 - e^{-\mu t})$$

여기에서 m은 토양계(土壤系)에서의 유기물량, V는 유기물 공급량, μ는 분해율, t는 시간을 나타낸다.

위 식에서 알 수 있는 바와 같이 토양계에서의 유기물량은 일정시간 후에 상한치에 도달한다. 분해율이 일정하다고 가정하면 상한치에 도달하는 변화가 없지만 공급량이 커지면 커질수록 상한 유기물량은 많아지게 된다. 또한 일반적으로 토양 내의 유기물 함유율 증가는 토양의 제반 물리적 성질을 개선하는 것을 알 수 있으며, 토양계의 유기물 상태는 그 삼림생태계의 잠재적인 생산성을 나타낸다고 보아도 무방하다. 이와 같이 시간의 경과에 따른 토양의 성숙은 Jenny 모델의 타당성과 토양 유기물량의 기술적인 제어 가능성을 나타낸다.

② 산림군락의 구조

산림생태계 특색의 하나는 집단화한 수목군의 존재에 있다. 어떤 지역을 피복하는 집단화한 식물군을 식물군락이라고 한다. 군락의 구조적 특성은 주로 구성하는 수종의 조성형태, 공간구조, 수령 구성에 의해 결정된다. 이들 가운데 환경림의 조성관리에 있어서는 군락의 수종 조성과 공간구조가 참고될 수 있을 것이다.

㉮ 수종 조성(樹種組成)

군락의 종조성에 대한 중요한 특성은 종 다양성과 군락 단위성에 있다. 군락의 종 다양성이라 함은 일정한 토지 위에 존재하는 종의 풍부함을 뜻하며 일반적으로 생태계의 환경용량이 클수록, 즉 생활에 관한 제한이 적을수록 또 성숙한 생태계일수록 종 다양성은 크다는 것이 알려져 있다. 생태계의 종 다양성과 안정성은 비례한다. 환경림에 있어서도 종 다양성이 높은 숲이 이상적이라 할 수 있다.

군락의 단위성이라 함은 그 종조성에 있어 무엇인가는 차이가 나타날 수 있으므로 그들을 합리적으로 분류하여 구분하는 것이라 할 수 있다. 군락의 단위성에 관해서는 많은 설이 제창되어 왔지만 어떤 군락을 구성하는 식물종군에 단위성을 인식하고 이것을 기초로 하여 식생구분을 하는 방법이 Braun-Blanquet에 의해 확립되어 중부유럽에서 발전되어 왔다. 이와 같은 방법은 우리나라에서도 일부 이용되고 있다. 이런 방식의 기초가 되는 식물종군의 단위성 존재에는 이의가 따르기도 하고 아직까지 완전한 체계라고 할 수 없으나 식생을 분류한다는 문제에 있어서는 상당히 편리하다.

환경림의 조성 및 관리의 입장에서 분류된 군락단위의 종조성을 환경림의 종구성 모델로 참조할 수가 있다. 그러한 경우에 일반적으로 조성 대상지와 비슷한 형태의 기후적, 입지적 환경조건하에서 출현하는 군락이 모델이 될 수 있다. 그러므로 대상지 주변에 존재하는 자연녹지의 식생조사가 중요한 의미를 지닌다. 그러나 경관상의 요구 등 다른 기준이 있는 경우에는 반드시 그런 것들에 구애받을 필요는 없다. 특히 유사한 토양기반 조건만으로 근방에 군락이 항시 성립한다고도 할 수 없다. 또한 식생복원에 있어 때때로 잠재 자연식생을 기초로 해야 한다고 하지만, 잠재 자연식생의 결정은 전문가의 의견을 참고로 하여 신중히 행할 필요가 있다.

㉯ 평면 구조

군락의 공간구조에서 평면구조의 특성을 나타내는 것으로 분산구조와 개체밀도가 있다. 분산구조는 수목개체의 분포상황을 나타내는 것으로 대표적인 형태로 집중분포, 랜덤분포, 규칙분포 등의 3종류가 알려져 있다. 분산구조는 종 모두의 생존전략 및 종다양성과 깊은 관계를 지니며 입지조건이나 천이단계에서 변화한다는 것이 이미 잘 알려져 있다. 환경림은 그 용도에 따라 한마디로 규정하기는 어려우나 일반적으로 수목분포 형태가 랜덤(random)성이 있는 것이 바람직하다. 실제로 초기에는 규칙적인 형태로 식재하여도 시간이 경과함에 따라 랜덤화하여 자연스러워지는 예가 많이 있다.

개체밀도는 단위 면적당 생육하고 있는 수목의 수를 나타낸다. 다시 말해 숲을 이루고 있는 나무들의 울창한 정도를 표시한다. 일정한 공간에 존재하는 식물의 개체수는 한계가 있다는 것은 잘 아는 사실이다. 이것은 생물학적으로 개체 간 경쟁에 의해 나타나는 결과로 사료되며 자연상태에서는 식물 종간의 경쟁에 의해 열등한 개체는 도태되어 결국 고사함으로서 자연적으로 개체수가 결정된다.

소나무 숲에 있어서 소나무 밀도와 개체크기와의 관계를 나타낸 것으로 밀도와 개체크기와의 사이에는 명확한 정량적 관계가 있는데 개체밀도에는 개체크기로부터 결정되는 확실한 한계치가 존재한다는 것을 알 수 있다. 이 관계

는

$$V = K\rho^{-\alpha}$$

위와 같이 나타낼 수 있다. 여기에서 V는 개체량, K, α는 수종에 의해 결정되는 정수이다. α는 수종에 관계없이 거의 2/3가 되므로 이 법칙은 자연상태에서 발생에 관여하는 '2/3승 규칙'이라고 한다. 단 여기에서 주의해야 할 것은 이러한 법칙은 전혀 다른 식물 종들로 이루어진 숲에까지 적용하는 것은 무리가 따를 수 있다. 자연의 삼림군락에는 일반적으로 구성하는 종의 형태적, 생리적인 특성 차이에 의한 생활형의 차이에 의해 복잡한 밀도유지기구가 작용하여 종의 갱신 및 군락의 구성종에 영향을 미치지만 이러한 작용기구에 대하여는 아직 확실히 알려진 것이 없다. 그러므로 아직까지 환경림 조성과 관리분야에 응용하기에는 이르다.

환경림의 조기조성을 위하여 보통 이상으로 조밀하게 식재하는 경우가 있다. 이 경우 동일한 종에 동일한 생활형을 지닌 식물종들이라면 성숙한 식물들을 식재하였다 하여도 시간경과에 따라 상당수의 식물들이 자연적인 도태현상에 의해 없어져 버리게 될 것이다. 그러므로 사전에 조성비용이나 목적 등의 관계에 따라 적절한 밀도관리 계획을 철저히 세울 필요가 있다. 그러기 위해서 앞에서 밝힌 법칙성의 존재가 그 기초가 될 수 있다.

㉰ 수직 구조

일반적으로 자연상태에서 삼림군락 내부의 수직면은 단순하지 않고 계층화되어 있는 경우가 많다. 이것은 일정치 않은 식물의 연령과 다양한 종 구성에 의해 나타나는 것이다. 이와 같은 현상은 삼림군락을 구성하는 복잡하고 다양한 요소들을 제한된 공간 내에 존속시킬 수 있는 미묘한 기구라고 할 수 있다.

이러한 삼림군락의 계층구조는 환경림 조성과 관리에 있어 숲의 이미지로서 참고사항이 될 수 있다. 군락내의 계층을 차지하는 구성종의 차이는 군락의 단위성과도 관련한다. 우리나라에서 삼림군락의 종류에 의해 환경림의 모델이 될 수 있는 몇 종류 군락의 계층구조 예를 들 수 있다.

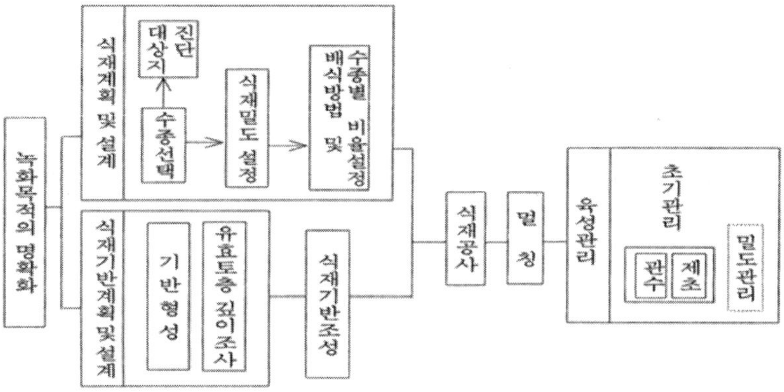

그림 2.22 환경림 조성 및 관리조정

(2) 환경림 조성과 관리의 실제

환경림은 환경보전과 개선 기능을 기대하고 새롭게 계획되어 인공적으로 조성된 숲이라 할 수 있다. 환경림은 조성목적에 따라 녹음림(綠陰林), 경관림(景觀林), 풍치림(風致林), 차폐림(遮蔽林), 완충림(緩衝林) 또는 공해방지림 등으로 구분할 수도 있지만, 그 조성과정은 거의 비슷하다. 이 가운데 가장 중요한 과정은 시공부분으로서 식재지반의 정비작업을 비롯하여 식재수목의 선택 및 배식방법의 여부가 환경림 성립의 열쇠를 쥐고 있다.

1) 식재지반 정비

① 식재 환경

환경림 조성에 관련하는 환경조건에는 기상조건, 광조건, 대기조건, 토양조건 등의 자연환경이 있다. 또한 사회환경으로 입지조건, 조성목적 등이 있다. 이 가운데 사회환경은 계획단계에서 적절히 대처할 수 있으나, 실제로 문제가 되는 것은 자연조건이라 하겠다. 자연환경으로 문제가 되는 것은 구체적으로 다음과 같은 것들이 있다.

- 기온 조건 : 적산온도, 연간의 최고온도 및 최저온도, 무상기일(無霜期日)
- 강수 조건 : 연간을 통한 강우 형태, 강설량
- 광조건 : 절대 일조시간, 일장
- 대기 조건 : 풍속, 풍향, 해풍, 분진을 비롯한 각종 가스와 같은 오염물질, pH
- 토양 조건 : 물리적 특성, 화학적 특성, 생물적 특성, 오염물질 존재 여부

일반적으로 환경림 조성 대상지의 자연조건은 항시 식물의 생육에 적합하다고 할 수는 없다. 때로 부득이하게 부적합한 자연조건에서 환경림을 조성하지 않으면 안되는 경우도 많다.

② 식재지반의 문제점

식물생육에 관여하는 환경요인들 가운데 기온, 강수, 광조건 등에 관여하는 문제는 적절한 수종을 선별하는 것으로 대처할 수 있지만 대기조건과 토양조건은 일반적으로 대응하기가 어려운 경우가 많다. 토양환경의 적합성은 식물생육에 있어 가장 기본적인 조건으로 대기 조건과는 달리 기술에 의해 어느 정도 개선이 가능하므로 환경림 조성을 위해 충분한 사전정비가 필요하다. 토양은 고상, 기상, 액상의 삼상(三相)이 있으며 물리성, 화학성, 생물성의 3가지 특성을 지니고 있기 때문에 그 성질은 대단히 복잡하다.

③ 식재지반의 개선

환경림 조성에 있어서 식재지반이 문제가 되는 경우에 적절한 개선작업이 필요하다. 불량지반의 내용은 다양하지만 일반적으로 출현하는 불량요인과 거기에서 발생하는 문제점은 표 1.4에 나타나 있다.

식재지반 개선 방법은 크게 2가지로 볼 수 있다. 그 중 하나는 적합한 특성을 지닌 토양을 도입하는 것이고 또 다른 하나는 주어진 현 지반을 적절히 개

선하는 것이다.

㉮ 식재지반의 도입

- 기존의 지반 위에 양호한 특성을 지닌 새로운 토양을 성토하는 방법
- 기존의 지반을 긁어내고 새로운 토양으로 대체하는 객토방법

위와 같은 방법이 있지만, 새로운 기반을 도입하는 점에서 근본적으로 동일한 방법이라 할 수 있다. 그 깊이는 그림 2.23에 나타난 바와 같이 식재하고자 하는 수종에 따라 조정한다. 또한 이들 방법에서 경제적인 이유 등으로 형태로 하거나 점 형태로 실시하는 것이 보통이다. 앞의 2가지 방법에서 배수 등의 문제가 따르므로 일반적인 경우 성토방법이 좋은 결과를 나타내는 경우가 많다. 도입하는 토양에는 필요에 따라 사전에 충분한 개량을 행한다.

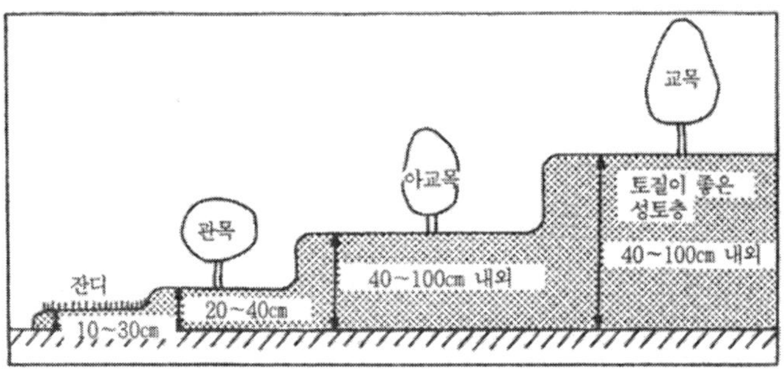

(a) 성토식 객토공법에 의한 개량방법

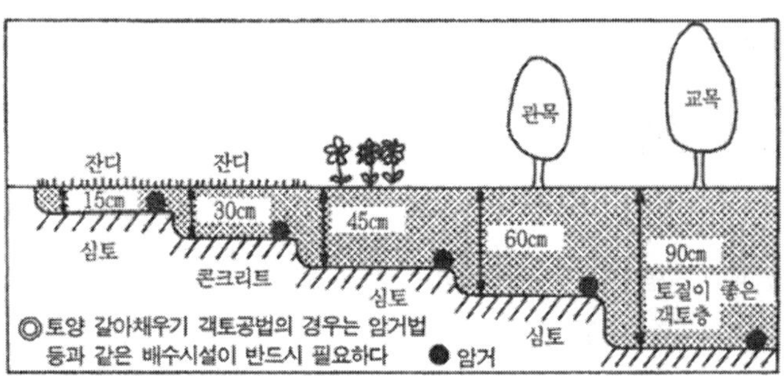

(b) 토양 갈아채우기 객토공법에 의한 개량공법(평면도) 객토

그림 2.23 객토방법의 차이와 식재목 및 객토량과의 관계

㉯ 식재지반의 개선

- 불량 부분을 경운하거나 긁어줌으로서 토양을 팽윤화하고 기상을 증대시킨다. 특히 현 지반의 물리적 개량을 위해 무엇인가 다른 물질을 투입하는 경우가 있다. 효과적으로 지반의 성질을 개선하기 위한 자재를 일반적으로 토양개량 자재라 한다.
- 부분객토에 의한 성질의 개선,
- 유기물 도입에 의한 성질개선,
- 배수촉진에 의한 성질개선과 유해가스 생성의 방지, ◦관수와 배수조절에 의한 유해 이온물질의 용탈,
- 화학물질 도입에 의한 pH 조절 등이 있다.

현재의 지반 그대로 식재환경을 개선하는 방법은 위와 같은 것들이 있다. 토양의 숙성에는 생물적 요인이 크게 관계하기 때문에 지렁이 등과 같은 작은 동물이나 생물학적인 질소고정을 행하는 토양 미생물과 같은 생물상의 도입과 물리, 화학적인 자재를 복합적으로 이용하는 것이 효과적이라고 사료된다. 그러나 그 역할이나 도입방법에 관해서는 앞으로 기초적인 연구를 할 필요가 있다.

2) 식재수목과 배식

① 식재수종의 선택

식재수종은 일반적으로 환경림의 종류, 환경요인에 대한 생태적 특성, 생육에 관한 생리특성, 수형 등의 형태적 특성, 수목의 공급 가능성과 경제성 등을 고려하여 결정한다. 따라서 환경림 조성에 이용하는 수종 선택은 반드시 정형화된 것이 아니지만 앞에서 밝힌 실제의 산림군락을 구성하고 있는 수종들이 중요한 참고자료가 된다.

② 배식

배식상태는 완성된 환경림 형태를 지배하는 중요한 항목이다. 배식에 관여하는 인자는 많지만 기본적으로 ㅇ식재밀도, ㅇ수직구조, ㅇ조경기법 등에 의해 결정된다고 할 수 있다. 환경림 조성에 있어서 특히 문제가 되는 것은 식재밀도와 수직구조이다.

환경림에 있어서 녹음, 경관, 풍치 등의 단순한 녹지 규모만이 아니라 보다 쾌적함(amenity)이 뛰어난 공간창출이 요구되는 숲에서는 수준 높은 조경기법을 채용할 필요가 있다. 조경기법에 관해서 우리나라에서는 기본적인 조경기술 체계가 확립되어 있고 필요에 따라서 적절히 응용할 수도 있다.

일반적으로 식재밀도가 높아지면 단시간에 지표면이 피복되지만 조성 경비도 그만큼 높아지게 된다. 그러므로 적절한 식재밀도는 환경림의 종류, 사용수종, 식재 시 수목의 크기, 수종의 조합 등의 요인에 의해 차이가 나지만 일정한 기준은 없다. 식재밀도의 예로서 식재규격이 다른 경우의 식재 본수의 예를 표 2.8에 나타내었다.

표 2.8 식재수목의 크기와 식재본수의 예

(a) 유묘(幼苗)중심형(200본/100㎡)

구 분	종 류	형 태	식재본 수	비 율(%)
교 목 류	상록수	유묘(幼苗)	24	12
		성묘(成苗)	2	1
	낙엽수	유묘	24	12
		성묘	2	1
아교목류	상록수	유묘	48	24
		성묘	2	1
관 목 류	상록수	유묘	98	49
계			200	100

(b) 성묘(成苗)중심형(80본/100㎡)

구 분	종 류	형 태	식재본 수	비 율(%)
교 목 류	상록수	성묘(成苗)	8	10
	낙엽수	성묘	4	3
아교목류	상록수	성묘	23	29
관 목 류	상록수	성묘	46	57
계			80	100

수직구조는 조성 후의 시간과 더불어 변화되기 때문에 그것을 예측하여 식재계획을 세울 필요가 있다. 이 때 참고가 되는 것이 자연림 군락의 계층구조이지만 실재로는 인공으로 식재된 것이 곧 자연림의 계층구조를 이루는 것이 아니라 비슷한 수직구조가 되기까지에는 상당한 장시간이 걸리는 것이 보통이다. 식재 후 수년이 경과한 수직구조 예상도의 한 예와 거의 이상적인 과정을 거쳐 성숙한 경우의 수직구조 예상도를 그림 2.24에 나타내었다.

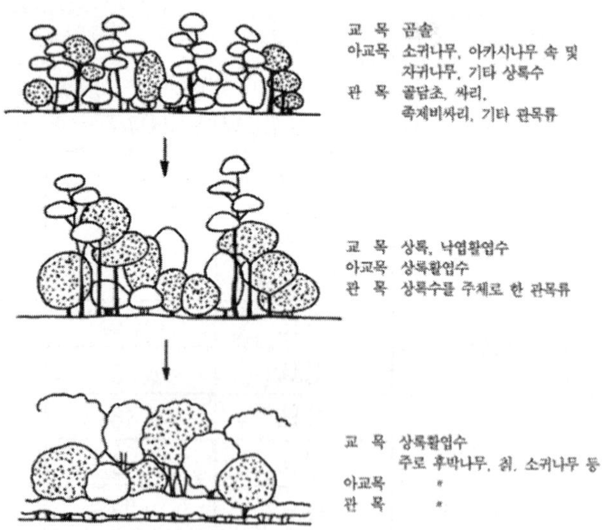

그림 2.24 환경림에서 기대할 수 있는 숲 성숙과정의 한 예

③ 자생식물의 이용

자연스런 환경림 경관을 연출하기 위해서는 하부식생으로 다양한 종류의 자생 초본성 식물들을 식재하는 것이 효과적이다. 자생식물은 종류가 다양하고 환경조건에 잘 적응하며 아름다운 것이 특징이다. 특히 삭막한 도시 내에 조성된 환경림에 자연미가 물씬 풍기는 자생식물을 식재한다는 정서적으로나 경관적으로 매우 효과적일 것이다. 그러나 자생식물은 아직까지 상업화가 제대로 이루어지지 않아 다양한 종류의 자생식물을 입수하기는 어려운 단점이 있다.

3) 환경림의 관리

환경림의 종류에 따라 다르지만, 일반적인 환경림은 자연림을 모델로 하여 조성된다. 자연림의 기본적 특성은 적정한 개체밀도의 유지, 낙엽 및 낙지를 통한 물질순환에 의한 자기 시비성(施肥性) 나아가 실생(종자) 정착에 의한 자기 재생산성 등이다. 환경림이 어느 정도 이와 같은 성질을 획득하기까지에는 어느 정도 인위적인 관리가 필요하다. 환경림의 유지관리는 시비작업을 포함하여 토양관리, 병해충방제 등 경우에 따라서는 전정 등 다른 녹지와 공통되는 작업 이외에 환경림 특유의 밀도관리와 갱신관리가 있다. 그러나 환경림 조성의 역사가 매우 짧고 그 예가 드물기 때문에 밀도에 관해 확립된 기술이 거의 없고 아직 기초적인 검토가 필요한 단계이다.

① 환경림에 있어서의 밀도관리

잣나무나 일본잎갈나무 등을 대상으로 한 임업에 있어서는 밀도관리를 위하여 수확할 때까지 수차례에 걸쳐 인위적인 간벌작업이 행해진다. 또한 그러기 위하여 정성적 또는 정량적인 기술체계도 거의 확립되어 있다. 그러나 환경림에 있어서는 그 조성역사가 짧고 밀도에 관한 체계적인 데이터도 축적되어있지 않다. 그러므로 밀도관리를 인위적으로 행할 것인가 또는 자연 상태로 방임할 것인가에 대해서는 아직까지 경험적 혹은 이론적으로 일정한 방식으로 제한 할 수가 없다. 그러나 될 수 있는 한 자연 상태로 방임하는 방식을 채용하는 경우가 그 간편성 및 자연성을 더해주기 위해 합리적인 관리방법이라고 생각한다.

자연군락 내의 밀도에 대해서는 나름대로의 법칙이 존재하기 때문에 환경림에 있어서도 개체밀도는 이와 같은 자연섭리에 의해 관리할 필요가 있다. 그러나 지금까지의 경험에 의해 환경림에 있어서는 자연림에 비해 식물간의 자연경쟁이 현저하지 않은 것이 알려져 있다. 보통 식재 후 6년을 경과한 숲에 있어서 구성목의 직경분포는 역J자 형이 되지만 반대로 수고 분포는 J자 형이 된다. 이 숲에서는 자연경쟁이 순조롭게 일어나고 있다고는 생각할 수 없다. 실제로 이러한 예에 관해서 식재시의 밀도가 2본/㎥이었던 것이 6년 후에 1.8본/㎥, 10년 후에 1.7본/㎥가 되어 수목의 수가 거의 감소하지 않는다는 것을 알 수 있다.

한편 수목의 흉고직경 분포에서 보여주는 바와 같이, 이 숲에서는 굵기가 거의 비슷하여 일제히 도복될 가능성이 있다. 즉 이러한 숲은 바람 또는 눈, 병충해 등과 같은 갑작스런 환경변동에 의해 일제히 고사하여 도복될 위험성이 높다. 그러나 실제로 식재 후 10년이 경과한 오늘날에 이르기까지 이와 같은 현상은 발생하지 않았다.

그러나 위와 같은 단순한 결과를 토대로 환경림에 있어서 인위적인 간벌의 필요성이 없다고 단정지우는 것은 아직 성급하다. 앞으로 숲에서 발생하는 자연적인 추이를 지속적으로 관찰하여 특유의 현상이 발생하는 기구를 구명함으로서 환경림 관리의 자료로 삼아야 할 것이다. 동시에 인위적인 밀도관리와 같은 기술개발에 노력할 필요가 있다. 인위적인 밀도관리란 원칙적으로 임업분야에서 행해지던 간벌 시스템을 응용하면 가능할 것으로 사료된다. 앞에서 밝힌 숲에서 발생하는 식물들 간의 자연경합 문제를 포함하여 임업분야에서의 간벌 시스템을 적절히 응용하여 환경림 특유의 관리방법을 검토할 필요가 있다. 환경림 특유의 방식으로서는 예를 들어 개체수의 조절뿐만 아니라 수관부의 조절이라는 면도 고려하여야 한다. 결론적으로 환경림에서 독특하게 나타나는 문제들은 목재생산을 목적으로 하는 임업과는 다른 입장에서 검토하여야 한다.

② 갱신 관리

환경림이 독자적인 숲으로 자립하기 위하여는 모수로부터 실생(實生)의 발생과 정착에 의한 자기재생산성(自己再生産性) 획득을 필요로 한다. 모든 환경림들이 이러한 갱신기구(更新機構)를 갖추도록 조치를 취할 필요는 없으나 보다 자연림에 가깝게 조성하기 위하여는 자연갱신을 전제로 적절한 갱신관리가 요구된다.

삼림의 갱신기구에 대해서는 자연림(2차림을 포함하여)을 대상으로 많은 연구가 행해지고 있지만, 아직 불분명한 점이 많이 남아 있고 환경림 관리에서 그대로 적용하기에는 문제가 있다. 환경림의 특성으로 볼 때 검토대상이 되는 것은 울창한 수관부 형성에 의한 자연 갱신기구로서 앞으로 다양한 모델에 의한 연구 검토가 필요하다.

2. 환경림 설계

환경림으로서 수림을 설계 대상으로 삼은 것은 극히 최근에 이르러서이다. 종래에 있어 수림의 조성은 임업분야에 있어서의 조림(造林)이 주(主)이었으며 도시 내에서는 정원이나 공원에 식재하는 조경이 유사한 작업의 하나였다. 임업분야는 목재의 생산을 주목적으로 하므로 단일수종을 식재하는 것이 보통이고, 조경작업은 미관이나 경관을 목적으로 하므로 수림을 조성하고자 하는 의도는 별로 없다고 할 수 있다.

여기에서 논하는 환경림으로서의 수림이란 다양한 구성종을 지닌 자연림 및 2차림이며 생태학적으로 안정된 자연상태의 수림지라 할 수 있다. 이와 같은 수림이 추구하는 것은 도시화가 진행되어 주변의 자연이 감소하고 특히 도시 내에 있어서는 자연상태의 수림이 극히 축소되어져 왔기 때문이다. 도시 내에서 자연의 감소에 대해서 도시 내의 생물적 자연의 질을 향상시키고자 하는 요망이 증대되었고 다양한 생물 종의 생육환경인 생태학적으로 건전한 수림을 추구하고 있다.

자연림이 환경림의 개념으로 설계의 대상이 된 것은 1910년대에 일본에서 조성된 메이지 신궁내의 정원의 수림을 예로 들을 수 있다. 본 장에서는 우선 환경림의 조성과 분포에 관해 개략적인 설명을 하고, 다음으로 일본 도쿄(東京)의 메이지 신궁(明治神宮)내 수림을 주요한 사례로 하여 환경림의 설계방안에 대해 해설하고자 한다.

(1) 환경림의 구조와 분포

1) 수림의 구조와 분류

환경림의 조성은 도시주변에 건전하고 효과적인 수림의 조성에서부터 시작한다. 일반적인 개념의 수림은 삼림(森林) 혹은 숲과 동일한 뜻의 용어라 할 수 있고 구성하는 수목의 수고와 밀도가 일정이상을 지녀야 하고 그 점유면적이 일정한 범위를 넘어야 한다. 수고는 4-6m 정도 이상을 교목림이라 하고, 그 이하는 관목림이라 한다. 일반적으로 교목림을 수림이라 하는 경우가 많다. 밀도는 수관부가 폐쇄되어 밀생한 상태를 밀생림이라 하며 수관부가 엉성하여 군데군데 비어있는 상태의 수림을 소생림(疎生林)이라 한다.

보통 수림은 수직적인 계층구조를 지니는데 상층부로부터 교목층, 아교목층, 관목층, 초본층 등과 같이 계층이 구분된다. 계층이 다층으로 이루어진 경우를 다층림 또는 복층림이라 한다. 또한 상층부가 단순하게 한 층으로 이루어진 경우를 단층림이라 한다. 한편 수림은 수평적으로는 주변의 열려진 환경에 대해 숲 주변 경계부분에 강한 바람이나 일조 등과 같은 가혹한 외부환경을 완화하는 역할을 하는 망토(manteau)군락 또는 소매군락 등으로 불리는 식생이 형성된다. 이러한 숲 가장자리 군락은 주로 관목이나 덩굴성 식물, 양지성 초본식물들로 구성되어 있다.

① 수림의 형태와 종 구성

수림의 형태적인 특징은 식물의 생활형에 기반을 두며 다음과 같이 정리된다.

- 수고에 따른 구분 : 교목림, 관목림
- 엽형(葉形)에 따른 구분 : 활엽수림, 침엽수림
- 잎의 생태에 따른 구분 : 상록수림, 낙엽수림

위와 같은 식물 특성의 조합에 의해 상록활엽성 교목림 등과 같이 이용된다.

수림은 동일한 환경조건하에서는 거의 비슷한 식물종군이 출현하는 것이 보통이다. 수림에 출현하는 식물종군을 종 구성이라 한다. 종 구성은 수림의 생태적인 특징을 나타내는 것이 된다. 수림에는 최상층부에 우점하는 종이 명확하게 단일종으로 나타나는 경우와 불명확 또는 복수로 나타나는 경우가 있다. 우점종이 단일한 경우에는 소나무림, 신갈나무림 등과 같이 불린다. 식물사회학적 분류법에서 특징적인 식물종군을 이용하여 신갈나무-철쭉군락, 신갈나무-층층나무군락, 상산(*Orixa japonica*)-느티나무군락, 큰천남성-후박나무군락 등과 같이 부른다.

② 자연림과 2차림

자연림이란 벌채 등과 같은 인위적인 관리를 받지 않고 성립된 수림이다. 그 토지의 기후 및 토양조건을 기본으로 천이단계가 가장 진행된 수림을 극상림이라 한다. 극상림에는 기후적 극상과 토양적 극상의 2가지 요인을 들 수 있다.

자연림이 벌채나 산불 등에 의해 소실된 후에 새로이 성립된 숲을 2차림이라 한다. 2차림은 2차 천이의 중간단계의 수림이라는 의미로 붙여진 이름이다. 주요한 2차림에는 난대 기후대의 소나무림 및 졸참나무림을 비롯하여 온대 기후대의 신갈나무림, 서어나무림 등이 대표적이다. 우리나라 남서지역의 난대 기후대에는 모밀잣밤나무 등의 *Castanopsis*속 식물류 및 붉가시나무, 동백나무, 후박나무 등의 상록활엽수로 이루어진 2차림이 나타난다. 2차림은 장기간에 걸친 천이의 진행 후에 극상림이 된다.

2차림은 예전에 이용목적에 따라 연료림 및 경제림 등이라 했으나 오늘날의 산림은 이와 같은 이용적 측면이 거의 없어졌으므로 용어자체가 유명무실해졌다. 2차림에서 활엽수림은 유용한 경제수목인 출현하는 수목은 경제적인 가치가 거의 없는 잡목류가 생육하고 있다는 의미로 잡목림이라 부르기도 한다.

2) 수림 분포

수림의 분포는 수목의 종 분포에 있어 플로라적 요인과 기후 및 토양 등의 환경적 요인에 의해 규정된다.

플로라적 요인은 수림의 종 구성에 반영하는 것으로 우리나라 삼림의 종 구성적 분류체계는 동백나무, 후박나무, 녹나무, 구실잣밤나무 등과 같은 남부지방의 상록활엽수종들에 의한 난대상록활엽수림대를 비롯하여 중남부 낙엽활엽수림대, 북부 냉온대 낙엽활엽수림대, 아한대 침엽수림대 등으로 구분된다. 이와 같은 경우, 유사한 환경조건이라 할지라도 종의 분포가 다르게 나타날 수도 있다. 아한대 기후대의 침엽수림을 예로 들면 연평균 기온 6℃ 이하의 함경남북도의 고산지대에서의 가문비나무림이나 분비나무림과 달리 벌채 또는 심하게 산림이 훼손된 곳에서는 잎갈나무 순림 혹은 자작나무림을 형성한다.

환경적 요인으로는 온도 및 강우량 등과 같은 기후조건이 가장 중요한 것으로서 남북으로 길게 분포하고 강우량이 많은 우리나라의 삼림은 온도 조건의 영향을 가장 크게 받고 있다. 삼림의 분포는 수평분포로서 온도조건에 따라 아열대, 난대, 온대, 아한대, 한대지역으로 구분되며 수직분포로서는 저지대,

저산지대, 산지대, 아고산지대, 고산지대 등으로 구분된다. 삼림의 종 구성 분류의 체계에 있어 대응관계는 표 3.1과 같다.

(2) 일본의 환경림 조성 예

우리나라에서 환경림 조성과 모니터링에 관한 구체적인 예를 제시하기가 어려워 일본의 도쿄도 시부야구 요요기시에 위치한 메이지 신궁의 수림조성을 예로 살펴보고자 한다. 메이지 신궁의 숲은 1915년에 착공되어 1921년에 거의 완공되었다. 경내의 일부 지역에는 기존의 수림이 있었지만 대부분은 당시에 인공적으로 조성되었으며, 설계의 목적은 상록성 활엽수를 주체로 한 향토수종에 의한 지속적인 자연림을 유지하도록 하는 것이었다.

메이지 신궁 부지 내의 수림 조성은 다음과 같은 순서로 이루어졌다.

그림 2.25 오늘날의 일본 메이지신궁의 숲

조성전의 토지와 수림의 현황 분석 → 부지 내 주변의 환경조건 분석 → 부지 내 수림의 주요 수종 결정(목표 수림의 결정) → 수림상의 변화를 예상한

식재 설계

이와 같은 순서의 특색은 다음과 같다.

- 현황분석이 충분히 이루어질 것
- 주변의 환경조건이 고려되어 대기 오염에 대한 배려가 이루어질 것
- 신궁 수림을 조성하는 토지의 조건 및 현황수림이 파악되어 이것을 기초로 한 주요 수종의 결정이 이루어질 것
- 식재에 있어서는 수림상의 변화를 예상한 장기적인 견지에서 조성이 검토될 것

이 가운데 수림상의 변화를 예상한 식재 수법은 현재에 있어서도 수림의 설계 기술에 있어서 참고 할 수 있는 대단히 합리적인 방법이었다.

이하에서는 위와 같은 순서에 따라 수림조성의 특징을 서술하고자 한다.

1) 숲 조성 전의 토지와 기존 수림의 현황 분석

숲 조성의 대상이 된 부지는 총 면적 72.2ha로서 토양은 무사시노(武藏野) 일대에 분포하는 붉은색을 띄는 관동지방의 롬(loam:양토)토양이었다. 숲 조성에 앞서 이 지역에서의 토양조사가 면밀히 이루어졌다. 기존 수림이 현존하는 지역의 토양은 검게 부식토화가 진행되어 있었다. 또한 저습지는 습지 특유의 토양으로서 물억새, 갈대 등에 의해 초지화 된 지역은 붉은 점토질의 심토가 노출되어 있었다. 이와 같은 토양조건에서의 숲 조성에 필요한 토양 조건이 검토되었다. 숲 조성 이전의 현존 수림은 소나무림을 비롯하여 붉가시나무, 기타 참나무류, 일본전나무 등을 주로 한 침엽수와 활엽수의 혼합림을 비롯하여 삼나무-편백나무림, 잡목림 등이었다.

2) 신궁 주변의 환경조건 분석

신궁 주변에는 대기 오염이 문제가 되었다. 매연의 주원인은 철로를 달리는 기관차와 주변의 공장 굴뚝에서 발생하는 연기로 밝혀졌다. 이와 같은 매연은 수림의 영구적인 존속을 곤란하게 하는 것으로 판명되어졌다. 매연에 의한 식물의 피해는 삼나무, 일본전나무 등에서 가장 현저하게 나타났고 다음으로는 소나무 피해가 큰 것으로 조사되었다. 매연의 피해가 근본적으로 나타나지 않도록 조치하는 것은 불가능하다고 판명되었다. 그러므로 주요 식재 수목의 결정에 있어서 이와 같은 대기오염 요인들이 충분히 배려되었다.

그림 2.26 메이지신궁 숲으로의 출입을 차단하기 위한 울타리

3) 신궁 수림의 주요 수목 결정(목표 수림의 결정)

신궁 수림의 주요 수목은 종교시설들과 잘 어울려 안정된 분위기와 엄숙함을 나타내야하기 때문에 다음과 같은 기준에 따라 결정되었다.

- 기후 풍토에 잘 적응하며 주변 환경으로부터의 각종 위해(危害) 요소에 대응하여 건전한 생육을 할 수 있을 것.
- 숲 조성 후에는 가능한 한 인위적인 관리를 행하지 않고도 지속적으로

그 수림상을 유지하여 천연갱신을 해나갈 수 있을 것.

- 울창한 수림상은 번성하여 신궁의 사찰림으로서의 역할을 무난히 행할 수 있을 것.

그 결과 기후 풍토에 잘 적응하고 수형 및 수림상이 신궁과 잘 어울리며 주변의 매연 등의 각종 환경요소들에 대해서도 잘 견딜 수 있으며, 인위적인 관리가 거의 필요없는 숲이 목표 수림의 목표가 되었다. 즉 상록활엽수림인 모밀잣밤나무, 붉가시나무 등이 우점하는 수림상이 선택되었다. 이와 같은 수림상은 현재의 생태학적인 지식으로는 이 지역의 잠재 자연식생이라는 것이 밝혀졌으며, 당시로서는 가장 합리적인 선택을 한 것으로 판명되었다.

그림 2.27 메이지신궁 숲 내부의 모습

4) 수림상의 변화를 예측한 식재설계

이 신궁 수림의 장래 주체림은 모밀잣밤나무, 붉가시나무, 생달나무 등의 상록활엽수로 결정되었지만 경내 전체를 상록활엽수 만으로 가득 식재하는 것은 불가능하였다. 따라서 조성 후 빠른 시일 내에 신궁 수림의 역할을 다할 수 있도록 조치함과 더불어 해를 거듭하면서 점차적으로 이상적인 수림상으로 변화할 수 있는 식재설계를 구상하였다.

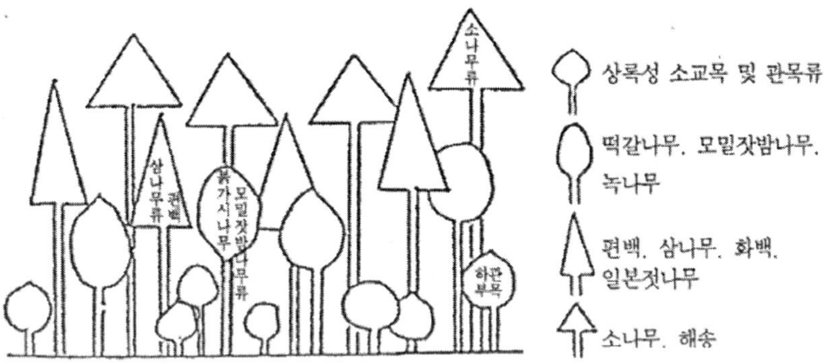

그림 2.28 메이지 신굴 수림조성 당시의 수종 배치 모식도

① 수림의 생육 시리즈 검토

수림 조성에 있어 단계적으로 수림을 육성하기 위해 수림의 완성상과 목표에 도달하는 생육시리즈가 검토되었다. 식재 후부터 완성에 이르기까지 수림상의 변화는 다음과 같이 기술되어 있다.

수림상 변화의 상황을 예측해보면 1단계인 소나무는 완공 당시 상당한 성장을 한 상태이었지만 해가 지나면서 편백 및 화백류 등이 왕성하여 점차로 도태되어 수십년이 경과하지 않아 결국 임관(林冠)의 상층부 우점은 소나무에서 편백류로 자리바꿈을 한다. 결국 시간경과에 따라 소나무는 임관에 점재하는 상태가 된다.

수림 내의 2단계 임관 지배목(林冠支配木)인 편백, 화백 등도 하부에서 자라고 있는 모밀잣밤나무, 붉가시나무, 생달나무 등의 상록활엽수가 양호한 성장을 하고 점차 세력을 확장함에 따라 상목(上木)인 편백, 화백 등의 침엽수들과 성장을 경합하게 된다. 상록활엽수는 이 지역 풍토에 최적의 수종으로서 생육이 왕성하여 신궁 창설 후 백년 이내에 모밀잣밤나무, 붉가시나무, 생달나무 등의 상록성 활엽수류가 3단계의 지배목이 되어 상록활엽수의 대규모 숲이 형성된다. 그 사이에 삼나무, 편백, 화백, 일본전나무를 비롯하여 곰솔 및 드물게 느티나무, 은행나무, 푸조나무 등의 낙엽성 교목들이 점재하는 숲 형태에 이르기도 한다.

이와 같은 생육시리즈를 4단계에 걸쳐 도식화하고 있다.(그림 2.29)

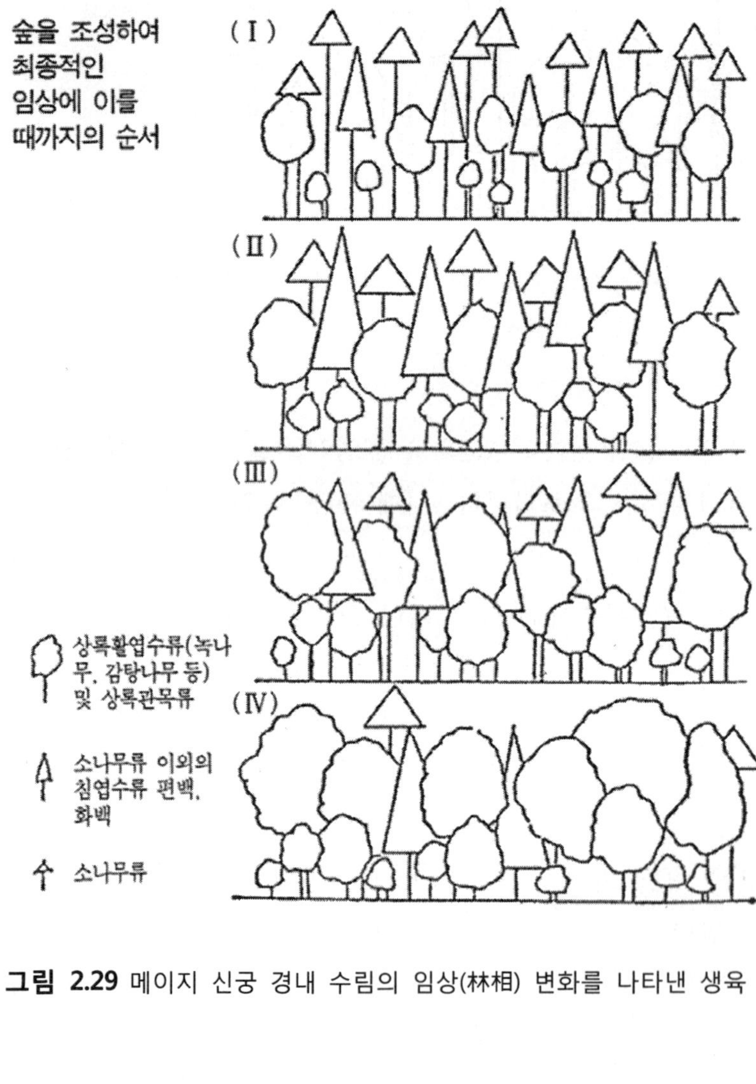

그림 2.29 메이지 신궁 경내 수림의 임상(林相) 변화를 나타낸 생육 시리지의 모식도

② 조성 시 수림의 상태

수림 조성시의 임상(林相)은 제1단계의 수림상으로서 아래와 같이 기재되어 있다.

삼림의 주요 수목으로서 가장 높이 자라 상부의 임관을 지배하는 것은 주로 소나무, 곰솔 등이며 그 사이에 약간 키가 작은 편백, 화백, 삼나무, 일본전나무 등의 침엽수가 섞여있고, 또 그 사이에 더 키가 작은 모밀잣밤나무, 붉가시나무, 생달나무 등의 상록활엽수를 식재하여 결국 상록성 소교목, 관목류를 하부 녹화용 수목으로 식재하였다.

그림에서 알 수 있듯이 양지성 수목인 소나무, 곰솔 등을 상층목으로 식재하여 단기간에 상록성 수림을 만들고, 장래 수림의 주요 수목이 되는 상록활엽수는 그 하부에 식재되었다. 이와 같은 다층 구조의 숲을 조성하는 수법에 의해 식재 후 70여년을 거친 오늘날에는 조성 시에 의도된 상록수림을 형성할 수 있었다. 따라서 초기에 상층부를 형성하고 있던 양지성 수목들은 오늘날 거의 도태되고 일부가 현재 남아있다.

이 수림의 설계에 있어서 주목할 점은 식재 시에 수림의 완성된 모양을 예측하여 그려보았다. 또한 계획 당시의 목표 수림상에 도달하는 천이 시리즈가 각 단계별로 검토되었으며, 최종 천이 단계가 오늘날의 수림으로 완성되어 검증되었다.

(3) 수림 설계 방법

환경림을 설계하는 데는 처음부터 새롭게 조성하는 경우와 기존의 수림을 적절히 정비하는 경우의 두 가지 형태가 있다.

여기에서는 설계에 있어 그 특성을 이해하기 쉽게 새로이 환경림을 조성하는 경우를 대상으로 설명하고자 한다.

환경림으로서의 수림을 설계하는 순서는 아래와 같이 나타낼 수 있다.

계획목표의 설정 → 목표하고자 하는 수림상의 설정 → 수림의 생육시리즈 검토 → 수림의 정비수준 설정 → 수림 조성과 관리

위와 같은 순서에 따라 숲을 설계하는 구체적인 방법에 대해 아래에서 논한다.

1) 계획목표의 설정

숲은 녹지의 설치목적에 따라 다양한 역할과 기능이 얻어질 수 있다. 환경림 계획의 목표는 수숲이 지니는 역할과 기능에 따라 적절하게 검토되어지고 숲 고유 이미지를 확실히 해야 한다. 계획의 목표는, 예로 살펴본 일본의 메이지 신궁 수림과 같이, 울창한 상록수림으로 할 수도 있고 도시공원 내의 공원녹지와 같이 밝고 개방적인 숲으로 할 수도 있다.

이와 같은 계획의 목표를 구체적으로 표현하기 위해서는 녹지의 역할과 기능을 충분히 고려하여 단순한 이용이라는 관점에서 벗어나야 한다. 녹지가 존재하는 지역 내의 자연적 입지조건에서 녹지가 창출할 수 있는 다양한 가능성을 고려할 수 있고, 식물소재에 의해 나타내는 다양한 숲의 특성도 고려해야 할 사항이다. 그러므로 녹지의 이용특성, 자연적 입지특성, 수림의 특성 등을 고려하여 상호간의 관계를 조합하고 검토하여 수림의 독특한 이미지를 결정하여야 한다.

2) 목표로 하는 수림의 설정

계획의 목표를 수림의 형태로 표현하는 것이 목표로 하는 숲의 유형 설정이라 할 수 있다. 목표로 하는 수림의 상태를 나타내는 요소는 형태적 요소와 생태적 요소로 구분된다. 수림의 형태적 요소에는 종(種), 수고(樹高), 흉고직경(胸高直徑), 밀도(密度), 계층구조(階層構造) 등이 있다. 또한 수림의 생태적 요소는 상관적 구조와 종 구성적 구조가 있다. 목표로 하는 수림은 이와 같은 제반 요소들의 적절한 조합에 의해 나타난다. 목표로 하는 숲은 완성된

형태로서 조성 시의 수림이 시간이 경과하면서 성장하면서 도달하는 숲의 모양이라 할 수 있다.

목표로 하는 수림을 설정하기 위해서는 수림의 기능과 수림의 형태적, 생태적 요소와의 관계에 대해 정리해 둘 필요가 있다. 수림의 환경보전 기능 및 경관적 기능에 대해서도 동일한 형태로 정리할 수 있다.

3) 수림의 생육 시리즈 검토

목표로 하는 숲을 실현하기 위해서는 수림의 성장과 쇠퇴과정을 예측하여 정리해 두어야만 한다. 또한 시간경과에 따른 수림의 생육단계를 생육시리즈로 표현할 필요가 있다. 그림 2.29는 메이지 신궁 숲의 생육시리즈를 도식화한 것이다. 생육시리즈를 이와 같이 구체적인 그림으로 표현하고 각 단계별 시리즈에서 목표로 하는 형태가 구체적으로 나타남으로서 식생관리 방침도 명확히 나타낼 수 있다.

수림의 생육시리즈를 검토하기 위해서 대상지역 수림에 대한 충분한 자료가 필요하며 그 내용은 현존식생과 잠재자연식생의 조사에 의해 얻어진다. 이와 같은 조사에 의해 대상지역에 있어서의 진행천이 계열과 인위적인 영향에 의한 퇴행천이 계열이 분명히 드러남으로서 수림의 시간적 변화를 시간적, 공간적 계열로 나타낼 수 있다.

생육시리즈는 식재된 직후의 묘목단계에서부터 성목으로 성장하여 목표 수림에 도달하기까지의 단계를 시간적인 단면으로 나타낸 것이다. 이러한 시간단면에서의 수림의 모양은 그 시점에서의 식생관리의 목표 식생 모양이기도 하다. 수림에 있어서 의미있는 시간단면은 다음과 같이 정리할 수 있다.

- 조성 시
- 수림 내 수목들의 수관이 성장하여 서로 맞닿기 시작할 때
- 수림의 구체적 임상이 형성될 때

- 수림으로서 밀도관리를 필요로 할 때
- 수림으로서 완성되기 시작할 때

4) 수림의 정비 수준 설정

환경림으로서 숲 설계에는 목표한 수림이 완성된 상태를 대상으로 설계하는 경우는 거의 없다. 대부분이 생육시리즈 초기 단계가 설계의 대상이 된다.

묘목을 식재하는 방법은 수림의 기능이 발휘될 때까지 시간이 걸리지만 넓은 면적을 식재하는 경우에는 경비절감을 위해 매우 유리한 방법이다. 그러나 성목을 식재하는 것은 식재 후 수림의 완성된 형태에 근접한 모양을 나타낼 수 있기 때문에 식재에서 추구되는 기능을 조기에 수행할 수가 있다. 그러므로 급하게 숲의 이용이 요구되는 대상지 및 경관조성이 중요한 장소에서는 성목의 식재가 필요하다. 어느 단계에 해당하는 숲을 조성하는가는 기술적인 조건뿐만 아니라 경비 및 사회적 조건 등도 고려하여 결정해야 한다.

5) 수림의 조성과 관리

각각의 구체적인 수림의 설계는 수림의 정비수준에 따라 이루어진다. 그 다음의 내용들을 적절히 조합하여 고려해야 한다.

- 식재 수종
- 식재수종의 구성
- 식재 밀도
- 숲의 계층 구조

숲 조성 후의 관리는 생육시리즈에서 목표로 하는 수림상을 위해 행한다. 숲 관리는 장기적인 관리와 단기적인 관리가 있다. 목표하는 수림이 장기적인 경우에는 관리단계에 있어서도 중간적인 목표를 둠으로서 관리를 보다 구체적으로 행할 수가 있다. 본래 관리목표는 가장 장기적인 관리의 목표를 의미하지만, 관리 방침의 검토에 있어서는 5년, 10년, 20년 정도의 장기간의 관리와 1년-3년의 단기간의 관리 내용별로 목표를 설정하는 것이 현실적이다.

관리 방안에 있어, 주변의 현존 자연식생을 목표로 숲을 육성하기 위해서는 적절한 관리방법이 과제이지만, 그 가운데서도 수림이 어떻게 자연적으로 변화할 것인가를 비롯하여 수림의 변화하는 상황을 모니터링하기 위한 구체적인 방안의 수립이 중요하다. 이것은 모니터링 기술이기도 하지만 정확한 모니터링 결과에 의해 제안된 적절한 숲 관리 기술을 적용하여야 한다.

모니터링 기술은 수림의 생육시리즈를 예상하거나 조성시의 식재기술을 향상시키는데 이상적으로 응용할 수 있고, 앞으로 다른 지역에서의 수림 조성에 응용범위가 매우 넓은 숲 관리 기술이라고 할 수 있다.

3. 환경림의 생태학적 식생관리

조성된 환경림의 식생관리 목적은 생물학적 자연으로서의 숲에 대한 인간의 적극적인 이용과 조화를 이루도록 관리하는 것이다. 수림 관리는 그동안 오랜 세월에 걸쳐 광대한 면적의 토지에 대해 실시되어 왔다. 환경림 관리는 도시공원 및 정원 등에서 식물에 관행적으로 시행되는 시비, 관수, 정지 및 전정 등의 집약적 관리방법을 그대로 적용하기는 어렵다. 환경림 관리는 대상지 내의 생태적 특성 및 생물의 동태를 충분히 인식하고 그것을 활용하는 방안이 요구된다.

환경림은 오랜 세월을 거쳐 육성된 숲이기 때문에 장기간의 육성관리 단계를 거쳐 조성 목적과 합치되어 완성된 상태가 된다. 만일 환경림의 완성된 상태가 극상의 자연림의 경우에는 이후 특별한 관리가 없이도 숲이 유지 가능하지만, 천이 중간의 식생 및 대상식생인 경우에는 정기적인 간벌, 예초, 시비, 정지작업 등과 같은 식생관리가 필요하다.

식생관리 대상은 환경림을 구성하는 녹지이다. 환경림으로서의 숲은 도시 내 도시공원을 비롯하여 도시의 녹지보전지구 등과 같이 다양하게 존재한다. 또한 도시근교 및 농촌지역에서는 대규모 공원과 산과 들이 있고 자연지역에는 국립공원을 비롯하여 자연휴양림 등이 있다. 이와 같은 수림들은 레크리에이션 및 도시의 경관유지, 환경보전, 완충기능 이외에 목재생산을 비롯하여 수원지 보호 등과 같은 각종 기능을 담당하고 있다.

(1) 식생관리 계획의 수립

수림의 식생관리 계획은, 수림의 현황조사에 기초를 두고 → 이용적성을 평가하고 → 이용에 적합한 정비목표를 결정하고 → 구체적인 관리 항목과 방법을 나타낸 식생관리 계획을 수립한다,

1) 환경림 현황 조사

수림의 현황 조사 항목은 다음과 같이 정리된다.

① 자연환경에 관한 조사

- 기상, 기후
- 지형, 지질, 지하수의 분포
- 토양

② 수림에 관한 조사

- 식생 군락 조사(수림의 상관, 종 조성, 임상 식생)
- 임상 조사(수림고, 입목 밀도, 생산 가능 목재)

- 병해충 조사(종류, 발생 분포)
- 희귀 동식물 조사(종류, 분포)
- 생태자원으로서 유용한 동식물의 조사(희귀 및 멸종위기 동식물, 천연기념물 분포와 개체 밀도)

위의 조사 결과는 지형 분류도, 지질도, 토양도, 현존 식생도, 희귀 동식물 분포도, 유용 동식물 분포도 등의 도면으로 정리한다. 또한 군락조사와 토양조사의 결과를 기초로 지역의 잠재자연식생을 추정한다.

2) 환경림의 이용 적성 평가

숲의 이용 적성에 대한 평가는 현황조사에 기초를 두고 각각 수림의 이용, 경관, 생물, 물질에 관한 잠재력을 파악하여 행한다.

이용 측면으로는 지형조건이 평가의 항목으로서 중요하다. 경사도 15도 이상의 급경사지인 경우에는 숲속에서 사람들의 레크리에이션 활동에 제약이 있을 수 있다. 또한 경사가 급하기 때문에 토양이 유실될 가능성이 높으며, 이와 같은 장소에서는 기존의 수림상태를 그대로 유지하는 것이 이상적이다. 또한 숲의 이용 수준도 산책로를 조성하는 정도의 소극적인 방안이 적절하고, 식생관리는 동선을 따라 한정된 범위에서 행한다. 한편 경사가 15도 이하에서는 숲 속에서 다양한 활동이 허용될 수 있다. 특별히 토양의 침식 및 붕괴 위험성이 없는 장소에서는 여러 종류의 정적, 동적, 레크리에이션 이용이 가능하다.

3) 정비목표의 결정

환경림의 이용은 정적인 이용 방안(산책, 자연탐색, 숲 속 생활의 체험), 동적 이용 방안, 희귀 동식물 보호와 육성 방안으로 크게 구별된다. 현황조사와 그 평가의 결과로 수림의 이용 내용을 선정하고 수림의 정비 목표를 지구별로 결정한다.

정비 목표는 수림의 형태적 목표와 생태적 목표로 구분된다. 형태적 목표는 수림고, 수림의 밀도, 계층구조 등에 대해 결정하고, 생태적 목표는 숲을 구성하는 교목의 수종 구성, 임상식생 등에 대해 결정한다.

환경림의 이용형은 휴식형, 운동형, 산책형 등으로 구분한다. 각각의 이용행태에서 요구되는 입목밀도와 초본 식생층의 높이에 대해서 휴식형은 입목밀도 300-600본/ha, 초본층 높이 10cm 전후가 적절하고 운동형은 입목밀도 300본/ha이하, 초본층 높이 5-20cm이며 산책형은 입목밀도 600본/ha이상, 초본층 높이 40cm이상을 기준으로 할 수 있다.

숲의 울창한 녹음 효과를 발휘시키기 위해서는 이용자에 있어서의 물리적, 심리적 공간을 확보할 필요가 있다. 그러므로 밝고 개방적인 이미지의 숲을 조성하기 위해서는 밀도가 낮은 낙엽성 교목림으로 계층이 단순화할 것이 요구된다. 또한 울창하고 폐쇄적인 이미지의 숲을 조성하기 위해서는 수관밀도가 높은 교목림을 위주로 수림의 층위가 다층화 할 것이 요구된다.

환경림의 존재 기능은 방재, 수경, 차폐, 녹음, 상징, 랜드마크, 완충, 생태계 보전 등을 들 수 있다. 방화, 방진 등의 방재기능을 높이기 위해서는 밀도가 높은 상록활엽수림이 바람직하다. 기타 경관조성, 생태계 보전 등의 기능은 낙엽활엽수림의 조성이 적절하다.

4) 식생관리 계획

환경림의 정비 목표에 따라 관리항목을 정리하고, 관리 작업을 연차별로 나타낸 식생관리 계획을 작성한다. 관리 항목에는 간벌, 벌목, 정지, 예초, 보식, 시비, 병충해 방재, 유해성 덩굴식물 제거 등이 있다. 식생 관리 상태는 5-10년 주기로 조사, 분석하고 정비목표에 따라 수림이 적절히 육성되고 있는 가를 진단하여야 한다. 관리목표에 따른 수림의 형태 및 임상식생이 형성되지 않는 경우에는 식생관리 계획을 원점에서부터 적절하게 수정하여야 한다.

제 3 장
수변녹화

수변은 육지 영역(陸地領域)과 물 영역(水領域)이 접하는 지역이라 할 수 있다. 이곳에는 어느 영역에서도 생활할 수 있는 능력을 지니는 다양한 동식물들이 생육하고 있다. 그러므로 물의 상태가 변화함에 따라 수변 환경과 생물의 상태도 다르게 나타난다. 사람들의 생활에 있어서도 수변환경은 중요한 가치를 지닌다.

그림 2.30 도심을 흐르는 도시하천(사진은 청계천)

1. 수변녹지

(1) 수변환경 특성

수변부의 녹지설계는 수변환경의 제반 특성에 대해 충분히 이해할 필요가 있다. 수변공간은 물의 흐름을 따라 마치 긴 띠와 같은 형태의 녹지가 형성된 경우가 많다. 이와 같은 수변녹지는 매트릭스가 되는 주변의 시가지나 농경지보다도 자연성이 상대적으로 높은 수림으로부터 연속되어 있는 경우가 많다. 그러므로 수변녹지는 수림으로부터 도시로 또는 녹지로부터 다른 녹지로의 동식물의 이동을 위한 회랑으로서의 중요한 기능을 지니고 있다.

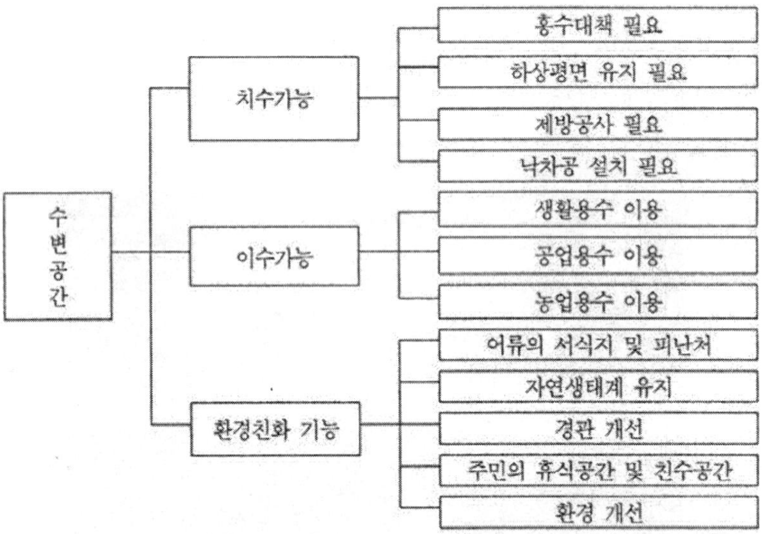

그림 2.31 수변공간의 기능

수변공간은 환경의 다양성이 매우 높은 지역이다. 예를 들어 항시 물속에 잠겨있는 수중으로부터 건조한 상태의 모래, 자갈밭에 이르기까지 환경조건의 변화가 다양하다. 흐르는 물에 의해 항시 영양염류가 충분히 보급되어 부영양 상태인 입지로부터 척박하고 건조한 상태인 빈영양적 입지까지 토양의 비옥도라는 측면으로만 살펴보아도 환경조건이 매우 다양하게 존재한다.

다른 공간에 비해 수변공간을 특징지을 수 있는 환경요인은 물의 범람에 의한 빈번한 환경교란의 발생이다. 일반적으로 하천의 범람은 하천주변의 지형을 변화시켜 그곳의 식생을 파괴하고 새로운 천이의 기점이 되게 한다. 식생 파괴의 정도는 하천의 위치와 미지형에 의해 변화하기 때문에 일률적인 것이 아니라 다양한 유형으로 나타난다. 이와 같은 현상이 수변환경의 다양성을 유발시키고 있다. 또한 식생의 물리적인 파괴가 전혀 일어나지 않는 경우에도 수변식생 구성종에 영향을 미친다.

수변환경의 특징적인 환경축은 하천의 횡단방향 환경축과 종단방향 환경축이다. 횡단방향의 환경축은 주로 수면으로부터의 높이에 의해 교란을 받기 쉬운 정도, 수분환경, 토양비옥도가 상호간에 밀접한 관련을 가지고 변화한다. 흐르는 물에 의해 항시 교란을 받지만 물이 충분한 입지, 적당한 습기와 영양분을 유지하는 토양조건으로 인해 식물의 생산력이 높은 입지, 척박한 모래 또는 자갈밭으로서 건조하기 쉽고 빈영양 상태의 입지 등으로 다양하게 나타난다.

종단방향의 환경축은 주로 하천 종단의 구배변화에 기초를 두고 퇴적물이 변화하며 수질상태도 변화한다. 상류유역에서는 유속이 빠르고 퇴적물 입경이 크며 하천 폭은 좁다. 하류유역에서는 유속이 느리며 퇴적물 입경이 작고 강폭은 넓게 나타난다. 그러므로 이와 같은 제반조건들에 의해 나타나는 식생 및 환경특성들이 특징적으로 형성된다.

표 2.9 하천 흐름의 종적 특성

하천의 형태	상 류	중 류	하 류
수 심	얕다	상·하류의 중간	깊다
유역지형	가파르고 좁다	넓다	평평하다
하 도	짧고 꺾임이 많다	곡류와 직류가 함께 나타난다	곡류가 많다
하상경사	가파르다	상·하류의 중간	완만하다
유 속	빠르다	상·하류의 중간	느리다
유량의 변화	크다	적다	거의 없다
하상재료	큰 돌	자갈	모래, 진흙
소류정도	많다	상·하류의 중간	작다
침식형태	하상침식	하안침식과 퇴적	퇴적
수 온	변화가 적고 낮다	온도변화가 있다	온도가 높다
용존산소	다량	상·하류의 중간	소량
염기와 양분	소량	상·하류의 중간	다량
동식물의 종류	적다	많다	매우 많다

1) 영역성과 연속성

수변환경에는 육지영역에서 물속에 이르기까지의 횡단면으로 보는 방법과 상류에서 하류에 이르는 종단면적으로 보는 방법이 있다.

전자는 습지부분, 물에 접하는 부분, 물 속(수중: 얕은 곳-깊은 곳)으로 구분되며 각각에는 특징적인 존(zone:구역)을 형성한다. 각 존에는 생태적으로 상호간에 관련하면서 연속적으로 이어져 있다.

한편 하천에는 상, 중, 하류 각각에 수량, 수온, 유속, 수질, 하상(河床)형태 등에서 수변환경이 다르게 나타난다. 이들은 모두 연속적으로 변화하고 각각의 생태적 특성을 나타낸다.

2) 수심과 단면형태

자연에서의 물 환경에는 여러 조건이 존재한다. 수중에는 수심에 따라 다양한 동식물이 생육하고 있다. 수생동물 가운데에는 성장과정에서 수심이 얕은 부분과 깊은 부분을 나누어 서식하는 종도 있다. 양서류와 같이 번식과 월동을 각기 다른 장소에서 행하거나 어류와 같이 물이 얕은 수초지역에서 산란하는 종과 같이 물의 수심은 생물의 서식환경에서 매우 기본적인 요소의 하나이다. 물새들에 있어서 다리와 부리의 길이가 서식지의 수심과 밀접한 관계가 있는데, 이것은 수변에서 먹이의 포획과 밀접한 관계를 지닌다.

그러므로 수변지역에서 수심변화를 다양하게 해주는 것이 수변의 생태적 다양성을 높이는데 중요하다. 수심은 수온과도 깊은 관계가 있으며 유속이 느린 얕은 곳에서는 수온의 상승이 빨리 이루어지기 때문에 이른 봄에 양서류의 산란지로 유리하다.

하천이나 호소의 수질은 연간을 통틀어 계절적인 변동이 있으며 농업용수를 사용하기 위한 저수지나 농업용 수로에서는 관개기(灌漑期)와 비관개기(非灌漑期)에 수위(水位)의 변화가 매우 크게 나타나는 것도 수변환경 설계에 있어 고려해야할 큰 요인이다.

3) 물이 흐르는 영역(流水域)과 물이 고이는 영역(止水域)

수환경은 물의 흐름이 정체되어 물이 고이는 지수역(止水域)과 물이 흐르는 유수역(流水域)으로 구분된다. 지수역은 호소 및 댐과 같이 물이 흐르지 않는 저수지 등이며, 유수역은 하천이나 수로 등이 해당된다. 강폭이 넓은 대규모 하천에서는 일부 구역에서 지수역이 나타나는 경우도 있다. 지수역과 유수역에서는 서식하는 생물종이 차이가 나며, 유수역에서도 유속에 의해 수중에서 서식하는 어류 및 수생곤충류의 종류도 각기 다르다.

4) 수질과 생물상

수변환경의 특징에는 수질도 크게 관련한다. 수질의 요인은 수량, 수심, 수온, 주변의 토지이용 등과도 밀접한 관계가 있다. 수변환경의 특성을 고려하여 설계하는 경우에 그 상호간의 관계를 충분히 고려해야 한다. 수질에 따라 물속의 생물상도 다양하게 나타나기 때문에 수생생물을 이용하여 수질의 지표로 삼을 수가 있다.

호소에는 물과 접하는 곳에서 정수성 식물 및 침수성 식물 등은 수질에 의해 출현종의 차이가 나타난다. 수변식물의 특징을 살린 생물정화에 의한 수질개선 방법도 수변환경 설계의 요소가 된다. 특히 지수역에 있어서 물에 접하는 부분의 주변부에 초지를 포함한 일체적인 생물 정화방안의 적용도 중요하다.

(2) 수변환경의 설계 원칙

1) 입지특성 조사

수변환경은 하천에서는 상, 중, 하류가 호소에서는 집수영역이 물을 매개로 하여 연속하고 있기 때문에 수변환경 설계에는 대상이 되는 지점뿐만 아니라 그 수계 전체의 입지특성을 파악하는 것이 중요하다. 그러기 위해서는 입지특성에 대한 조사가 불가결하다.

또한 수변환경 설계의 대상이 되는 장소에 대해서 그곳에 동, 식물을 도입하는 경우에 다른 수계로부터 도입하는 것은 유전자 정보를 교란할 위험성이 있기 때문에 최대한 피하는 것이 좋다. 그러므로 대상이 되는 장소에 생물이 자연적으로 들어와 정착하게 된 종의 공급 가능성은 충분히 파악하지 않으면 안된다. 특히 곤충과 같이 행동권이 작은 생물이나 어류 및 수중식물과 같이 생활 장소가 어느 일정한 수역으로 한정되는 종류는 외부로부터 도입된 귀화종들에 의한 교란 위험성이 높다.

종의 공급 가능성을 포함한 수변부의 입지특성 조사는 다음과 같은 것들이 있다.

- 생물상 : 동, 식물의 종, 개체수, 계절적인 종 변화, 생물의 계절성 등
- 생물의 생육 환경 : 수량, 저수위 및 고수위, 수위의 계절 변화, 수질, 수온, 강바닥의 상황, 수변지역의 종단면 및 횡단면 구조 등
- 생태계 : 먹이 연쇄에서 나타나는 생물종 상호간의 관계 및 환경과의 상관관계

이와 같은 입지 특성은 각각의 특성을 환경 단위로 파악한다. 수계에서 연결된 유역의 지역적, 지구적 특성은 환경단위로 파악할 수가 있다. 각각의 지역을 연결하는 물의 흐름이 지역의 자연 및 생활, 역사 및 문화와 깊은 관계가 있으며 지역 전체를 환경의 단위로 취급하는 경우에는 부분적으로 놓치지 말고 하나의 계(系; system)로 취급하는 것이 중요하다.

2) 수변 이용과 생태계 보전

수변환경을 설계하는 경우에 설계의 목적을 어디에 두는 것이 중요하다. 수변을 보다 자연성이 풍부한 공간으로 할 것인가, 사람들의 이용에 중점을 둔 수변으로 할 것인가에 의해 그 구조 및 형태에 큰 차이가 나타난다. 자연도가 높은 수변에도 하천과 호소에서는 그 형태, 구조, 규모에 차이가 있으며 이용을 중심으로 한 수변에도 정적인 이용과 동적인 이용에 따라 수변의 형태와 구조가 다르다. 수변녹지의 기능을 정리하면 다음과 같다.

- 자연보호 및 생태계 보전 기능
- 경관조성, 어메니티(amenity) 기능
- 레크리에이션 기능
- 방재 및 피란 공간 기능
- 완충공간 기능

이와 같은 기능들은 상호간에 영향을 미치며 특히 수변의 레크리에이션 이용은 수변 생태계에 큰 영향을 미칠 수 있다. 그러므로 수변설계에 있어서는 이와 같은 기능들의 상호 조정이 중요하다.

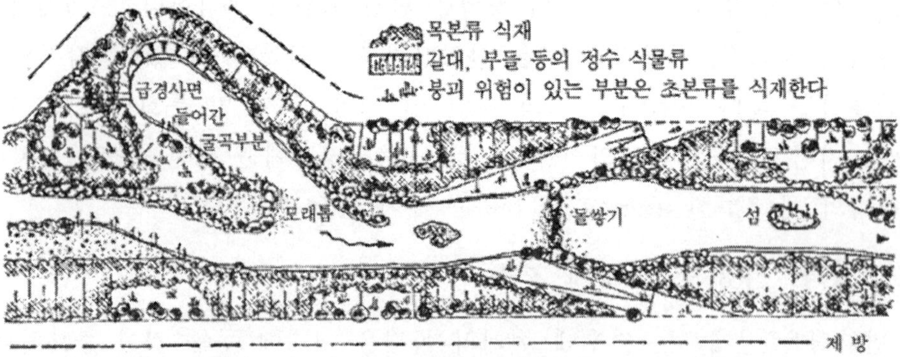

그림 2.32 고수부지 및 저수로(低水路)를 살린 다양한 구조

수변부 기능 조정 방법은 생태계 보전지구와 레크리에이션 이용 지구를 구분하는 방안이 있다. 독일의 경우에 호소 이용에 있어서 호반의 절반을 사람들의 이용에 나머지 절반을 자연보호에 배려하는 예를 흔히 적용한다. 또한 영국에서는 공원 내에 몇 개의 생물보호구, 낚시 구역, 정적인 레크리에이션 지구, 동적인 레크리에이션 이용 지구 등으로 구분하는 예도 있다.

수변부의 이용 지구 설계에 있어서 사람들의 이용 형태가 계절적으로 크게 다른 것을 이해한다. 특히 운동과 같은 동적 레크리에이션은 이와 같은 경향이 높다. 각 지구의 구분은 경관적, 생태적 측면에서 인공적인 시설의 설치로 행해져서는 안된다. 식재지와 같이 자연스러운 녹지로 지구 상호간의 구분이 생기는 것이 좋다.

(3) 수변환경 설계 방법

1) 하천에서의 수변환경 설계

하천은 오랜 시간에 걸쳐 물이 흐르면서 자연이 만들어낸 것이므로 하천보호는 자연보호 측면에서 중요한 의미를 지닌다. 또한 빈번하게 발생하는 홍수 등에 의해 가혹한 환경조건에 놓이게 되므로 독특한 자연이 나타나는 장소이기도 하다. 그러므로 이와 같이 특징적인 환경을 그대로 보호하는 것이 무엇보다 중요하지만, 실제로 모든 장소에서 이상적인 생태환경 보호는 거의 불가능하다. 독일에서는 보호가 불가능한 부분을 별도의 장소로 이전하여 재생하고 복원하는 작업을 행하고 있다(대체지 정비).

하천 공간은 귀중한 생물들의 서식처로서도 중요한 역할을 한다. 고수부지와 같은 특수한 장소에 형성되는 식생을 비롯하여 하천 주변의 하안단구선의 하부에 나타나는 용수지(湧水地)와 거기에 서식하는 각종 동식물, 점토질 및 사질 토양으로부터 분리되어 형성된 절벽과 절벽의 구멍에 서식하는 물총새 등과 같은 생태계 구성 요소들을 배려한 각기 독특한 환경에 대응한 설계 수법이 필요하다.

2) 중소 하천 및 배수용로의 수변환경 설계

중소 하천 및 배수용로의 수변은 우리들의 생활과 밀접한 관계에 의해 친숙하다. 수변 생태계의 보전의 기본은 수변을 최대한 복잡한 형태로 만들어 주는 것이다. 중소하천에 있어서 다양한 수변공간의 정비 시 고려할 중요한 점은 다음과 같다.

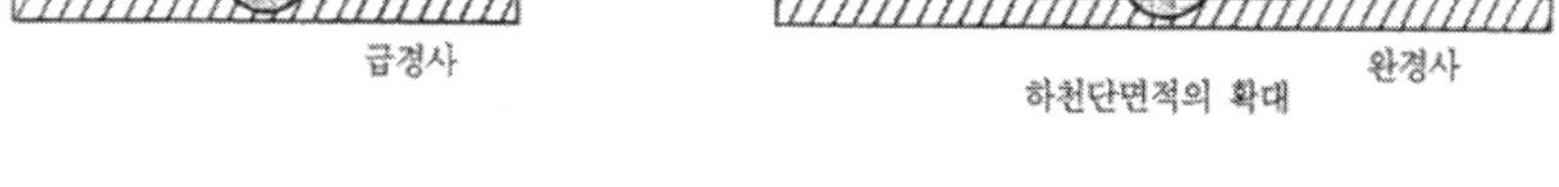

그림 2.33 디자인형 하천 복구를 위한 기초 이론
하천 총연장 및 단면적 확대에 의해 하천의 부담을 덜어주고 치수능력을 높인다.

- 물의 흐름을 곡선화(그림 2.33)
- 자연소재를 이용한 호안공법
- 변화가 풍부한 하상 형태(그림 2.34)
- 하천의 종횡단면 형태
- 입체적인 수변 공간 조성
- 고수부지면 및 하상의 비평균화(평평하지 않은 요철로 조성)
- 수변부의 높은 종다양성 식재

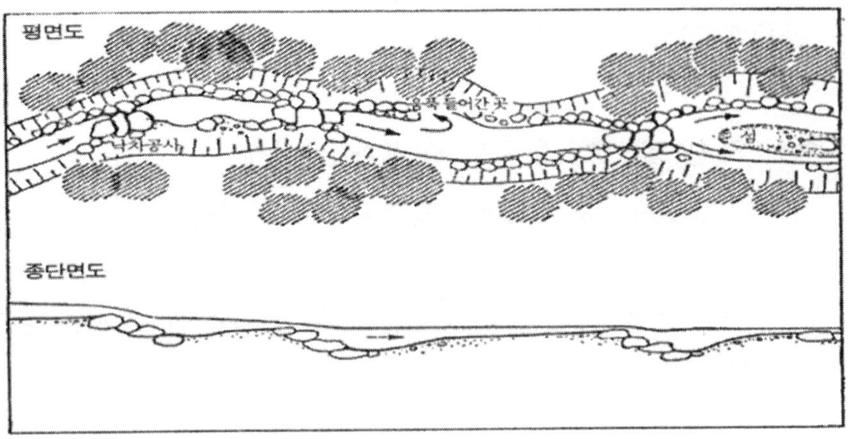

그림 2.34 하천에 자연석을 넣어 하상(河床)의 형태를 복잡하게 만들어 생태계를 풍부하게 한다.

3) 댐, 저수지 수변환경 설계

댐은 저수량 확보를 위해 비교적 안으로 들어간 지형조건을 지닌 지역에 건설되는 경우가 많다. 또한 저수지는 집중호우에 의한 홍수 등 부정기적으로 발생하는 비정상적인 수량증대에 대한 방재 대책 등으로 만들어진다. 이와 같은 장소에는 인공적으로 수변이 조성되어 생태계의 복원 및 레크리에이션 공간으로서 이용할 수 있다. 대규모 수변에는 보호와 이용의 구분이 필요한 계획의 단계로부터 각 존의 구분을 명확히 할 필요가 있다. 또한 이용 존에도 정적인 이용(자연 탐방 및 감상)과 동적인 이용(스포츠)은 구별되어야 한다.

댐이나 저수지에서 뚝 주변부는 수심이 깊게 형성되어 기본적으로 이용이 어려우며 자연환경 복원도 어렵다. 침수 시에 수위가 낮아지는 천수부 지구(유입하는 하천 등이 있는 부분 및 이전의 고수부지 등)에서는 하상의 형태를 종횡단면으로 복잡하게 할 수가 있다. 자연적인 수변환경의 복원에는 말뚝이나 자연석, 자갈 등을 이용하여 변화가 풍부한 수중부 및 수상부를 조성하는 것이 중요하다.

(4) 수변 환경 조성에 흔히 이용되는 수생식물

수변에 적절한 수생식물을 식재하여 녹지공간을 조성하는 것은 최근의 환경개선에 대한 관심이 높아지면서 많은 연구가 이루어지고 있다. 이전에는 치수라고 하는 측면에서 수변녹화에 대해 부정적인 시각을 지녔었지만, 최근에는 다음과 같은 다양한 효과에 의해 적극 모색되고 있는 녹지이다.

1) 수생식물의 역할

표 2.10 수생식물 군락의 다양한 역할

역할 \ 식물 군락			수변림	습지 식물군락	정수 식물군락	부엽 식물군락	침수 식물군락
동물 서식지		어류·새우류의 산란과 치어·유충의 서식지			○	○	○
		야생조류의 서식·산란 및 은신	○	○	○	+	
		야생조류에 대한 먹이공급	○	○	○	○	○
		곤충류·양서류의 서식지와 먹이공급	○	○	○	○	○
		저서성동물이나 패류에 대한 먹이공급	+	+	○	○	○
		부착성 생물의 착생 근거지 제공			○	○	○
기타	수질 정화	토사나 오탁물질의 유입방지	○	○	○	○	+
		유기물의 분해 정화		○	○	○	○
		호소와 저니로부터의 영양염의 흡수			○	○	○
		식물프랑크톤의 억제			○	○	+
	호안 보호	밀생한 식물근경에 의한 침식방지	○	○	○		
		밀생한 수변식물군락에 의한 침식방지	○	○	○	+	+
	자원 공급	사람의 식량	○	○	○	○	○
		생활용품의 재료	○	○	○	+	+
		가축의 먹이와 농지의 비료	○	○	○	○	○
뛰어난 수변경관의 조성			○	○	○	○	+

○ : 효과 높음　+ : 효과 있음

① 제방의 보호

하천이나 저수지 등의 제방에 식재된 수생식물들은 강우 시 또는 흐르는 물에 대한 물리적인 침식작용을 경감시켜 주며 지하로 발달한 뿌리는 제방의 안정성을 높여준다. 특히 조밀하게 발달한 저경성 초본류들은 토양유실의 방지 및 물에 의한 침식을 막아준다.

② 경관 형성

콘크리트나 각종 구조물로 가득 채워진 수변 경관에 대비해 녹색식물이 풍부하게 식재된 녹지는 아름답고 자연스런 경관을 연출할 수 있다.

③ 친수공간 조성

수변공간의 육지영역에 조성된 녹지공간은 물이 있는 공간과의 경계를 가장 자연스럽게 구분할 수 있다. 특히 수변경관과 잘 어우러진 녹지는 사람들의 접근과 이용은 물론 심리적인 어메니티를 제공해준다.

④ 생태계 보전 및 종 다양성 유지

수변공간의 환경조건은 일반적인 지역에 비해 독특하다. 그러므로 이곳에 서식하는 작은 동물은 물론 식물들도 희귀한 종들이 상당히 많다. 수변에 조성된 녹지대는 이와 같은 생물들의 서식처 및 휴식처를 제공해줌으로서 이들의 보호 및 번식에 도움을 줄 수 있다. 또한 침수식물이나 부엽, 부유성 수생식물들은 물고기들의 산란처와 은신처를 조성해줄 수도 있다.

⑤ 수질 및 대기 정화

수생식물들은 물속의 인이나 질소분을 흡수하여 제거하고 거르는 역할을 할 수 있다. 또한 광합성에 의해 생성되는 신선한 산소를 물속으로 공급해준다. 또한 뿌리 주변에 호기성 미생물들의 부착을 조장하여 물속의 오염물질을 분해할 수 있다. 수변공간에 식재된 교목성 목본식물은 물속에 적절한 그늘을 조성하여 녹조류와 같은 조류의 발생을 억제해주는 중요한 역할도 해준다. 물론 CO_2를 흡수하고 산소를 발생시켜 대기정화에도 한 몫을 한다.

그림 2.35 수질환경 개선을 위해 인공적으로 조성된 수중녹지(사진은 일본 오사카)

2) 수생식물의 구분

수생식물은 자생지의 생태적 특성에 따라 정수성 식물, 침수성 식물, 부엽성 식물, 부유성 식물 등으로 구분한다. 수생식물은 물속이나 물 주변에 자생하기 때문에 대부분이 줄기나 뿌리의 통기조직이 잘 발달되어 있으며 생장속도가 육상식물에 비해 상대적으로 빠른 경우가 많다. 다양한 종류의 수생식물들이 존재하지만 수변부 녹화에 식재할 수 있는 대표적인 수생식물은 다음과 같은 종들을 열거할 수 있다. 이와는 별도로 버드나무류, 황철나무, 오리나무, 낙우송, 메타세콰이어 등의 목본성 식물은 지하부의 과도한 습기에 강한 식물들이다.

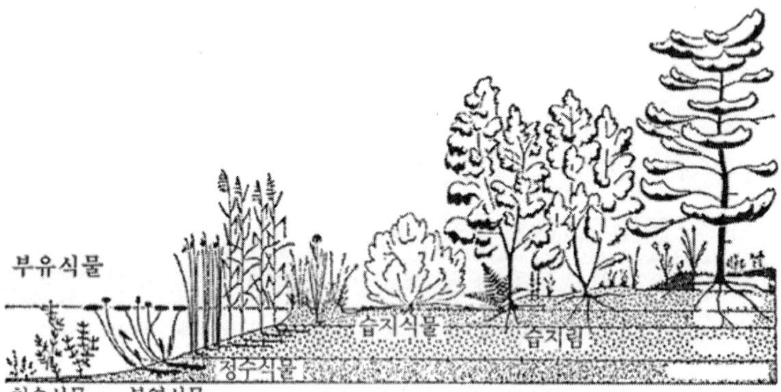

그림 2.36 수변과 수중에 생육하는 수생식물

① 정수성 수생식물(emergent hydrophytes)

유속이 느리고 안정적이며 수심이 얕은 수변부의 토양에 뿌리를 내리고 자생하는 수생식물이다. 가끔 물의 양이 늘어나는 경우에는 물속에 잠기는 경우도 있고 갈수기에는 물 밖으로 완전히 드러나는 경우도 종종 있다. 일반적으로 초장이 길고 생장이 왕성하며 경관조성 효과도 높아 녹화용으로 흔히 식재하는 수생식물이다. 특히 최근에는 다공질의 뿌리에 공생하는 호기성 미생물들의 수질정화 능력이 검증되면서 생물학적 수질정화를 위해 널리 식재되고 있다. 그러나 우리나라와 같은 온대지역의 정수성 식물들은 겨울철에 지상부가 고사하므로 적절하게 관리하지 않으면 수질오염을 가중시킬 위험성도 지닌다.

대표적인 정수식물에는 갈대, 달뿌리풀, 물억새, 부들, 애기부들, 줄, 고랭이, 큰고랭이, 세모고랭이, 골풀, 낙지다리, 방동사니, 매자기, 흑삼릉, 파대가리, 보풀, 벗풀, 택사, 올미, 물달개비, 나도미꾸리낚시, 물봉선, 미나리, 꽃창포, 붓꽃, 창포, 나도냉이, 물양지꽃, 부처꽃, 금불초 등을 들 수 있다.

② 침수성 수생식물(submerged hydrophytes)

물속의 토양에 뿌리를 내리고 줄기나 잎 등의 식물체 전체가 물속에 잠겨 생육하는 수생식물이다. 보통 수면 밖으로부터 충분한 햇빛이 들어가는 곳에 자라며 너무 물이 깊거나 탁한 곳에서는 잘 자라지 못한다. 그러므로 수변경관의 조성이나 수질정화를 위해서 흔히 식재하는 식물로는 바람직하지 못하다. 대표적인 침수식물로는 물질경이, 통발, 검정말, 거머리말, 붕어마름, 어항마름, 물수세미, 나자스말 등이 있다.

③ 부엽성 수생식물(floating-leaved hydrophytes)

부엽식물은 물속의 토양에 뿌리를 내리고 잎은 수면 위나 밖으로 나와서 자라는 수생식물이다. 가래, 네가래, 물여뀌, 자라풀, 순채, 연, 가시연, 수련, 노랑어리연꽃, 어리연꽃, 개연꽃, 마름 등이 있다.

④ 부유성 수생식물(free floating hydrophytes)

뿌리를 토양에 고착시키지 않고 식물체는 수면에 부유하며 잎은 주로 수면 위에 떠서 직접 햇빛을 받는 수생식물이다. 몇 가지 종류의 부유식물 뿌리에는 호기성 수중 미생물이 다량 부착되어 수질정화에 효과가 있음이 증명되었다. 그러나 물의 흐름에 따라 이리저리 이동하므로 안정된 경관의 조성 및 식재에 어려움이 있다. 부레옥잠, 개구리밥, 좀개구리밥, 생이가래 등이 대표적이다.

(5) 하천 주변 녹지 조성 및 자연형 하천 복원

일반적으로 도시를 흐르고 있는 하천은 원활한 유속의 유지와 호안의 안정 및 주변 토지를 효율적으로 이용하기 위해 직선화되고 제방은 콘크리트 블록 등으로 포장되어진 사례가 많다. 이와 같은 지역의 수변환경은 친환경적이지 못하고 극히 부자연스런 경관을 나타내고 있다. 그러므로 최근에는 이들 지역에 효과적인 녹화와 친자연적인 소재를 이용하여 자연형 하천으로 복원하는 방안이 적극적으로 모색되고 있다.

과거에는 하천을 모기와 같은 해충이나 질병이 발생하고 개발의 저해가 되는 불필요한 공간으로 인식되었다. 그러나 최근에는 하천이 건전한 생태계를 유지하는데 필수적인 요소이며 적절한 관리양상에 의해 해충 및 질병도 충분히 방지할 수 있으며 친수공간으로서 사람들에게 쾌적함을 줄 수 있는 공간으로 인식되고 있다. 그러므로 하천을 자연이 살아있고 생명력에 찬 역동적이며 사람들 주변에 친근한 자연이 가까이 있는 자연형 하천으로 조성하고자 하는 움직임이 활발하다.

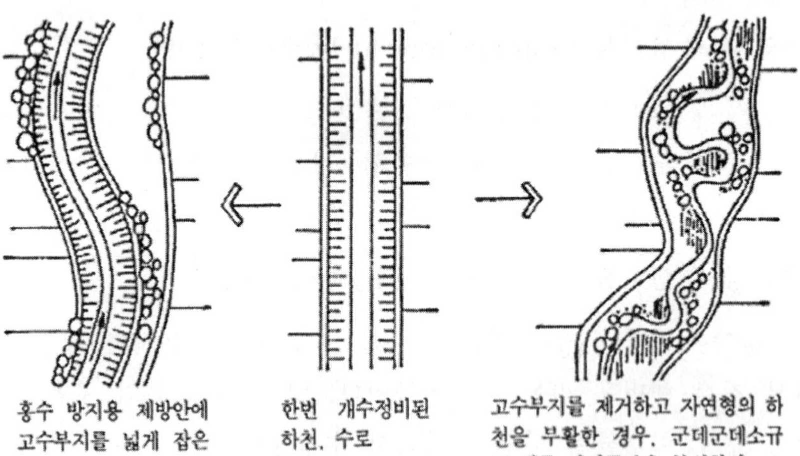

그림 2.37 직선수로와 곡선수로의 생물학적 다양성의 차이

우선, 제방의 안정화 및 홍수 시 물의 원활한 흐름을 유도하기 위해 제방, 수로, 하천 고수부지, 홍수 조절용 비상 수로, 습지 등을 치수의 관점에서 계획적으로 조성한다. 또한 기형적으로 좁아지고 높아진 기존 하천의 제방은 원하지 않는 하상의 침식 및 하류에서의 퇴적을 유발시킨다. 그러므로 가능하면 고수부지를 줄이고 하천 폭을 적당히 넓혀 물의 흐름을 완화시키고 여울과 웅덩이를 설치하며 웅덩이 안에는 수류조절장치(baffle plate)를 설치한다. 또한 웅덩이를 만들며 준설한 모래는 적당한 장소에 모래톱을 만들면 효과적이다.

물과 육상이 만나는 호안은 콘크리트 구조물을 최대한 억제하고 통나무나, 자연석 혹은 식재가 가능한 다공질 콘크리트 블록 등의 친환경적 시공을 한다. 끝으로 물의 흐름에 방해가 되지 않는 한 고수부지나 제방에 목본과 초본식물로 효과적인 녹화를 한다. 그러나 식재계획에 있어서는 현행 우리나라의 하천 내 식재기준이 줄기의 길이가 1m 이상인 나무를 심을 수 없도록 규제하고 있으므로 유의하여야 한다. 물론 녹화지가 홍수 시 유속의 방해 및 물의 부하를 크게 하여 하천제방이 붕괴될 수 있는 염려도 있으나 여기에 관해서는 보다 많은 연구 및 조사가 필요할 것이다.

1) 자연에 가까운 하천조성

- 자연 상태의 하천 모양에 가까운 형태로 굴곡을 주어 유속의 완화와 수생식물의 이입을 도모한다.
- 하안의 사면에 완만한 구배를 조성하여 자연성을 높인다.
- 하상에서 하안에 이르기까지 자연석을 깔아 유속에 의한 과다한 침식을 방지한다.
- 하상에는 돌놓기 등의 공법으로 빠른 유속에 의한 침식을 방지한다.
- 수심이 얕아 고인 물을 수심이 깊은 고인 물로 바꾸어 줄 수 있도록 한다.

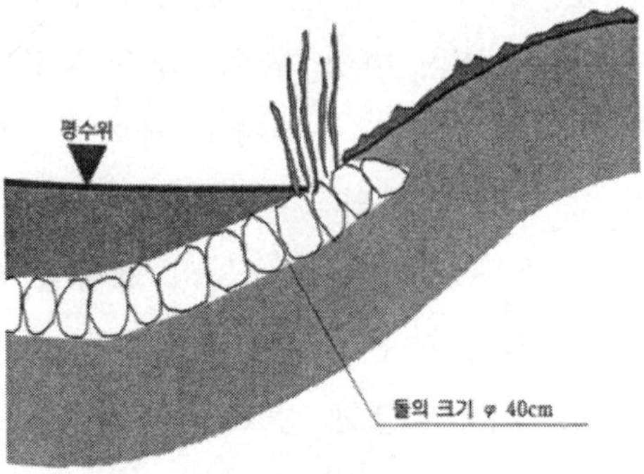

그림 2.38 하상과 하안 보호를 위한 돌놓기

2) 생물이 함께 할 수 있는 공간을 조성

- 물고기가 이동할 수 있도록 한다(수중보와 같은 장애물 설치 지양, 어도 조성).
- 다공질 재료에 의한 호안 개선으로 녹화가 가능하도록 한다.
- 물고기를 위한 다양한 형태의 어소 블럭 설치한다.
- 하천주변에 풍부한 녹지공간 조성한다.
- 하천의 본류 근처에 저습지를 조성한다.

3) 전통적 공법을 활용한 하천 조성

- 자연석, 돌망태를 이용한 호안 녹화
- 하천 바닥의 하상 유지공, 침상(沈床; mattress), 수제(水際) 녹화공법을 적절히 활용

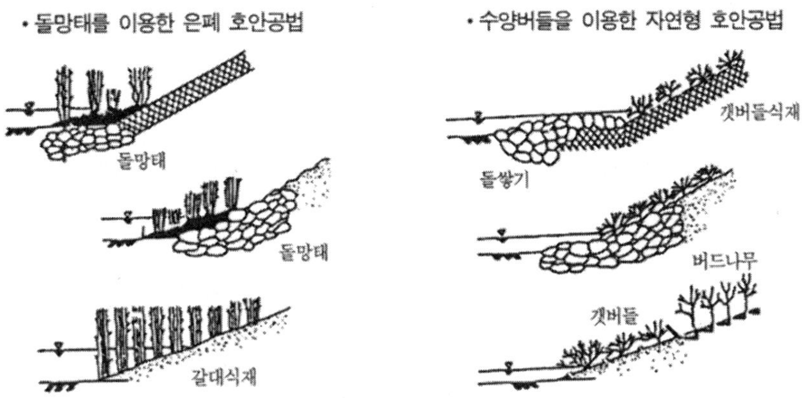

그림 2.39 자연형 호안 조성 기법의 예

4) 도시하천의 특성

도시에 흐르는 하천은 인공적이 대부분이다. 이와 같은 도시하천은 상류부에서부터 하류에 이르기까지 변화가 거의 없는 단조로운 형태이며 하상경사도 발원지부터 완만하고 유속도 느린 것이 특징이다. 또한 물속 유기물 함량이 상류에서부터 높아 부영양화 상태이다. 또한 여름철과 겨울철의 온도차이가 크게 나타난다. 그러므로 도시하천의 복원을 위해서는 인위적인 흐름의 변화를 조성할 필요가 있다. 예를 들어 하천의 사행을 유도하거나 사주, 하상도, 웅덩이 등을 조성하여 하상구조를 변화시킨다. 또한 불규칙적인 하천의 횡단면을 조성하고 식물을 식재하여 자연성을 높여야 한다.

2. 수변부의 식생 관리

(1) 수변식생의 특징

수변의 식생관리를 행하기 위해서는 무엇보다 수변식생의 특징을 이해하는 것이 중요하다. 특히 하천 주변은 수량 및 수질 등의 환경변화가 크기 때문에 환경특성을 이해하는 것이 식생관리의 기초로 중요하다.

여기에서는 하천변 식생을 중심으로 수변식생의 특징에 대해 논한다.

1) 식생의 자연성

수변부는 홍수를 비롯하여 불시에 발생하는 물 흐름의 증대에 의해 교란(disturbance)되기 때문에 지속적인 토지이용이 어렵다. 그러므로 수변부는 사람에 의한 인위적인 영향을 적게 받기 때문에 수변식생은 자연성이 뛰어난 경우가 많다.

수변식생을 구성하는 식물 종의 감소와 도태 위기의 요인으로는 각종 개발행위, 채집, 기타 요인이 있다. 개발행위 가운데 수역에 관한 습지개발이 수변식생 파괴의 가장 큰 요인이 되고 있다. 우리나라의 경우에 국제자연보호연맹(IUCN)에서 전국의 21개 습지를 물새 서식지 목록에 포함시킬 만큼 수변이나 습지의 자연생태적 기능이 크게 작용한다.

하천변 식생은 띠 형상의 선상 자연지라고 하는 특성에 의해 주변에 점재하는 자연환경을 연결하는 자연의 회랑으로서 생태통로(Eco-Corridor) 기능으로 매우 중요하다.

하천 유역은 물에 의해 운반된 물질순환의 단위로서 육역(陸域)과 수역(水域)을 연결하는 계(系)를 형성하고 있다. 그러므로 하천의 수량 및 수질은 토지 이용의 영향을 강하게 받고 그것이 식생에 커다란 영향을 미치고 있다.

2) 하천 주변 식생환경의 특성

① 상류부와 하류부

우리나라의 하천은 구배가 급하고 굴곡이 많은 특징이 있다. 일반적으로 상류부로 올라갈수록 구배가 급하고 하류부에서 강 하구로 갈수록 구배는 완만하게 된다. 구배는 유속에 영향을 주는 큰 요인으로서 특히 수량이 증가할 때

일어나는 파괴 작용으로 하천변 식생에 커다란 영향을 주며 하상 퇴적물의 입경차이 요인이 된다. 이와 같이 상류로부터 하류에 이르는 환경 변화와 대응하여 하천변 식생의 군락유형이 달라진다. 키가 큰 화본과 식물의 수변초원을 예로 들면 상류부에서는 달뿌리풀군집, 중류부에서는 물억새군집, 하류부에서는 갈대군집이 우점하고 있다.

② 식물군락의 선상분포

하천변에는 수중에서 육상에 걸쳐 수분 및 그 밖의 환경조건이 서서히 변화한다. 그러므로 그 변화에 맞추어 식생도 각각의 군락이 선상분포(zonation)하고 있다. 하천식생을 구성하는 각 군락에 미치는 수분환경의 정도 차이를 관수지수로 구분하고, 이 기준에 의해 저수부지(低水敷地) 군락, 고수부지(高水敷地) 군락, 제방 상부 군락으로 구분된다.

일반적으로 수변부의 일년생 초본을 중심으로 하는 식물군락은 선상분포가 뚜렷하고 분포의 형성에는 홍수에 의한 침수 및 침수 내성이 종간 차이의 중요한 역할을 하고 있다. 또한 호수나 저수지와 같이 물이 가두어져 있는 영역에서는 물억새, 갈대, 줄이 선상분포를 형성하고 있지만 이것은 지하수위에 대한 생육환경의 적성 차이라고 할 수 있다.

③ 하천변 식생의 동태

하천변 식생은 홍수에 의한 식생파괴와 그것에 기인하는 천이속도의 촉진 진행을 거듭하면서 전체로는 큰 변화가 나타나지 않는 동적 평형상태가 된다. 버드나무류를 주체로 한 하천변 숲은 어느 정도 성장하면 홍수에 의한 침식에 내성이 생기게 되고, 반대로 홍수 시에 물의 흐름에 영향을 주어 미지형을 형성한다는 사실이 알려져 있다. 또한 홍수에 의한 침식작용에 의해 형성된 나지대에 버드나무류의 종자가 쉽게 정착한다는 사실도 알려져 있다.

건조한 사질 토양에 생육하는 둥근매듭풀-개쑥부쟁이군집 등은 홍수에 의해 형성된 나지대에 종자번식으로 성립하고 천이의 진행에 따라 다른 군락으로 바뀌는 생활양식을 지니고 있다.

이와 같은 하천변 식생은 내부에서 항시 동적인 변화가 일어나며 전체적으로는 다양한 상태가 존속한다는 성격을 지니고 있다. 그러므로 하천변 식생을 구성하는 군락을 건전한 상태로 보전하기 위해서는 현재 그 군락이 성립하고 있는 장소뿐만 아니라 홍수에 의한 파괴 및 그 후의 천이과정에 대해 이해해야만 한다.

④ 수질과 토양환경

하천의 수질이 부영양화되면 수변 식생의 생육환경인 토양도 부영양화하기 때문에 중, 하류영역에서는 빈영양화 토양에 생육하는 식물군락이 쇠퇴하고 비옥한 토양에서 생육하는 식물군락이 번성한다. 또한 오염과 혼탁이 가중되는 장소가 생겨 입경이 작은 토양이 퇴적한다. 최근 하천개수 공사 및 취수량의 증가에 따라 하천수위가 저하하기 때문에 하천부지의 지하수위가 저하하면서 주변입지가 건조화 하는 경향이 나타난다. 갈대와 같은 습지성 식물군락이 잔존하는 것은 지하부의 불투수층에 빗물이 저장되면서 토양의 습윤 상태를 유지하고 있기 때문이라고 추정된다.

⑤ 하천변의 식물군락

하천변의 식생을 구성하는 식물군락은 생육환경과 구성종의 특징을 기초로 분류된다. 생육환경으로는 저수부지(低水敷地) 군락, 고수부지(高水敷地) 군락, 상류, 중류, 하류부의 군락, 불안정 지대 군락, 반안정 지대 군락, 안정 지대 군락 등과 같이 구분된다. 홍수 시의 물의 침식작용을 하천식생 분포의 주요인으로 들어 3가지 식생대로 구분할 수 있다.

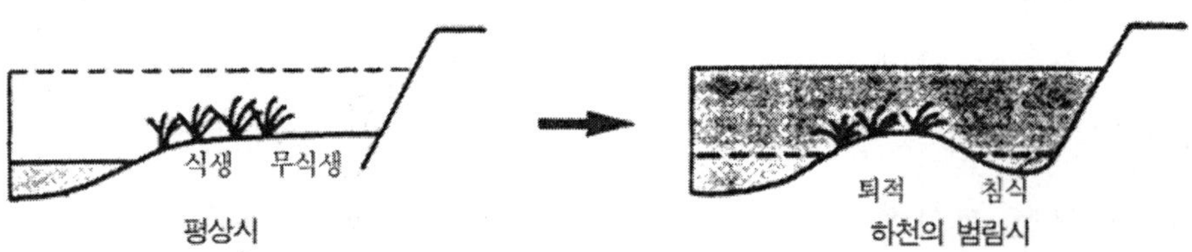

그림 2.40 수생식물의 유무에 의한 제방침식에 대한 영향

- 불안정 지대 군락 : 홍수에 의해 수시로 형성된 식생이 유실되는 식생대
- 안정 지대 군락 : 홍수에 의한 영향을 거의 받지 않으나 때때로 약간의 피해가 발생하여도 곧 원래의 상태로 회복이 가능한 식생대
- 반안정 지대 군락 : 불안정대와 반안정대의 중간 형태의 식생대

하천의 물이 늘어나면 쉽게 교란되는 지역에는 넓은 강변이 형성된다. 이 강변에는 특유한 식물군락이 형성된다. 육지에서 볼 수 있는 일반적인 식물들은 이러한 입지에서는 정착하기 어려우므로 눈에 잘 띄지 않는다.

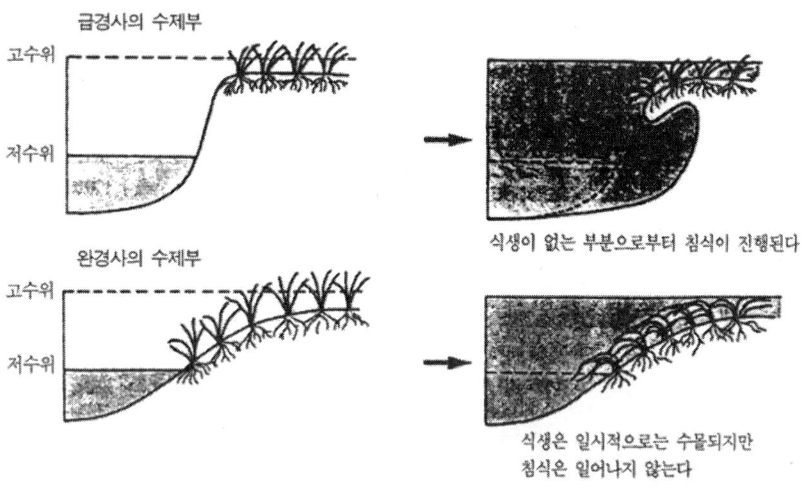

그림 2.41 수변지역의 침식과정과 식생의 역할

⑥ 하천변 식물군락의 종조성에 의한 구분은 다음과 같이 하기도 한다.

- 오리나무 클래스(沼澤林) : 오리나무, 쥐똥나무, 왕배풍등을 지표종으로 하는 습지에 형성되는 수림으로 은백양-오리나무 군집 등이 있다.
- 갯버들 클래스(河畔林) : 갯버들, 내버들을 지표종으로 한다. 개키버들군

집, 선버들군집은 관목성 버드나무 수림이고 분버들군집, 버드나무군집은 교목성 수림을 이룬다.

- 갈대 클래스 : 대형의 화본과 식물이 밀생하는 군락으로 흰갈퀴-물억새군집, 물억새군집, 미나리-갈풀군집, 달뿌리풀군집, 세모고랭이-부들군집, 갈대 군락 등이 있다.
- 쑥 클래스 : 하천변 식생으로서 고유한 군락은 떡쑥-쑥 군단의 둥근잎매듭풀-개쑥부쟁이군집, 땅비수리-자귀풀군집, 사철쑥-딱지꽃군집으로 빈영양화 상태의 마사토 입지에 생육한다.
- 질경이 클래스 : 소리쟁이-참소리쟁이군집은 다년초 식물 군락 내에서 습기가 많은 장소에 분포한다. 질경이는 답압이 많이 발생하는 수변공간의 도로 주변에 많이 나타난다.
- 가막사리 클래스(流水地邊의 1년생 초본성 식물군락) : 유수지의 물의 흐름에 영향을 받기 쉬운 입지에 적응한 생활사를 지니는 식물들로 이루어진 군락이다. 다년초를 중심으로 한 군락으로 개피-물냉이아재비군집, 뚝새풀-개구리자리군집이 있다. 여름철 1년생 초본을 중심으로 한 군락으로 미국개기장-여뀌군집, 미꾸리낚시-여뀌 집, 좀명아주-도꼬마리군집, 고마리군집 등이 있다.

그림 2.42 순천만의 갈대밭

3) 갈대밭 관리

하천 상류부의 달뿌리풀, 중류부의 물억새, 하류부의 갈대군락은 수변경관을 특징지울 뿐만 아니라 동물의 서식장소로서도 매우 중요하다. 갈대밭 보전을 위해 자연적인 천이가 진행되지 않도록 매년 불을 지르는 경우가 있다. 불을 놓는 것은 식물체의 지상부가 고사한 이후인 겨울철에 행한다. 갈대밭은 조류나 소동물과 같은 다수의 동물들이 서식하는 장소이기도 하므로 무분별하게 소각하는 것은 위험하다는 부정적인 의견도 크지만 갈대군락의 상당부분과 물억새 군집(흰갈퀴-물억새군락은 제외한다)은 2차적으로 발생한 군락이므로 이러한 인위적인 것은 지속되지 않는다.

일본 오사카(大阪)시를 흐르는 요도가와강(淀川)은 오래전부터 일본 전통음악에 연주되는 전통악기의 제작에 사용되는 갈대의 산지이며 명승지로 지정되어 있기도 하다. 그러나 최근에 이르러 1년초인 덩굴성 식물로 환삼덩굴이 갈대를 도태시키고 있다. 갈대숲의 보전을 위해 환삼덩굴의 유묘가 제거되었다. 환삼덩굴을 제거해주면 갈대의 부활이 현저하게 나타나지만, 막대한 노력이 들어가기 때문에 환삼덩굴이 생육하기 어려운 환경조건을 조성하는 것이 검토되었다.

환삼덩굴이 번성하는 원인은 관수 빈도의 감소와 지하수위의 저하에 있다. 유입하는 배수로를 갈대숲으로 흘려보내 지하수위를 높여준 장소에서는 환삼덩굴의 빈도가 현저히 낮게 나타난다. 지하수위를 높여 갈대숲을 보전하기 위해 갈대숲의 지반을 적당히 절개하여 수면으로부터의 높이를 낮추어주는 방법도 고려되었다. 그 때 갈대의 식재밀도 및 방법 등을 검토하기 위한 사전 조사가 필요하다. 지반을 절개하는 경우에는 다른 생물들에게 미치는 영향을 최대한으로 줄이기 위해 부분적으로 조금씩 실시하는 것이 바람직하다.

4) 식생관리 및 모니터링

목표군락에 대한 식생관리의 적절함에 대해서는 정기적으로 군락조사를 실시하여 검토할 필요가 있다. 특히 수변식생은 입지가 불안정하므로 천이 초기

단계가 많아 변화가 심하게 나타나기 때문에 모니터링이 반드시 필요하다. 특정한 군락을 보호하기 위한 의도로 군락을 너무 엄중하게 보호한 결과, 자연적인 천이에 의해 보호대상이 되는 식물의 도태가 일어난 전형적인 실패 예도 있다.

① 식생도의 작성

수변식생의 동적인 존재양식에 적합한 조사방법은 현존식생도의 작성이다. 현존식생도는 동일한 군락의 구분, 도면화 하는 지침에 의해 몇 년에 1회이상 작성할 필요가 있다. 식생도에 의해 각 군락의 규모, 형태, 인접하는 군락과의 관계 등을 검토할 수 있다. 특히 보전해야 할 군락이 존재하는 경우에는 그 군락을 둘러싼 군락 고리(群落環) 내에 그 군락의 선구상에 해당하는 군락이 어느 정도 존재하고 있는가도 중요하다.

② 군락의 변화 관측

특정한 식물의 증가와 감소상태를 파악하기 위해서 복수의 영구적인 방형구를 설치하고 정량적으로 현존량을 측정하는 것이 좋다. 예를 들어 갈대의 경우는 줄기의 밀도를 측정하고 별도의 희귀종인 경우에는 개체를 지도상으로 기록하여 그 움직임을 추적한다.

교목림 및 갈대밭에서는 각 나무들에 대한 조사 및 계층별로 예취작업을 실시하여 목표군락이 지속되고 있는가를 검토한다.

5) 습지 보전과 생물상 보호

습지는 동식물들이 풍부하게 서식하는 생물종다양성의 보고이며 각종 오염물질의 정화, 수위조절 등 환경적, 사회적, 경제적으로 가치가 높은 지역이다. 그러나 우리나라에서는 체계적인 보전대책이 미비하여 그동안 매립이나 주변지역의 개발로 인해 급속도로 파괴되고 훼손되어져 왔다.

우리나라는 1997년 3월 습지보호에 관한 국제적인 협약인 람사르(Ramsar) 협약(Convention on Wetlands of International Importance especially as

Waterfowl Habitat)에 가입하고 생태계 보전지역으로 지정되어 있는 대암산의 용늪 및 창령의 우포늪을 협약 등록 습지로 지정하는 등 국제적인 습지보전 대책을 시행하고 있다.

그림 2.43 자연환경이 우수한 대암산용늪

수변에 서식하는 다양한 동물상을 보호하기 위해서는 3가지 유의점이 있다. 첫 번째는 보호의 대상이 되는 동물의 생활사 파악에 기초를 두고 식생관리의 작업시기를 결정하는 것이다. 두 번째는 식생관리 작업을 작은 면적으로 행하는 것이다. 세 번째는 동물생존을 위한 필요면적을 확보하는 것이다.

작업시기 문제에 대해서는 여름과 가을에 걸친 두 번의 예초작업이 행해지는 경우, 7월 하순의 제초작업 시는 귀뚜라미의 번식기이며 10월의 예초 시기는 호랑나비가 번데기로 되는 시기에 해당하므로 각각의 시기를 피하고 이들 종에 대한 영향을 줄일 수 있는 방안을 고려한다. 5월경 갈대숲을 제거하는 작업은 여치의 번식기에 해당하고 초원성 조류 개체들에게 상당한 악영향을 미치기 때문에 피하는 것이 바람직하다.

식생관리 작업을 행하는 장소의 면적에 대한 문제는 동물이 멸종되지 않도록 개체군의 일부가 살아남을 수 있는 장소를 확보하는 것이다. 이 때 확보하는 장소의 면적은 동물에 따라 다르지만 적절한 크기가 아직까지 밝혀지지 않은 경우가 대부분이다. 그러므로 작업구간을 50m 또는 100m로 구간을 설정하여 그 사이에 적절한 구간을 남겨두는 것이 이상적인 경우도 있다.

제 4 장
도시 및 농촌녹지

도시민에 있어서 식물 및 동물이 창출해내는 녹지환경의 중요성은 점점 높아지고 있다. 이 점은 생활환경에 대한 국민들의 의식조사 등, 각종 여론조사의 결과에도 나타나고 있다. 또한 도시계획에 있어서도 생태계를 배려한 도시 및 자원의 리사이클(recycle) 등을 중시한 에코시티(eco-city) 또는 에코폴리스(eco-polis)라고 하는 이론이 나타나게 되었다. 이와 같은 사실은 생태학적으로 건전한 도시 건설을 모색한다는 것이다.

그림 2.44 건물이나 구조물이 없는 모든 공지는 녹화를 시도

도시녹지의 시초는 아마도 도로 주변에 식재된 가로수라고 할 수 있으며 그 기원은 멀리 조선시대 신작로 주변에 식재된 나무들까지 거슬러 올라갈 수도

있을 것이다. 당시에 식재되었던 도로변의 수목은 주변에 쾌적한 그늘 및 휴식의 장소를 조성하여 양호한 생활환경을 확보해 주었을 것이다. 또한 경우에 따라서는 나무의 열매를 식용으로 이용하거나 공예품의 재료로 사용하는 등 수목이 지니는 실용적인 기능을 고려하여 도로변에 식물을 식재하기 시작한 것이 결과적으로 오늘날의 가로수 형성으로 이어졌다고 생각할 수 있다. 이후 근대에 이르러 행정적인 차원에서 전국적으로 도로 주변에 식재된 수목이 정비되고 일정한 지침에 의해 관리되기에 이르렀다. 이와 같은 가로수에 대한 정책들은 개인적, 국지적이 아니라 다분히 공적이며 광역적인 것으로 오늘날의 공공 도시녹지의 시작이라 할 수 있다. 오늘날 도시의 녹지는 주민들에 있어 가장 중요한 생활환경의 하나가 되고 있다.

우리나라의 농촌지역에 자리잡고 있는 농경지나 임업용 경제림, 잡목림, 수원지 보호림, 마을 주변의 마을 숲, 사찰림 등은 마치 불규칙한 반점 형태의 패치(patch)상 녹지로 존재하고 있다. 이와 같은 농촌의 녹지대는 농경지 및 전통 마을과 함께 모자이크 상의 식생 경관을 형성하고, 사람들의 생활환경 유지는 물론 주변의 생태계에 이르기까지 중대한 영향을 끼친다. 그러나 오늘날 농촌에서의 생물서식지 대부분은 잡목림의 맹아갱신 작업과 예초작업, 잡초제거를 위한 방화, 방목, 농수로 주변의 수생식물 제거, 논밭의 경작관리 등과 같이 인간에 의한 주기적인 간섭(교란)을 받으면서 유지되고 있다. 또한 농촌의 이와 같은 반자연적 녹지대가 최근 인간의 극심한 간섭으로부터 해방되면서 또 다른 양상으로 변질되고 있다. 농촌에서 녹지양상의 변질이란 석유나 가스를 연료로 사용하면서 예전과 같이 땔감을 얻기 위해 숲을 지속적으로 훼손하던 것이 사라지고, 임업용 경제림으로서 삼림을 개발하던 것이 점차 쇠퇴하면서 관리가 제대로 이루어지지 않거나 숲이 갱신되지 않게 된 것에 기인한다.

초지대에서도 농촌 근대화의 물결과 더불어 낙농산업을 위한 축산 진흥책을 계기로 목축에 적합한 숲들이 목초지로 전환되면서 녹지의 양상이 크게 바뀌었다. 이와 같이 반자연적 농촌 녹지환경의 급격한 변화는 산업발달과 더불어

농, 림, 축산업 형태의 변화에 따른 토지이용 및 식생관리와 밀접한 관련이 있다.

전통적인 농촌녹지의 유지관리와 이용형태 등 사람에 의해 이루어지는 숨겨진 관습을 현대적인 지역환경 시스템에 어떻게 적용할 수 있는가가 합리적인 농촌녹지의 이용과 보전에 큰 과제가 된다. 적당하게 인공적인 간섭을 가하면서 천이의 중간단계에서 나타나는 식생을 보전하여 생태계를 안정시키고 종다양성을 꾀할 필요가 있다.

1. 도시녹지

(1) 도시 생태계 특성

자연을 개조하여 생물들의 서식공간을 빼앗아 인간생활의 장을 구축해온 것이 도시라 할 수 있다. 그러므로 도시 내에서는 생물의 종 수(種數) 및 개체수(個體數)는 감소하고, 도시 주민은 동식물들과 자연을 접할 수 있는 기회가 적어지게 되었다. 그러므로 식재가 가능한 공간에는 모든 방법을 다 동원하여 도시 내에 최대한의 녹지를 구축하고자 하는 노력을 꾀할 필요가 있다.

도시 내의 생물사회는 자연 상태의 생물사회와 비교해 보면 종수의 감소 및 생육환경의 악화 등과 같은 생태환경의 불균형적인 왜곡현상을 가져왔다. 이와 같이 왜곡된 생물사회를 도시생태계(urban ecosystem)라 부르고 있다. 도시환경의 저변에는 대기오염, 토양오염, 수질오염, 지하수위 저하, 토양의 빈영양화 및 건조화가 진행되었다. 또한 식물군락은 인위적 교란에 의해 정상적인 상태를 유지하기 어려운 상태가 대부분이다. 도시환경에서의 숲의 조성, 숲의 구조, 수세(樹勢)의 건전성 등에 대해 조사한 결과, 자연림에 비교해 상대적으로 종수가 적고 자연림 요소의 비율이 매우 낮았다. 구조적으로는 계층분화가 명료하였고 초본성 식물의 발달이 매우 악화되어 있다고 보고되었다.

그림 2.45 도시비오톱에는 미국가재와 같은 외래 동물의 침입도 우려된다.

일반적으로 도시생태계에는 자연생태계와 비교하여 다음과 같은 특징을 지니고 있다.

- 생물종 수가 감소하여 자연생태계의 구성요소가 상대적으로 적어지게 된다.
- 귀화식물 및 귀화동물 등의 도시 환경 내에서 불건전한 특유의 종이 출현한다.
- 특정한 생물, 이른바, 루드베키아, 식나무 등과 같이 원예종으로 흔히 재배되는 식물을 비롯하여 까마귀, 비둘기 등과 같은 도시화 동물의 개체수가 증가한다.
- 소나무림 및 졸참나무림 등의 초기 천이단계의 군락이 성립되기 어렵기 때문에 자연생태계에서 보여지는 천이 전기 단계의 군락으로 퇴행천이하

는 현상이 발생하기 어렵게 된다.

- 생물적 다양성이 저하됨으로서 생태계의 구조가 단순하게 되는 등이다.

도시생태계의 구체적인 예를 이미 보고된 연구결과를 통해 살펴보자. 일본의 도쿄(東京)도의 도심부에 있는 고이시카와 고라쿠엔(小石川後樂園)이라는 일본정원의 녹지를 대상으로 연구한 결과를 살펴보도록 하자.

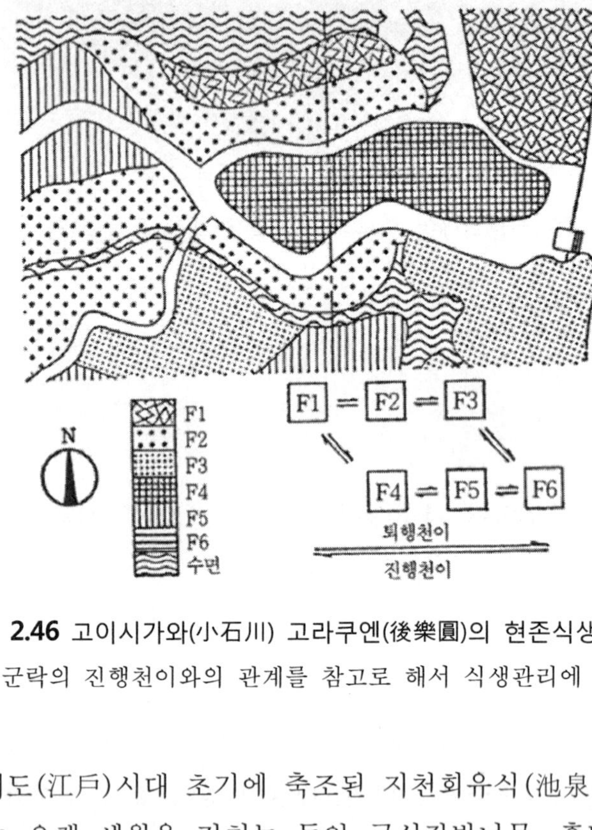

그림 2.46 고이시가와(小石川) 고라쿠엔(後樂圓)의 현존식생도의 일부
식물군락의 진행천이와의 관계를 참고로 해서 식생관리에 이용한다.

이 정원은 에도(江戶)시대 초기에 축조된 지천회유식(池泉回遊式) 정원으로서 정원 내에는 오랜 세월을 거치는 동안 구실잣밤나무, 후박나무 등의 자연림이 성립되어 있다. 이 정원 내의 구실잣밤나무림에 일정한 면적으로 방형구(方形區)를 설정하고 출현하는 식물종수를 조사하였다. 그 결과 도쿄 근교의 치바(千葉)현이나 카나가와(神奈川)현과 같이 자연이 풍부하게 유지되는 지역에 존재하는 구실잣밤나무림과 비교하여 1/2 이하로 낮게 나타났다. 특히 군락을 특징지우는 표징종이 현저하게 감소하였고, 정상적인 자연 상태의 구실잣밤나무림에 비해 극히 비정상적으로 종이 왜곡되어 있음을 나타내었다. 또한 털마삭줄, 모람, 자금우, 맥문동 등과 같이 하부식생을 구성하는 식물들이 점차 도태되고 있음도 특징이었다. 이와 같은 결과는 숲 내부의 식물 생육환경이 도시화에 따라 지속적으로 악화되고 있음을 알 수 있다.

그림 2.47 고이시카와고라쿠엔 숲의 정문

이 정원에서 1800년대에는 일본전나무, 소나무가 크게 번성하고 있었음이 기록되어 있지만, 현재 일본전나무는 완전히 도태되었고 소나무만 겨우 6그루 남아있을 뿐이었다. 침엽수는 대기오염 및 토양오염 등의 도시화와 더불어 생육환경의 악화에 대한 내성이 약하다고 알려져 있다. 침엽수와 활엽수 전체를 포함한 수목의 밀도(단위 면적당 그루 수; 그루/ha)는 다음과 같이 나타났다. 도쿄 시내에 위치하는 메이지(明治) 신궁이 332.4, 황궁은 272.9, 고라쿠엔(後樂園)이 412.3으로서 고라쿠엔이 이들 중에서 가장 높았다. 그러나 침엽수의 밀도는 상대적으로 면적이 넓은 메이지 신궁이 높게 나타났다. 특히 대기오염에 약한 소나무와 일본전나무의 경우에 면적이 72.3ha인 메이지 신궁이 5.0과 1.9이었고, 면적 25.0ha인 황궁 내에서는 1.8과 0.2로 나타났다. 또한 면적 6.9ha의 고라쿠엔에서의 소나무 밀도는 0.9, 일본전나무 밀도는 0으로 조사되었다. 이와 결과에 의해 녹지면적이 적을수록 수목의 밀도도 낮다는 것을 알 수 있었다.

이와 같은 사실에 의해 녹지면적이 넓을수록 도시환경의 악영향이 숲속에까지 미치기 어렵다는 것을 시사하였다. 그리고 대도시에 있어서는 녹지가 고립화되어 마치 섬(島)과 같이 격리된 형태를 나타내어 녹지의 건전한 존재가 위험하다는 것을 나타내었다.

그림 2.48 고이시카와고라쿠엔 숲에서 실생에 의해 번식된 식물을 일반인들에게 유료로 분양하고 있다.

그러나 도시화가 진행됨에 따라 대부분의 도시녹지는 점차 고립화되는 경향을 나타내고 있다. 이와 같은 녹지가 고립화되어 있는 사실을 단적으로 나타내는 것으로 이들은 다음 2절에 나오는 섬에서의 생물지리학 이론에 있어 면적 효과(面的效果)와 거리 효과(距離效果)로 해석할 수 있다.

도시생태계에 있어서는 이상에서 논한 바 있는 생물을 주체로 한 생태계 고찰방법 이외에 도시 내에 포함되어 소비되는 모든 물질 및 에너지 순환계로 도시를 살펴보는 견해도 있다. 이와 같은 견해는 대기오염 및 도시의 열섬 현상의 원인이 되는 대량의 열 발생, 쓰레기 및 폐기물 발생의 문제 등을 생물의 생태계와 유사한 순환시스템으로 취급하는 것으로 문제의 해결방법으로서 자원 . 에너지 및 리사이클 등의 방법에 연결된다.

그림 2.49 뉴욕 센트럴파크의 도시녹지

그림 2.50 뉴욕 센트럴파크 도시녹지의 식생층위

그림 2.51 뉴욕 센트럴파크와 빌딩

그림 2.52 뉴욕 센트럴파크의 산책로

(2) 도시환경에 있어서의 녹지보전

1) 도시에 있어서의 녹지보전 방향

도시화는 세계적인 경향으로서 앞으로도 더욱 급격하게 진행될 것으로 예측된다. 따라서 앞에서 논한 도시생태계의 특성을 기초로 도시에 있어서의 건전한 녹지보전의 여러 방안은 다음과 같이 생각할 수 있다.

① 식물의 생육환경 개선

도시환경을 생태학적인 관점으로 다룬 견해는 일본을 비롯하여 독일, 영국 등에서 활발히 진행되고 있다. 특히 일본의 도시계획 분야에서 2차 세계대전

이전부터 전쟁이 끝난 이후에 이르기까지 녹지계획 제도를 구축하였다. 일본의 대표적인 도시생태학자인 기타무라 도쿠타로(北村 德太郎)는 이상적인 도시는 소나무가 자랄 수 있는 도시환경을 지닌 곳이라고 밝혔다. 대기오염을 비롯한 각종 환경악화에 취약한 소나무가 생육 가능한 도시를 만드는 것이 도시계획 목표의 하나라고 논하였다. 이것은 소나무를 도시환경의 지표로 삼는다는 이론으로, 여러 종류의 생물을 다양한 환경지표로 이용하고 있다. 또한 이와 같은 이론을 바탕으로 오늘날 일본의 환경단체를 비롯하여 도시 주민들은 소나무를 환경지표로 삼고 활발한 환경개선 운동을 전개하기도 한다.

도시에서의 녹지보전에 있어서 이와 같은 이론은 가장 기본이 되는 것으로 식물생육환경의 개선을 위해 생육환경을 악화시키고 있는 요인을 제거하는 것이 무엇보다 시급하다. 생육환경을 악화시키는 요인으로는 앞에서 논한 바와 같이 대기오염, 토양오염, 수질오염, 지하수위 저하, 토양의 빈영양화와 건조화를 비롯한 각종 인위적 환경교란 등이 있다. 이와 같은 요인들은 식물에 개별적인 요인으로 작용하기도 하지만 종합적인 환경요인으로서 식물에게 복합적인 작용을 미치므로 전체적인 인과관계를 규명하는 것은 매우 어렵다.

② 현존 식생의 보호

도시 내에 현존하는 자연적인 식물군락은 오랜 기간을 두고 형성되어진 것이다. 그러나 극히 악화된 도시환경에서는 짧은 시간 내에 파괴될 수도 있다. 식물군락이 약화되는 복잡한 인과관계의 해명은 쉽지 않다. 대부분의 도시는 오염이 진행되어 식물군락을 지지하는 생태학적 잠재력이 극도로 저하된 상태이다. 그러므로 도시 내에서 건전한 식물군락을 새롭게 창출해내는 것이 곤란하므로 지금 현존하는 식물군락의 보호가 무엇보다 시급한 과제이다.

③ 면적과 배치 계획

도시녹지 및 공원계획에 관한 종래의 주요한 관심은 녹지면적과 배치의 문제로서 그들은 녹지를 이용하는 주체인 인간의 측면에서 표준 공간 및 유치거리가 정해져 왔다. 그러나 녹지에 있어서 가장 기본적인 구성요소인 식생에 초점을 맞추면, 생태학적 측면에서 녹지면적 및 배치가 반드시 필요하다.

도시생태계에 있어 환경변이에 대한 적응 폭이 좁은 표징종(標徵種)들이 생육하고 있는 자연식생의 구성종인 소나무와 같이 환경내성이 극도로 약한 식물들이 건전하게 생육할 수 있기 위해 충분한 면적이 필요하다.

녹지공간을 유전자 정보의 전시장으로 인식하면, 장소의 면적이 넓으면 넓을수록 축적된 유전자 정보도 많아지며, 유전자 정보가 그만큼 많아질수록 환경변이에 대한 생물의 적응 폭도 커질 수 있다.

식물의 경우에 개체군 생태에 대한 연구가 그리 많지 않지만, 시가지 내에 격리된 소면적의 녹지에서 종자 및 꽃가루(花粉) 등과 같은 생식질의 공급이 적절하지 않으면 식물의 라이프 사이클(life cycle)이 완결되는데 필요한 개체수가 얻어지기 어렵다. 이와 같은 경우에 종은 갱신되기가 어렵고 결국 소멸되어버리고 만다.

건전한 식물군락을 유지하기 위해서는 적절한 수준의 녹지면적과 동시에 배치양식도 매우 중요하다. 보통 수림간의 거리가 0.4-0.8km에 이르면 군락의 고립화가 시작된다고 추정하고 있다. 특히 수림의 고립화는 수림 간에 있어 종자의 공급을 곤란하게 하기 때문이라고 생각된다. 또한 종자가 중력 산포형인 종에 있어서는 상대적으로 고립화가 어느 정도 지연된다고 밝히고 있다.

도시화된 지역에 있어 녹지의 면적과 배치 계획에는 섬(島)의 생물지리학 이론(도서생물지리학설 : the theory of island biogeography)이 많이 응용된다. 그 주요한 이론은 다음과 같이 요약된다.

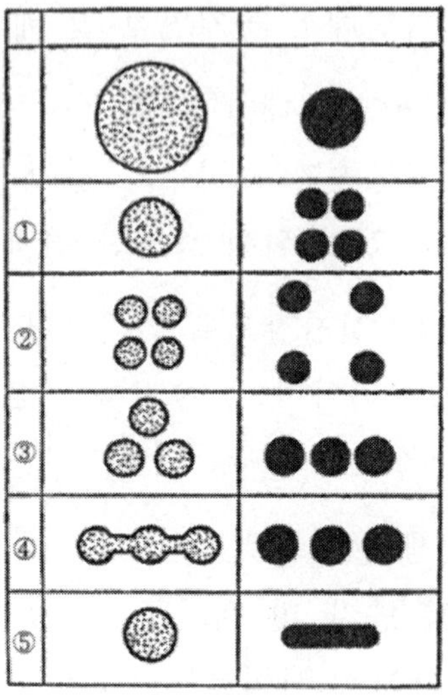

그림 2.53 서식지를 조성하는 여러 가지의 방법

- 면적효과(面積效果) : 녹지의 면적은 넓을수록 건전한 식물군락을 유지할 수가 있다.
- 형상효과(形狀效果) : 녹지는 바깥 주변부의 거리가 길수록 주변으로부터의 영향을 많이 받기 때문에 동일한 면적인 경우에는 좁고 길게 설정하기 보다는 원형이 가까운 형상이 안정적이다.
- 거리효과(距離效果) : 개개의 녹지는 상호간에 근접되어 있을수록 종의 이동이 용이하기 때문에 식물군락의 다양화에 유리하다.
- 연결효과(連結效果) : 개개의 녹지는 띠 형태의 녹지(線狀綠地)로 연결되면 그것을 네트워크로 종의 이동이 가능하다. 도시 내의 녹도(綠道) 및 하천주변의 녹지공간 등의 선상녹지는 네트워크 기능으로서 중요한 녹지회랑(corridor)의 역할을 담당할 수가 있다.

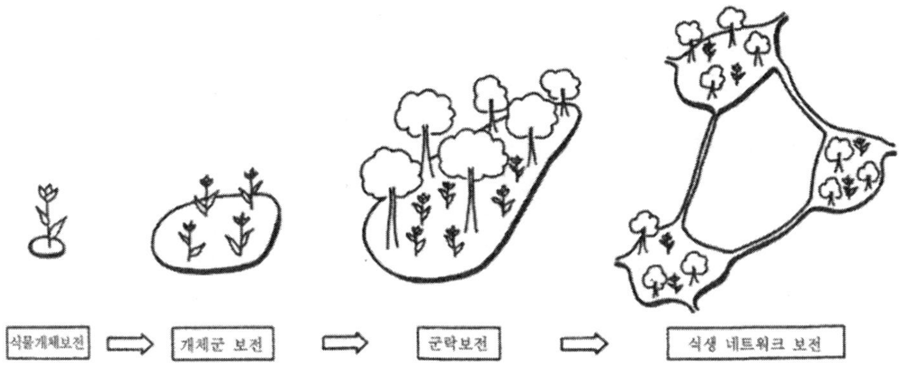

그림 2.54 다양한 식생보전 레벨

④ 식물군락의 다양화

도시화에 의해 빈약해진 식물군락을 다양화하기 위해서는 환경오염원을 제거하는 것뿐만 아니라 다양한 녹화방법을 이용함으로서 적극적으로 대응할 필요가 있다. 여기에는 생태계 보전녹화 및 에코로지-녹화, 리사이클 녹화 등과 같은 방법들이 있다.

2) 도시녹지의 입지와 기능

도시환경보전에 있어 녹지가 중요한 역할을 담당하고 있다는 사실은 분명하다. 그런데 녹지(open space, Grŭnflăche)라고 하는 용어는 다음과 같이 정의할 수 있겠다. 즉 녹지는 다음의 3가지 조건을 충족한 토지이다.

- 공지(空地) : 건물이나 구조물 등이 건축되지 않은 빈 토지
- 녹화된 피복지(綠化被服地) : 식물에 의해 피복되어 있는 생물적 토지 공간
- 영속적 토지(永續的 土地) : 보전녹지라는 사실이 제도적으로 확보되어 있는 토지

도시녹지 계획을 수립하는 경우에 도시의 자연입지 특성을 고려하는 것은 중요하다. 도시 녹지에 있어서 도시의 자연입지적 토지이용계획은 종래와 거의 변한 것이 없는 분야이긴 하지만, 보다 뛰어난 녹지계획을 수립하기 위해서는 우선 첫 번째로 자연적 입지에 적합한 도시의 토지이용계획이 작성되는 것이 도시의 기반조성으로 중요하다.

도시의 자연적 입지 문제는 기존도시의 경우와 신도시(new town)의 경우로 근본적으로 다르게 고려해야 한다. 기존 도시에서의 토지이용은 역사적인 시간적 과정을 거쳐 자연발생적으로 형성되어져 왔으며, 통상적으로 농촌의 토지이용 범위 내에 도시가 외부로 점차 확대해 나간 경우가 많다.

저지대, 언덕, 구릉지, 산지 등과 같이 각자 자연조건이 다르기 때문에 식물 녹지의 존재형태도 다르게 나타나게 되고, 따라서 여기에 대응한 다양한 녹지계획이 필요하다.

여기에 대해 신도시 지역의 토지이용계획에 대해서는 자연입지적 특성을 충분히 조사해서 계획에 반영하는 것이 중요하다. 이러한 방법에 의해 자연입지적 특성을 반영한 신도시의 골격을 세워볼 수가 있다.

도시계획에서 녹지계획은 계획 내용 안에 나름대로의 위치를 차지하고 있다. 도시녹지 계획은 구체적으로는 녹지(green)의 마스타 플랜(master plan)으로 나타낼 수 있도록 종합적이고 체계적인 계획으로 이루어져야 한다. 도시계획 전체에서는 도시의 토지이용계획과의 관계를 중시하여 계획되어져야 한다. 이 경우 특히 어떤 자연입지적 특성을 지닌 녹지를 어떠한 기능의 녹지로 조성할 것인가를 계획하는 것이 가장 기본적인 문제이다.

도시녹지를 도시 내에 적절하게 배치하기 위해서는 녹지의 자연입지적 특성 이해가 매우 중요하다. 이 경우 도시녹지의 종류와 기능에 의해 자연입지의 중요성은 다르다. 녹지의 종류와 자연입지적 특성과의 관계는 일반적으로 다음과 같이 고려할 수 있다.

- 자연 녹지(自然綠地 : 하천, 수로, 해변, 강변, 산림, 들, 농경지)는 모두 자연적 입지조건의 중요성이 극히 높다.
- 공공 녹지(公共綠地 : 공원녹지, 운동장, 광장, 공원묘지)는 그 종류에 따라 자연적 입지조건의 중요성이 높은 경우가 있다.
- 공개 녹지(公開綠地 : 사찰 경내, 공익시설녹지, 민영 공원녹지)는 자연 입지의 중요성이 부분적으로 높은 경우가 있다.
- 공용 녹지(共用綠地 : 공용주택 녹지, 후생시설, 운동장)는 위와 마찬가지로 부분적으로 중요성이 높은 경우가 있다.
- 전용 녹지(專用綠地 : 개인정원, 시험포장, 급배수시설 주변녹지)는 경우에 따라 고려될 수도 있다.

또한 도시녹지의 계획에 있어서 식생 및 식생에 관련된 입지(지형, 토양, 지하수위 등의 조건)에 관한 조사는 중요하다. 이것은 녹지의 성질 및 양적파악에 도움을 주며 사전에 다음과 같은 내용을 철저히 조사하여 분석하여야 한다.

- 현존식생의 분류 및 분포의 조사
- 현존식생과 인위적 영향, 즉 토지이용과의 관계를 조사
- 식생과 입지와의 관계 조사
- 현존식생의 존재 효과 조사
- 현존식생의 이용효과 조사

그림 2.55 방사형으로 연결된 파리 도시녹지

(3) 도시 식생계획과 식생관리

1) 도시 식생계획

도시녹지의 계획을 체계적으로 나타낸 것이 녹지의 마스타 플랜이라 할 수 있다. 그러나 이 계획에는 녹지의 질, 이른바 목표로 하는 식생의 모양이 구체적으로 나타나 있지는 않다. 그러므로 목표로 하는 식생을 명확히 나타낸 식생계획(vegetation plan)을 수립할 필요가 있다.

식생계획의 수립은 신도시 계획을 예로 들어 흐름도(flow chart)로 나타낼 수 있다. 기본구상 및 기본계획 단계에는 식생계획 수립을 위한 기초조사를 기반으로 신도시 전체에서 식생의 다양한 형태를 나타내는 식생기본 계획이 수립된다(그림 2.56).

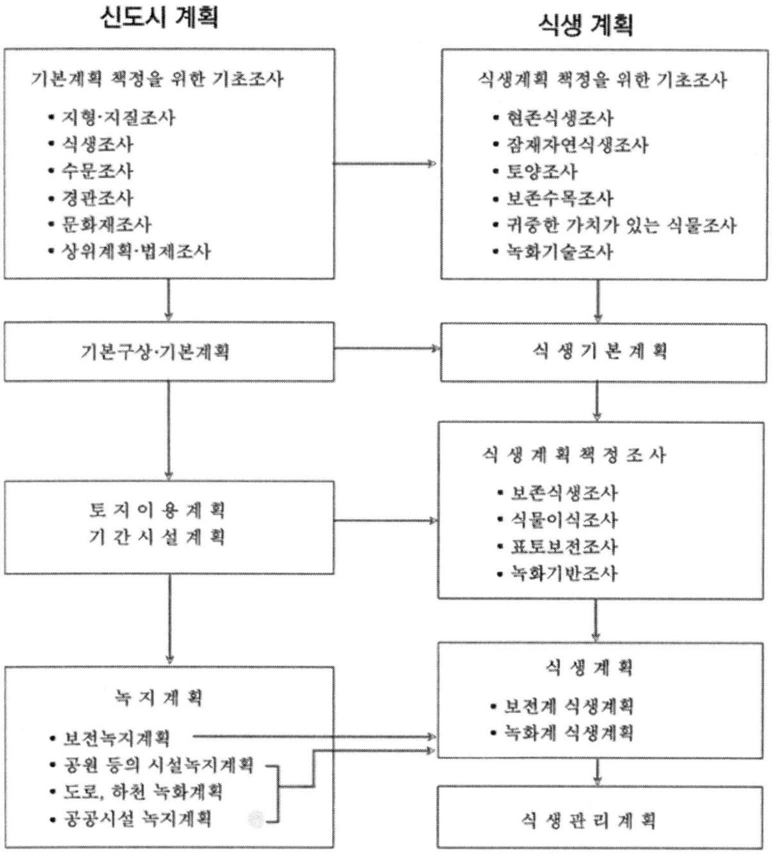

그림 2.56 신도시 계획에서 식생계획 책정과정

식생계획은 토지이용계획과 기간시설계획(基幹施設計劃)에 기초를 두고 식생에 관한 조사를 행하여 수립한다. 이 조사는 현존식생의 보전과 녹화작업의 기초자료가 되며 보전대상이 되는 식생조사를 비롯하여 이식을 위한 녹화공사에 이용되는 식물과 토양의 조사가 행해진다. 식생계획은 녹지계획에 대응하여 신도시 전체의 녹지의 내용을 구체적으로 결정하는 것으로, 현존식생의 보전과 같은 보전계(保全系) 식생계획과 녹화공사를 위한 녹화계(綠化系) 식생계획으로 구분된다.

보전계 식생계획은 개발과정에 있어, 잔존하는 보전녹지를 대상으로 하는 것으로 보전목표는 현존식생을 그대로 유지하는 경우에는 단순한 관리방안 수립만으로 가능하지만, 현존식생을 개변(改變)하는 경우에는 목표로 하는 식생(목표식생)을 나타낼 필요가 있다.

녹화계 식생계획은 공원, 비오톱, 도로, 주택지, 정원 등의 시설녹화에 관한 것이 주가 되며, 목표식생은 시간이 경과하여 최종적으로 완성되는 녹화의 도달점을 나타내는 것이다.

표 2.11 도시 환경조건이 식물생육에 미치는 요인

발생	요인	식물에 미치는 영향
지상환경	일사량부족	광합성 장애, 주변온도 저하
	수분부족	토양건조, 유기물 분해 지연
	통풍부족	오염물질의 정체, 병충해 발생, 광합성 저하
	배기개스	오염물질에 식물체 세포의 직접적인 피해
	분진 등의 식물체 부착	기공폐쇄, 식물생리(광합성, 호흡) 장애
	인공열의 발생	대기오염과 복합적으로 피해의 가중, 생리장애
	인공조명의 과다 조사	식물체의 생리적인 리듬 파괴, 생육장애
	미기상의 영향	음지발생, 저온 및 고온, 대기오염
토양환경	토양건조	토양 유기물 분해 지연, 식물체 위조
	수질불량	오염물질축적, 염류농도 상승, 뿌리 생육불량
	토양 경화	뿌리 호흡불량, 수분상승 저해, 생육불량
	통기성 및 투수성 불량	호흡불량, 토양 미생물 감소, 유해물질 축적
	배수불량	뿌리 부패, 유해물질 축적
	토양온도 부족	유기물 분해 지연, 토양 미생물 감소, 수분흡수 장애
	유기물 부족	토양 입단화 저해, 생육불량, 양분부족
	토양생물 부족	분해지연, 토양의 물리화학적 성질 악화
	토양의 알카리화	대기오염물질 축적, 염기성 물질 축적, 생육불량
기타	천적의 소멸	병충해의 증가
	귀화식물의 번성	환경에 적응한 귀화식물이 침입
	식물종류의 한정	내성식물의 선정에 제한

2) 식생관리와 모니터링

식생은 시간의 경과와 더불어 성장하고 또한 방치하면 황폐되거나 도태되는 경우도 있다. 그러므로 인위적으로 적정한 관리가 필요하다. 또한 식생의 미래상을 나타내는 식생계획을 기초로 식물의 성장에 알맞게 시간계열적인 식생관리계획을 수립하는 것이 중요하다.

식생관리(vegetation management)는 식생계획에서 나타낸 목표식생에 도달할 때까지 식생을 육성하고 관리하는 것과 목표식생에 도달하여 그 상태를 지속적으로 유지하기 위한 유지관리로 구분된다. 보전계 식생계획에서는 이미 목표식생이 존재하고 있는 경우가 대부분이기 때문에 유지관리가 주(主)가 되지만, 녹화계 식생계획에서는 식물의 성장에 적합한 육성관리 단계가 중요하다.

식생계획의 목표 달성상태 및 식생관리의 상태를 진단하기 위해서 식생 모니터링(추적 조사)이 필요하다. 모니터링의 방법은 식물군락 조사, 식물상(flora) 조사, 식생도 작성 등이 주가 되지만 귀중한 식물군락에 대해서는 식물의 활력도 조사, 성장량 조사, 생물상의 계절적 조사 등을 조사하는 경우도 있다. 식생도 작성은 식생의 추이를 예지하는 방법으로 가장 유효한 방법이고, 10년 정도의 간격으로 도시 전역의 식생도를 작성하여 모니터링할 수도 있다.

일본의 대표적인 도시공원인 도쿄(東京)의 고이시카와(小石川) 고라쿠엔(後樂園)의 식생도를 예로 나타낸 것이다. 이와 같은 식생도를 이용하여 식물관리의 적정한 수준을 진단할 수 있다.

모니터링 조사는 식생의 상태를 진단하는 것뿐만 아니라 식물군락 및 식물개체의 환경 지표성을 이용하여 환경진단을 할 수도 있다. 환경 악화에 대해 민감한 반응을 나타내는 식물 군락 혹은 특정한 식물의 생육상태를 지속적으로 조사하여 환경지표로 삼는 방법이 이용된다.

그림 2.57 일본 고이시카와고라쿠엔의 현존 숲

3) 도시 식생계획에서 고려할 사항

도시는 각종 환경오염의 심화와 과다한 인구유입에 의해 기형적인 생태계로 전환되어 점차 회색화 되고 있다. 결국 건전한 생물종이 도시에서 사라지며 인간성도 말살되어 우리들의 생존 자체도 위협당하고 있는 실정이다. 이와 같은 도시에서 생물다양성을 높이고 친근한 생활공간을 조성하여 정서를 순화시키고 환경오염도 개선하며 자연과 함께할 수 있는 공간으로 재창조하기 위해서는 풍부한 녹지공간의 조성이 필수적이다.

실제로 오늘날의 도시에서는 식재 가능한 빈 공간은 거의 없다고 해도 과언이 아니다. 그러므로 우리는 모든 공간을 최대한으로 이용하여 녹화를 해야 할 것이다. 예를 들어 건물의 옥상을 비롯하여, 담장, 인공지반, 개발 불가능한 빈 공간, 가로수의 하부 공간, 심지어는 화분을 이용한 녹화까지도 모색되어야 할 것이다. 이 가운데 가로수의 경우, 지금까지는 가로수로 식재된 교목의 하부공간에는 보도블록이나 아스팔트 콘크리트 등으로 포장되어버리는 것이 일반적인 관행이다. 그러나 이와 같은 빈 공간을 이용하여 관목이나 지피식물을 식재한다면 다양한 층위를 지닌 녹지공간으로 적절히 활용될 수 있을 것이다.

(4) 공원녹지의 계획과 식생조사

1) 도시공원 계획과 식생조사

대규모적인 도시 공원 및 수림공원 등의 넓은 면적을 차지하는 공원계획에서는 현존하는 식생과 동물은 공원의 경관자원 및 환경자원으로서 매우 중요하므로 사전에 충분한 조사가 행해져야 한다.

공원계획의 기초로서 시행되는 식생조사 결과는 공원의 토지 이용구분에 있어 식생 보호지구의 설정을 비롯하여 적정한 수용력(이용밀도)의 결정, 식생관리, 식재설계 등에 이용된다. 이 조사에서는 얻어진 현존식생도와 잠재 자연식생도를 기초로 다음과 같은 내용의 수립이 가능하다.

- 보호해야 할 식물군락의 구분
- 현존하는 각 식물군락의 식생관리 방법과 장래에 이상적인 식생관리 방법의 제안
- 식물군락의 경관적 평가
- 잠재 자연식생을 기초로 한 식재수종의 선정
- 각각의 토양의 성질과 개량방법의 제안

식물군락은 종조성과 계층구조를 비롯하여 수목의 생육 상태 등이 조사되어 각각의 군락 단위가 현존식생도에 표시된다. 현존식생도와 잠재자연식생도를 중첩시키면 자연도가 높은 식물군락이 추출된다. 자연도가 높은 식물군락은 보호해야 할 식물군락으로 평가된다. 또한 경관적으로 아름다운 식물군락 및

귀중한 식물군락도 보호해야 할 대상으로 중요하다.

현존하는 다양한 식물군락은 무엇인가의 인위적 영향(관리행위)을 기초로 성립한 것이 많다. 리기다소나무, 삼나무, 편백, 일본잎갈나무, 현사시나무 등의 식재림은 적절한 묘목 식재와 육림 관리가 지속적으로 행해져 왔다. 그러나 자연적인 신갈나무, 졸참나무 등의 숲은 하부식생에 대한 예초작업 및 정기적인 간벌작업 등이 제대로 행해지지 않으면 단기간에 군집을 형성하기 어렵다. 남부지방의 경우에는 결국 매년 대나무를 생산할 정도의 무성한 대나무 숲으로 변해버린 곳도 있다.

식재수종의 선정은 식재 계획의 주요한 부분으로서 공원의 기조를 이루는 목본성 식물은 그 토지의 자연식생 및 대표 식생 가운데 선정된 향토 자생수종이 이상적이다. 그러므로 잠재자연식생을 기초로 이용 가능한 향토수종의 선정이 필요하다.

토양조사는 식생 조사와 동시에 행할 필요가 있으며, 식생조사의 일부이다. 토양은 단면구조, 물리적 성질(삼상조성, 투수성, 경도, 입경분포), 화학적 성질이 조사되어 토양의 보전과 개량 방법이 다각적으로 검토되어야 한다.

2) 도시 자연공원 계획

도시공원은 인간이 출입하며 적극적으로 이용하는 녹지시설이지만 도시 내에는 인간의 출입을 제한하여 풍부한 자연생태계를 보전하거나 복원을 도모하는 공원도 있다. 이와 같은 공원은 생태공원(ecology park), 비오톱 공원(biotop park), 도시생태공원(urban ecology park), 자연생태원, 자연교육원, 야생조류공원, 조류 보호구역(bird sanctuary), 보전수림 등과 같은 다양한 이름이 붙여져 단독 시설로 조성되거나 도시공원 내의 일부로 건설되기도 한다.

그림 2.58 뉴욕에 조성된 도시공원

국립공원 및 국정공원 등의 자연공원은 도시로부터 멀리 떨어진 지역에 설치되지만 도시 내에 있어서도 자연성이 높은 녹지의 수요가 고조되어 앞으로 다양한 유형의 도시자연공원의 정비가 필요하리라고 생각된다.

도시자연공원 계획에는 자연의 생태계 보전과 복원을 우선할 필요가 있으며 자연관찰 및 산책 등의 이용은 자연 생태계에 영향을 미치지 않는 범위에서 행하는 것이 원칙이다. 그러므로 계획에 있어서는 다음과 같은 주의가 필요하다.

① 이용구분의 명확화

공원 내에는 생태계를 보전하는 구역을 충분히 확보하고 인간이 이용할 수 있는 구역을 한정하여 양자 간의 이용구분을 명확히 한다. 또한 동식물의 생육에 영향을 미치지 않도록 적절한 수준을 정해 이용을 제한할 필요가 있다.

② 생육환경의 다양화

생물의 생육환경으로서 수림, 초지, 수면 등의 다양한 자연환경을 조성하여 동물의 먹이 섭취, 휴식, 보금자리 꾸미기, 피난 장소를 확보해 준다. 이와 같은 배려에 의해 종 다양성이 높은 도시 내 비오톱 등의 자연공원 조성이 가능하다.

③ 주변환경의 보전

공원 주변부 및 공원 내에서 인간이 이용하는 구역과 접한 구역에는 생울타리 또는 지피식물 식재를 넓게 하여 생태계에 미치는 영향을 최소한으로 한다. 또한 사람이 활동하는 동선은 포장을 피하는 것이 생태계 유지에 좋다. 그러나 반드시 도로포장이 필요한 곳은 투수성 포장소재 또는 자갈, 황토 등과 같은 자연소재를 도입하여 투수는 물론, 흡음 효과를 도모한다.

④ 적극적인 자연도입

공원 내에 수림, 물, 초지대 등의 자연적 요소들을 최대한으로 도입하고, 주변지역의 잠재자연식생의 구성종이나 동물의 먹이로 이용될 수 있는 식물 등을 적극적으로 식재한다. 다양한 식물 종의 식재는 도시자연공원의 종 다양성을 도모할 수 있다.

그림 2.59 도시녹지는 물을 이용한 벽천 등과 조화롭게 조성하면 더욱 효과적이다.

(5) 도시 비오톱 조성

최근에 「비오톱」이라는 용어를 쉽게 접할 수 있게 되었다. 비오톱이란 1970년대에 독일에서 사용하기 시작한 개념으로서 오늘날에는 세계적으로 사용하고 있는 용어이다. 독일에서의 일반적인 비오톱 개념은 서식지(habitat)와 동일하게 사용되고 있다. 또한 독일에서 서식처(habitat)는 한 종 또는 한 개체군의 서식공간에 제한하고, 비오톱(biotope)은 생물군집과 연계시켜 정의하고 있다. 그러므로 비오톱의 의미는 "야생의 생물들이 서식할 수 있고 이동하는데 도움을 줄 수 있도록 인위적으로 배려한 소규모 공간단위"를 일컫는 것이다. 그러므로 연못을 비롯하여 하천, 습지, 구릉지, 숲, 가로수, 화단, 농경지 등은 각기 다양한 규모와 질의 생물서식공간으로서의 비오톱이 될 수 있다. 또한 생태계의 질을 높이기 위해 앞으로 비오톱의 조성과 관리에 노력을 기울여야 할 것이다.

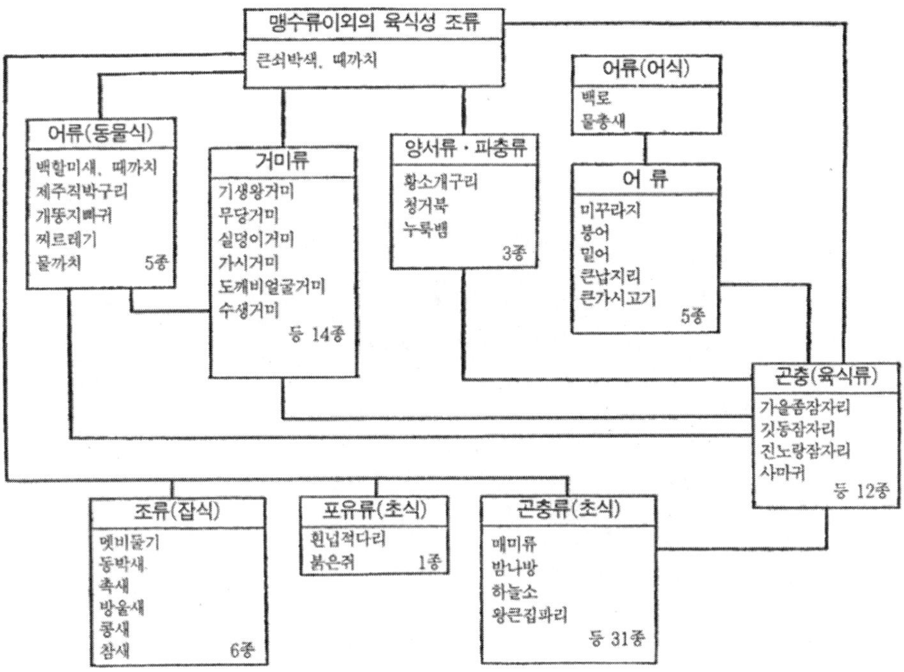

그림 2.60 소규모 수변공간의 조성으로 생물상의 상호관계

오늘날 우리들이 생활하고 있는 생활주변의 지표면은 쾌적하지 못한 각종 인공소재들에 의해 덮여 있고 농약이나 환경호로몬, 다이옥신 등과 같은 각종 화학물질들에 의해 오염되어 있는 것이 현실이다. 어떤 의미에서는 레이첼 루이스 카슨(Rachel Louise Carson; 1907-1964)의 「침묵의 봄(Silent

Spring)」에서 예언한 바와 같이 생물의 모습이 점차 사라져 가고 있다. 우리들 인류도 생물의 일원이며, 다른 생물이 없는 환경에서는 살아갈 수 없고 대부분의 사람들이 적어도 철학적, 윤리적, 정서적으로 생물과의 공존을 바라고 있다. 그러므로 최근 삭막한 도시 환경에 소규모 생물 서식공간을 인위적으로 조성하려는 시도가 도시환경운동의 한 수단으로 활발히 전개되고 있다. 덧붙여 지역환경을 적절히 관리하여 인간의 토지 이용과 생물의 서식을 양립시키는 것이 지역생태계 보전이라고 할 수 있다. 바로 우리들 주변에서 다양한 유형의 비오톱을 조성하고 정비하고자 하는 계획은 이러한 지역생태계의 보전을 목적으로 하는 최근에 가장 주목받을 수 있는 수단이기도 하다.

그림 2.61 물과 식물로 이루어진 비오톱의 예(사진은 경기도 평강식물원)

1) 비오톱의 의미

비오톱(biotipe)이란 생물 또는 생명을 나타내는 'bio'와 장소 또는 공간을 나타내는 'topos'에서 파생된 'tope'의 복합어이다. 무리하게 우리말로 옮기면 "생물이 사는 장소"라고 할 수 있겠다. 결국 다양한 생물들이 서식할 수 있는 공간이라 확장 해석할 수 있겠다.

예를 들어 반딧불이는 물속에서 담수성 조개류인 다슬기를 먹이로 하여 성장하고, 수생식물이 풍부한 수중에서 살다가 육상으로 올라와 배우자를 만나 교미하여 다음 세대를 생산한다. 따라서 반딧불이의 서식에는 먹이인 다슬기가 살 수 있는 깨끗한 수면과 수생식물이 함께 하는 하천환경이 필요하다. 이와 같이 어떤 생물종에 있어, 서식에 필요한 다양한 조건이 어우러진 전체 공간을 일컬어 그 종의 비오톱이라고 부른다. 또한 하천을 중심으로 물속 → 물가 → 땅위와 같이 다양한 환경에 생육할 수 있는 다른 생물들도 함께 하게 되어 종 다양성 높아지게 된다.

특정 종에 대한 비오톱은 그 종의 서식을 보증해주는 공간으로서, 그 곳에는 그 종의 피식자 및 포식자, 경쟁자를 포함한 생태계를 구성하는 생물군집이 존재하여야만 진정한 종의 비오톱이라 할 수 있다. 예를 들어, 넓은 서식지 면적을 요구하는 동물로서 반달가슴곰에 주목하면, 서식을 지지하는 식물군집에 있어, 활동과 은신에 필요한 조릿대 군락이나 먹이인 도토리가 열리는 신갈나무 숲, 가재나 물고기를 잡을 수 있는 하천, 굴이나 큰 나무와 같은 동면 장소 등이 반드시 있어야 한다.

표 2.12 야생조류의 먹이가 되는 수목의 열매

나무이름	열매 익는 달	모이는 새
주목	9-10월	곤줄박이, 어치, 콩새, 흰배지빠귀, 황여새
녹나무	10-11	찌르레기, 물까치, 멧비둘기, 꿩
후박나무	10-11	물까치, 직박구리
팽나무	10	동박새, 찌르레기, 물까치, 지빠귀류
벚나무	6	물까치, 동박새, 찌르레기, 멧비둘기, 꿩
팔손이나무	4-5	황여새, 직박구리, 지빠귀류
마가목	9-10	직박구리, 지빠귀류
먹구슬나무	9-10	물까치, 직박구리, 찌르레기, 까마귀, 큰부리까마귀
붉나무	10	동박새, 직박구리, 어치, 까마귀, 멧비둘기, 지빠귀류
산딸나무	10	직박구리, 물까치, 지빠귀류
감나무	10-11	찌르레기, 지빠귀류, 동박새, 오목눈이, 방울새, 휘파람새
때죽나무	10	곤줄박이, 콩새, 멧비둘기, 까마귀
꽝꽝나무	10-11	직박구리, 물까치, 꿩, 지빠귀류
사스레피나무	10-11	휘파람새, 동박새, 물까치, 멧새, 방울새, 까마귀

생물 개체군이나 군집은 상호간에 서로 연결되어 있고, 이동에 의해 분산이 가능하다. 비오톱 조성에 있어, 생물 개체군의 분산경로를 고려할 필요가 있다. 분산경로는 개체군이나 군집이 외부와 접속하고 있는 공간이며 생물의 이동과 번식 경로이기도 하다. 다른 군집 혹은 개체군을 서로 연결하는 분산경로는 회랑(corridor)의 형태를 하고 있다. 이와 같은 분산경로는 종의 이동능력에 의해 규정되므로, 비오톱 조성에 있어 생물종의 종류 및 목적, 여건에 따라 적절히 고려해야 한다.

2) 비오톱 조성계획

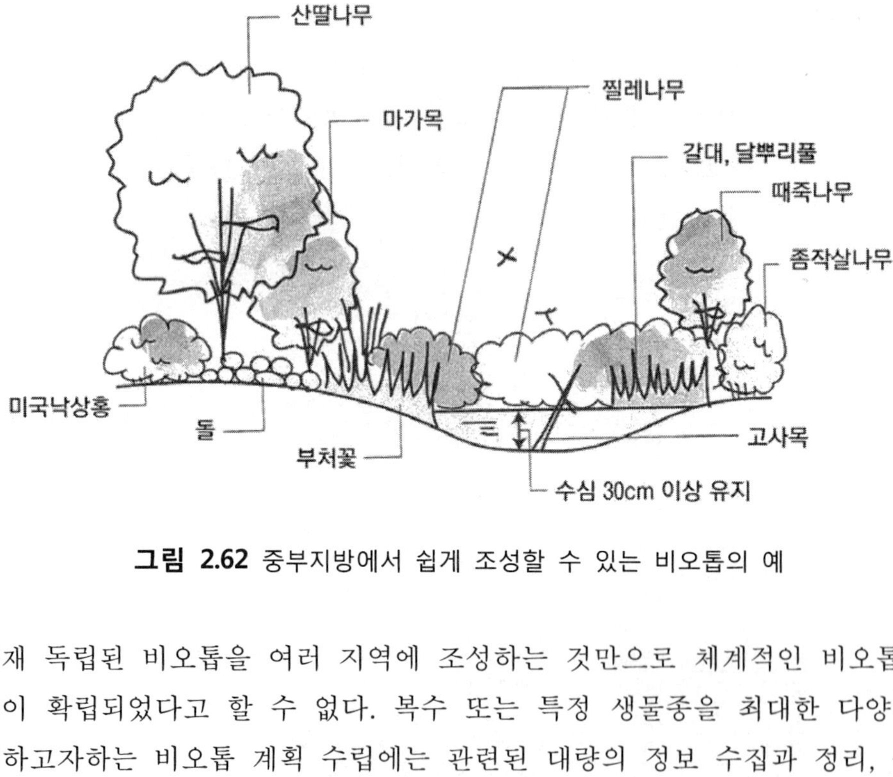

그림 2.62 중부지방에서 쉽게 조성할 수 있는 비오톱의 예

현재 독립된 비오톱을 여러 지역에 조성하는 것만으로 체계적인 비오톱 시스템이 확립되었다고 할 수 없다. 복수 또는 특정 생물종을 최대한 다양하게 보전하고자하는 비오톱 계획 수립에는 관련된 대량의 정보 수집과 정리, 분석이 필요하다. 또한 이러한 결과에 대한 합리적인 대안을 거친 비오톱 계획이

적절히 세워져야 한다. 비오톱 대상지의 정보 수집은 최근에 이르러 지리정보체계(GIS; geographic information systems)의 발전에 의해 보다 다양하고 효율적인 정보 축적이 가능하게 되었다. 성공적인 비오톱 조성 계획을 위해서는 생물에 대한 지역 주민들의 관심을 높이고 적극적인 사회적 움직임이 필요하다.

① 비오톱 유형의 결정

- 규모에 따른 비오톱 : 행정 구역상 대략 도 단위 정도에 조성되는 대규모의 광역 비오톱을 비롯하여 중지역 비오톱, 소규모 비오톱 등이 있다
- 생물종에 따른 비오톱 : 서식하는 생물종에 따른 비오톱 유형은 포유류 비오톱, 조류 비오톱, 어류 비오톱, 양서류 비오톱, 곤충 비오톱 등이 있다.
- 토지이용에 따른 비오톱 : 토지 이용에 따른 비오톱 유형은 도시의 주거지 혹은 업무지역 등에 조성되는 도시형 비오톱을 비롯하여 인공적으로 조성된 경작지나 조경식재지에 조성되는 근자연형 비오톱, 하천이나 습지, 산림 등에 조성되는 자연형 비오톱 등으로 구분할 수 있다.

그림 2.63 생태계 다양성을 유도할 수 있는 도시 비오톱(사진은 일본 다마 신도시의 주택가)

② 비오톱 계획에서의 고려 사항

- 자연복원을 고려한 적절한 유형의 비오톱 조성

  인위적인 관리를 최소화하고 자연 스스로 환경에 적응하여 정상적인 천이를 거듭하여 최대한 자연생태계에 가깝게 복원될 수 있도록 생물서식공간을 조성한다.

- 다양한 생물종이 서식할 수 있는 공간 조성

  비오톱 계획에 있어 사전에 대상지의 미기후, 지형, 토양, 수계, 유기물, 식생 등의 복잡성을 충분히 조사하고 분석하여 생물다양성을 최대로 높일 수 있는 구조와 기능을 지닌 계획안을 세운다. 비오톱이 안정되어 갈수록 종다양성이 높아질 수 있도록 한다.

- 에너지 소비의 효율성 고려

  비오톱 계획에서 식물 및 각종 자재 사용에 있어, 재활용재의 활용을 적극 모색하고 최소한의 인력 사용과 관리로서 에너지의 효율화를 도모한다.

- 다양한 분야의 전문가 참여

  계획단계부터 생물 전문가를 비롯하여 농업, 토목, 건축, 환경 등의 다양한 분야의 전문가가 함께 참여하여 최대한 자연에 가까운 인공환경의 비오톱을 조성할 수 있도록 한다.

- 여건에 어울리는 창의적 비오톱 조성

  학교 부지, 놀이터, 공원, 건물의 옥상, 도로변, 폐도로, 등과 같이 다양한 비오톱 조성지의 여건을 적절히 활용하여 어울리는 유형으로 계획한다.

(6) 도시 가로수 식재

도시에서의 가로수는 식물이 주는 아름다움으로 경관을 조성하고 도시의 온도 조절, 소음 감소, 대기오염물질 감소, 교통안전 등의 다양한 2차적 효과를 나타낸다. 이미 조선시대부터 도로변에 나무를 심어 미관을 조성하고 이정표의 역할을 하였다. 조선 태종 5년(1405)에 도로변에 나무를 식재하도록 하였으며 세종 23년(1441)에는 도로에 나무를 심어 거리를 식별하도록 하였다.

오늘날 가로수의 정의는 아름다운 경관을 조성하고 환경오염 저감과 녹음제공 등 생활, 교통환경 개선, 자연생태계의 연결성 유지 등을 위하여 도로의 구역 내 또는 그 주변에 심는 수목으로서 도로의 구조보전과 안전하고 원활한 도로교통의 확보에 지장이 없도록 식재된 것을 말한다(산림청 예규 제499호 제3조).

1) 가로수 식재 및 관리

① 가로수 수종의 선정과 구비조건

- 사람이나 차량에 피해를 주지 않는 안전한 수종
- 식재 지역의 기후와 토양에 적합한 수종
- 식재 지역의 역사와 문화에 적합하고 향토성을 지닌 수종
- 식재 지역의 주변경관과 어울리는 수종
- 국민의 보건에 나쁜 영향을 끼치지 않는 수종
- 환경오염 저감, 기후 조절 등에 적합한 수종
- 기타 특정 목적에 적합한 수종

그림 2.64 잘 조성된 도시의 가로수

② 가로수로 부적합한 수종

도시의 도로는 자동차와 사람들이 수시로 이동하는 공간이다. 그러므로 도로에 식재하는 가로수는 무엇보다 안전이 보장되고 쾌적함을 주는 수종이 적합하다. 보통 근계가 튼튼하여 충격에 의해 쉽게 도복되지 말아야 하고 열매나 잎에서 악취나 미끄럼을 주지 말아야 한다.

표. 2.13 가로수로 적합하지 않은 대표적인 수종

가로수로 부적합한 이유	수 종
쇠약	포플러(도복), 버드나무(도복), 은단풍나무(도복), 물푸레나무(식물병)
악취	은행나무(열매), 가중나무(수꽃), 호두나무(열매)
해충의 발생	네군도단풍(흰불나방), 개오동나무(자벌레), 세로티나벚나무(텐트나방), 뽕나무(해충)
위험성	감나무(낙과된 열매의 불결함), 아까시나무(가시), 주엽나무(가시), 산사나무(가시)

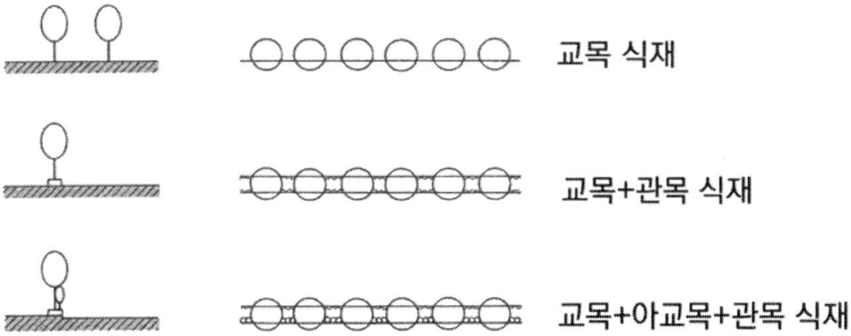

그림 2.65 입체적인 가로수 녹지 조성방법

③ 식재기준 및 관리기관

가로수 식재는 교목을 위주로 하고 식재간격은 8m를 기준으로 한다. 그러나 도로의 위치와 주위여건, 식재수종의 수관폭과 생장속도, 가로수로 인한 피해 등을 고려하여 간격을 조정할 수 있다. 식생유형은 도로의 선형과 평행한 열식을 원칙으로 하며 도로의 여건, 방음, 녹음제공, 경관개선 등의 특정 목적에 따라 군식 및 혼식을 할 수도 있다. 통상 보도의 한쪽을 기준으로 1열식재를 하고 보도의 폭이 넓을 경우에는 2열 이상 식재할 수 있다. 수종은 동일 노선의 양측에는 동일한 수종으로 식재하는 것이 원칙이다. 그러나 도로의 방향이 바뀌거나 새로운 도로가 신설 또는 확장된 경우에는 다른 수종으로 식재할 수 있다.

가로수로 관목을 식재하는 경우에는 동일 수종의 군식을 원칙으로 한다. 동일 식재군에는 동일 수종으로 식재한다. 다만 경관적으로 중요한 지역에는 다른 수종으로 혼식할 수 있다. 관목 가로수의 식재간격은 식재수종의 특성에 따라 경관조성과 교통장애가 없는 범위 내에서 식재할 수 있다.

표 2.14 우리나라 가로수의 도로 관리청

도로의 종류	지 역 구 분	가로수관리청	비 고
일반국도	군지역, 광역시 또는 시의 읍·면지역	지방국토관리청장	
	특별시와 광역시의 동지역	특별시장·광역시장	
	시의 동지역	시장	
지방도	군지역, 광역시 또는 시의 읍·면지역	도지사	국가지원 지방도 포함
	광역시의 동지역	광역시장	
	시의 동지역	시장	
특별시도·광역시도	전지역	특별시장·광역시장	
시도·군도·구도 등 기타도로	전지역	시장·군수	

식재공간의 여유가 있는 경우에는 운전자와 보행자의 안전과 도로구조의 안전에 지장이 없는 범위 내에서 교목, 관목, 초본류를 다층구조로 식재할 수 있다.

식재된 가로수에 대한 보다 계획적이고 체계적인 조성과 관리를 위해 도로종류에 따라 관리 관청을 구분하고 있다.

2. 농촌지역의 생태학적 녹지계획

(1) 생태학적인 녹지계획

농촌에 있어서 생태학적 환경 보전은 주로 앞에서 밝힌 자연입지적 토지이용 계획안에 의해 전개되어져 왔다. 우선 생태학적인 이론에 기초를 둔 토지이용 계획을 수립하고 녹지 보전의 입장에서 녹지가 적극적으로 자리잡게 한다. 지형, 토양조사, 현존식생 조사, 잠재자연식생의 추정, 대상 식생계열의 추정 결과로부터 군집군락의 입지, 생산녹지의 입지, 보전녹지의 입지, 도로 입지 등과 같이 종합적인 입지조건의 진단이 가능하다.

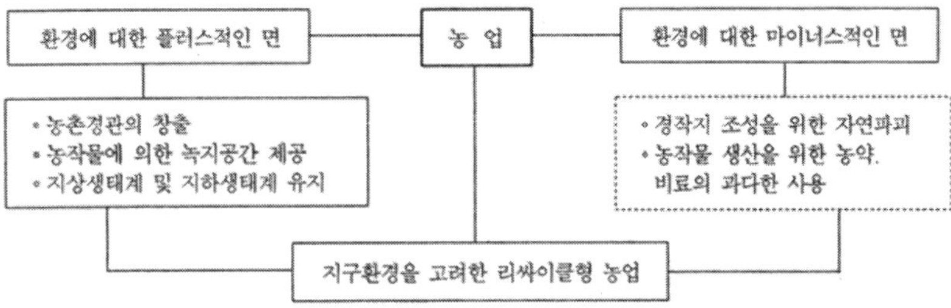

그림 2.66 환경과 관련한 농업의 역할

오늘날의 농촌녹지는 단순히 농작물 생산이라는 차원을 넘어 환경보전에 기여하는 특성이 있다. 토양침식 방지 및 보호 등의 방재적 관점과 레크리에이션 이용 및 경관 보전, 자연보호, 생태계의 균형 도모와 같은 기능들은 농촌녹지의 기본적인 농림업 생산과의 공존이 중시되어 계획되어져야 한다. 그러므로 농촌의 도로환경 보전에서도 생태학적 환경 평가에 의한 노선선정, 도로변 및 절개사면의 녹화지침, 식재기반의 정비 등이 제시되어야 한다. 또한 보호 및 보전되어야 할 녹지의 선택에 있어서는 현존식생이 그 입지의 최종군락과 어느 정도 접근하고 있는가를 단계적으로 나타내는 보존녹지 등급이라고 하는 정량화된 개념을 이용하는 것도 한 방법이다.

이와 같은 자연입지적인 관점에 입각한 방법은 광역적인 녹지보전, 자연보호지 계획, 도시지역의 토지이용 계획에 유효하다. 그러나 자연보호지도 아니며 극단적으로 녹지가 적은 도시지역도 아닌 농촌지역에서 넓고 다양한 유형의 녹지 전체를 보전한다고 하는 논리는 통하지 않는다. 녹지 보전에 있어서는 그 나름대로의 근거와 방법론이 필요하다. 식생의 희소성, 고유성, 회복성 등의 관점도 보전해야할 녹지를 판단하는데 하나의 기준이 될 수 있다.

2차적인 식생을 주체로 한 식생이 불연속적으로 분포하는 농촌의 녹지계획에서는 이와 같은 자연입지적인 시점에 입각한 방법론이 더해져 생물군집의 배치와 동태에 관련한 생태학적 원리를 분명히 하고 농촌 녹지의 생태학적 특징을 파악하면서 녹지 배치를 검토하는 것이 요구된다.

(2)농촌녹지의 생태학적 특징

농촌지역에는 임업용 산림, 수자원 함양림(水資源 涵養林), 농가주변의 숲, 사찰림, 마을숲 등의 수림지대가 불규칙한 반점(patch)과 같은 형태로 분포한다. 여러 유형의 숲은 침엽수 식재림, 잡목림, 자연림 등과 같은 다양한 천이단계의 녹지가 연속되어 있다. 이들은 농경지 및 마을 등과 더불어 모자이크상의 식생을 형성하고 농촌경관을 나타낸다. 또한 식재림과 잡목림의 내부는 정기적인 벌목과 임상의 관리에 의해 천이단계가 다른 복수의 수림상으로 구성되어 있다.

농촌의 녹지구조는 시간적, 공간적인 식생 모자이크의 관점에서 이해할 수 있다. 여기에서 시간적인 모자이크라는 것은 공간적인 통합체 내에서 인간의 행동 정도 차이에 따라 생기는 복수의 천이단계를 일컫는다. 또한 공간적인 모자이크란, 개개의 식생이 공간적으로 분단되어 있는 상태를 의미한다.

농촌녹지의 생태적인 특징은 식생배치(식생단위의 배치 패턴)가 공간적인 모자이크성과 시간적인 모자이크성을 동시에 지니고 있다는 점으로 나타낼 수 있다. 그래서 이와 같은 모자이크성이 생물군집의 동태에 어떤 영향을 주는가에 대해 충분히 파악하여 녹지계획의 기초로 이용해야 한다.

농촌녹지는 천이라고 하는 시간적인 변화 속에서 나름대로 자리잡은 식생이 군락이라고 하는 통합체 내에서 모자이크로 동거하면서 군락으로서의 지속성을 유지하고 있다. 한편 인위적인 활동에 의한 지속적인 교란행위에 의해 농촌의 식생 모자이크가 구성되고 그 모자이크가 농촌의 복합적인 생물상을 지지해오고 있다는 견해도 있다.

여기에서는 이와 같은 이론들을 참고로, 농촌녹지가 지니는 모자이크성이 생태학적 관점으로 살펴본 식생단위 상호간의 수평적인 관계, 특히 종의 공급에 미치는 영향에 대해 파악한 예들에 의해 생태학적인 녹지계획의 다양한 방안을 검토할 수 있다.

(3) 식생 배치와 종의 공급

1) 공간적 모자이크의 특성

우선, 공간적으로 분단된 숲 상호간에 어떠한 종자공급 체계를 통해 서로 유기적으로 존재하는가를 검토할 수 있다. 가로수 개체군으로부터 임업용 산림으로의 종 공급 가능성을 일본에서 단순한 모델을 통해 연구하였다. 연구는 일본 이바라키현(茨城県) 츠쿠바시(筑波市)의 사쿠라가와강(櫻川)과 고카이가와강(小具川)이 합해지는 츠쿠바시의 이나시키(稻敷) 지역에서 수행되었다.

이 지역 일대는 회화나무 가로수 개체군이 주변 숲의 종자 공급원으로 알려져 있다. 회화나무 종자는 참새와 같이 열매를 식용으로 하는 조류에 의해 주변의 숲 안으로 산포되는 사실을 추적할 수 있었다. 실제로 조류에 의해 종자가 운반되는 식물 종은 해류나 하천의 수계 또는 태풍 등에 의해 장거리에 걸쳐 이동되는 몇몇 종류를 제외하고는 지역 레벨에서는 이동능력이 상당히 큰 유형에 속한다.

그림 2.69의 수림지는 소나무를 주체로 한 원래는 임업용 산림으로서 일부 지역의 삼나무 식재림을 포함하고 있다. 그 면적은 1.8ha에 이른다. 또한 가로수 개체군 S는 폭 30m의 경작지를 둘러싸고 수림지 A와 평행하게 열식되어 있다.

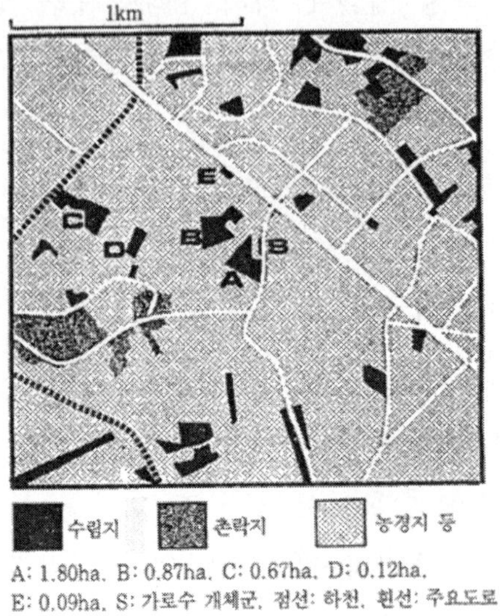

그림 2.67 조사대상수림지군의 위치도

이듬해 봄의 종자발아 상태를 조사한 결과에 의하면, 실제로 자연에서 주변의 식물체로부터 이동하는 종자의 공급량이 상당하다는 것을 알 수 있었다. 이와 같은 종자낙하에 의해 1㎡당 평균 약 6립의 열매가 공급되었고, 그 가운데 이듬해 봄 1㎡당 최고 329개체가 발아되는 현상이 나타났다. 이러한 결과는 소규모 가로수군이라 할지라도 식물 종류에 따라서는 종자를 산포하는 생태적 작용에 의해 주변의 산림이나 녹지에 종이 침입하여 정착할 수 있다는 가능성을 시사하였다. 보다 구체적으로 이와 같은 사실을 통해 정리할 수 있는 사실은 다음과 같다.

- 공간적으로 분리되고 또 성질이 다른 숲이 종자 공급을 통해 상호간에 의존하고 있음을 나타낸다. 농촌의 자연림을 비롯하여 훼손과 관리가 지속적으로 이루어지는 2차림, 농경지, 가로수와 같은 녹지들은 상호간에 종의 공급을 통해 밀접한 관계를 가진다.

- 녹지의 소규모 분단화에 의해 이러한 상호작용이 점차 희박하게 되는 것이다. 소규모 숲에는 새들이 날아오는 빈도도 적고 주변으로부터 공급되는 종자의 양이나 종류도 적게 나타나는 경향이 보여진다.
- 식물 종은 현재의 분포범위를 넘어 보다 광범위한 지역에까지 종자가 산포되고 있는 것으로 나타났다.
- 고립된 숲을 구성하는 식물 종은 대부분이 조류에 의해 운반되어진 종이었다. 임상의 목본 구성 종 중 조류에 의해 산포된 식물이 차지하는 비율이 거의 9할에 가까웠다.
- 다양한 형태의 패치상으로 존재하는 숲으로는 이동능력이 낮은 식물 종은 주변으로부터 종자 공급이 어려운 상황으로 나타났다. 그러므로 이런 종은 일시적으로 소실되어 버릴 경우에 다시는 숲에 정착할 수 없는 위험성이 있었다.

한편 회화나무 가로수 개체군에 주변의 숲으로부터 어떤 종의 종자들이 공급되고 있는가를 조사하였다. 또한 가로수 개체군과 수림지 A와의 상호간 관련성을 중심으로 패치상으로 분포하는 숲 상호간의 종자공급 실태를 살펴보았다. 그림 2.68은 그 조사 결과를 정리한 그림이다.

동일한 형태의 종자낙하를 조사한 결과를 기초로 한 것으로 조사 기간은 회화나무의 종자성숙기에 해당하는 12월 상순에서 1월 상순에 이르기까지 약1개월이었다. 주요 종자 산포자는 참새로 나타났다. 그림에서 수림지 D 및 E의 면적은 각각 0.12ha 및 0.09ha이었다.

조사기간 중에 가로수 개체군에 공급된 종자는 동정이 불가능한 2종을 포함한 20종으로 조사되었다. 이 가운데 수림지 A를 공급원으로 하지 않는 식물 종(수림지 A에 자생하지 않는 종)이 7종이었으며, 조사 기간 중에 적어도 11종의 종자가 수림지 A로부터 가로수 개체군으로 공급된 가능성이 나타났다. 또한 각 숲 상호간에 종자의 공급은 화살표 ① – ⑪과 같이 나타났다. 이와 같은 사실은, 종자공급의 시점으로부터 패치상으로 존재하는 숲 근방의 가로수 식재 수종에 대한 배려가 대단히 중요하다는 것을 시사하는 것이었다.

농촌의 숲은 주변으로부터 다양한 녹지로 공급되어지는 종의 일부를 받아들이고 또한 별도의 종(그곳에 식재되어있는 종)을 주변의 녹지대에 공급하는 원천(source)로서의 기능을 가진다. 그러므로 주변부의 식재는 패치상의 숲에 종의 공급을 보완할 수 있는 자생종과 조합하여 식재하는 것이 반드시 필요하다.

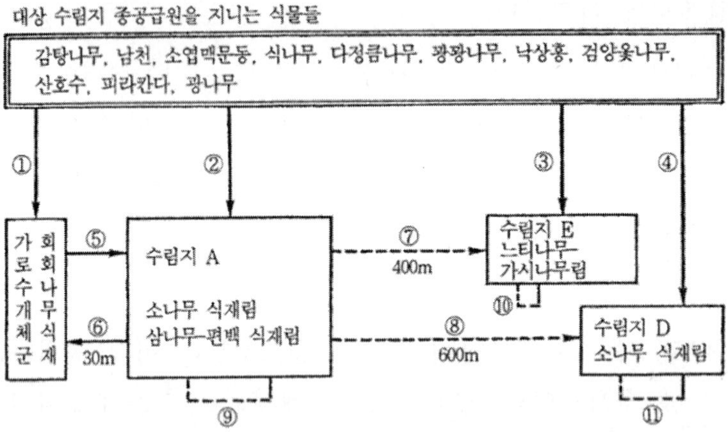

①남천, 소엽맥문동, 식나무, 광광나무, 낙상홍, 광나무, 산호수
②감탕나무, 남천, 소엽맥문동, 식나무, 다정큼나무, 광광나무, 낙상홍, 검양옻나무, 산호수, 피라칸다, 광나무
③감탕나무, 남천, 광광나무, 피라칸다
④다정큼나무, 광광나무, 낙상홍, 광나무
⑤회화나무
⑥사스레피나무, 쥐똥나무, 가막살나무, 붉나무, 며느리배꼽, 청미래덩굴, 인동, 댕댕이덩굴, 노박덩굴, 계뇨등, 미국자리공
⑦사스레피나무, 노박덩굴, 계뇨등, 미국자리공
⑧붉나무
⑨사스레피나무, 쥐똥나무, 가막살나무, 붉나무, 며느리배꼽, 청미래덩굴, 인동, 댕댕이덩굴, 노박덩굴, 계뇨등, 미국자리공, 개옻나무, 산초나무, 보리수나무, 으름 참빗살나무, 돌외, 알파리, 새박
⑩쥐똥나무, 가막살나무
⑪사스레피나무, 쥐똥나무, 산초나무, 인동, 댕댕이덩굴, 노박덩굴, 돌외, 계뇨등, 하늘타리, 미국자리공
단, 노박덩굴이나 계뇨등과 같은 덩굴성 식물 및 미국자리공은 수림지들간에 종공급을 주고받지 않는 경우도 있음.

그림 2.68 종의 공급에 의한 수림지 상호간의 관련성(12~1월)

숲 이외의 지역을 공급원으로 하는 식물종인 11종은 모두 주변의 마을숲이나 농가의 정원에 식재된 종이었다. 즉 주변의 농가로부터도 다양한 종류의 종자가 공급되고 있다는 사실을 알 수 있었다. 농가 주변의 안정된 숲을 비롯하여 절 등의 종교시설 부속의 숲은 자연림에 가까운 종 구성을 이루는 숲도 많다. 이와 같은 유형의 종자공급원은 주변의 2차림의 종 조성에 영향을 끼칠 수 있고 자연림으로의 천이 가능성을 유도할 가능성이 높다. 또한 계요등, 노박덩굴, 댕댕이덩굴, 등나무, 인동, 포도나무 등의 덩굴성 식물 및 미국자리공, 돼지풀 등의 귀화식물은 주변의 농경지나 황폐지로부터 다수 공급받는다.

이른바 농촌에서의 식생배치는 자연성이 높은 마을 주변의 보호림, 2차림 형태로서 임업용 경제림, 2차 천이 초기 단계의 휴경지 및 황폐지가 있다. 이와 같은 다양한 녹지의 식생을 체계적으로 정비하여 그들 상호간의 종 공급과 안정성을 유기적인 관계에서 생태적 정비가 필요하다. 농가, 농경지, 숲으로 구성된 농촌에 있어서의 식생단위 상호간의 관련성을 다음과 같이 정리하였다. 농촌녹지는 종자 공급에 관한 3가지 하부체계(subsystem)가 존재한다. 농촌마을 하부체계, 숲 하부체계, 농경지 하부체계로부터 성립된다. 각각의 하부체계는 농촌의 식생배치 내에서 다음과 같이 자리잡을 수 있다.

- 농촌마을 하부체계는 자연림에 가까운 종 구성을 지니는 농가 주변의 보호림이나 사찰림을 포함한다. 생태적으로 자연림에 가까운 자연환경을 형성하고 동시에 식물종의 공급을 통해 농촌의 식생 배치에 대한 자연림 구성요소의 원천이 된다.
- 숲 하부체계는 농촌에 산재하는 임업용 경제림을 비롯하여 전형적인 2차림을 포함한다. 주변 녹지에 대한 식물 종의 공급을 통해 농촌에서의 2차림 구성요소의 원천이 된다.
- 농경지 하부체계는 논과 밭, 목초지, 정원, 황폐지를 포함하여 2차 천이의 초기단계 환경을 형성한다. 종 공급을 통해 농촌의 식생배치에 있어

천이 초기 단계의 군락구성 종의 원천이 된다.

농촌에서는 종 공급에 대한 각각의 하부체계들이 유기적인 관련성을 가지고 생태계 전체로서 식생을 지속시키는 기능이 있다. 또한 다양한 녹지를 중심으로 한 생태계를 유지하는 기능이 형성되어 왔다고 생각된다.

2) 시간적 모자이크의 특성

동일한 지역에서 나타나는 녹지구조의 시간적 모자이크 특성에 대해 살펴보자. 일반적으로 임업용 산림이나 잡목림으로 대표되는 숲 하부체계에서는 공간적 통합체 안에서 시간적 모자이크 과정을 거쳐 녹지가 성립하는 경우가 많다. 이들 대부분은 조림(造林)과 작물재배가 교대로 행해졌던 지역으로서 이전의 경작과 제초작업, 낙엽채취 등의 인위적인 요인이 영향을 미친다.

이와 같은 시간적 모자이크로부터 이루어지는 식생단위 상호간의 종자공급은 공간적으로 차단된 경우에 비해 상대적으로 용이하고, 적어도 해당 숲이 지니는 식물상(flora)의 범위에서 군락의 유지, 갱신의 가능성이 보장된다. 농촌지역의 농림업용 숲이나 잡목림 등과 같이 2차림의 식물상은 이러한 시간적 모자이크에 의해 유지되어 왔다고 생각된다.

3) 농촌녹지의 회랑 효과

생태계 회랑(回廊)은 흔히 코리도(corridor)라 하며, 그 의미는 생물의 서식공간 또는 이동통로로서 녹지로 이루어진 회랑으로 이해한다. 회랑은 일반적으로 주변 경관과는 이질적인 성질을 가진 좁고 긴 띠 모양의 구조를 나타낸다. 하천변의 수변 녹지를 비롯하여 하안(河岸)이나 해안에 형성된 단구애(段丘崖)가 연속되면서 그 곳에 남아있는 숲도 생태계에서 생물의 이동 통로로서 회랑의 역할을 한다.

도시는 물론 농촌에 있어서 다양한 토지이용 양식에 의해 마치 고립된 섬과 같이 불건전한 상태로 유지되고 있는 생태계를 건전하게 유지하기 위해, 생태계 간의 생물이 이동할 수 있는 통로를 조성하여 생태계의 연속성을 도모해줄 필요가 있다. 그러므로 생태계를 연결하는 요소, 즉 생태계 회랑의 조성이 반드시 필요하다.

숲 및 수변녹지와 같은 녹지를 이용한 자연환경의 연결(net work)이 강조되고 있는 것은 이러한 이유 때문이다. 회랑 효과에 대해서 조류, 소형 포유류, 곤충 또는 종자산포 능력이 열등한 식물 등을 대상으로 야외 조사 및 가상모델에 의한 시뮬레이션이 적극적으로 시도되었다. 그 결과 생태계 회랑은 반드시 필요한 것으로 제안되었다.

물론 생태계를 회랑으로 연결시키는 것이 모든 생물에 있어 항시 긍정적인 것은 아니다. 경우에 따라서는 불건전한 회랑의 조성에 의해 생물의 도태율이 높아지기도 한다. 다시 말해서 질이 나쁜 회랑의 조성을 통해 생물의 생존을 위협하는 전염병의 급속한 확산, 천적 또는 귀화생물의 유입 등과 같은 위험성도 대단히 높다. 생태계 회랑의 종류, 폭, 높이, 길이, 식생의 질 등과 같은 질적 요인은 회랑의 생태적 기능에 민감한 영향을 끼친다고 알려져 있다.

회랑이 녹지의 형태라 하여 반드시 양호하다고 할 수 없다. 또한 질적으로 동일한 회랑도 주변 환경이 지닌 각각의 여건에 따라 플러스 혹은 마이너스로 작용한다. 그러므로 무턱대고 녹지를 연속시킨다고 하는 발상이 아니라, 개별적인 환경특성을 적절히 반영한 합리적인 회랑으로 생태계를 연결시킬 필요가 있다.

아직까지 상대적으로 자연환경이 풍부하게 유지되고 있는 농촌에서의 생물상 보전은 다양한 생물의 서식지를 어떻게 위치하도록 계획하는가에 따라 달려있다. 그러므로 현존하는 농촌의 생태계 패치 및 회랑을 구조, 규모, 질, 생성요인 등에 의해 체계적으로 정리할 필요가 있다. 또한 그 결과를 비탕으로 농촌의 경관구조 및 사회 시스템 내에 들어갈 수 있는 체제를 구축해야 한다.

(4) 생태학적 농촌녹지 계획의 방향

1) 생태학적 녹지평가 관점

농촌녹지 계획을 수립하기 위해 식생에 대한 생태학적 평가기준은 희소성, 회복성, 고유성, 자연성, 종 다양성, 입지의 다양화, 군락 다양화(식생 다양성) 등과 같이 들 수 있다.

희소성의 구분은 절대적 희소성과 상대적 희소성으로 구분하고 있다. 특수한 입지에서 성립하는 식생 및 현저하게 한정된 희귀한 분포는 절대적 희소성이다. 이전까지는 전국적으로 넓은 면적을 차지하고 있었으나 현재는 급속하게 분포면적이 감소하고 있는 자연식생 및 2차림 등은 상대적 희소성에 해당한다.

회복성이란 생태계의 멸종 위기성 및 분포 정도와 관련하여 산등성이, 급사면, 습지 등과 같은 지역에서 한 번 파괴되면 회복이 거의 불가능한 식생 등에 대해서 보전가치가 높다고 보는 관점이다.

고유성은 역사 및 문화, 산업 활동, 인간생활 등과의 관련성을 나타낸다. 농촌지역에 있어서는 농촌 고유의 농림업용 산림과 농경지, 농촌생활에 밀접한 관계를 지니는 식생을 보전해야 한다.

자연성에 대해서는 의외로 농가 주변에는 자연성이 높은 식생이 드물기 때문에 자연도가 뛰어난 녹지는 반드시 보전조치가 취해져야 한다. 또한 자연성 보전을 위해 귀화종의 침입을 방지하여 고유의 향토성을 유지하도록 해야 한다.

이상과 같은 희소성, 회복성, 고유성, 자연성을 비롯하여 종 다양성의 관점은 각각의 식물군락 및 그것이 입지하는 토지를 단위로 평가하는 특성이 있다. 또한 녹지 구조의 평가와 계획에 있어 입지의 다양성, 군집 다양성, 녹지의 분포 양상, 녹지의 연속성 등과 같은 녹지의 평면적 배치 관점에서의 접근도 필요하다.

2)농촌녹지 배치에 대한 관점

앞의 (2) 및 (3)항에 나타난 바와 같은 종자 공급을 통한 녹지의 수평적 관계를 기초로 녹지의 생태적 배치 계획을 수립할 수 있다. 입지의 다양성, 군집 다양성, 녹지의 분포 양상, 녹지의 연속성 등의 세부적인 내용은 녹지 배치 계획에 있어 중요한 기준이라 할 수 있다.

첫 번째로 앞에서 나타낸 종자공급에 관한 세 가지 서브시스템 상호간에 유기적인 관계성을 지니도록 녹지배치를 고려해야 한다. 그러므로 이제까지 중시되어온 자연도의 정도 및 희귀 동식물의 유무(有無) 등과 같은 데이터들에 의한 현황평가를 덧붙여 지역의 군락다양성, 공간적 연속성 등 생물군집의 면적(面的)인 배치를 중시한 유형설정 및 평가가 요구된다.

그리고 생물계 내에 다양한 종이 공급될 수 있도록 각 서브시스템에 상당하는 군락을 보전하고 서브시스템 상호간에 종자공급을 통해 유기적으로 결합될 수 있는 식생배치를 목표로 녹지보전을 도모할 필요가 있다. 또한 가로수와 같이 수시로 관리가 이루어지는 녹지에 대해서도 종의 공급을 통한 주변 수림지에 미치는 효과 등을 고려하고 앞에서 밝힌 향토성을 중시하여 자연림 및 2차림 구성종 등과 같이 지역 환경에 충분히 적응한 종을 이용하는 것이 바람직하다. 그러므로 주변의 식생에 대해 적절한 식물종을 공급할 수 있도록 배려해야 한다.

이와 같은 식생배치가 건전하게 지속되면 개개의 식물군락은 어느 정도의 교란이 있다고 할지라도 신속하게 정상적인 상태로 회복할 수 있는 가능성이 보장된다 할 수 있다. 이렇게 종자공급에 의한 연속성이 식생단위 상호간의 거리 및 종자를 산포(散布)하는 매개체에 의해 좌우된다. 주로 직박구리(*Ixos amaurotis*)와 같이 숲의 상부 또는 가장자리에 서식하는 조류(鳥類)들에 의해 식물종자가 먹이로 섭취되어 산포되는 식물종이 있고, 흰배지빠귀(*Turdus pallidus*) 등과 같이 숲속에 서식하는 조류들에 의해 먹이로 산포되는 식물의 경우에는 임상관리의 조방화에 따라 번성하는 조릿대 등에 의해 다양한 식물종들이 산포되기 어려운 점이 있다. 또한 중력에 의해 자연적으로 산포되는 식물종 및 산포되는 거리가 비교적 짧게 나타나는 바람에 의한 산포형(風散布

型)식물의 경우에는 종의 공급을 통한 관련성은 고립화(孤立化), 분단화(分斷化)의 영향을 더욱 받기쉽다. 그러므로 이러한 점들을 반드시 유의할 점이다.

두 번째로 시간적인 모자이크가 중요한데, 특히 공간적인 분단화, 고립화가 진행되고 그림 2.68과 같이 관련성이 엷은 경우에는 적극적으로 소규모의 교란을 방치함으로서 수림지 내의 다양한 재생 복합체를 포함하는 것이 군락내의 다양성 유지 및 갱신가능성을 높일 수 있다고 사료된다.

이와 같은 점은 고립화, 분단화의 영향을 받기 쉬운 산포거리가 짧은 식물종에 대해 특히 중요하다. 그 의미로 전통적인 농촌의 토지이용 형태에서 보여지는 소면적의 벌채 로테이션 및 임상(林床)관리 등 수림지의 이용 및 관리방법은 시간적인 모자이크를 형성시키는 관리방법으로서 참고할 점이 많다.

물론 수림지(樹林地) 자체가 소규모화 하고 외부로부터 종의 공급이 요구되지 않는 경우에는 이와 같은 시간적인 모자이크를 형성시키는 방법에도 한계가 있다고 생각된다. 그러므로 식생배치 관점에서 산포거리의 짧음, 즉 이동거리가 짧은 식물종군에 대해 살펴본 경우, 첫 번째는 수림지내의 군락다양성이 높으며 수림지간의 공간적인 연속성이 보장되어 있다는 사실이 이와 같은 식물군을 보전하고 식생을 중심으로 한 생태계를 지속시키기 위한 기본적인 요건이 된다고 생각된다. 두 번째로 종의 대규모적인 공급원이 될 수 있는 수림지가 주변에 존재하는 것도 지역의 플로라의 보전에 대해 효과가 높다고 생각된다. 이와 같은 의미에서 거시적인 관점으로 식생단위의 면적(面的)인 배치를 검토할 필요가 있다.

앞으로 여기에서 나타낸 바와 같이 수평적인 관계를 녹지계획의 기초로 하여 조합해 나아갈 수 있는 구체적인 평가방법 및 계획방법이 필요로 되고 있다고 사료된다.

그림 2.69 도심 연못으로 찾아온 청둥오리

3. 조류의 생태와 서식환경 설계

조류의 서식환경을 계획하고 설계하는 것도 생태계 보전녹지 환경 설계의 일환으로서 중요하다. 그러기 위해서는 조류의 생태에 관해 충분한 지식을 지니는 것이 필요하다. 먹이가 되는 식물을 식재하거나 둥지를 설치하는 간단한 방법만으로 쉽게 조류의 서식환경이 설계되었다고 생각한다면 잘못된 것이다.

여기에서는 처음으로 조류의 생태에 대해 간략히 설명하고 다음으로 조류의 서식환경의 설계에 대해 일반 사항을 논하며 이어 수림성 조류, 초원성 조류, 수변성 조류 등의 서식환경의 차이에 따른 각각의 설계에 있어 유의 사항에 대해 논한다.

(1) 조류의 생태

조류의 서식환경은 조류의 번식을 비롯하여 먹이, 휴식 등의 각 행동에 따라 다양한 조건이 요구된다. 그러므로 조류에 있어 이상적인 서식환경을 형성하기 위해서는 조류 생태의 제반 특성을 구체적으로 파악할 필요가 있다.

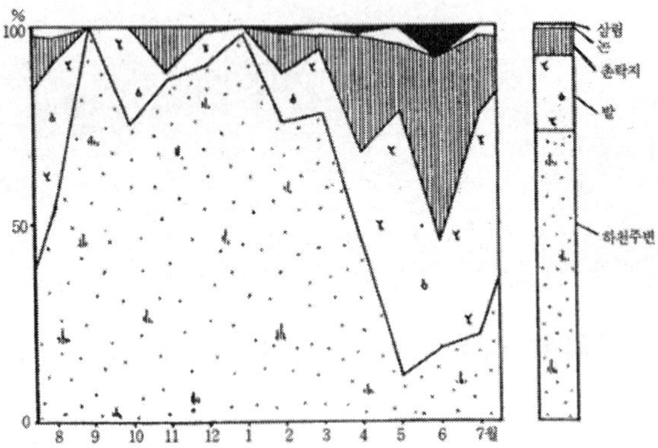

그림 2.70 방울새가 서식하는 장소의 계절적 변화

1) 조류상의 계절적 변화와 지역성

조류는 연간을 통해 동일한 종이 관찰되는 것이 아니라 텃새, 여름철새, 겨울철새, 이동성 새, 나그네새 등과 같이 조류상의 계절적 변화가 나타난다. 텃새란 동일한 지역에서 연간을 통해 관찰되는 종을 일컫는다. 이와 같은 경우 개개의 개체가 이동하는가, 아닌가는 특별히 문제가 되지 않는다. 즉 동일한 종이 연간을 통해 일정한 지역에 서식하며 개체 레벨로는 겨울철에 월동을 위해 또는 번식기에 번식을 위해서만 건너오는 것도 텃새에 포함된다. 우리나라에서는 논병아리, 참새, 까치, 멧비둘기, 오목눈이, 꿩, 멧새, 박새, 곤줄박이, 쇠딱다구리, 청딱다구리, 어치, 소쩍새, 새매 등이 대표적이다.

여름철새란 동남아시아나 중국대륙의 남동부를 중심으로 하는 지역에서 한국에 도래하는 종류이다. 보통 봄철에 도래하여 여름을 거쳐 번식을 하고 가을에는 이동한다. 단 극히 일부의 새들은 겨울철에도 남아있는 경우도 있다. 우리나라에서는 섬새, 꾀꼬리, 제비, 숲새, 뻐꾸기 물레새, 후투티, 왜가리, 대백로, 해오라비, 황로. 휘파람새, 흰배지빠귀, 큰유리새 등이 대표적이다.

겨울철새란 황새, 따오기, 개리, 고니, 참수리 등과 같이 중국 북부, 시베리아, 연해주 또는 사할린 등지에서 한국이나 일본으로 도래하는 종이다. 월동을 위해 도래하는 종도 있고 가을부터 이듬해 봄까지 보여진다. 한국이나 일본해에 접한 북부지역으로 도래한 새들은 겨울철 추위 및 강설의 진행에 따라 점차로 남하하는 새들도 있다. 또한 일부는 북부지방에 잔류하여 번식하는 종도 있다.

이동성 새란 국내를 계절적으로 이동하는 종류이다. 이동 범위는 종류에 따라 다양하고 불규칙하지만 북부지방에서 번식하고 중부이남에서 월동하는 종 및 고산지대 또는 산악지대와 같이 표고가 높은 장소에서 번식하고 구릉지나 평지에서 월동하는 종 등이 주가 된다.

나그네새(通過鳥)란 계절적인 이동의 도중에 일반적으로 우리나라에 들르는 종류를 일컫는다. 이들은 아시아 대륙의 북동부 및 북아메리카 대륙의 북부지역을 중심으로 하는 지역에서 번식하고 동남아시아 및 오세아니아 지역 및 적도 지역에서 월동한다. 그러므로 붉은발섬새와 같이 봄철에는 북상하는 도중에, 가을철에는 남하하는 도중에 일본이나 한국을 통과하는 종이다. 또한 그 중 일부는 여름을 넘기고 북부지방에서 번식하거나 남부지방에서 월동하는 경우도 있다.

이들 이외에 길 잃은 새(迷鳥)가 있다. 이들은 원래 한국에는 분포하지 않는 종이지만 태풍에 휩쓸리거나 이동경로를 착각하여 다른 종과 더불어 도래한 우발적 요인에 의해 기록되는 종이다. 검은머리딱새, 넓적부리도요, 갈색제비, 쇠유리새, 북방개개비, 황금새 등이 알려져 있다.

이상과 같은 구분은 어떤 지역의 조류상을 파악하는 경우의 가장 기본적인 시점이다. 그러므로 어느 장소에 어떤 조류가 서식하고 있는가를 파악하기 위해서는 연간을 통한 체계적인 조사가 필요하다.

각각의 지역에서 조류 분포는 조류의 개체군이 대상 지역을 어떻게 이용하고 있는가와 관련하고 있으며 매우 복잡한 요인도 있다. 지리적 위치 및 입지 조건의 차이에 의해 본래 텃새이어야 할 종이 나그네새와 같은 행동을 나타내거나, 여름철새이어야 할 종이 텃새화한 경우가 일시적으로 관찰되는 경우도 있다. 한편 여름철새나 겨울철새, 나그네새가 원래 분포하지 않는 지역이지만 계절에 따라 관찰되기도 하고, 길 잃은 새가 관찰되는 것은 조류의 세계에 있어서도 항시 변화할 가능성을 지니고 있다는 것을 나타내는 것이다. 조류의 지역성을 고려하는 경우에 조류 분포에 대한 그동안의 역사적 특성을 고려할 필요가 있다. 각 지역의 조류상은 과거의 입지조건 등과 관련하여 역사성을 지니고 있기 때문에 현재의 서식환경만으로는 분포의 요인을 설명할 수 없는 경우가 많다.

2) 조류 개체수의 계절적 변화

조류상의 계절적 변화는 종류의 변화뿐만 아니라 개체수에 대해서도 파악할 수 있다. 변화의 주요인은 번식 및 먹이, 이동 특성 등에 관련된 것 등 여러 가지가 있다.

조류의 번식은 일반적으로 봄부터 여름에 걸쳐 이루어진다. 번식은 종에 따라 차이가 나지만, 늦은 겨울부터 이른 봄에 산란하여 새끼를 키우는 종으로 때까치 및 오목눈이가 있다. 번식회수는 일반적으로 1년에 1회가 보통이지만 2회 또는 3회에 이르는 경우도 있다. 번식행동에 따라 일정한 지역 내의 개체수 변화는 먹이, 짝짓기, 둥지 조성, 포란, 새끼 기르기, 독립 등 여러 가지 행동에 관련되어 있기 때문에 계절적인 변화가 크다.

이동행동에 관련한 개체수의 변화는 봄과 가을에 나타나는 경우가 많다. 또한 이 시기는 정주성이 강한 텃새를 제외하고 조류 전체가 이동을 시작하기 때문에 각각의 종 개체수 변동수가 크다.

월동기의 개체수 변화는 기본적으로 완만한 감소 경향을 나타낸다. 다시 말해 가을부터 초겨울에 걸쳐서 정착한 개체는 추위와 먹이 부족 등과 같은 불리한 자연 조건 때문에 사망하여 감소하기도 한다. 일반적으로 조류는 그 해에 산란한 알 가운데 부화 후 성장하여 이듬해 번식기까지 살아남는 것은 8-18% 정도라고 알려져 있다. 박새의 경우는 46-53%가 겨울철에 사망한다고 알려져 있다. 이와 같은 개체수 변화와는 별도로 동계에 나타나는 특별한 환경변화로서 강설이나 결빙 등에 의한 먹이를 섭취할 수 있는 장소의 소실 및 먹이가 되는 열매가 소진된 경우에 조류의 분포를 변화시키는 경우가 있다.

이상과 같이 조류의 개체수는 종류에 따라 라이프 싸이클(life cycle)에 동반하여 변화하며 그 변화는 서식조건으로서의 자연환경과 지리적 조건 및 조류상의 질 등과 같은 다양한 조건에 영향을 받는다.

3) 조류의 서식환경

조류의 서식환경에 적합한 자연환경에 관한 생태적 특성은 서식환경 설계에 있어 무엇보다 중요하다.

표 2.15 서식환경별 조류상

서식환경			주요한 조류
산림성	공중 ~ 숲속		검독수리, 뿔매, 참매
	숲속	수관부	상모솔새, 쇠솔딱새, 진박새
		중층부	산비둘기, 검은지빠귀, 북방쇠박새, 어치, 황금새
		수간부	오색딱다구리, 쇠딱다구리, 동고비, 나무발바리
		하층부	굴뚝새, 숲새
	지상부		꿩
숲가장자리·벌목에 의해 나무가 듬성듬성한 숲	—		뻐꾸기, 힝둥새, 때까치, 개똥지빠귀, 멧새, 떼까마귀
초원성	줄기가 큰 초원		개구리매, 검은딱새, 개개비, 검은머리쑥새
	줄기가 작은 초원		메추라기, 종다리, 쑥새, 방울새
물 주변성	수변(물가)		백로, 쇠물닭, 꼬마물떼새, 물총새, 검은등할미새
	수 면		논병아리, 청둥오리, 흰뺨검둥오리, 흰비오리

조류의 서식장소는 산림, 숲 가장자리, 숲 내부, 초원, 수변 등과 같이 다양하게 구분된다(표 2.15). 또한 서식공간을 입체적으로 나타내면, 나무 위에 사는 조류(樹上性)와 땅 위에 사는 조류(地上性)등으로 구분이 가능하다. 이와 같은 차이에 의해 조류가 서식할 수 있는 수림이나 초지식생의 종 조성 및 계층 구조, 밀도를 비롯하여 수계조건(水系條件)의 차이 및 일조조건 등의 제반환경을 세밀히 평가해야 한다. 또한 먹이 식습성, 둥지를 짓는 장소, 휴게장소, 새들이 지저귀는 장소(song spot) 등과 같은 생활상의 분석에 의해 조류의 서식 요구가 충족된 장소를 선별할 수 있다. 이와 같은 서식환경의 선택은 조류에 따라 허용도의 차이가 있다. 그러므로 허용도의 폭이 넓은 종은 넓게 분포하며 허용도가 좁은 종은 특정한 지역에만 한정적으로 분포한다. 또한 맹금류와 같이 먹이사슬의 상층부에 위치하는 종은 먹이를 포획할 수 있는 확률이 불안정하기 때문에 자연의 다양성이 유지되어 있는 넓은 환경이 확보가 불가결하다.

4) 조류의 사회성

대부분의 조류는 무리를 지어 생활한다. 무리의 형태는 가족군, 유조군(幼鳥群), 근연의 무리근, 지역군 등의 구조적 차이가 있다. 무리의 내용은 계절적으로 변화하며 번식기의 지역 개체군은 집중형 형태로부터 콜로니(colony)형까지 다양하게 존재한다. 일상적인 조류 무리는 먹이를 획득하기 위한 무리 및 둥지군 등이 있다.

먹이군은 먹이의 존재 장소와 양에 따라 계절적으로 변화한다. 둥지군은 떼까마귀와 같이 번식기에 무리를 지어 둥지를 만드는 새들이 월동기에 한 장소에서 모여 집중적으로 거대한 둥지군을 이룬다. 이와 같이 무리를 이루는 조류의 종 및 새들의 둥지 장소 및 규모는 계절에 따라서 다양하다. 매년 겨울철이면 우리나라 울산 등지를 찾아오는 까마귀에서 볼 수 있다. 그러나 이와 같은 무리는 주변의 제반 환경조건에 따라 영향을 받기도 한다.

새들은 행동권 내에 각자의 영역을 지니는 경우가 많다. 영역에는 번식과 관련된 경우와 먹이 포식지 또는 둥지에 관련된 것 등이 있고, 규모 및 배치가 종에 따라 다르다. 영역의 규모는 종류에 따라 다르며, 또 서식환경의 차이에 따라서도 변화한다.

(2) 서식환경 설계의 일반적 조건

일반적으로 조류의 생활환경을 설계하는 경우 조류에 공통적으로 고려할 수 있는 조건과 개별적인 종의 조류에 있어 고려해야 할 조건이 있다. 여기서는 일반적 조건에 있어, 설계의 대상이 되는 공간의 지역적 특성, 목표로 하는 조류상, 서식지의 면적과 배치의 고려 방법, 조류의 서식 공간 특성 등에 관해 살펴보자.

1) 주변 환경의 지역적 특성

조류는 다양한 환경에 적응하여 분포영역을 확장하며 자연환경이 열악한 도시지역에 있어서도 서식 가능한 조류의 종류도 상당하다. 그러나 도시지역에는 인위적인 환경 제약이 높고 자연지역과는 이질적인 환경이 형성되어 있으므로 조류의 서식도 이와 같은 환경조건에 크게 영향을 받는다. 그러므로 조류의 생활환경을 설계하는 경우에 도시화에 의한 조류의 생태특성을 파악하는 것도 중요하다.

도시화와 더불어 녹지의 다양성과 연속성이 크게 감소되고 초원과 같은 초본층의 녹지 환경도 감소하였다. 한편 토지에서의 건축물 비율이 증가하고 입체적이고 복잡한 다층구조가 증가하였다. 이와 같은 환경 변화에 대해 일반적인 조류상은 다음과 같은 특성을 나타낸다.

도시화와 더불어 감소하는 경향을 나타내는 조류는 다음과 같이 정리된다.

그림 2.71 일본 도쿄항 인근에 조성된 야조공원

- 맹금류인 독수리, 매, 부엉이
- 수림성 조류인 딱다구리, 곤줄박이, 딱새류, 동고비류
- 초원성 조류인 종다리, 멧새
- 지상성 조류인 꿩

개체수가 별로 감소하지 않거나 도리어 증가하는 경향을 나타내는 조류는 숲 밖에서 서식하는 조류를 비롯하여 공원성 조류인 멧비둘기, 직박구리, 찌르레기, 박새, 쇠박새, 흰죽지, 물까치 등이 있다. 또한 농경지 주변에 서식하는(耕地性) 조류인 개똥지빠귀 등이 있다. 이 외에도 겨울철에 도시의 시가지에도 비교적 많이 분포하는 논병아리, 비오리, 쑥새, 떼까마귀, 딱새, 촉새, 휘파람새 등도 증가하였다. 그러나 일반적으로 도시화는 조류의 종류를 감소시키고 특정한 종이 비정상적으로 개체수를 증가시키는 방향으로 조류상을 변화시킨다.

도시에 비교적 많이 서식하는 종을 총칭하여 도시조(都市鳥)라고 일컫는다. 도시조는 도시 내에 일부 남아있는 약간의 자연환경에 서식기반을 두고 생활한다고 추정되지만 최근의 연구에 의하면 도시환경의 장점을 적극적으로 이용하고 있다는 사실이 밝혀졌다.

일반적으로 도시조로 총칭되는 조류의 특징은 다음과 같이 정리할 수 있다.

- 주로 숲 외부에서 서식하는 조류가 대부분임
- 농촌지역에 분포하는 조류가 많음
- 일시적으로 무리를 지어 생활하기도 함
- 식성이 다양하여 폭넓은 경향이 있으며 점차 그 식성을 넓혀감
- 보통 암수의 형태 및 빛깔이 거의 비슷한 조류가 많음
- 도시에 산재하는 인공물을 이용하여 둥지를 만들 수 있음
- 번식기를 특정 계절에 제한받지 않는 조류
- 최대한 다른 종들과의 둥지 및 먹이경쟁을 회피함

위와 같은 생활특성을 지니는 조류가 도시환경에 적응할 수 있는 중요한 요건이라 사료된다. 환경변화가 심한 숲 밖에서 서식하는 조류, 농경지 주변에 서식하는 조류, 공원성 조류들이 도시조로 구분되고 있지만, 이들 종 이외에도 텃새인 쇠딱다구리도 점차 도시에서 분포빈도가 높아지고 있다. 맹금류인 말똥가리, 황조롱이가 도시의 인공구조물에 둥지를 짓거나 붉은배새매가 주택가의 작은 숲에 둥지를 짓고 안정적으로 서식하기도 한다. 이들 조류에게는 천적이라 할 수 있는 잡식성의 까마귀를 사람들이 흉조라 하여 적극적으로 제거시켜주므로 안전이 확보될 수 있는 이유도 있다. 잡식성 도시조류의 개체수가 늘어나면서 맹금류들의 먹이가 확보될 수 있는 점과 도시의 녹지면적이 이전보다 상대적으로 확대되었다는 사실이 맹금류의 증가 요인이라 할 수 있다.

자연환경을 인위적으로 개변하는 것은 원래 그 곳에서 서식하는 조류에 중

대한 영향을 끼쳐 조류상을 근본적으로 변화시킨다. 그러나 조류는 어느 정도의 환경적응력을 지니고 있는 생물이다. 특히 적응력이 강한 종들이 도시 내의 인위적인 환경을 적극적으로 이용하는 사실은 도시에 있어 조류의 서식을 확대할 수 있다는 가능성을 시사하고 있다.

2) 목표로 하는 조류상

조류의 서식환경을 설계하는 데에는 특정한 종을 목표로 하는 설계와 지역의 조류상 전체를 목표로 하는 설계로 구분할 수 있다. 또한 물총새, 흰빰검둥오리 등과 같이 특정한 종을 유치하기 위한 경우에는 둥지를 짓는 장소, 먹이를 얻는 장소, 휴게장소 등을 그 종의 환경선호성에 알맞게 서식환경을 설계한다.

잡목림에 서식하는 조류를 비롯하여 해안가 갯벌에 서식하는 조류에 이르기까지 다양한 환경에 서식하는 조류의 서식지 설계는 다음과 같은 목표 수준을 설정하여 실시한다.

- 현재 존재하지 않는 조류상을 새롭게 유치하여 복원하는 것을 목표로 함
- 현존하는 조류상의 다양성을 높일 수 있는 것을 목표로 함
- 현존하는 조류상을 별개의 장소로 이전시키는 것을 목표로 함

현존하는 조류상을 다른 장소로 이전시키는 경우를 비롯하여 현존 조류상의 다양성을 높이고자 하는 경우에, 현 서식 공간의 조건을 정확히 파악하고 금후의 조류상 변화 가능성을 검토한 후 구체적인 설계방법을 결정해야 한다.

특정 공간에 새로운 조류상을 유치하는 경우에는 주변의 입지조건으로부터 유입이 예상되는 잠재적인 조류상을 파악하고 그 조류상이 필요로 하는 서식공간을 설계한다. 그러나 각각의 조류상에서의 목표는 복잡하므로 모든 요소를 완전히 파악한다는 것은 사실상 불가능하다. 보통은 서식환경을 대표하는

조류의 종을 추출하여 그 조류에 알맞은 서식 공간을 설계하는 방법이 활용된다.

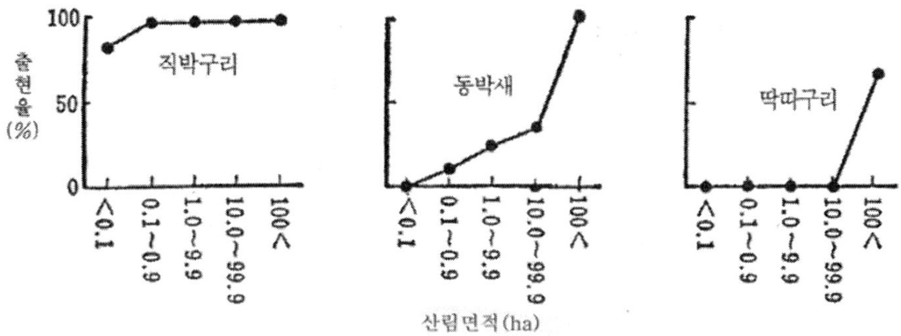

그림 2.72 산림면적에 대응한 종류별 출현율

3) 서식지의 면적과 배치

조류의 서식지 면적은 넓을수록 조류에게는 이상적인 조건이다. 일반적으로 다양한 군락을 포함하는 숲에서는 면적의 확대와 더불어 식생의 다양성이 증가한다. 이것은 조류 서식공간의 다양성이 높아짐에 따라 다양한 종류의 조류가 서식할 수 있는 조건이 된다. 서식공간을 넓게 하면 같은 종의 조류는 개체수가 크게 증가하는 경향이 있다.

그림 2.72는 조류 번식기의 숲 면적과 종수와의 관계를 나타내고 있다. 이 결과에 따르면 조류 종류는 숲의 면적과 더불어 증가하는 경향이 있다. 숲의 면적이 1ha 미만의 소규모 지역에서 출현하는 조류의 종은 불안정하고, 주변의 환경조건에 크게 영향을 받는 것으로 밝혀졌다. 또한 숲 면적의 증가에 대한 조류의 반응은 종류에 따라 다르게 나타나는 것을 알 수 있다.

소규모 면적의 작은 숲에서부터 넓은 면적의 숲에 이르기까지 광범위하게 분포하는 조류의 종이 있으며 일정 규모 이상의 서식지가 확보되지 않으면 분포하지 않는 종도 있다. 월동기의 조류 종류는 숲의 면적과 더불어 증가하였다. 이상과 같은 결과에 의해, 수림성 조류의 서식환경을 설계하는 경우에는 최대한 숲의 면적을 넓게 확보하는 것이 중요하다.

조류의 서식환경을 계획하는 경우에, 서식지의 배치도 중요하다. 조류의 입장에서 보다 양호한 상태로 배려하는 설계 원칙은 다음과 같이 정리할 수 있다.

- 서식지는 분할하지 않고 한 덩어리로 조성한다.
- 부득이하게 분할하는 경우에는 고립된 서식지의 상호간 거리를 최대한으로 접근시킨다.
- 고립한 서식지의 배치 형태는 직선상으로 멀리 떨어지도록 하지 말고 서식지 상호간의 거리가 등거리가 될 수 있는 위치로 조성한다.
- 고립한 서식지는 가능한 범위에서 회랑(回廊)과 같이 둥글게 배치하여 서로 연속성을 지닐수 있도록 한다.
- 소규모 면적의 서식지에서 가늘고 긴 형태보다는 원형에 가까운 경우가 숲의 중심부가 안정되어 조류에게 유리하다.

이와 같은 배치는 특히 도시지역과 같이 대규모 서식지를 확보하기 곤란한 지역에서 중요하다.

또한 조류는 종류에 따라 일상적인 행동권이 서로 다르다. 박새는 1일간의 행동권이 약 250m에 불과한데 비해 오리 종류는 수km에 달할 정도로 광범위하다. 한편 계절적인 조류의 이동은 불연속적인 서식지 환경에 영향을 받는 경우가 있다. 이와 같은 점도 서식환경의 배치와 연속성에 관련하는 중요한 요소라 할 수 있다.

숲은 조류의 서식공간으로서 다음과 같은 특성이 있다. 대규모의 숲에서 식생이 균일한 경우에 조류의 다양성은 상대적으로 떨어진다. 반대로 숲의 주변부에서 상대적으로 조류의 종이 다양하게 나타나는 결과가 나타났다. 이와 같은 사실을 녹지의 주변효과 현상이라 한다. 숲의 주변부는 중심부에 비해 식생구조가 복잡하며 외부 환경과 접하고 있으므로 서식 공간의 다양성이 높아지고 더불어 조류의 종이 증가한다고 해석된다. 그러므로 실제로 조류의 서식환경을 설계하는 경우, 숲의 주변효과를 높이기 위해 숲의 경계를 길게 배려할 수 있는 궁리가 필요하다.

또한 조류 서식공간의 배치에 대해서 외부의 적으로부터 안전거리를 확보하는 문제가 있다. 안전거리는 조류군집 수준 또는 개체수준에 관계되는 문제이다. 표 2.16은 여러 종류의 조류에서 차폐물이 없는 상태에서 인간과의 최소접근 한계거리(비간섭거리)를 나타낸 것이다. 비간섭거리는 조류의 종류에 따라 다르게 요구된다. 또한 장소의 차이 및 조류 주변의 환경조건에 적응하는 정도에 따라서도 다르다. 같은 오리과에 속하는 조류이지만, 쇠기러기와 같이 주변 환경에 잘 적응하는 종을 비롯하여 흑기러기와 같이 적응이 어려운 종과 같이 환경에 대한 반응은 다양하다.

표 2.16 조류의 비간섭 거리의 사례

종 · 그룹	비간섭 거리(m)
백 로	150
물오리류	100~150
멧비둘기	70
개똥지빠귀	70
멧 새	60
쑥 새	40~60

측정장소 : 요도가와(淀川) 하천부지(일본)

4) 조류의 생활공간 특성

조류의 생활공간은 연간의 라이프 사이클에 알맞도록 적용할 필요가 있다. 여기에서는 텃새, 여름철새, 겨울철새, 나그네새 등에 있어 계절에 따른 생활공간 이용의 차이를 개별적인 생태적 특성과 서식환경과의 관계로 살펴보고자 한다.

표 2.17 개개비의 둥지 짓기

식물군락	둥지를 짓는데 이용하는 식물의 종류	조사된 예(수)
갈대군락	갈대	6
갈대-억새군락	갈대	6
억새군락	갈대	5
버드나무군락	갈대	1
억새군락	억새	2
억새군락	갈대 · 억새	2
버드나무군락	버드나무	1

① 둥지를 치는 장소와 조류

조류의 둥지를 치는 장소는 종류에 따라 다르게 나타난다. 나뭇가지 위를 비롯하여 나무줄기 속, 숲 안의 덤불 속, 초원 내의 식물줄기, 지면 위, 절벽에 뚫린 구멍, 절벽 위 바위틈 등과 같이 다양하다. 일반적으로 행하고 있는 '새둥지 달아주기' 행사에 의해 사람들이 나무 위에 달아 주는 새둥지는 나무줄기 속에 둥지를 짓는 종들이 주로 이용하므로, 숲에 서식하는 모든 종의 새들에게 적용되는 것은 아니다. 그러므로 조류가 둥지를 지을 수 있는 적절한 환경을 설계하는 경우에는 목표로 하는 조류의 환경 기호성을 충분히 파악할 필요가 있다.

둥지를 치는 환경을 설계하는 구체적인 방법으로는 다음과 같은 방법들이 고려될 수 있다.

- 수목을 적당히 정지, 전정하여 둥지의 재료가 되는 나뭇가지를 쉽게 올려놓을 수 있도록 조성해준다.
- 나무줄기에 구멍을 쉽게 낼 수 있도록 굵은 통나무 등을 의도적으로 숲 속에 배치한다.
- 숲을 구성하는 군집을 잘 관리하여 각 식생층위에 둥지를 용이하게 지을 수 있는 조건을 마련해준다.
- 초원의 경우에는 풀의 초장 다양성을 꾀한다.
- 숲 속에 적당한 관목군락을 조성한다.
- 흙무더기를 인위적으로 적당히 남겨주거나 쌓아준다.

둥지를 치는 환경에 대해서는 둥지를 조성하는 장소의 전체 면적도 중요한 조건이 된다. 조류들은 번식기에 자신의 영역을 격렬히 지키려는 종들이 많으므로, 어느 정도 공간이 충분히 확보된다고 하여도 경우에 따라서는 목적으로 하는 조류가 번식되지 못하는 경우도 있다.

② 먹이를 섭취하는 장소와 조류

조류는 각각의 종들 특유의 섭식방법에 의해 먹이를 획득한다. 먹이를 구하는 장소는 공중에서 물속에 이르기까지 다양하다. 수림성 조류는 나무의 수관부, 잎과 잎 사이, 줄기나 가지 등의 숲 전체 부위에서 먹이를 얻는다. 초원성 조류는 초장이 높게 자라는 초본류의 줄기 및 잎 또는 근원부나 지상부 등에서 먹이를 얻는다. 물 주변에 서식하는 수변성 조류는 육상에서 수중에 이르기까지 광범위한 공간을 먹이 섭취 장소로 이용하고 있다.

야생조류에게 먹이를 제공하기 위해 먹이를 놓아두는 장소를 설치하거나 먹이가 되는 식물을 식재해준다. 그러나 이러한 경우, 사람들이 제공하는 먹이는 특별한 종의 조류들만이 먹거나 유지관리에 노력이 필요하기도 하다. 또한 무분별하게 식재한 먹이 식물은 자연생태계를 교란시킬 염려도 있다. 그러므로 만일 이와 같은 방안을 적용하는 경우에는 지역 생태계의 특징을 충분히 파악한 이후에 신중하게 시행해야 한다.

조류의 먹이 섭취 환경을 설계하기 위해 먹이가 되는 식물을 적극적으로 식재하거나, 먹이가 되는 곤충과 같은 생물이 서식할 수 있는 조건을 조성하는 것뿐만 아니라 먹이를 먹을 수 있는 장소를 확보해주어야 한다. 구체적으로는 식물군락을 이루는 구성종 가운데 먹이가 될 수 있는 식물 종들을 선택적으로 증식시키거나 개체수가 부족한 종들은 보식을 해준다. 또한 조류의 보금자리가 될 수 있도록 고사목을 의도적으로 남겨두거나 낙엽이나 마른 가지 등을 숲 속에 남겨두는 배려도 필요하다. 먹이가 되는 곤충류나 소동물이 서식하기 좋은 환경을 만들어주거나 생태계에 유해한 농약을 살포하는 것도 피해야 한다. 가능하다면 사람의 출입을 제한하여 조류의 안전을 도모할 필요도 있다. 물총새나 맹금류인 말똥가리, 황조롱이, 수리부엉이 등의 육식성 조류들은 먹이를 포착하기 위해 조용히 기다릴 수 있는 장소가 필요하다. 이와 같은 방법들은 조류가 서식하는 공간의 자연생태계 다양성을 높이기 위해 행하는 것으로 전체적인 환경에 대해서는 보다 종합적인 배려가 필요하다.

③ 휴식장소와 조류

조류의 휴식장소는 보금자리에 들거나 한밤중의 일시적인 휴식을 비롯하여 천적으로부터 도피할 수 있는 다양한 역할을 한다. 보금자리는 번식기를 전후한 기간 동안에는 둥지로 이용하는 종들이 많고 월동기에는 둥지와는 별도의 장소를 개체군의 집단 보금자리로 이용하는 종들도 있다. 일반적으로 동일한 개체에서도 낮 동안 휴식을 하는 장소와 잠을 자는 곳이 다른 경우가 많다. 그러므로 휴식에 필요한 보금자리는 조류의 종류 및 계절에 따라 다르다. 큰유리새와 같이 사람들의 왕래가 많은 공원의 가로수를 보금자리로 하는 종이 있는 반면에 오목눈이는 숲이 우거진 한적한 장소를 보금자리로 택하는 종이 있다.

조류의 휴식장소를 설계하는 경우에는 안전을 확보할 수 있는 다양한 공간을 마련하는 것이 중요하다. 참새와 제비는 초가을에 큰 무리를 지어 대나무 숲이나 갈대밭에 둥지를 트는 경우가 많다. 그러므로 이와 같은 휴식장소의 구조, 이용행태, 양식을 면밀히 검토하여 서식환경 설계에 적용해야 한다.

구체적인 휴식장소의 구조는 나무줄기, 바위, 절벽, 구조물에 난 구멍, 나무 위의 잎이나 가지 사이, 밀생한 덤불, 대나무 숲, 갈대밭 등의 다양한 환경조건이 서식 공간 내에 마련될 수 있도록 설계하는 것이 중요하다.

④ 이동장소와 조류

조류의 이동은 일상적인 활동으로서의 이동과 철새들의 이동과 같은 계절변화에 따른 이동이 있다. 조류의 일상적인 이동경로는 나무의 울창한 수관부 내에서 이동하는 종을 비롯하여 숲의 중층부 전체를 활발하게 이동하는 종, 단순히 숲의 하부를 이용하는 종, 지상부를 이동하는 종, 물의 수면부를 이동하는 종 등과 같이 이동하는 거리 및 장소가 다양하다.

조류의 이동 장소를 설계하는 경우, 조류의 이동 루트를 적절히 확보해야 한다. 설계상에서 식재하는 수목의 수관부를 연속하도록 배치하거나 숲 속의 중층부에 형성된 나뭇가지의 밀도를 조절하고 숲 속의 이동 통로로서 덤불을 띠 형태로 남겨두는 방법도 있다.

계절적인 이동과 관련하여 이동 경로에 접한 서식지의 확보와 여러 개로 독립된 서식지 상호를 녹지로 연결시키는 것 등이 고려될 수 있다. 특히 굴뚝새와 같이 지상으로 이동하는 조류는 종의 공급 및 지역개체군간의 유전자 다양성을 유지할 수 있도록 하고 안전하게 이동할 수 있는 지상의 통로를 확보하는 것이 중요하다.

그림 2.73 조류 관찰대

(3) 조류의 서식지별 설계조건

1) 수림성 조류의 서식환경 설계

① 임상(林相)과 조류

숲에 서식하는 수림성 조류는 다양한 임상에 대응하여 다르게 나타날 수 있다. 그러므로 수림성 조류의 생육환경 설계에 있어 목표로 하는 조류상에 적합한 임상을 조성하는 것이 무엇보다 필요하다. 일본의 경우에서는 동일한 너도밤나무림에서도 혼슈(本州) 지역의 중부와 서남부지방에서 각기 다른 조류상 차이가 나타난다.

조류의 밀도와 다양성을 임상별로 비교해보면 천연림에서는 밀도와 다양성이 높고, 삼나무, 편백과 같이 인위적으로 조림된 단순한 숲에서는 상대적으로 낮게 나타났다. 삼나무, 편백 등의 인공림에서는 수령에 의해서도 차이가 나는데, 아직 수령이 어린 경우에는 밀도와 다양성이 가장 낮게 나타났고, 어느 정도 수목들이 성장함에 따라 다양성도 서서히 증가하였다. 그러나 밀도의 증가는 그다지 현저하게 변화하지 않았다. 수령이 경과하여 수관이 너무 울창하게 어우러진 숲에서는 도리어 밀도와 다양성이 저하하는 경향을 나타낸다.

② 수림의 계층과 조류상

숲을 입체적으로 살펴보면 교목층, 아교목층, 관목층, 초본층 등의 여러 층위로 구분된다. 식생계층을 조류의 서식공간으로 보는 경우에는 층위에 수관의 상층부 및 하층부를 비롯하여 수간, 굵은 가지, 가는 가지, 가지의 선단부, 잎과 잎 사이의 공간 등과 같이 보다 세부적인 구역으로 구분하여 파악할 필요가 있다. 특정 조류가 임상의 어느 부위를 이용하는가를 들여다보면 하층부를 이용하는 종을 비롯하여 상층부를 이용하는 종, 하층부에서 상층부로 전층을 고르게 이용하는 종과 같이 다양한 이용형태를 볼 수 있다. 그러나 이와 같은 이용형태는 번식기와 월동기에 다르게 나타나는 경우도 있다. 숲속에서 참새목 조류의 먹이 섭취 장소를 살펴보면, 오목눈이 및 동고비는 특히 한적한 장소를 먹이섭취 장소로 선택함으로서 다른 종과의 경합을 피하고 그 공간이용 행태는 계절에 따라 다르다.

짝짓기를 하고 평소 지저귀며 휴식을 취하는 장소의 선호성도 종에 따라 차이가 난다. 대부분의 수림성 조류는 큰 교목의 줄기 및 가지 위를 비롯하여 관목류의 잔가지 속과 같이 특정한 장소가 선호하는 휴식장소로 집중되었다.

오스트레일리아와 북아메리카의 낙엽수림에서 행한 시험결과로서 군락내부의 각 층의 다양성과 조류의 종 다양성에 대해 조사하였다. 여기에서 군락의 높은 다양도와 조류의 종 다양도는 비례의 상관관계가 나타났다. 종 다양도가 높은 식물군락에서는 조류의 종 다양성도 높게 나타났다. 또한 종 다양성은 각 층의 비율이 거의 비슷하게 분포하는 군락에서 높게 나타났다. 이러한 결과에 의해 인공적으로 숲을 조성하는 경우에 층위의 구조를 다층화한 식생이 일반적으로 수림성 조류의 서식환경으로서 이상적이라고 할 수 있다.

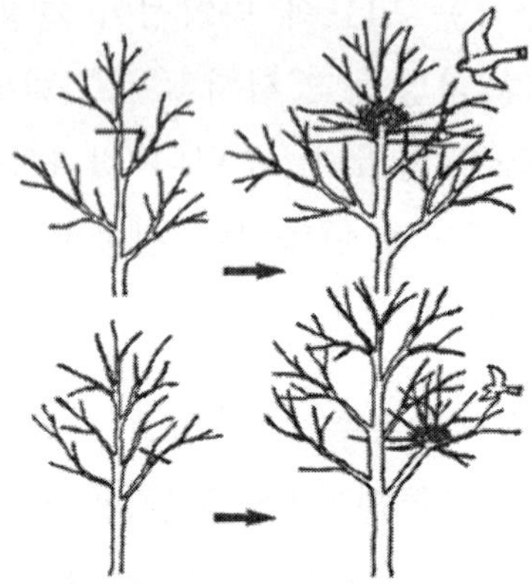

그림 2.74 둥지를 치기 용이한 수형(樹形)을 만들기 위한 가지치기의 예

③ 수관의 형태와 조류

일반적으로 울창하게 수관이 폐쇄되어 있는 숲은 개방형 수림에 비해 조류의 출현빈도 및 다양성지수가 높다. 곤줄박이, 진박새는 활엽수림 및 혼합림과 같이 어둡고 폐쇄된 숲을 좋아한다. 또한 쑥새는 겨울철 저지대의 반그늘진 숲에서 흔하며 박새, 붉은머리멧새는 개활지의 비교적 밝은 숲에서 많이 서식한다. 이와 같은 사실은 조류가 숲 속의 밝기 즉 수관의 울폐도(鬱閉度; degree of closure)에 대한 선호성도 있다는 것을 나타낸다. 이와 같은 숲의 밝기는 식생의 밀도와도 관련이 있지만 특히 수관부의 폐쇄성이 숲의 밝기를 좌우하는 요인이 되고 서식환경 설계에 있어서는 중요하다.

④ 수림의 밀도와 조류

조류가 서식장소를 선택할 때, 숲의 밀도와 임상 내 식생의 상태에 대해서도 어느 정도의 선호성을 지닌다고 알려져 있다. 대규모 면적의 녹지에서 숲의 밀도(단위 면적당 수목의 그루 수) 차이와 조류상의 관계를 살펴보면, 조류의 종수와 평균밀도(단위 면적당 개체수)는 수림층의 울창함과 밀도가 증가하면 높아진다는 경향이 나타났다.

이와 같은 선호성은 먹이의 섭취, 번식, 휴식 등에 있어 각각의 종에서 나타나는 기호성을 반영해주는 것이다. 또한 조류 체형의 크기 차이에 의해 숲 속에서 활동하기 용이한 정도의 차이도 영향을 끼친다고 생각된다. 예를 들어 직박구리, 곤줄박이, 쇠박새, 동박새, 지빠귀류, 딱다구리류 등과 같은 수림성 중대형 조류들은 공중으로 비약하는 경우나 나무 사이를 이동하는 경우에 숲 속의 식생밀도가 너무 높으면 활동에 방해가 될 수 있다. 지상을 이동하는 조류의 경우에도 숲의 식생밀도는 간접적으로 영향을 주는 것으로 사료된다. 한편 숲의 식생밀도가 낮은 경우에는 나무를 이동하기 좋아하는 뱁새, 쇠솔새, 노랑눈썹솔새, 흰꼬리딱새, 동고비 같이 소형의 조류들은 이동할 장소가 적으므로 상대적으로 서식조건이 불량하다고 생각된다. 휘파람새, 숲새, 오목눈이, 촉새의 분포는 숲 속에 덤불이 존재하는 조건과 일치한다고 알려져 있다.

숲 속의 식생상태를 파악해보면, 교목층과 아교목층이 거의 동일하지만 관목층 이하의 관리 상태가 차이나는 숲에서의 조류 종류와 개체수에 차이가 나타남을 알 수 있었다. 조릿대의 밀도차이에 따라 조류상 변화가 나타났고, 조류상이 가장 풍부한 숲에서는 식생밀도가 높았으며 식물종이 다양하여 조릿대가 우점하지 않는 장소였다. 조릿대가 우점하여 조류의 활동이 곤란할 정도로 밀도가 높은 장소는 종수, 개체수에서 상대적으로 낮은 경향이 나타났다. 또한 숲의 식생밀도가 낮은 장소에서는 조류의 종다양성 및 개체수도 낮은 경향이 나타났다.

⑤ 새들의 먹이가 될 수 있는 나무 열매

대부분의 조류는 잡식성인 까닭에 식물의 열매나 꽃을 먹이로 삼는 경우가 많다. 열매를 새들이 먹이로 먹을 수 있는 수종을 숲에 적절히 배식하여 서식지 환경을 좋게 해줄 수 있다(표 2.18).

표. 2. 18 우리나라에서 새들이 좋아하는 열매를 맺는 대표적인 수종

지 역	수 종
남부지방	남천(매자나무과), 꽝꽝나무(감탕나무과), 호랑가시나무(감탕나무과), 먼나무(감탕나무과), 감탕나무(감탕나무과), 동백나무(차나무과), 팽나무(느릅나무과), 광나무(물푸레나무과), 이팝나무(물푸레나무과), 가시나무(참나무과), 아왜나무(인동과), 비목나무(녹나무과), 멀구슬나무(멀구슬나무과), 보리장나무(보리수나무과), 두릅나무(두릅나무과), 감나무(감나무과), 말오줌나무(인동과)
중부지방	피라칸다(장미과), 찔레나무(장미과), 앵두나무(장미과), 꽃아그배나무(장미과), 야광나무(장미과), 팥배나무(장미과), 낙상홍(감탕나무과), 층층나무(층층나무과), 산딸나무(층층나무과), 산수유(층층나무과), 말채나무(층층나무과), 회화나무(콩과), 좀작살나무(마편초과), 가막살나무(인동과), 덜꿩나무(인동과), 보리수나무(보리수나무과), 망개나무(갈매나무과), 목련(목련과)
북부지방	마가목(장미과), 노박덩굴(노박덩굴과), 백당나무(인동과), 보리밥나무(보리수나무과)

2) 초원성 조류의 서식환경 설계

초원의 구조는 숲과 비교하면 단순하다. 초원성 조류의 서식환경에 영향을 주는 요소로는 초본층의 식물종 구성 및 계층구조를 비롯하여 지상부의 토양 및 수분조건, 초원의 면적 및 인접하는 숲의 존재 등이 있다. 이와 같은 환경요소는 상호간에 관련하여 특징 있는 초원을 형성하게 된다.

① 식물의 초장과 조류

초원을 크게 구별하면 식물의 초장이 높게 자라는 초지(高莖性 草原)와 키

가 낮게 자라는 초지(低莖性 草原)로 나뉜다. 갈대, 달뿌리풀, 모새달, 조릿대, 억새, 개솔새, 줄, 부들, 도루박이, 큰고랭이 등을 주로 하는 고경성 초원에는 흰눈썹울새, 개똥지빠귀, 뱁새, 개개비, 큰개개비, 북방개개비, 검은머리촉새, 검은머리쑥새 등이 서식한다. 여름철새인 개개비나 텃새인 뱁새는 수변의 갈대밭이나 습지에서 높게 자라는 고경성 초원에서 번식하고 먹이의 섭취도 주로 갈대군락 속에서 한다. 여름철새인 휘파람새는 띠 또는 억새 초원의 지상 10-40cm 높이에 주로 둥지를 지으며 그 이상의 높이에 둥지를 짓는 경우는 극히 드물다. 그러나 먹이의 포식은 그 이상의 높은 공간에서 행하는 것이 보통이다.

멧새류의 번식기 및 월동기의 서식공간 특성을 비교해보면, 겨울철새인 검은머리쑥새는 번식기에는 조릿대군락의 땅위에 둥지를 틀고 번식하며 갈대군락에서 먹이 활동을 한다. 또한 11월-이듬해 2월까지의 월동기에는 습지의 갈대밭에서 주로 생활을 한다. 또한 종다리, 개똥지빠귀, 방울새 등은 잔디, 띠와 같이 키가 낮은 저경성 초원에서 먹이 활동을 하고 고경성 식물 초원에서는 거의 먹이를 섭취하지 않는 경향이 있다.

이와 같이 초지대에 서식하는 조류상은 주변에 생육하는 초본성 식물의 높이 차이에 따라 다르게 나타난다. 또한 계절에 따라서 서식 활동 공간은 다르다.

② 초원 면적과 조류상

초원의 면적과 조류의 서식 특성에 대해서 갈대밭에 주로 서식하는 개개비를 대상으로 조사하였던바, 초원의 면적이 증가할수록 개개비의 개체수가 증가하는 경향을 보여주었다. 특히 1ha 미만에서는 특별히 개체수의 변화가 나타나지 않았지만, 1ha 이상의 대규모 면적이 되면 개체수 증가현상이 현저하게 나타났다. 또한 동일한 면적에서도 서식지 형태가 정사각형보다는 직사각형이나 좁고 길게 늘어진 형태의 초원에서 개체수가 많은 경향이 나타났다.

조류종의 안정된 서식을 위해 대규모 면적의 갈대초원이 반드시 필요로 하는 종으로 맹금류인 개구리매를 들 수 있다. 우리나라에서 대표적인 나그네새인 개구리매는 유수지나 습지의 물이 빠진 호수 주변에 형성된 광대한 초원에서 서식하는 종이며, 20-30ha 정도의 초원에서도 안정된 서식상태가 나타나지 않았다.

이와 같은 초원성 조류는 초원의 규모에 의해 서식하는 종류와 개체수 규모가 다르고 초원의 형태도 조류상 및 밀도에 영향을 주는 요소가 된다.

표 2.19 주요 수변성 조류의 둥지 위치와 소재

조류 종명	둥지의 위치	둥지의 소재
민물가마우지	지상 5~25m정도의 나무 위	작은 나뭇가지, 마른풀, 해조류
흰뺨검둥오리	풀밭, 관목	나무 또는 풀, 대나무의 마른잎
원앙이	고목에 난 구멍속, 지상	나무나 풀의 잎
농병아리	갈대밭 또는 수생식물 위	나무나 풀의 잎
덤불해오라비	갈대나 줄에 의한 수생식물군락, 대나무 숲, 수면의 숲	잎이나 가지
깜짝도요	모래톱에 형성된 풀밭이나 관목의 하부	마른풀이나 잎
쇠제비갈매기	모래톱의 자갈밭	조개껍질 조각
검은댕기해오라비	버드나무, 소나무 위	마른 나뭇가지
흰눈썹뜸부기	습지의 풀밭	마른풀
쇠물닭	갈대, 줄 등의 풀숲	마른풀
물닭	갈대밭 속의 수면	마른풀
흰목물떼새	자갈밭	작은 돌, 조개껍질 나무조각
노랑할미새	절벽에 생긴구멍, 수목의 가지 위	마른잎, 마른풀, 나무껍질, 이끼류
개개비	갈대의 줄기	화본과 식물의 잎이나 줄기

3) 수변성 조류의 서식환경 설계

수변환경은 물 환경과 토양 환경의 적절한 조합에 의해 결정된다. 물 환경에서는 해수와 담수와 같은 수질의 차이를 비롯하여 물의 흐름과 고임과 같은 물의 움직임 등이 중요한 요소가 된다. 또한 토양조건에서는 점토질, 모래, 자

갈, 바위 등의 차이가 중요하며 흙이나 모래입자의 미묘한 차이가 환경에 영향을 끼친다. 이와 같은 제반 조건의 다양한 조합에 의해 나타나는 생태적 환경에 적응한 식물이 출현하고, 이와 같은 독특한 식물군집이 조류의 서식환경을 형성한다.

수변성 조류는 물이 존재하는 수변환경에 의존하여 생활하지만 번식, 먹이섭취, 휴식, 이동 등과 같은 각각의 행동에 관계하는 서식환경의 선호성은 단조롭지 않다.

수변성 조류의 번식 활동은 다음과 같은 서식 장소를 구분하여 이루어진다.

- 수면에 떠 있는 수생식물 위에서
- 수변 주변의 초원에서
- 하천 주변의 모래밭이나 자갈밭에서
- 해안의 암초 등에서

수변성 조류의 먹이활동도 다음과 같이 종에 따라 각기 다른 유형으로 이루어진다. 또한 먹이를 얻기 위해 나름대로의 특별한 서식환경을 선호한다.

- 물까마귀와 같이 얕은 물속을 걸어 다니며 포식하는 형
- 흰죽지, 댕기흰죽지, 흰빰오리, 흰비오리, 비오리, 논병아리류와 같은 잠수하여 식물의 뿌리, 수서곤충을 포식하는 형,
- 흰빰검둥오리, 청둥오리, 쇠오리, 고방오리와 같이 무리지어 수면을 헤엄쳐 다니며 포식하는 수면 포식형
- 도요새, 물꿩, 물떼새, 백로류 등의 수면 보행 포식형
- 할미새 등과 같은 수변 보행형

- 물총새류, 제비갈매기류 등과 같은 비행 포식형

휴식 및 이동습성에 대해서 조류의 체형 및 행동특성에 의해 종 나름대로의 환경 선호성이 나타난다. 수변성 조류의 구체적 행동특성은 다양하다. 예를 들어 냇가, 하천, 호수 주변에 서식하는 물총새는 공중으로부터 수면으로 곤두박질쳐 작은 물고기를 포획하고, 번식은 수변에 있는 흙 절벽의 작은 구멍 속에서 행한다. 또한 휴식은 나무 위나 막대기 위에서 취한다. 청둥오리는 수면이나 논 등의 확 트인 초지에서 먹이를 찾아 섭식하고, 키가 높게 자라는 초지에 둥지를 틀고 번식하며 냇가나 강, 저수지 등의 수면으로 돌출된 바위 위와 같이 비교적 개방된 장소에서 휴식을 취한다. 이렇게 한 가지 종에서도 다양한 공간을 이용하여 생활을 영위하기 때문에, 종에 따른 적절한 생태적 특성을 고려하여 서식환경을 설계할 필요가 있다.

4. 곤충의 생태와 서식환경 설계

곤충의 서식환경을 설계하는 경우의 기본이 되는 고려 사항은, 목적으로 하는 곤충의 개체군이 포함된 건전한 생태계를 창조하는 것이다. 생태계를 구성하는 곤충은 인공적으로 조성된 환경에 적응하여 독자적인 능력으로 정착할 수 있는 것을 원칙으로 한다. 따라서 여기에서는 인공사육이나 양식과 같은 인위적인 방법이 아니라 야생의 상태로 서식하고 있는 개체군의 유지 및 서식환경의 재생에 요구되는 설계 방법에 대해 해설한다.

곤충류를 인위적인 환경에 정착시키는 방법은 자연적인 도입과 인위적인 도입으로 크게 구별할 수 있다. 자연적인 도입이란 성충의 자연적인 산란을 유지시키고, 부화한 유충의 성장에 의해 성충의 정착과 번식을 도모하는 것이다,

인위적인 도입이란, 유충이나 알을 유치하고자 하는 장소에 직접 집어넣는 것에 의해 성충의 발생과 번식을 도모하는 것이다. 종류는 계획지역 내 및 그 주변지역에 서식하는 종으로 하고 도입하는 유충 등은 현지와 그 주변으로부터 얻은 것으로 한다.

곤충의 서식환경 조성의 설계와 작업 순서는 그림 2.75와 같다.

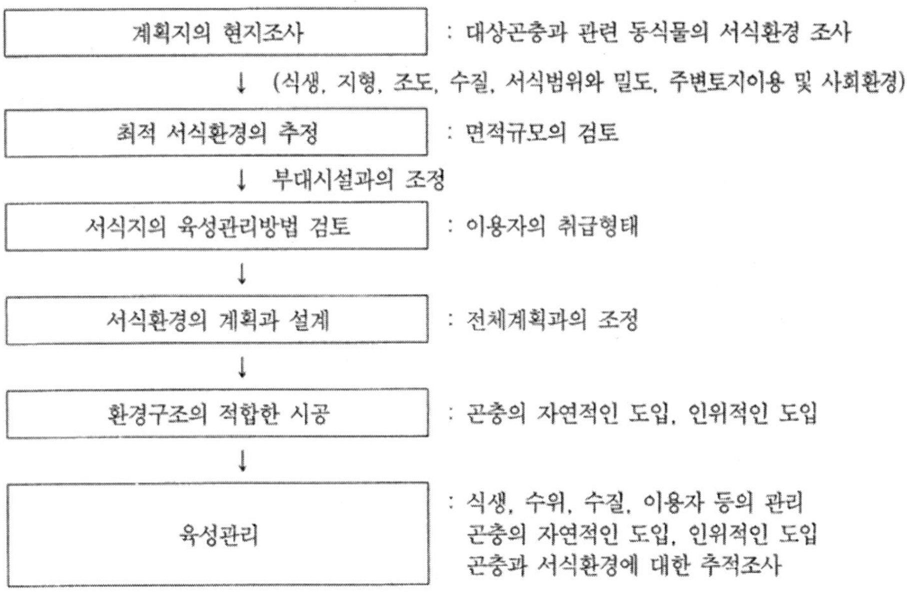

그림 2.75 곤충 서식환경의 설계수순

(1) 반딧불이(반디불이, 개똥벌레)

딱정벌레목 반딧불이과의 곤충으로 세계적으로 1,200여종이 알려져 있다. 우리나라에는 반딧불이, 애반딧불이를 비롯하여 약6종의 반딧불이과에 속하는 곤충이 서식하고 있다. 이 가운데 여름철의 한밤중에 빛을 발하며 날아다니는 곤충은 주로 반딧불이이다.

오늘날 자연상태에서 반딧불이의 서식지가 급감하고 있기 때문에 서식지의 보전과 재생이 각지에서 시도되고 있다. 반딧불이는 거의 전국적으로 분포하고 있으며 암컷이 수컷을 유인하기 위한 황색 또는 황록색 불빛은 자연의 정취를 충분히 느낄만하다. 그러므로 생태계 보전을 위한 반딧불이 서식지 재생에 있어서, 자연환경의 구성을 교란하지 않는 범위에서 계획지 주변의 다양한 개체군을 이식한다. 반딧불이의 주요한 먹이는 담수성인 다슬기류이다. 다슬기도 여러 종류의 아종이 각지에 분포하고 있기 때문에, 인위적인 서식지 조성에 있어서는 반딧불이와 마찬가지로 세심한 배려가 필요하다.

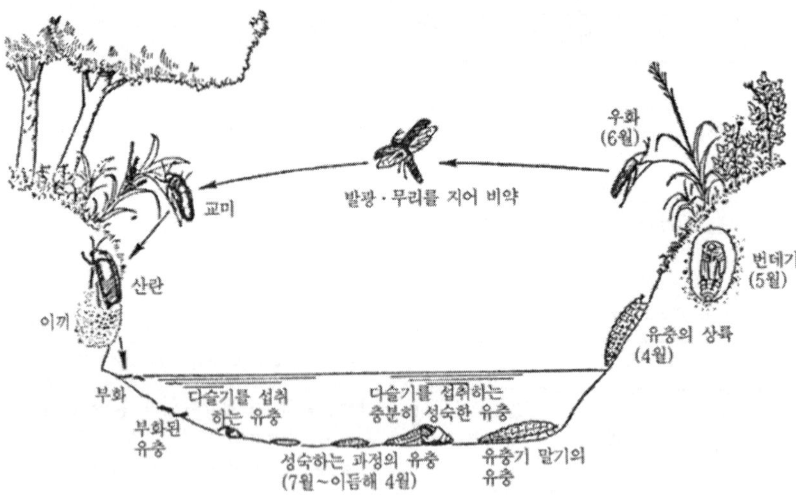

그림 2.76 반딧불이의 생활사(神奈川 横須架市의 경우)

반딧불이의 생활사는 그림 2.76과 같이 서식환경은 물, 물 주변, 숲과 및 그 밖의 생물 구성종에 의해 구성된다. 서식지의 보전과 재생에 있어서 반딧불이 성충과 유충, 먹이가 되는 다슬기의 서식에 적합한 환경조성이 중요하다(표 2.20).

표 2.20 반딧불이의 유충 서식환경

항 목	내 용
수 온	• 겨울철 : 5℃이상인 장소가 적합(3℃정도에서도 생육하는 예는 있음) • 여름철 : 21℃이하인 장소가 적합(25℃이하에서도 가능)
수 질	• 수소이온농도(pH) : 6.5~7.8정도에서 생육이 가능한 범위는 7.0전후가 적합(사육시에는 8.3의 예도 있음) • 수중 용존산소의 량 : 포화상태의 90~100%가 적합(80~120%도 가능) • 화학적 산소 소비량(COD) : 0.5~1.5ppm의 범위가 적합(사육시에는 1.5ppm이상 3.4ppm의 경우도 있음) • 탄산칼슘($CaCO_3$)이 적당히 함유되어 있는 것. • 탄산칼륨(K_2CO_3), 탄산나트리움(Na_2CO_3), 유산염, 인산염, 염화물의 함유량이 적은 것. • 기타 : 농약, 세제 등의 독극물이 혼입되어 있지 않은 것. 불순물이 유입되지 않은 것.
수 심	• 수면에서 100cm 깊이까지 광범위하게 서식하지만 평균 5~30cm가 이상적
유 속	• 10~30cm/s정도가 이상적이지만, 느리고 빠른 변화가 있는 것이 좋다.
수 량	• 1년을 통해 안정된 수량이 있을 것.
하천바닥	• 유충이 들어갈 수 있는 조건이 좋은 자갈밭 등이 있을 것. • 규조류(硅藻類)의 번식에 필요한 태양광선을 차단하지 않는 투명도 높은 물 일 것 (태양광선의 25%이상의 일조가 필요하다) • 규조류의 부착이 쉬운 모래와 자갈이 있을 것.

1) 물 환경

수질은 유충과 그 먹이가 되는 다슬기의 서식에 있어 매우 중요하다. 수원지가 물이 솟아오르는 곳이나 웅덩이의 물로써 농약, 합성세제, 공장배수, 가정으로부터의 각종 생활오수 등의 오염물이 혼합되지 않고, 용존산소(Do)가 항시 포화상태인 조건이 이상적이다. 유기물 분해에 의한 용존산소의 부족이 예상되는 경우에는 물의 흐름에 낙차가 생기도록 설계를 하거나 수심에 대한 수면의 면적을 상대적으로 넓게 조성함으로서 용존산소의 유지를 도모한다. 낙차의 높이는 10-20cm정도로 충분하고, 재료는 나무말뚝이나 호박돌을 이용한다. 낙차공사는 강수에 의한 증수 시 반딧불이의 유충과 다슬기의 유실을 방지하고 흐르는 물의 정화작용에도 도움을 준다.

물의 수온은 겨울철에 5℃에서 여름철에 20℃의 범위를 유지하는 것이 이상적이다. 반딧불이의 유충과 다슬기는 고온조건에 취약하기 때문에 수온이 25℃를 넘는 장소에는 수변부에 낙엽수를 조밀하게 식재하여 강한 직사광선의 직접적인 도달을 제한한다. 단, 수로 전체를 그늘이 지도록 조성하면 다슬기의 먹이가 되는 규조류의 번성을 저해하기 때문에 적당한 광선이 들어갈 수 있도록 수면을 모자이크 상으로 조성한다.

반딧불이의 유충과 다슬기는 모두 유수성(流水性) 생물이다. 그러므로 서식에 적합한 유속은 17-25cm/s이고 이 수치를 기준으로 적당하게 변화가 있도록 다양하게 배려한다. 수심은 5-30cm정도가 이상적이며, 가뭄 시에 수로의 바닥이 드러나지 않도록 외부로부터 물을 끌어들일 수 있게 조성한다. 물 밑바닥은 옥석이나 쇄석 또는 자갈이나 굵은 모래 등을 적당히 섞어서 깔아주면 좋다.

수로의 형상은 횡단면의 폭을 변화시키는 이외에 여울, 모래톱, 다양한 규모의 퇴적지 등을 만들어 주고 수로의 흐름은 적당히 사행시킨다. 수로 주변에 인공습지를 조성해주면 증수 시에 일어나는 물의 오버-플로어(over flow)가 가능한 완충지대가 될 수 있고, 다슬기의 증식지로도 매우 유효하다. 수로의 길이는 수십m에서 백m 이상을 확보한다.

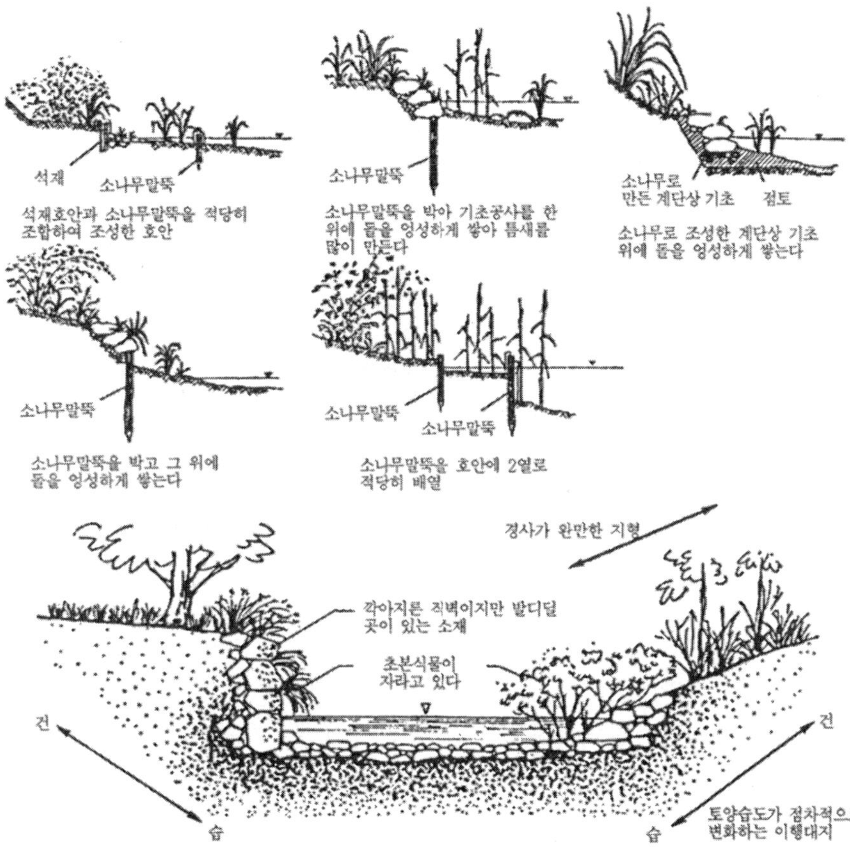

그림 2.77 반딧불이의 서식에 적합한 호안과 유수단면

2) 수로 주변의 구조

수로의 호안과 법면의 소재는 반딧불이가 번데기가 되거나 산란을 하는 데 중요하다(그림 2.77). 원칙적으로 물에 접한 부분의 주변 습도가 서서히 연속적으로 변화할 수 있고, 유충이 뭍으로 올라와 흙으로 고치를 만드는 것이 가능하도록 부드러운 흙으로 호안을 만들어주는 것이 좋다. 흙 이외에도 나무말뚝이나 돌 등의 자연소재를 적당히 쌓아놓는다. 목재는 성충의 산란장소가 되는 이끼류가 착생되기 쉬운 소재이다. 석재의 경우에는 적당한 공극이 생기

도록 시멘트를 사용하지 않고 엉성하게 돌로 쌓는 것이 좋다. 주로 나무와 흙으로 호안을 조성해주는 것이 바람직하다.

이와 같은 서식지 환경의 조성 효과는 반딧불이의 발광과 짝짓기에 영향을 미친다. 반딧불이의 발광은 대개 짝짓기를 위해 상대를 향한 신호로 이용된다. 보통 수컷들은 서식지 위를 이리저리 날아다니면서 깜박거림으로 암컷을 유인한다. 반대로 암컷들은 나뭇가지 끝이나 바위처럼 튀어나온 곳에 가만히 앉아 있는 것이 일반적이다. 수컷들의 적극적인 발광신호를 발견한 암컷들은 응답신호를 보내면서 서로가 대화를 한다. 그러므로 반딧불이의 짝짓기와 산란에 있어 서식지 환경은 매우 중요하다.

물 주변의 환경조건으로는 수로변의 조성이 중요하다. 수로의 한쪽은 숲으로 다른 한쪽은 성충의 비약공간으로 활용될 수 있도록 휴경지 또는 개활지와 같은 개방된 조건이 이상적이다. 숲은 수온의 조절, 반딧불이의 산란장소로서의 이끼의 정착, 성충의 휴식공간, 다슬기의 먹이가 되는 낙엽의 공급, 나아가 인접하는 시가지 등으로부터 야간의 조명을 차단시키는 역할을 하므로 중요하다. 그러므로 숲은 초본류나 관목림도 유효하지만, 가능하면 교목성인 상수리나무, 느티나무, 층층나무, 버드나무 등의 낙엽성 활엽수를 주로 하고 약간의 상록수가 혼합된 숲을 조성하는 것이 이상적이다.

밑으로 깊게 꺼진 형태의 하천이나 수로에서는 호안 상부에 번데기로 변태할 수 있는 장소를 확보하는 것이 어렵다. 이와 같은 장소에서는 하천부지 내에 별도의 넓은 고수부지를 조성하여 이곳에 번데기화가 가능한 장소를 만들어준다.

(2) 잠자리

수변의 자연환경을 다양화하고 잠자리와 같은 곤충의 서식지를 조성하는 것은 자연 재생은 물론 생물다양성 보전 측면에서도 효과적이다. 자연공원이나 도시공원 내에 친수공간을 조성하는 사례가 전국 각지에서 많이 나타나고 있다. 이와 같은 수변공간에 유치하고자 목표로 두는 곤충은 잠자리가 대표적이다.

세계적으로 잠자리는 약 5천여종이 알려져 있으며, 우리나라에는 약 98종이 서식하는 것으로 보고되어 있다. 잠자리는 번데기의 과정을 거치지 않고 알에서 유충을 거쳐 성충이 되는 불완전변태를 하는 곤충이다. 또한 대부분 종의 잠자리는 유충기를 물속에서 보낸다. 유충은 물속에서 장구벌레, 실지렁이, 올챙이, 송사리 등과 같이 자신의 몸 크기에 알맞은 먹이를 잡아먹으며 7-8년의 긴 기간을 물속에서 지낸다. 잠자리의 성충이 우화하기 시작하는 계절은 종에 따라 대개 일정한데, 유충기가 긴 종은 주로 봄에 많고 유충기가 1년 이내인 종은 6-8월경이 많다.

표 2.21 우리나라 잠자리의 야외 출현시기

잠자리명	1	2	3	4	5	6	7	8	9	10	11	12
가는실잠자리	←	—	—	—	—	—	—	—	—	—	—	→
묵은실잠자리				←	—	—	—	—	—	—	→	
언저리잠자리				←	—	→						
왕잠자리				←	→			←	→			
가시측범잠자리				←	—	→						
쇠측범잠자리				←	—	→						
노란실잠자리					←	—	—	—	→			
아시아실잠자리				←	—	—	—	—	—	—	→	
물잠자리					←	—	→					
산측범잠자리					←	→						
어리장수잠자리					←	—	—	—	→			
된장잠자리					←	—	—	—	→			
마이키측범잠자리						←	—	—	—	→		
꼬마측범잠자리						←	—	→				
장수잠자리							←	—	→			
고추잠자리					←	—	—	—	—	—	→	
고추좀잠자리						←	—	—	—	—	→	
여름좀잠자리							←	—	—	—	→	
대륙좀잠자리								←	—	—	—	→
깃동잠자리						←	—	—	—	—	→	

잠자리 성충의 수명은 다른 곤충에 비해 긴 편으로 1-6개월 정도가 보통이다. 또한 성충이 된 후에도 물 주변에서 주로 서식하는 경우가 많다. 그러므로 이상적으로 계획된 수변공간을 조성한다는 것은 잠자리를 불러들이기 위한 첫 단계라 할 수 있다.

전국적으로 분포하는 밀잠자리와 같은 선구적인 종은 서식에 적합한 환경을 만들어주면, 주변의 기존 서식지로부터 성충이 자연스럽게 날아 들어와 정착한다. 잠자리 종류의 서식지 환경 조성은 개체수가 매우 적은 희귀한 특정 종을 목적으로 하는 경우를 제외하고, 스스로 종이 유입되어 서서히 종 및 개체수가 증가하도록 계획한다.

인공 서식지 유치 장소는 면적이 넓을수록 이상적이지만, 선구종에 있어서는 5mx5m 정도의 소규모 수변공간에서도 종의 정착이 확인되었다. 하천의 중류, 하류를 비롯하여 연못에 서식하는 잠자리의 종류와 그 서식환경 설계 지침을 그림 2.78, 그림 2.79에 나타내었다. 잠자리 종류의 정착과 증식을 촉진하기 위해서는 성충이 알을 낳고, 알이 부화하여 유충을 거쳐 성충이 될 때까지 성장할 수 있는 수변환경을 확보하는 것이 가장 기본적인 작업이다.

잠자리 서식지의 역할을 지속시키기 위해 수공간의 수위, 수질, 주변 식생, 주변 자연환경, 물 밑의 상태를 지속적으로 관리해야 한다. 또한 수공간에 유입되어 정착하는 잠자리의 종을 늘리기 위해서 종에 따라 독특하게 요구되는 환경이 다르다는 사실을 이해해야 한다. 따라서 수변과 그 주변 토지의 형상과 녹지의 식생을 다양화시키는 것이 중요하다.

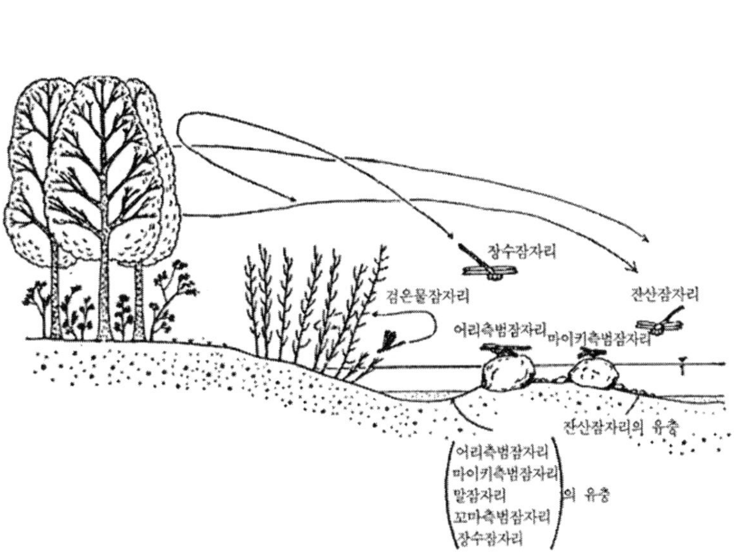

- 하천의 중류지역에는 검은물잠자리, 어리측범잠자리, 쇠칡범잠자리, 어리장수잠자리, 장수잠자리, 잔산잠자리 등이 서식한다.
- 알에서 성충이 되기까지 검은물잠자리 및 마이키측범잠자리의 경우에는 1년에서 2년정도, 어리측범잠자리, 어리장수잠자리, 장수잠자리, 잔산잠자리 등은 2년에서 3년정도의 시일이 필요하다. 이 기간동안 잠자리류는 애벌레 상태로 물속에서 생활한다.
- 봄철에서 초여름에는 어리측범잠자리, 마이키측범잠자리의 성충, 초여름에서 초가을에 걸쳐서는 검은 물잠자리, 어리장수잠자리, 장수잠자리, 잔산잠자리 등의 성충이 수면을 날아다닌다.
- 검은물잠자리의 성충은 달뿌리풀과 같은 정수성 수생식물들에 머물거나 검은 날개를 팔락이며 식물들 사이를 날라 다닌다. 어리측범잠자리, 마이키측범잠자리, 어리장수잠자리 등은 수면으로 돌출한 바위나 돌 위를 날라 다닌다. 장수잠자리, 잔산잠자리 등은 무리를 지어 거의 정해진 코스를 오르락내리락하는 성질이 있다.

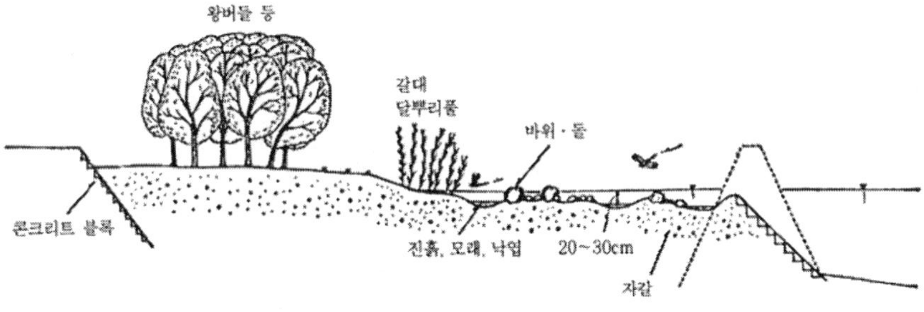

- 하천변 토양의 성질은 주로 자갈로 이루어져 있으며 그 위에 바위나 돌들이 덮여있는 하상을 이루고 있으며 진흙이나 모래, 낙엽 등이 퇴적되어 있다. 잠자리류의 유충과 먹이가 되는 날도래 및 하루살이는 작은 돌 사이의 틈이나 모래속에서 생활한다.
- 수질은 BOD가 약 5ppm 이하, Beck-Tauda의 수질계급으로는 β중부수성(中腐水性) 이하이어야 한다.
- 유속은 30cm/s 전후가 적당하다.
- 위 그림의 점선으로 나타낸 바와 같이 하천 본류의 가장자리 부근에 둑을 쌓고 그 바깥쪽으로도 어느 정도의 물이 흐를 수 있게 설계하여 그 곳에 잠자리들이 살 수 있는 환경을 조성해 주는 방법도 있다.

그림 2.78 하천의 중류역(中流域)에 서식하는 잠자리류(위의 그림)와 서식환경의 설계지침(아래 그림)

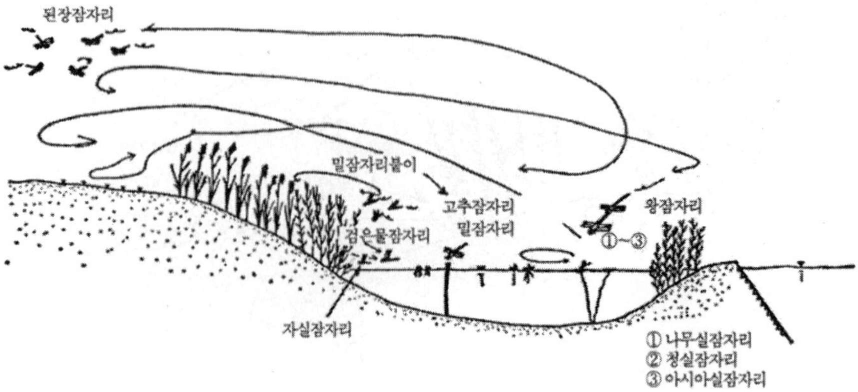

- 하천의 하류지역에는 검은물잠자리, 청실잠자리, 아시아실잠자리, 자실잠자리, 왕잠자리, 밀잠자리, 밀잠자리붙이, 고추잠자리 등이 서식한다. 검은물잠자리 이외에는 물이 고여있는 곳에서 주로 서식한다.
- 밀잠자리 및 밀잠자리붙이의 유충은 얕은 여울의 밑에 고여있는 진흙 속에 서식하며 실잠자리류 및 왕잠자리의 유충은 물 속의 수생식물들에 붙어 생활한다. 이들 잠자리의 성충은 늦은 봄부터 초가을에 걸쳐 출현한다.
- 실잠자리류는 수면위로 자란 수생식물이나 고사목에 즐겨 붙어 있으며 그 주변부가 잠자리들의 주된 생활권이다. 밀잠자리 및 밀잠자리붙이 등도 수생식물에 붙어 있는 것을 좋아하지만, 그 위치는 실잠자리 보다 높은 곳에 자리잡고 주변의 풀밭에까지 먹이를 섭취하러 날아간다. 왕잠자리는 물 주변을 따라 거의 일정한 코스를 순시하듯이 날라 다닌다. 생활권은 밀잠자리 등에 비교해 상당히 넓으며 멀리 떨어진 숲 속이나 풀밭의 상공에 이르기까지 먹이를 섭취하러 간다. 개체수가 많은 경우에는 해질 녘에 무리를 지어 날라 다닌다.

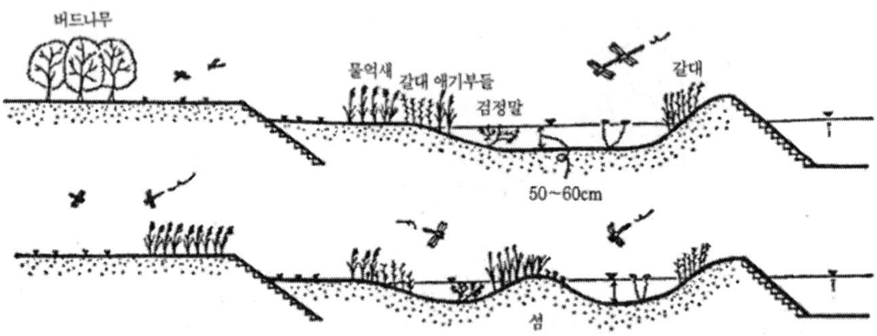

- 하천주변 토양의 성질은 점토가 섞인 모래질로 그 위에 점토질이 퇴적된 상태를 만든다.
- 수질은 BOD가 5-10ppm 정도이고 Beck-Tsuda의 수질계급은 $\alpha-\beta$ 중부수성이면 좋다.
- 유속은 10㎝/s 전후가 알맞다.
- 증수시에는 하천의 본류에서 물이 유입되는 구조로 조성하는 것이 바람직하다.

그림 2.79 하천의 하류역(下流域)에 서식하는 잠자리류(위의 그림)와 서식환경의 설계지침(아래 그림)

1) 수질과 수심

수공간에는 공장이나 가정의 오폐수, 도로로부터 흘러내리는 하수, 공원 내에서 흘러나오는 각종 오수가 유입되지 않도록 한다. 수질은 산성이나 알카리성이 아닌 중성으로 관리한다. 단 중류지역에서는 약 알카리성을 띠는 것이 좋다. 항시 적당한 수질을 유지하기 위해서 무분별한 쓰레기 투기나 주변의 가정으로부터 발생하는 하수 등의 오폐수 유입을 방지한다. 만일 이와 같은 우려가 발생하는 경우에는 조기에 개선조치를 취한다.

도시 수공간에 불러들일 수 있는 잠자리 종류의 유충은 오염이 그다지 심하지 않은 BOD 10ppm 이하의 수질에서는 충분히 생육이 가능하다.

수심은 최대로 50-60cm정도로 조성한다. 잠자리의 서식과 이용자의 안전성이라는 측면에서 가능한 얕은 것이 좋다. 또한 증수 시에는 오버-플로어 된 물이 적당히 흘러갈 수 있는 수로나 별도의 수공간이 조성된 구조가 이상적이다. 갈수기에는 바닥이 드러나지 않도록 다른 곳으로부터 물을 끌어들일 수 있는 시설을 사전에 확보한다.

그림 2.80 된장잠자리

2) 호안과 물 바닥

호안과 물 밑바닥의 구조는 콘크리트 사용을 피한다. 콘크리트는 다양한 종류의 잠자리 서식에 필요한 수생식물의 발생을 억제하고 수질 정화를 방해하기 때문이다. 수생식물은 정수성 식물, 부엽성 식물, 침수성 식물, 부유성 식물로 구별된다. 이 가운데 정수성 식물과 부엽성 식물은 실잠자리류, 왕잠자리류 등의 산란장소로서 중요하고, 물잠자리류는 침수성 식물에 산란을 한다.

수생식물의 정착과 생육이 활발히 이루어지면 어초의 역할과 마찬가지로 수면에서는 성충의 활동을 도와주고, 수중에서는 유충의 생활공간 면적이 확대되어 환경의 다양화를 도모할 수 있다. 결국 서식이 가능한 잠자리류의 종수 확대와 개체수 증가를 이룩할 수 있다.

호안의 경사도는 이용자의 접근이 가능한 정도의 장소에서는 안전성을 고려하여 10℃전후로 한다. 접근이 불가능한 경우에는 경사도에 다양한 변화를 주어 환경의 다양화를 도모한다. 이용의 안전성을 확보하기 위해 잠자리의 관찰이나 채집이 가능하도록 울타리가 붙은 다리를 만들어 주어도 좋다. 섬을 만들어주거나 물속에 수생식물을 적극적으로 생육시키면 잠자리의 생활공간과 환경의 다양화에 매우 유효하다. 인공섬은 이용자가 접근할 수 없는 공간이므로 잠자리가 안심하고 쉴 수 있는 장소로 활용이 가능하다.

3) 주변 환경

물 주변에는 육식성인 잠자리 성충이 먹이를 포식하고 휴식할 수 있는 초지대 조성이 필요하다. 식재할 수 있는 식물은 지역 고유의 자생종을 사용하는 것이 바람직하다. 초지에는 환경 조건에 적응하여 정착이 용이한 초본성 식물을 주로 식재하고, 서식지 주변부의 숲 조성은 기존의 수림을 적절히 활용한다.

4) 식생과 수역의 관리

잠자리 서식지의 식생 관리 목적은 식생의 유지와 수질정화에 있다. 제초제, 살충제 등의 농약은 절대 사용하지 않는다. 식생관리는 조방적(粗放的)인 범위에서 일반적인 관행적 관리방안의 실행만으로도 충분하다. 넓은 면적의 서식지를 적은 노력으로 관리하기 때문에 결국 무성하게 자란 초본류는 각종 곤충 및 소동물의 서식지가 되어준다.

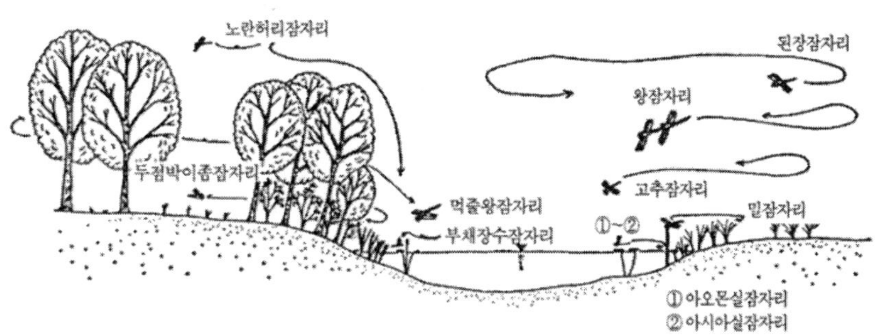

- 하천 하류지역에 서식하는 잠자리류는 거의 비슷한 패턴으로 서식하지만, 부채장수잠자리, 노란허리잠자리는 나무그늘이 지는 수면에 정착하고 밀잠자리 및 된장잠자리는 개방된 수면에 정착한다.
- 부채장수잠자리는 봄부터 초여름에 걸쳐 출현하는데 겹눈이 코발트 블루로 빛나는 아름다운 잠자리이다. 이와 같은 잠자리류의 출현이 끝나면 근연의 왕잠자리가 수변부에서 눈에 띄게 된다. 겹눈이 옅은 그린으로 빛나며 흉부에 선명한 무늬가 있다.
- 두점박이좀잠자리 등은 6월에서 7월경에 성충이 된다. 오렌지색을 띈 미성숙 개체는 우화 후 멀리 떨어진 숲 속으로 이동하여 9월-10월에 들면 붉은 색을 띄는 성충이 되어 수변으로 돌아온다.
- 오렌지색에서 거의 붉은 색을 띄는 된장잠자리는 매년 5월 초, 봄이 되면 따뜻한 남부지방으로 되돌아온다. 이 종은 추위에 약하므로 북쪽에서는 출현시기가 늦다. 그러나 여름철에는 우화 후 약 1개월 정도에 성충이 되므로 8월 중순경에는 2대, 3대째의 성충이 다수 출현한다.

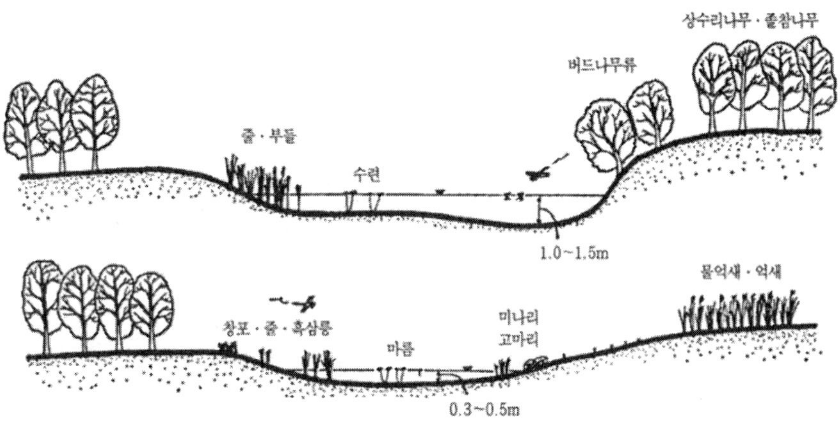

- 연못의 하부에는 점토를 고르게 깔고 그 위에 미세물질이 퇴적되는 상태로 만들어 준다. 미세물질이나 점토질이 너무 대량으로 퇴적되는 경우에는 적당히 제거해 줄 필요도 있다.
- 물은 거의 정체된 상태를 유지하며 수질기준은 하류지역에 따른다.
- 물의 출입이 어느 정도 가능하도록 배수구 및 급수구를 설치한다. 물의 교환은 물이 부패한 경우에 한하며, 한꺼번에 하지말고 조금씩 서서히 하는 것이 바람직하다.

그림 2.81 잠자리류의 서식환경 설계지침

수변공간 영역에서의 식생관리는 연 1회 정도로 갈대와 줄, 부들 등과 같이 높고 무성하게 자라는 식물을 구역별로 적당히 관리해주고, 심하게 퇴적된 흙무더기 및 너무 과다하게 번성한 수생식물을 수년에 한번정도 제거해주는 정도로 한다. 후자의 작업에서 진흙탕 속 및 수생식물 군락 안에 잠자리의 유충이나 가재 등이 서식하고 있는 경우가 있으므로 관리 작업은 한꺼번에 행하는 것이 아니라, 피신할 수 있는 시간적인 여유를 두고 점진적으로 실시한다.

잠자리 서식지의 생태계에 부담을 주는 집오리, 거위와 같은 가금류는 서식지 공간으로의 침입을 막아주어야 한다. 물속에 자연적으로 서식할 수 있는 잉어, 가물치 등과 같은 대형 어류는 유충이 서식하는 수생식물 군락을 파괴할 위험성이 있다. 베스, 블루길, 붉은귀거북이와 같은 외래 어종들은 활발한 섭식행태에 의해 잠자리 유충을 포식하므로, 하천이나 연못 등에 방생하는 것은 피한다.

그림 2.82 장수풍뎅이 수컷

(3) 사슴벌레류

사슴벌레류는 딱정벌레목(Coleoptera) 사슴벌레과(Lucanidae)에 속하는 딱정벌레 종류를 총칭한다. 몸 전체에 광택이 있는 단단한 껍질을 지니고 있고 대부분의 종들은 단단한 큰 턱에 크기도 일반 곤충에 비해 큰 편이다. 전 세계적으로 약 1,500종 가량이 알려져 있으나 우리나라에는 약 20여종이 분포하고 있다.

사슴벌레류의 서식환경 보전 또는 조성을 위해서는 성충의 서식지인 상수리나무, 졸참나무, 신갈나무 등의 참나무과의 낙엽성 활엽수를 식재하거나 기존의 잡목림을 적절히 유지 관리해야 한다는 전제조건이 있다. 사슴벌레류는 보통 8-9월경에 퇴비를 쌓아놓은 곳이나 부엽 등에 산란하고 10-15일 후에 유충이 부화하고 부식질을 먹이로 삼아 늦은 가을까지 2-3령에 달한다. 이듬해 5-6월경이 되면 종령(終齡)에 달해 유충은 퇴비장의 토양 내에서 번데기가 되고, 6월 하순-7월 상순경에 우화하여 성충이 지상에 나타난다.

1) 성충의 서식환경

사슴벌레의 서식지 면적은 15-20ha 정도의 숲이 필요하다. 상수리나무, 졸참나무, 굴참나무, 신갈나무 등과 같은 참나무과 목본류가 우점하는 숲으로 천이될 수 있도록 정기적인 벌채에 의해 수종갱신을 도모한다. 참나무과의 목본류는 우리나라 각 지역의 기후 및 토양 등의 환경조건에 따라 다른 종이 우점할 수 있다. 참나무과 식물 숲으로의 수종갱신은 1ha 정도를 1구획으로 하여 서식지 계획 숲을 15-20구획으로 구분하고 매년 1구획씩 벌목작업을 순차적으로 실시하는 것이 바람직하다. 한꺼번에 모든 숲을 갱신하면 성충의 먹이와 생활공간은 물론 유충의 발생지가 소실될 위험성이 있다.

사슴벌레 성충의 생활공간은 주로 상수리나무, 졸참나무, 신갈나무 등의 수간부와 뿌리부근의 토양 속이다. 이와 같은 수목들은 흉고직경 15-20cm의 교목이 바람직하다. 성충은 주간에는 뿌리 부근의 흙 속에 숨어 휴식을 취한다. 그러므로 이와 같은 장소는 사전에 부분적으로 약 15cm정도 깊이로 흙을 부드럽게 경운하여 준다. 또한 사람들의 빈번한 출입은 흙 속에 있는 성충을 밟아죽일 수 있으므로 출입을 제한할 수 있는 울타리를 주변에 쳐주는 것이 좋다.

그림 2.83 사슴벌레(장수풍뎅이)의 서식환경
(→는 수액확보를 위해 수피를 적당히 벗겨주거나 약간의 상처를 내주는 부위)

사슴벌레의 성충은 야행성이므로 서식지 주변에 야간의 밝은 조명이 있으면 정상적인 활동이 불가능하다. 그러므로 사슴벌레 이식을 위한 계획지 내에는 최대한 야간조명을 설치하지 않는 것이 바람직하다. 부득이하게 필요한 경우에는 서식지 숲에서 가장 영향을 적게 받는 장소 또는 발밑 정도로 제한된 조명을 설치한다.

먹이는 주로 상수리나무, 졸참나무, 신갈나무 등의 수피가 벗겨진 후에 흘러나오는 수액이며 야간에 그 수액을 빨아먹는다. 이들 수목의 수피가 건전하여 수액이 흘러나오지 않는 경우에는 일부러 껍질을 약간 벗겨주거나 상처를 내줄 수도 있다. 나무껍질을 벗겨주는 경우에는 수세가 약해지지 않도록 적당한 강도로 실시한다. 대략 1그루당 2-3개소에 길이 약 10cm 정도로 실시하는 것이 좋다.

2) 유충과 애벌레의 서식환경

유충의 서식지 조성은 우선 상수리나무, 졸참나무, 신갈나무 숲을 조성한다.

유충의 발육에 적합한 온도, 습도, 일조조건은 습도가 지속적으로 유지되고 바람이 잘 통하며 서늘한 조건이 좋다. 그러므로 참나무 숲은 북사면의 산허리에서 사면의 하부에 조성하는 것이 좋다. 서식지 습도는 숲속에 떨어진 낙엽이나 나뭇가지에 수분이 배어나오지 않을 정도의 적당한 습기가 항시 유지되어야 한다. 일조조건은 상대조도 10-20% 정도가 적당하다.

서식지 환경 조성은 우선 관목층과 초본층에 대한 적당한 예초작업을 하고, 베어낸 줄기나 가지를 1m 정도 길이로 가지런히 정리한다. 그 다음에는 숲속에 퇴적된 낙엽이나 나뭇가지를 혼합하여 2-3㎡ 정도의 면적으로 40-100cm 높이의 퇴비장을 만든다. 사용이 끝난 표고버섯 재배용 통나무 또는 톱밥 등이 입수 가능하거나 주변에서 베어낸 낙엽활엽수의 통나무가 있는 경우에는 이것을 적당히 잘라서 쌓아준다. 유충의 먹이는 이러한 식물의 잔재가 분해된 산물들이다. 통나무를 쌓아놓는 장소는 배수가 양호하고 빗물이 고이지 않는 곳이 바람직하다. 낙엽이나 나뭇가지를 쌓아두기 전에 미리 20cm 전후의 깊이로 경운을 해주면 유충의 고치 만들기가 더욱 용이해진다.

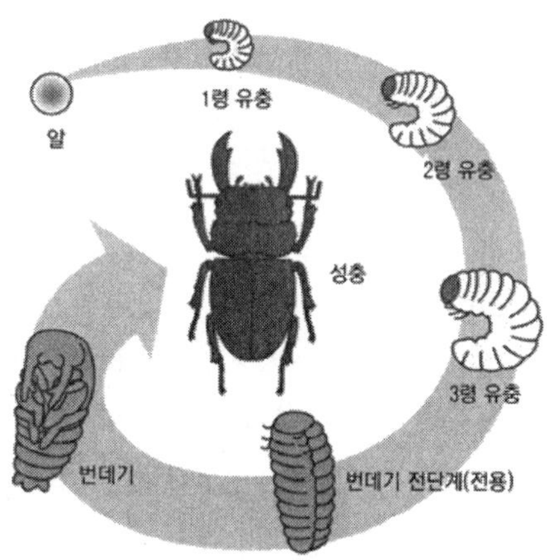

그림 2.84 사슴벌레의 한살이

서식지 조성을 위한 계획지 내 또는 그 주변에 사슴벌레의 서식지가 있는 경우에는 교미를 마친 암컷이 자연스럽게 이 퇴비장에 날아와 산란을 한다. 알은 2-3주 정도 지나면 1령의 애벌레로 변태하는데 2령, 3령 애벌레를 거쳐 번데기 준비단계(前蛹)에 이어 번데기, 그리고 성충이 된다. 이 과정에서 사슴벌레 종에 따라 걸리는 기간은 조금씩 다르지만 일반적으로 1년 이상이다. 보통 한 마리 암컷이 산란하는 알은 50-100개 정도이다. 자연 상태에서 개체수가 적은 경우에는 유충의 자연발생이 발견될 때까지 사전에 준비한 퇴비장에 매년 8-9월 상순경에 교미가 끝난 암컷을 인공적으로 방사한다.

사슴벌레 서식지는 화재, 택지 조성, 산성비, 농약 사용, 전자식 유인 살충등, 조림, 토양침식, 오프로드 차량의 출입 등에 의해 큰 위협을 받을 수 있다. 특히 곤충 채집자들에 의한 무분별한 채집활동은 개체수 감소에 큰 영향을 미칠 수 있다. 관상가치가 높고 인공사육도 가능한 사슴벌레는 일부 곤충애호가들에 의해 채집의 대상이 되고 있다. 미국에서는 1900년 제정된 레이시법(Lacey act)에 대해 1981년 광범위하고 포괄적인 수정동의가 이루어졌다. 실제로 1992년부터 미연방에서는 이 법안을 위반했다고 의심되는 개인 혹은 기관의 곤충표본에 대해 적극적인 단속을 한 사례도 있다.

(4) 나비

나비는 우리 주변에서 쉽게 볼 수 있는 곤충이다. 급격하게 도시화 하는 환경에서 팔랑이는 나비를 볼 수 있다는 것은 사람들에게 어메니티(amenity)를 제공할 뿐만 아니라 생태계 안정의 지표로 활용할 수 있다. 그러므로 비오톱 또는 나비 서식지 조성에 있어 중요한 것은 유충이 먹이로 하는 풀이나 나무의 육성이 반드시 필요하다. 무엇보다 나비의 식이식물과 성충이 꿀을 빨아먹을 수 있는 꽃이 피는 식물을 풍부하게 식재하는 것이 다양한 나비 종류를 불러오기 위한 첫 작업이다.

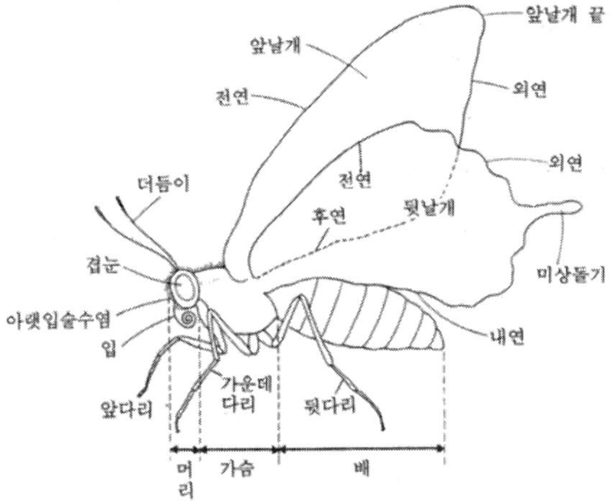

그림 2.85 나비의 몸 구조

나비는 밝은 환경을 좋아하여 낮에 주로 활동하지만, 숲 그늘과 같이 적당히 어두운 곳을 좋아하는 종들도 있다. 서식지 특성에 따라 초원성 및 숲 가장자리성 나비로 구분되는 노랑나비, 호랑나비, 표범나비 등의 종은 밝은 곳을 좋아하지만, 반대로 그늘진 곳을 좋아하는 뱀눈나비, 부전나비 등의 수림성 나비종도 있다. 또한 뿔나비나 유리창나비와 같이 강가의 모래밭에 모여드는 나비종류도 있다. 일반적으로 밝은 장소를 좋아하는 나비는 빛깔도 밝은색 계통인 흰색이나 노란색이 많고 그늘진 곳에 서식하는 종류는 검은 무채색 계통이 흔하다. 이와 같이 진한 무채색 빛깔의 나비는 태양의 복사열을 쉽게 흡수해 체온이 과다하게 올라가므로 그늘진 곳을 선호하는 경향이 있다.

나비는 곤충 가운데 완전변태를 하며 알에서 유충을 거쳐 번데기, 성충에 이른다. 알에서 성충에 이르기까지를 1세대라 하는데, 1년에 1세대를 거치는 종이 일반적이지만 2세대 또는 그 이상의 세대를 거치는 종도 있다. 1년에 2세대 이상을 거치는 종에 있어서, 동일한 종이라 할지라도 계절에 따라 형태를 달리하는 것을 계절형이라 하며 봄형, 여름형, 가을형 등이 있다.

계절형은 유충시기의 일조시간 길이에 의해 좌우되며 대뇌간부의 세포의 후

전샘(喉前腺) 기능에 관계한다고 알려져 있다. 또한 동일한 종에서도 계절형에서 따라 빛깔이나 크기가 다르게 나타나는 경우가 있다. 교미가 끝난 나비 암컷은 유충의 먹이가 되는 식물의 잎이나 줄기, 가지, 눈, 꽃에 알을 낳지만, 일부 종은 먹이가 되는 식물 주변에 낳는 것도 있다.

갓 부화한 유충은 영양이 풍부한 알껍질을 먹지만, 점차 자라면서 풀이나 나뭇잎을 먹고 자라게 된다. 특별히 부전나비 종류와 같이 진딧물이나 깍지벌레, 개미의 배설물 등을 먹는 종도 있다. 대부분 나비의 먹이가 되는 식물은 나비의 유인과 매우 밀접한 관계를 지닌다. 초원성 나비와 먹이 식물과의 관계를 표 2.21에 나타내 보았다. 이와 같은 초본류로 구성되는 초지에 있어서는 연 1-3회 정도 예초작업을 지속적으로 실시한다. 특히 초장 20-30cm 정도의 키가 낮은 초지와 초장 1-2m 정도로 키가 큰 초지를 모자이크상으로 육성관리하면, 이와 같은 종류의 나비의 정착을 촉진할 수 있다. 초지의 면적은 1개 식생 타입당 1a를 최소단위로 한다. 한편 수림성의 나비류와 먹이가 되는 식물과의 관계를 표 2.22에 나타내었다. 이와 같은 종류의 나비는 상수리나무, 졸참나무 등과 여러 종류의 잡목들이 생육하는 2차림을 유지, 관리함으로서 나비류의 정착을 기대할 수 있다.

표 2.22 초원성 나비류와 먹이식물과의 관계

먹이가 되는 식물 / 나비	참억새	새포아풀	바랭이	강아지풀	띠	주름조개풀	나도바랭이새	황새냉이	금불초	냉이	살갈퀴	토끼풀	비수리	싸리류	도둑놈의갈고리	칡	미나리	땅두릅나물	쑥	엉겅퀴	환삼덩굴	참소리쟁이	수영	괭이밥	중나리	오이풀	메밀	백선
부채나비	○	○	○	○	○	○	○																					
왕그늘나비	○	○	○	○	○	○	○																					
물결나비	○	○	○	○	○	○	○																					
줄나비	○	○	○	○	○	○	○																					
은줄팔랑나비	○	○	○	○	○	○	○																					
갈구리나비								○	○	○																		
배추흰나비								○	○	○																		
노랑나비											○	○	○	○	○	○												
남방노랑나비											○	○	○	○	○	○												
물결부전나비											○	○	○	○	○	○												
산호랑나비																	○	○										○
작은멋쟁이나비																			○	○								
남방씨알붐나비																					○							
작은주홍부전나비																						○	○					
남방부전나비																								○				
암끝검은표범나비																									○			
네발나비																					○					○		
굴뚝나비																				○							○	
호랑나비																												○

유충이 번데기가 되는 장소는 낙엽 속, 돌 아래, 나무줄기 속, 먹이 식물의 잎이나 가지 등으로 다양하다. 그러므로 초본층, 관목층, 교목층으로 식생 층위가 다양한 숲을 잘 조성할 필요가 있다.

표 2.23 수림성 나비와 먹이가 되는 수목과의 관계

나비 \ 먹이가 되는 나무	상수리나무	졸참나무	굴참나무	종가시나무	층층나무	황벽나무	팽나무	자귀나무	싸리류	등나무	산초나무	머귀나무	진달래	가막살나무	병꽃나무	생달나무	쥐똥나무	고추나무	풍게나무	자작나무	나무딸기
불빛부전나비	○	○	○																		
물결부전나비	○	○	○																		
옥색긴꼬리부전나비	○	○	○																		
금강석녹색부전나비	○	○	○																		
큰녹색부전나비				○																	
청띠제비부전나비					○					○					○						
청띠신선나비					○	○															
왕오색나비	○	○	○				○														
남방노랑나비								○	○												
뾰족부전나비										○											
호랑나비											○										
제비나비											○										
산제비나비												○									
쇳빛부전나비													○	○							
씨알붐나비																○					
푸른부전나비																	○				
모시나비																		○			
흑백알락나비							○												○		
신선나비																				○	
멧팔랑나비	○	○	○										○								○

1) 우리나라에 서식하는 나비의 특징

현재 지구상에 서식하는 나비의 종류는 약 20,000여종으로 조사되고 있으나 우리나라에서 볼 수 있는 나비는 8과의 251종으로 알려져 있다.

① 호랑나비과

주로 대형의 나비류로 빛깔이 아름다운 종이 많다. 열대에 많은 종이 분포하며 날개는 대형이고 미상돌기를 갖는 종도 있다. 유충은 앞가슴에서 후각을 내는 것이 많다. 번데기는 1쌍의 두각(頭角)이 있다. 우리나라에서 볼 수 있는 호랑나비과의 나비종은 애호랑나비, 꼬리명주나비, 모시나비, 산호랑나비(그림 2.87), 호랑나비, 제비나비(그림 2.88) 등이 대표적이다.

그림 2.86 왕오색나비

그림 2.87 산호랑나비

그림 2.88 제비나비

② 흰나비과

대부분이 중형이고 흰색, 노란색을 띄는 종이 많다. 유충은 매우 가늘고 길며 몸마디는 작은 고리마디로 나뉘어지고 털이 있으나 눈에 띄지는 않는다. 번데기는 머리에 1개의 돌기가 있다. 기생나비,노랑나비, 상제나비, 배추흰나비, 갈구리나비 등이 대표적이다.

③ 부전나비과

대부분이 소형인 나비류이며 몸 빛깔은 청남색이나 구릿빛의 금속광택이 나는 윗면을 지니는 종이 많다. 뒷날개에는 가는 미상돌기가 있는 것이 있으며 더듬이에는 흰 고리무늬가 있다. 유충은 해삼 모양이며 다소 납작하다. 번데기는 비교적 짧고 타원형이며 드물게 땅속에서 번데기가 되는 종도 있다. 선녀

부전나비, 암고운부전나비, 귤빛부전나비, 긴꼬리부전나비, 북방부전나비, 큰녹색부전나비, 산녹색부전나비범부전나비, 쇳빛부전나비, 물결부전나비, 남방부전나비, 먹부전나비, 푸른부전나비, 부전나비, 산부전나비 등이 대표적이다.

④ 뿔나비과

주로 소형종이며 우리나라에는 뿔나비 1종만이 서식한다. 작은 턱수염이 길게 뻗어 나와 있다. 유충은 배추벌레형 또는 해삼형이 있다.

⑤ 왕나비과

대형 또는 중형의 나비류이다. 주로 따뜻한 지역에서 많이 볼 수 있고 검은색, 옅은 황색, 흰색 등의 얼룩무늬가 아름답다. 우리나라에는 왕나비 1종이 있다. 일반적으로 고약한 냄새를 발산하여 천적인 조류 등으로부터 자신을 보호한다.

⑥ 네발나비과

주로 중형 크기인 나비류로 가장 종류가 다양하다. 빛깔이 선명하고 날개에 아름다운 무늬를 지니는 종이 많다. 유충은 원통형으로 가시돌기가 있거나 앞뒤에 긴 돌기를 가진다. 번데기는 특징적으로 혹이 있거나 모가 난 것이 많다. 어리표범나비, 작은표범나비, 큰표범나비흰줄표범나비, 은줄표범나비, 줄나비, 제일줄나비, 참줄나비, 굵은줄나비, 애기세줄나비, 두줄나비, 황세줄나비네발나비, 큰멋쟁이나비, 황오색나비, 오색나비, 왕오색나비 등이 대표적이다.

⑦ 뱀눈나비과

중형에서 소형인 나비류로 갈색 계통의 어두운 빛깔을 띄는 종이 많다. 눈알모양이나 고리 모양의 무늬를 지닌다. 주로 그늘진 곳에서 많이 서식한다. 유충은 배추벌레형이며 번데기는 머리에 뾰족한 돌기를 지니는 종도 있다. 애물결나비, 물결나비, 참산뱀눈나비, 굴뚝나비, 왕그늘나비, 알락그늘나비, 먹그늘나비, 부처사촌나비, 부처나비, 봄처녀나비, 먹나비, 가락지나비 등이 대표적이다.

⑧ 팔랑나비과

소형의 나비류로 더듬이는 밑뿌리가 좌우로 떨어지고 끝이 완만하게 부풀며 갈고리 모양을 한 것이 많다. 유충은 배추벌레형이고 번데기는 머리에 뾰족한 돌기가 있는 것도 있다. 푸른큰수리팔랑나비, 왕팔랑나비, 멧팔랑나비, 줄꼬마팔랑나비, 유리창떠들썩팔랑나비, 줄점팔랑나비, 제주꼬마팔랑나비 등이 대표적이다.

2) 성충의 서식환경

여기에서 우리나라의 대표적인 나비이며 거의 전국에서 볼 수 있는 호랑나비 종류를 대상으로 서식환경 보전에 요구되는 설계관리 지침을 논하고자 한다. 이 나비 속(*Papillo* sp.)에 해당하는 나비는 우리들이 가장 친숙한 호랑나비를 비롯하여 산호랑나비, 제비나비, 긴꼬리제비나비, 산제비나비 등이 있다. 특히 이들 가운데 산호랑나비 및 긴꼬리제비나비 등은 점차 개체수가 감소되고 있는 경향을 나타내고 있으므로 기존의 서식지 보전이 우선하는 과제가 되고 있다.

호랑나비류 유충의 먹이는 산초나무, 초피나무, 상산, 황벽나무, 탱자나무, 백선 등의 운향과 식물을 먹고 사는 것으로 알려져 있다. 또한 나비 성충은 동자꽃, 곰취, 수리취, 엉겅퀴, 솔채꽃, 중나리 등의 초본류를 비롯하여 정향나무, 싸리, 아카시나무, 자귀나무, 누리장나무, 산초나무, 무궁화, 신나무, 쪽동백, 고추나무 등의 목본류 꽃의 꿀을 즐겨 빨아먹다. 그러므로 이와 같은 나비의 서식지를 조성하는 기본적인 방침은 식이식물과 나비에게 꿀을 제공할 수 있는 꽃이 피는 식물들이 원활하게 자랄 수 있는 숲을 만들어주는 것이 바람직하다. 즉, 햇볕이 잘 들어갈 수 있는 각종 잡목으로 구성된 2차림의 관리가 필요하다.

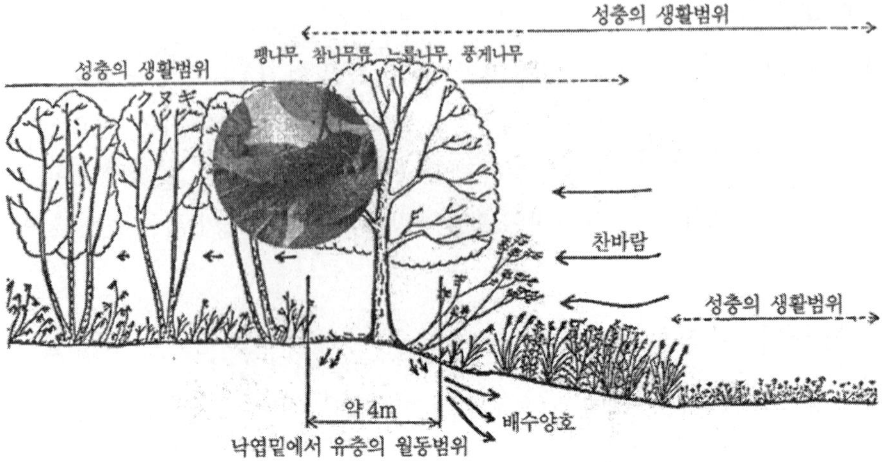

그림 2.89 왕오색나비의 서식환경

가능하다면 성충의 서식지는 최저 100ha 정도로 햇볕이 적당히 들어갈 수 있도록 관목과 일부 교목류로 이루어진 2차림이 필요하다. 또한 이들은 보통 울창한 수림보다는 일반적인 평지나 얕은 구릉지에서 서식하는 종이 많으므로 도시의 적절한 환경림 조성에 의해서 효과적으로 유치 가능한 나비이다. 유충의 서식에 필요한 산초나무가 우점하는 수림지의 최소면적을 더하면 호랑나비류의 서식환경을 조성하기 위한 숲의 기본면적은 100ha 이상이라 할 수 있다. 성충은 대부분이 2회 또는 그 이상이 출현하므로 출현기간은 5월경의 봄형과 7월 중순에서 8월경의 여름형이며 운향과의 목본성 식물 잎에 주로 산란을 한다. 성충의 서식에 요구되는 공간배치는 산초나무, 초피나무가 혼재하고 드물게 황벽나무가 생육하는 숲을 조성하는 것 이외에도 나비가 날아다닐 수 있는 넓은 공간에는 산형과 식물이나 꽃이 피는 초본성 식물이 자라는 초지대가 적당히 필요하다.

그림 2.90 싱가포르 센토사섬의 나비공원

3) 유충. 애벌레의 서식환경

유충의 먹이가 되는 식물은 탱자나무, 산초나무와 같은 운향과 식물이다. 우리나라에서 운향과 식물은 종에 따라 내한성의 제약에 의해 지역에 따라서는 식재가 불가능한 종류도 많다. 예를 들어 개산초, 상산, 초피나무, 탱자나무, 귤나무 등은 남부지방에서나 식재가 가능한 수종들이다.

일반적으로 운향과 식물은 비교적 햇볕이 잘 들고 토양은 물빠짐이 좋은 양지 또는 반그늘에서 상수리나무, 졸참나무 등과 혼재한다. 호랑나비류를 증식시키기 위해서는 우선 자생하는 운향과 식물 주변에 있는 교목을 베어버리거나 적절하게 광선이 들어갈 수 있도록 줄기나 가지를 정지, 전정하여 운향과 식물의 생육조건을 양호하게 해준다.

남부지방인 경우에는 숲 가장자리에 탱자나무, 왕초피나무 또는 상산 등을 인위적으로 식재해주는 것도 바람직하다. 산초나무는 다른 수목들과도 잘 어울려 생육하므로 큰 관리가 없이도 숲을 조성할 수 있다.

5. 파충류. 양서류. 어류의 생태와 서식환경의 설계

각종 개발은 야생생물의 서식과 대립하는 경우가 많고, 그 행위자체가 서식지를 소멸시키게 된다. 자연의 종, 생태, 유전자 다양성을 유지하고 있는 질 높은 녹지공간을 창조하기 위해 각종개발에 있어 충분한 사전조사를 반드시 실시해야 한다. 또한 서식하는 생물의 종류와 밀도, 생태를 조사하고 그 결과를 기초로 보전대책을 실시할 필요가 있다. 일반적으로 사람들의 이용이 많은 공원녹지 및 자연공원 등에 대해서는 서식하는 생물을 적극적으로 활용하거나 이미 소멸된 생물의 서식지를 회복시키는 것도 중요한 과제이다.

(1) 파충류

파충류는 거북이, 뱀, 도마뱀 등이 포함된다. 이 가운데 남생이 및 자라 등의 육수성(陸水性) 거북이류는 주로 호수나 웅덩이 및 하천에 주로 서식한다. 이러한 거북이류의 암컷은 산란기가 되면 수변을 일시적으로 떠나 주변의 숲 등지로 이동하여 흙 속에 산란한다. 보통 산란지와 서식지와의 왕복 루트는 일정한 경우가 많고 그 도중에 도로와 같은 구조물이 건설되어 그 루트가 차단되면 거북이의 산란행동이 저해된다.

일본에서의 사례를 살펴보면, 히로시마(廣島)현 내의 거북이 서식지에 고속도로가 건설되어 거북이 이동통로를 차단함으로서 거북이 암컷의 상당수가 달리는 자동차에 충돌하여 죽었다는 조사보고서가 있다. 이후 거북이의 지역 개체군의 보전과 자동차의 안전한 주행을 확보하기 위한 목적으로 거북이의 습성에 적합한 안전한 횡단용 도랑을 비롯하여 거북이 진입을 막기 위한 도로변의 차단시설 등이 계획되었다. 우리나라에서 야생 거북이 서식지 대상지 계획은 특별히 보고된바 없으나 멸종위기에 처한 뱀 종류의 서식지 보전과 환경복원은 시급하다.

뱀 종류는 팔, 다리가 퇴화하고 몸이 가늘고 길게 진화한 파충류이다. 뱀의 몸은 전체적으로 비늘이 있으며 종에 따라 비늘의 수와 모양이 다르다. 도시화에 의해 서식지가 파괴되고 농약의 무분별한 살포와 일부 사람들에 의한 남획에 의해 뱀은 급격하게 개체수가 줄어든 대표적인 파충류이다. 또한 사람들에게 본능적으로 혐오와 공포를 불러 일으켜 기피당하는 동물이다. 일부 자생뱀 중에는 맹독을 지니는 종도 있으므로, 도시 주변에 인위적인 서식지를 조성하는 경우는 없다. 그러나 뱀 종류는 환경변화에 취약하고 생태계 먹이사슬 유지에 중요한 역할을 하는 생물이며 현재 멸종위기에 처한 종이 많다. 또한 모든 뱀 종류는 육식성이므로 먹이가 되는 소동물의 서식환경을 충분히 고려해야만 한다. 기존의 뱀 종류가 서식하는 장소를 보전하거나 종이 안정적으로 유지될 수 있도록 서식지 환경을 인위적인 관리해야 한다.

뱀은 다리가 없기 때문에 이동할 때 배비늘(腹鱗)을 지면의 돌출부에 걸리게 하여 이동하는 것이 보통이다. 그러므로 비에 젖은 미끄러운 아스팔트 포장면은 뱀이 이동하기에 상당히 어려운 조건이다. 특히 뱀은 번식과 먹이 섭취 및 휴식을 위해 수시로 이동하므로 산악도로를 횡단하는 도중에 주행하는 차량에 압사하는 사례가 많이 나타난다. 뱀의 이동과 서식지 보전을 위해 안전하게 이동할 수 있는 파이프(pipe)형 이동통로를 간단히 조성해줄 수 있다. 보다 규모가 큰 경우에는 배수로를 겸할 수 있는 도랑형으로 조성해주는 것이 좋다. 뱀의 원활한 이동을 위해 파이프나 도랑에는 흙으로 지면을 덮고 항시 습기가 유지될 수 있는 조건으로 관리한다.

(2) 양서류

양서류는 개구리, 두꺼비, 도롱뇽 등이 포함된다. 양서류의 주요 서식지는 숲속, 초지, 습지, 호수나 웅덩이 주변, 논 가장자리와 같이 샘물이 고이는 곳 등이다. 산란은 항시 습기가 충분한 호수나 하천 등지에서 행하는 종들이 많다. 그러므로 파충류와 마찬가지로 서식지와 산란지와의 사이에 도로나 구조물이 건설되면 이동 루트가 분단된다.

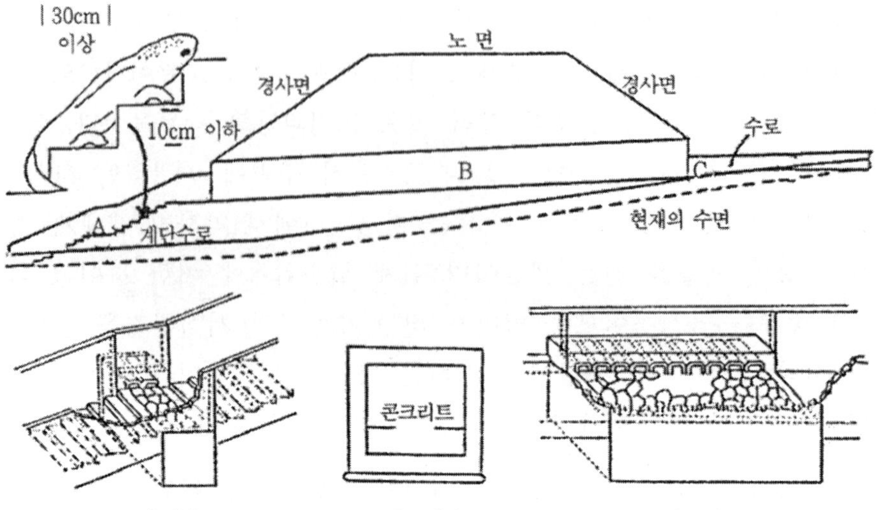

A 휴게장소 : 각 계단수로의 상단부와 하단부 및 계단의 10개 걸러 설치한다.
B 수로터널 : 유속이 너무 바르지 않도록 구배는 5%이라호 하고 그 이상의 경우는 계단수로로 한다.
C 휴게장소 : 수로의 중간에 50m 정도 간격으로 1개소를 설치한다.

그림 2.91 도룡뇽이 상류쪽으로 거슬러 올라가도록 배려된 수로계획(일본 道路公團, 1985)

서식지의 분단은 양서류의 산란행위가 저해되고 이동 중 개체가 사고를 당해 개체군이 쇠퇴할 가능성이 높다. 우리나라에서는 대부분의 양서류들이 논이나 수로 주변에 많이 서식하고 있다. 최근 농경지의 관개작업을 위해 조성한 콘크리트 농업용 수로를 통해 필요에 따라 물을 공급하고 차단하는 관리를 하고 있다. 이와 같은 농업용수의 관리는 갈수 시에 양서류들의 서식에 크게 영향을 미치고, 수로에 빠진 양서류들에게 악영향을 미친다는 보고도 있다.

산란기를 맞이한 개구리는 수변에 모여든다. 독일 남동부의 바이에른(Bayern)주에서는 개구리가 도로를 횡단하지 않고도 산란지에 도달할 수 있도록 도로를 건설할 때 산란용 대체 웅덩이를 인공적으로 조성하거나 도로 하부에 횡단용 도랑을 만들어 주고 있다.

산란용 웅덩이를 조성하는 경우에 도로와는 차폐벽을 설치하고 개구리가 안심하고 휴식을 취하고 일광욕을 할 수 있는 녹지와 돌더미를 만들어준다. 또한 물에는 몸을 숨기고 알을 낳을 수 있는 수생식물 식재가 필요하다. 또한 웅덩이의 수심 및 호안 조성도 산란과 올챙이들의 성장에 적합한 구조를 조성해준다. 횡단용 도랑의 경우에는 밑바닥이 항시 적당한 습기를 유지할 수 있는 흙과 낙엽 등을 깔아주어 개구리의 성질에 알맞은 세심한 배려가 필요하다.

일본에서는 국가에서 지정한 천연기념물인 큰도롱뇽의 서식지인 오까야마현(岡山縣) 유바라초(湯原町) 가와카미촌(川上村)에서 종의 서식지 보전을 위해 조성하였다. 큰도롱뇽이 환경에 적응하여 개체군 유지를 할 수 있도록 하천의 종단구배 및 종횡단면의 모양, 물의 흐름 등을 학술적으로 조사하여, 그 결과를 바탕으로 하천의 적절한 개수공사를 계획하였다(그림 2.91).

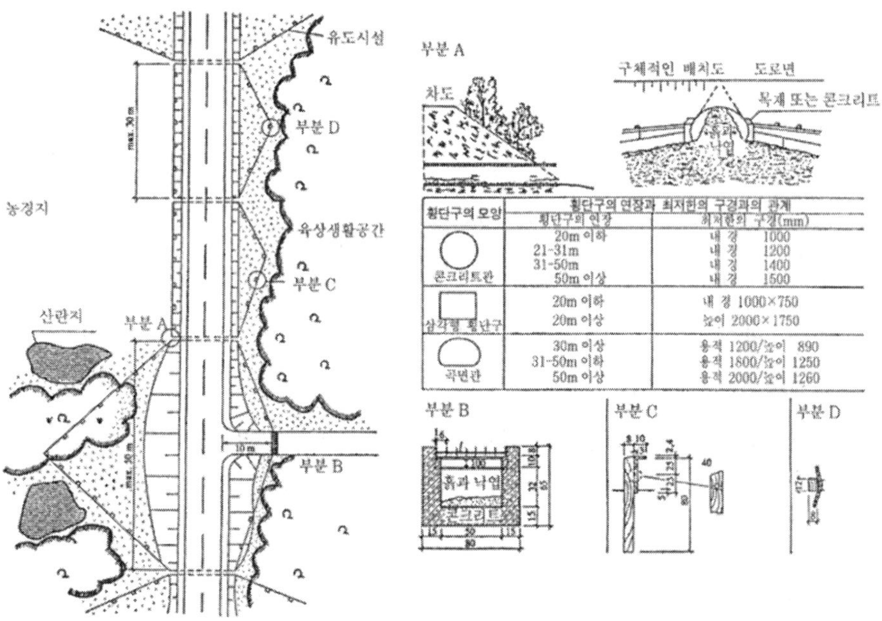

그림 2.92 도로에 유도담을 설치한 양서류들의 간이 횡단구(簡易橫斷構)

(3) 어류

우리나라의 호수, 연못, 하천 등지에 서식하는 담수어류를 보전하기 위해 물의 수질, 유속, 수량 이외에 서식지의 호안 및 물 밑바닥, 어도(魚道)의 구조에 대해서 충분히 이해할 필요가 있다. 담수어류인 우리나라의 민물고기는 약 170종정도가 알려져 있다.

담수어류는 생태적인 특성에 따라 1차 담수어와 2차 담수어로 구분된다. 일생동안 민물에서만 사는 어류를 1차 담수어라 하며 바닷물과 민물을 드나드는 종을 2차 담수어라 한다. 붕어, 잉어, 각시붕어, 납자루, 피라미, 끄리, 송사리, 꺽지, 동사리 등은 1차 담수어이며, 뱀장어, 칠성장어, 황어, 은어, 송어, 연어 등은 2차 담수어이다. 그러므로 어류는 종에 따라 서식환경이 다를 뿐만 아니라 먹이 및 환경 적응성도 다르다. 동일한 담수어류 종에 있어서도 성장단계에 따라 생육환경이 크게 다르게 요구된다.

담수어류의 다양성을 유지하기 위해서는 종의 생육단계에 알맞은 서식환경을 조성해주는 것이 중요하다. 특히 어류의 산란과 서식을 위한 어소로 활용될 수 있는 다양한 수생식물의 도입이 가장 효과적이라 할 수 있다. 그러나 보다 효과적으로 구조물의 설치에 의해 종수는 물론 개체수의 증가 효과를 얻을 수도 있다. 또한 담수어류는 서식지의 차이뿐만 아니라 먹이에 의해서도 서식지의 독특한 환경을 요구한다. 예를 들어 가물치, 동사리, 쏘가리 등의 육식성 어류는 먹이가 되는 작은 물고기의 서식환경도 중요하다.

예를 들어 황어, 잉어, 뱀장어 등과 같은 대형 민물고기류를 위한 어초 및 소형 물고기들이 숨을 수 있는 나무로 만든 침상 및 목책, 돌무더기, 콘크리트 구조물 등을 수중에 설치할 수 있다. 또한 물고기들의 산란지 확보와 치어들의 서식환경 보전을 목적으로 한 웅덩이도 필요하며, 멸종위기의 희귀한 물고기나 보전가치가 높은 물고기가 서식하는 웅덩이 또는 하천은 보호지로 지정하는 방안도 필요하다. 나아가 담수어류 서식에 적합한 인공 하천과 인공 웅덩이의 조성도 어류 서식지의 보전방안으로 상당한 성과가 있다.

표 2.24 먹이에 따른 주요 담수어류 구분

먹이 섭식 특성	담수어류 종류
육식성	뱀장어, 웅어, 끄리, 강준치, 메기, 미유기, 산천어, 드렁허리, 쏘가리, 꺽지, 동사리, 가물치,
초식성	초어(외래종), 새미, 배가사리, 은어
잡식성	잉어, 붕어, 각시붕어, 납자루, 납지리, 참붕어, 몰개, 돌마자, 버들치, 피라미, 미꾸라지, 송사리

제 5 장
자연보호구 조성

1. 자연보호구의 개념

(1)자연보호구의 목적과 개요

1) 자연보호와 자연보호구의 개념

자연이 우점하고 있는 장소에서 구체적인 목적의 자연보호를 실현하기 위해 보호구가 설정된다.

자연보호구(nature conservation area)라 하는 것은 일반적으로 "어떤 구역(수역을 포함)을 설정하고 그 범위 내의 경관, 지형, 지질, 동식물 등의 자연을 보호하는 목적으로 설정하는 공간" 으로 정의된다.

보호의 대상이 되는 자연은 지형, 지질, 수계 등의 비생물적인 것과 동물, 식물 등의 생물적인 것으로 크게 구별되지만, 이들은 상호간에 밀접한 관계를 지니고 생태계를 구성하고 있다. 그러므로 여기에서 다루는 자연보호구는 생태계의 보호구 또는 생태학적인 개념으로서의 경관 보호구라고 바꾸어 말할 수도 있다.

자연 보호는 여러 가지 의미를 내포하는 용어로서 다음과 같은 개념이 포함된다.

엄정한 보호(strict protection)는 단순하게 보호(protection)로 표현하는 경우도 있으며, 보호의 대상이 되는 생태계 전체를 보호하고 덧붙여 일체의 인위적 영향을 배제한다. 자연 발생에 의한 산불 및 자연림의 병해충 발생, 태풍에 의한 나무의 도복 등과 같은 생태계의 변화에 대해서 방치한다. 이와 같은 생태계의 자연적인 변화는 "동적인 생태계의 변화 프로세스"라고 하며, 그 자체를 보호한다. 엄정한 보호를 시행하고 있는 자연보호구의 예로서는 미국의 국립공원에 있는 원시 지역(wilderness area)이 있다.

보존(preservation reservation)은 대상의 현재 상태 유지에 중점을 두는 것이기 때문에, 이것을 변화시키고자 하는 인위적 및 자연적 경영력을 모두 배재하는 것이 원칙이다. 그러나 경우에 따라서는 보존대상의 변화를 정지시키기 위해 필요에 따라 최소한의 인공을 가하는 경우도 있다. 호소지역의 경관은 긴 세월동안에 토사 퇴적 등에 의해 자연적으로 변화해가지만, 이것을 없애버리는 것에 의해 현 상태 그대로를 유지할 수 있는 것은 보존의 예라 할 수 있다.

보전(conserrvation)은 생태적 용량(ecological capacity)의 범위 내에 있어 대상의 지속적인 이용이라는 개념이다. 그 토지가 지니는 잠재적인 힘을 불가역적으로 저하시키지 않는 범위 내에서의 농림업 및 레크리에이션 이용은 보전적 이용에 해당하며, 2차림이나 2차초원이라고 하는 반자연 경관은 이와 같은 이용에 의해 유지되고 있다.

복원(재생; restoration)은 파괴된 자연을 회복시킨다는 개념이다. 파괴된 습원식생을 복원고자 시도하는 작업이 대표적인 예라 할 수 있다.

자연보호구를 계획하는 경우에 이와 같은 개념들 가운데 어떤 수준이 적절할까를 결정하는 것은 대상구역의 자연의 질 및 규모에 대응하여 검토하는 것이 중요하다. 좁은 의미의 자연보호구는 사람들의 이용과 같이 환경에 영향을 줄 수 있는 모든 인위적 영향을 배제하고 엄정한 보호를 행하며 과학적인 연구 조사만을 허락하는 구역으로 한다. 여기에 대비하여 넓은 의미의 자연 보호구는 자연공원 등과 같이 레크레이션 이용을 인정하는 것과 일정한 관리행위에 의해 반자연 상태를 유지하는 것 나아가서는 도시 내에 생태공학에 의해 생태계를 복원시키는 것 등을 포함하여 보존, 보전, 복원 등의 방법을 적절하게 적용하는 구역이다.

2) 자연보호구의 목적과 종류

과학적 규모로서의 환경문제가 심각하게 진행되고 있는 것에 대응하여 자연보호구가 지니는 역할도 다양화되고 있다. 인류의 활동이 지구의 구석구석에까지 뻗어 다양한 환경오염이 발생하거나 생태계의 밸런스가 무너지고 있다. 결국 인류 자체의 생존까지도 위협을 받는 위험성이 발생하고 있다. 지구 각 지역에서 다양한 환경레벨에 대응한 자연보호구가 짊어지고 있는 역할은 매우 중요하다. 장래에는 넓은 의미의 자연보호구에 대해서 요구되는 역할과 거기에 어울리는 규모, 배치, 관리방침 등을 분명하게 하여 계획할 필요가 있다. 그러므로 자연 보호구의 역할(설정의 목적)의 분리와 계획 수준에 대응한 이론적인 계획론이 중요하다.

대상이 되는 공간은 실제적으로는 몇 가지의 보호 목적을 복합적으로 지니는 경우가 많다. 또한 보호구를 계획하는 경우에는 대상이 되는 공간의 생태계 구조와 기능이 개개의 보호 목적과 어떻게 대응하는 가를 분명하게 해두는 것이 중요하며 그것에 의해 주목적과 부차적인 목적에 알맞는 계획을 입안하는 요구된다.

표 2.25 자연보호구의 설정목적

대분류	소분류	내용
자연보호	생물보호(동물·식물 등)	동식물과 그 생육환경·서식환경의 보호를 포함 개체, 종(개체군) 보호, 군집보호의 각 수준을 포함
	비생물보호	지형, 지질보호
지속적 개발·자원이용	유전자 자원 보호	잠재적인 이용가능성을 갖는 유전자 자원의 진화 가능한 상태에서의 보호
	개발 모델의 보존	자연환경과 조화된 개발모델의 보존
	수렵·어로·채취의 대상이 되는 생물자원의 보호	생물자원의 적정한 관리에 의한 영속적인 이용
환경보전	대기환경, 수질환경, 토양환경 등의 보전	지구 레벨-지역레벨의 각 레벨에 따른 환경보전(환경조절) 기능유지
	재해방지	위와 같은 각 레벨에서의 재해의 방지
학술연구	자연생태의 연구	자연생태 연구대상의 보호
	모니터링	시간적 변화에 따른 자연환경의 모니터링 지구환경의 변화 지표 기능
문화유산보호	역사적 환경이나 특수한 토지이용경관의 보호	인류학적, 민족학적, 역사 민속학적으로 가치가 있는 역사적 환경이나 토지이용 경관의 보존과 보호
교육·레크리에이션	환경교육	자연물 그 자체 또는 자연과 인간과의 관계를 연구하는 장소와 대상의 보호
	레크리에이션의 이용	각종 야외활동, 휴양 이용, 문화나 예술을 통해 영감을 얻을 수 있는 장소의 보호

IUCN(국제자연보전연맹 ; International Union for Conservation of Nature and Natural Resources)의 국립공원 및 보호지역위원회는 자연 보호구를 다섯 개의 범주로 유형화하고 그 선정과 관리 기준에 대해 규정하고 있다. 그러나 지구상의 여러 나라의 현실에 따라서는 반드시 IUCN의 유형대로 따라갈 필요는 없다.

특히 주요한 자연보호구에 대해서 그 설정의 사고 방법을 논한다.

① 학술적 보호구

학술적 보호구(nature protection area)라고 하는 것은 좁은 의미의 자연보호(protection)를 주목적으로하여 설정된 보호구이며 IUCN의 분류에는 유형Ⅰ(scientific reserve)에 해당한다. 학술적 보호구는 인위적인 영향을 절대적으로 배제하고 그 환경 내에서 성립하는 가장 잘 발달한 생태계를 보호해 가는 것을 목적으로 하고 있으며 거기에서 허용되는 이용형태는 학술적 조사와 까다로운 컨트롤을 기초로 한 자연조사만으로 한정한다. 이와 같은 절대적인 보호구는 미국의 원시지역의 설정을 위해 고려된 것이지만 그 후 세계 각국에서 원생상태를 지니는 전형적인 생태계를 보전하기 위하여 설정되고 있다. 일본에서는 자연환경보전법에 의해 원생 자연환경 보전지역(原生自然環境保全地域)과 임야청(林野廳) 관리 하에 있는 수림생태계 보호지역이 여기에 해당한다.

② 국립공원

국립공원(national park)은 빼어난 자연의 경관을 보호하는 것과 더불어 그것을 적절하게 이용하는 것을 목적으로 하는 자연보호구라 할 수 있다. 보통 국가에 의해 설립되고 관리되는 것이 일반적이다. IUCN의 분류에는 유형Ⅱ(national park)에 해당한다. 국립공원은 육지영역뿐만 아니라 산호초 등과 같이 귀중한 해상경관의 보호를 목적으로 해역도 포함하는 경우도 있으며 그 구역은 해상공원(maritime park)이라고 불린다.

국립공원은 IUCN에 의해 다음과 같이 정의되고 있다.

국립공원이란 비교적 방대한 구역이며 다음과 같은 특성을 지닌다. 우리나라에서는 환경부에서 주업무를 담당하고 산하기관인 국립공원공단에서 관리한다.

- 인간의 개발 및 점거에 의해 개변되지 않은 하나 또는 여러 개의 생태계가 존재하며 동식물의 종, 지형적 입지, 서식환경에 특별한 과학적, 교육적, 레크레이션적 중요성이 있거나 또는 대단히 아름다운 자연경관을 포함하고 있다.

- 정부기관이 구역에 대한 개발 및 점거에 대해 최대한 신속하게 보호 또는 배제조치를 행하고, 설치의 기본이 된 생태적, 지형적, 미적인 특징을 존중한다.
- 내방객들에 대해서는 특별히 관리된 상태의 제한된 구역에서 감응적(inspiration), 교육적, 문화적, 레크레이션 목적에 의한 이용이 허용되는 장소이다.

IUCN의 정의에 의하면 국립공원의 목적은 크게 자연보호(nature conservation), 레크레이션 이용(recreation), 환경교육(enviromental education), 인스피레이션 체험(inspiration) 등으로 정리할 수 있다.

국립공원은 자연경관의 보호와 이용이라고 하는 2가지 상반된 목적을 한 구역 내에서 실현하기 위해 토지이용상의 경합이 생길 수도 있다. 그러나 자연경관이 어느 정도인가에 따라 이용의 정도가 고려되기 때문에 자연경관의 보호가 이용에 대해 우선적으로 고려되어야 할 사항이다.

③ 천연기념물

천연기념물(natural monument)은 특징적이며 학술적인 가치가 있는 지형지물이나 동식물 등을 보호하는 것이다. IUCN의 분류에 의하면 유형Ⅲ(natural monument/natural landmark)에 해당한다. 우리나라에서는 문화재청에서 지정 및 관리를 담당하고 있다. 일본에서는 습원과 같은 특별한 구역을 지정하고 있는 곳과 동식물 종 등을 지정하고 있다.

그림 2.93 해남왕벚나무 자생지 천연기념물 제173호

④ 야생생물 보호구

야생동물 보호구(wild protection/conservation area)는 야생동물의 서식지 보호를 목적으로 하고 있다. IUCN의 분류로는 유형Ⅳ에 해당한다. 일본에서는 조수보호(鳥獸保護) 및 수렵에 관한 법률로서 조수보호구 및 각종 야생동물 생츄어리(sanctuary)가 여기에 해당한다. 야생동물 보호구는 수렵의 대상이 되는 동물을 보존적으로 이용하기 위하여 설정하기 시작한 것이며 자원보호가 목적이었지만 현재에는 대형 포유류 및 조류 등의 야생동물 보호를 목적으로 설정하는 경우가 많다.

그림 2.94 참작약, 백작약 자생지 보전

⑤ 경관보호구

경관보호구(landscape conservation area)는 인공이 어느 정도 가해진 반자연 지역에서 아름다운 경관을 형성하고 있는 곳으로서 농림업 등에 의한 토지이용에서 볼 수 있는 경관가치가 있는 지역을 가리킨다. IUCN의 분류로는 유형Ⅴ(protected landscape or seascape)에 해당한다. 우리나라의 국립공원 이외의 도립공원, 또는 군립공원 등과 같이 농촌 및 산촌지역에 있는 2차적 자연이 높은 비율로 포함되는 자연공원이 여기에 해당된다. 자연보호구에 있어서 경관파괴를 방지하면서 그 지역을 지속적으로 이용해갈 수 있는 계획과 관리 기술이 요구된다.

3) 생물적 다양성 유지

① 생물적 다양성의 고려 방법

자연보호구를 설정하는 경우에 그곳에 생물적 다양성을 유지하기 위해 면적, 형상, 분포, 보호구 상호간의 연결 등을 검토한다. 특히 오늘날의 우리 인류는 삶의 유지에 필요한 자원을 기본적으로 생물종 및 생태계의 다양성과 변이성에 의존하여 살아가고 있다고까지 말할 수 있다. 그러므로 생물적 다양성은 우리의 의식주를 주관하고 인류문화의 형성과 발달에 필요한 사회적, 문화적, 심미적, 정신적 가치까지 제공하는 존재라 할 수 있다.

생물적 다양성(biological diversity)이란 일정한 집단에 있어서 생태계, 생물종, 유전자의 수를 비롯한 빈도를 포함한 자연의 다양성 정도를 나타내는 포괄적 개념이면서 유전자의 다양성, 종의 다양성 및 생태계의 다양성 등과 같은 3가지 레벨로 생각할 수 있다. 유전자 다양성이란 생물개체의 유전자에 포함되어 있는 유전정보 전체를 일컫는다. 종의 다양성은 생물종의 다양화에 의해 표시된다. 현재 전 세계적으로 기록되어 있는 종은 약 175만종에 이르지만 상당수의 미기록종이 존재한다고 추정되고 있다. 그러나 오늘날 사람들의 인위적 개발행태에 따른 생태계 훼손에 의해 생물종은 급격히 감소 추세에 있다. 감소되는 종수는 매일 30-300종에 이른다고 추정되고 있다. 이와 같은 종의 감소현상은 우리가 이용할 수 있는 생물자원이 소실되고 우리가 살고 있는 쾌적한 환경과 생활의 터전을 상실한다는 의미이기도 하다.

생태계의 다양성은 생물의 서식환경(habitat), 생물군집(community), 생태프로세스(biological process)의 다양화에 의해 표시된다. 이 3가지 레벨의 다양성은 상호간에 밀접한 관련을 지니며 생태계 다양성이 클수록 많은 종이 서식 가능하고 결과적으로 다양한 유전자가 존재할 수 있게 된다.

일반적으로 생물종의 다양성을 문제로 삼는 경우에 종의 풍부함(species richness)과 우점도의 균등성(equitability)의 2가지가 중요하다. 다양성의 척도로 여러 가지 방법이 제안되고 있지만 다음과 같은 식으로 표시되는 Fisher에 의한 다양성 지수α가 자주 이용된다.

$$S = \alpha \log e\ (1 + N/\alpha)$$

이 식에서 S : 총 종수(總種數), N : 총 개체수(總個體數), α : 다양성 지수(多樣性指數)

② 보호구 계획의 배려 사항

보호구를 계획하는 경우에 고려해야할 사항(Frankel O. H.와 Soule M. E. 1981)으로 다음과 같은 4가지 사항을 들고 있다.

첫 번째는 질병으로서 보호대상이 되는 종이 전염병에 의해 전멸하거나 대부분이 멸종하는 가능성이 있는 것을 배려해야 한다. 이미 단독의 보호구로서만 생존할 수 없는 종은 질병에 의해 완전히 멸종되어버릴 가능성이 크다. 또한 보호구가 가축이나 재배작물 등을 기르는 넓은 농경지대로 둘러싸여 있는 경우에는 그것이 감염원이 되어 보호구내로 질병이 전염될 수 있는 위험성이 크게 된다. 그러므로 어떤 종을 대상으로 보호구를 지정하는 경우에는 최소한 2개 이상의 장소를 보호구로 분산시켜 보호할 필요가 있다.

두 번째는 군집생태학을 기초로 한 생물군집의 안정성에 관한 배려이다. 안정성에는 최고차 소비자인 대형의 육식동물, 초식동물, 식물 수분을 위한 매개종 등이 특히 큰 역할을 담당하고 있으며 이들은 중추종(keystone species)이라 불리운다. 보호구의 생물군집의 안정에는 중추종의 보호가 매우 중요하다. 이와 같은 생물종들이 결여된 상태가 되면 동물 개체군 밀도의 조절기능 및 식물의 교배, 식생의 갱신 등에 지장이 초래된다. 예를 들어 일본의 경우에 늑대가 전멸하고 나서 노루나 사슴과 같은 대형 초식 포유류의 개체수에 대한 자연조절이 불가능하게 되었다. 따라서 노루와 같은 초식성 포유류의 개체수가 급격히 증가되어 먹이가 되는 식물종들이 파괴되는 원인이 되고 있다.

세 번째는 유전학에 기초를 둔 배려로서 이것은 보호구의 장기적인 생물적 완전성과 다양성 유지에 매우 중요하다. 보호 유전학에 기초를 둔 집단규모로서 장기간에 걸쳐 일어나는 자연현상에 의해 발생되는 유익한 유전자의 도태를 방지하기 위해 최소한 종 개체수를 500이상의 개체군으로 한다. 그러나 보호구의 계획 실무상 모든 종을 대상으로 이 원칙을 적용하는 것은 실제로 곤란하기 때문에 이 원칙을 적용하는 데에는 하나 이상의 종을 선택한다. 대상종으로는 중추종 가운데 가장 서식밀도가 낮은 종을 선택하지만 보통 대형 육식동물이 된다. 대형의 육식 포유류 또는 조류를 이 원칙의 적용 종으로 하는 것은 이들 종이 서식하는 생태계의 건전성을 나타내는 뛰어난 지표이며 이와 같은 종이 전멸하게 되면 생태계 내에서 영향이 장기적으로 크게 지속되기 때문이다.

네 번째는 섬에 있어서의 생물지리학(island biogeography)에 기초를 둔 배려로서 이것은 보호구의 면적과 형상에 관한 것이다.

섬에 대한 생물지리학은 바다 위 섬들에 대한 자연사 연구에서부터 발전한 것으로서 생물의 종과 섬의 크기 및 육지로부터의 거리 관계 등을 밝히는 연구 결과이다. 섬에 대한 생물지리학 연구에 의하면 섬에 자생하는 생물의 종수는 다음과 같은 식으로 나타내어진다.

$$S=f(\text{생육환경의 다양성, 환경교란, 면적, 격리, 시간})$$

즉 생물의 종수(S)는 위의 식의 ( )내에 나타낸 다섯 가지 요인에 관계하며 생육환경의 다양성과 면적 및 섬이 형성되면서 거친 시간이 클수록 종수는 다양하게 되며 환경의 교란과 다른 섬으로부터의 거리가 클수록 종수는 감소한다고 하는 관계가 성립한다. 섬에 있어서의 생물의 종수는 최종적으로는 이와 같은 요인들에 의해 결정된다는 동적 평형상태에 달한다.

일반적으로 육상지역 내에서는 고립된 지역이 드문 편이지만 때로 이러한 이론을 뒤집는 데이터가 얻어지기도 한다. 이와 같은 데이터는 생물 보호구에 대해 논하는 경우에 응용할 수 있다. 예를 들어 도시지역 및 농촌지역에서 주위가 활발히 개발되어 택지 및 농경지로 전환되고 있는 지역이나 인위적 관리가 적극적으로 가해지는 인공림 내에 고립되어 있는 자연림에서의 생물 보호구를 마치 섬과 같은 의미로 볼 수 있다.

4) 자연보호구의 형태

① 보호구의 면적

섬의 면적과 생물종 수와의 관계는 「면적효과」라고 흔히 불리며 다음과 같은 식으로 나타낼 수 있다.

$$S = CA^Z$$

여기에서 S : 종 수, A : 섬의 면적, C.Z : 매개변수(parameter)

다시 말해, 섬의 면적이 넓어지면 질수록 존재하는 생물의 종수는 다양하게 된다. 그 관계는 지수관계로 나타낼 수 있다. 이 관계에 의하면 보호구내에서 종소멸의 위험성은 면적이 넓어질수록 낮아지게 된다. 그러므로 보호구의 면적은 가능하면 최대한으로 넓게 조성하는 것이 이상적이라는 결론을 얻을 수 있다.

개체군을 유지하는데 필요한 최저면적(개체군 존속 임계면적)은 종에 따라 크게 다르지만, 그 이하의 면적에서는 개체군의 유지가 불가능하며, 결국 그 지역에서 종이 소멸하게 된다. 일반적으로 고차 소비자들은 생존에 필요한 최저 면적이 상대적으로 넓게 필요로 한다. 그러므로 어떤 지역에서 생물군집 전체를 보호하고 존속시키기 위해서는 그 지역에 서식하는 최고차 소비자에 주목하여 그 개체군의 유지에 필요한 면적을 계산하여 그 이상의 면적으로 보호구를 설정할 필요가 있다.

우리나라에서는 자연생태계를 보호하기 위해 현재 생태계보전지역을 지정하여 운영하고 있다. 생태계보전지역 대상지역은 다음과 같이 정리할 수 있다.

- 생태자연도에 의해 1등급 권역으로 분류된 지역
- 자연상태가 원시성을 유지하고 있거나 생물다양성이 풍부하여 학술적 가치가 높은 지역
- 지형 또는 지질이 특이하여 학술적 연구 또는 자연경관의 유지를 위해 보전이 필요한 지역
- 멸종위기의 야생 동식물의 서식지 또는 도래지 등으로 보전가치가 높다고 인정되는 지역
- 각종 다양한 생태계를 대표할 수 있는 지역 또는 생태계의 표본지역 등이다.

생태계보전지역은 보호대상지의 특성에 따라 현재 야생 동식물 특별보호구역, 자연생태계 특별보호구역 및 해양생태계 특별보호구역 등으로 세분되어 관리되고 있으며 총면적이 99.78㎢(해면 34㎢ 포함)에 이른다. 일본에 있어

서 대표적인 생태계 보호제도라 할 수 있는 원생 자연환경 보전지역(原生自然環境保全地域)과 수림생태계 보호지역은 모두 그 최저면적을 1,000ha로 정하여 운영하고 있다.

만일 동일한 면적의 보호구를 설정한다고 가정할 때, 소규모 면적의 보호구를 복수로 설정하는 것보다 대규모 면적의 단일한 보호구를 설정하는 것이 효과적이라 할 수 있다. 예를 들어 맹금류의 일종인 검독수리 한 쌍을 보호하기 위해 최소한 2,000-6000ha의 광대한 면적을 필요로 하므로 맹금류 개체군이 번식 가능한 보호구를 설정하기 위해서는 최저면적을 현재보다 더욱 넓게 조성할 필요가 있다. 그 이유는 앞에서 밝힌 '면적효과'에서 시사하는 바와 같이 단일한 대규모 면적의 보호구 설정이 종의 소멸 가능성을 줄일 수 있다. 그러나 이와 같은 이론에도 물론 반론이 존재한다. 예를 들어 수치모델에 의해 검토한 결과, 극히 단순한 생물종이 분포하는 조건이거나 장기적인 관점에서 볼 때에는 대규모 면적의 단일 보호구가 종의 존속에는 유리하지만, 그렇지 않은 조건하에서는 소규모 면적의 복수 보호구 설정이 이상적인 경우도 있다. 소면적의 보호구도 이동하는 조류들의 일시적인 휴식처와 같이 생물 이동의 중계점이나 번식지로서의 역할을 담당하므로 매우 중요하다 할 수 있다.

② 보호구의 형상

일반적으로 생물종들은 수림지역에서 숲 가장자리에 생육하는 식물들과 같이 햇볕이 잘 드는 숲의 주변부를 좋아하는 종을 비롯하여 항시 그늘이 지는 숲 속을 좋아하는 식물종 등으로 다양하게 존재한다. 예를 들어 식물의 자생지에서 숲 가장자리는 선(線)형상의 긴 모양으로 숲속에서 생육하는 식물종들에게는 불리한 지역이다. 그러므로 보호구를 계획하는 경우에 생육습성이 전혀 다른 종들의 원활한 환경조건을 마련해주기 위해 그 형상은 가능하다며 원형(圓形)에 가깝게 설정하는 것이 무난하다. 보호구의 형상은 다음과 같은 형상지수에 의해 평가된다.

$$D = L/2\sqrt{\pi A}$$

여기에서 D : 형상지수, L : 주변의 길이, A : 면적

형상지수 수치는 보호구의 형상이 완전한 원형이 경우에는 1이 되고 형상지수가 커질수록 원형을 벗어난 형태가 되는 것이다.

③ 보호구 배치

섬과 섬 사이의 거리 및 섬과 육지와의 거리와 생물종수와의 관계를 「거리효과」라고 한다. 섬과 섬이 떨어진 거리가 가까울수록 생물의 이동이 용이하기 때문에 다양한 종들이 유입되어 종의 다양성이 이루어질 수 있는 경향이 있다.

복수의 보호구를 설정하는 경우에 그 상호간의 거리 및 배치형태가 문제시될 수 있다. 그 지역의 환경조건이 동일한 경우에는 보호구 상호간의 거리는 가능하면 가까울수록 좋다. 이것은 거리효과에 의해서 거리가 가까울수록 생물종의 이동이 용이하기 때문이다.

또한 보호구의 배열은 길게 늘어진 열상(列狀)으로 설정하기보다는 집단형태인 덩어리 형태(集塊狀)로 계획하는 것이 이상적이다. 또한 보호구 상호간에는 거의 동일한 거리의 범위 내에 존재하는 것이 좋다. 길게 이어진 열상의 보호구는 보호구 양단에서의 생물의 이동이 불리한 단점이 있다.

보호구들은 상호간에 벨트형태의 연락통로(corridor)에 의해 연결되면 종의 이동은 한결 용이하다. 그러므로 개체군의 고립화를 방지하여 종의 다양성 유지를 위해서 적당한 연락 생태통로의 설치는 매우 유효하다.

보호구 상호간의 연락 정도를 나타내는 지수를 「네트워크 복잡도(network complexity)」라 한다. 네트워크의 복잡한 정도는 보호구의 수를 V개로 나타내고 그것이 L개의 생태통로로 연결되어 있다고 가정하여 네트워크 연관도와 네트워크 써클도의 2가지 지표에 의해 표시한다.

네트워크 연관도(network connectivity)란 이론적으로 가정할 수 있는 모든 생태통로의 수에 대하여 현실적으로는 몇 개의 통로가 존재하는가를 나타

내는 것으로서 다음과 같은 식으로 표기할 수 있다.

γ = 실제적인 생태통로 수/이론적으로 가정할 수 있는 생태통로의 최대 수

= L/3(V−2)

여기에서 γ:네트워크 연관도(최대로 1의 수치를 취한다), L: 실제의 생태통로 수, V: 보호구 수

네트워크 연관도에 의해 다음과 같은 내용들을 추정할 수도 있다. 어떤 동물이 어느 한 곳의 보호구로부터 다른 보호구로 이동하고자 하는 경우에 가능한 한 많은 생태통로가 보호구 사이를 연결하고 있다면 동물은 최단의 생태통로들을 적절히 선택하여 단시간 내에 짧은 거리로 무난히 이동할 수가 있다는 것이다.

네트워크 써클도(circuitry)는 보호구의 생태통로들이 구성하고 있는 써클(巡回路)의 비율을 나타낸 것으로 다음의 식으로 나타낼 수 있다.

α = 실제로 존재하는 써클의 수/이론적으로 가능한 써클의 최대수

= L−V+1/2V−5

여기에서 α : 네트워크 써클도(0에서 1 사이의 수치가 된다)를 나타낸다.

네트워크 써클도가 클수록 보호구 상호간의 연락망에서 움직일 수 있는 길이 많이 존재한다는 것을 의미한다. 동물이 어떤 보호구에서 다른 장소로 이동하는 경우에 몇 가지 종류의 길을 택할 수가 있다. 그러므로 어떤 길이 무엇인가의 원인에 의해 통행이 불가능하게 된 경우에도 다른 길을 택해 이동할 수 있다.

이와 같은 2가지 지표는 보호구를 점, 생태통로를 선으로 파악하는 단순한 모델이라 할 수 있지만, 보호구의 네트워크가 복잡할수록 동물들의 서식에 유리하며 다양성 유지에 적합하다는 것을 알 수 있다.

지금까지의 사실들에 의해 자연보호구의 형태는 가능한 한 크고 넓을수록 타원형에 가까운 형상이 이상적이며 보호구들은 서로 가깝게 인접하며 상호간에는 복잡한 생태통로로 연결되어 있으면 좋다. 이들은 위에서 살펴본 매우 단순한 이론에 기초를 둔 사실에 불과하지만 실제로 보호구 설정에 있어서도 이와 같은 원칙을 적용하여 검토하는 것이 중요하다.

(2) 자연보호구 계획 방법

자연보호구 계획의 순서는 크게 두 가지 단계로 구분할 수 있다. 첫 번째 단계는 보호구의 선정과 구역경계의 결정이라 할 수 있다. 이 단계에서는 앞에서 밝힌 보호구의 배치, 면적, 형상 등이 결정된다. 두 번째 단계는 각각의 보호구내의 계획으로서 보호구내의 땅가름(zoning)과 부문별 제반계획이 결정된다. 각 단계는 조사, 분석, 평가, 계획의 순서를 거쳐 진행시킨다.

표 2.26 자연보호구 설정을 위한 조사항목

조사항목	조 사 내 용
기 후	기온, 강수량, 적설량, 청우일수
지 형	지형분류도, 경사도분포도
수 문	수계, 수량, 용천수, 수질
지 질	표층지질도
토 양	토양도
식 물 동 물	식물상, 군락조사, 현존식생도(잠재 자연식생도) • 동물상 포유류, 조류, 파충류, 양서류, 곤충류, 거미류, 수생생물, 토양동물 등 • 종생태(중요 종에 대해) 서식범위, 주요 활동지, 짝짓기 장소, 보금자리, 먹이, 물주변 유희장소, 번식기, 계절적 이동 • 개체군 개체수, 연령구성, 암수의 구성, 개체군동태 • 군집생태 종간의 관계 • 식물과의 관계 서식환경(먹이 등과 관련한 의존관계), 번식에 있어 공생관계

1) 자연 보호구 선정

① 광역적 조사

자연보호구를 선정하기 위해서는 우선 광역적인 조사가 필요하다. 실제적인 예로서, 일본의 자연환경의 조사는 자연환경보전 기초조사(녹지의 국토세력 조사)로서 거의 5년 간격으로 행하며 국토 전체에 대해서는 동식물의 분포, 식생도의 작성 등이 행해지고 있다. 자연환경보전 기초조사의 데이터는 표준 지역 메쉬(mesh)법에 따라 구획된 삼차 메쉬 단위로 정보를 지도화 하고 있다. 삼차원 메쉬의 크기는 위도차 30″ 경도차 45″ 으로 분활되고, 그 크기는 약 1km×1km 이다. 일본의 국토 전체는 약 39만개의 삼차원 메쉬로 처리되어 있다. 이 조사의 데이터는 통계적 처리 및 지도화가 용이한 것과 약 5년 간격의 변화를 이해할 수 있기 때문에 매우 유용하다.

이와 같은 기초 조사 이외에도 랜드샛(landsat) 등의 지구관측 인공위성의 화상정보를 기초로 한 자연환경의 해석도 행해지고 있다. 랜드샛은 지상 915km의 상공에서 지구를 관측하고 있으며 1씬의 화상으로 185km×185km의 지역을 커버할 수 있다. 랜드샛은 18일간의 원래의 위치로 되돌아오기 때문에 지역의 변화를 지속적으로 감시하는데 적합하다. 랜드샛의 데이터는 멀티 스펙토르스캐너(MSS) 세마틱맵(TM)에 의해 지표로 부터의 전자장을 파장별로 기록하기 때문에 이것을 컬러화상으로 합성하여 육안으로 관찰하는데 이용할 수 있으며 녹지 피복량과 수분조건 등의 지표상태를 특정한 파장의 반사파의 특성으로서 분석할 수가 있다.

② 보호구의 선정

보호구의 선정은 보호구의 목적에 알맞은 선정기준에 따라 이루어진다. 선정기준에는 보호구의 목적에 따라 필수적인 요건을 충족하는 것이 필요하다. 예를 들어 물새의 보호를 목적으로 한 람사르 협약에는 그 목적에 따라 물새의 서식환경으로서의 중요성을 평가하는 습지의 선정기준을 정하고 있다. 또한 인간과 생물권과의 관계 형태를 연구하는 MAB의 국제생물권 보호구는 다음과 같은 3가지 평가 기준으로서 이것을 만족하는 지역을 보호구로서 선정하고 있다.

표 2.27 람사(Ramsar) 조약에 의한 물새 보호를 위한 습지의 선정기준

항 목	내 용
1. 대표적이거나 특수한 가치를 갖고있는 습원의 평가기준	1a. 생물의 지리적 지역으로 희소하거나 특이한 형태의 습지
	1b. 지역의 습지의 성질을 잘 표현하고 있는 습지
	1c. 기준 2a, 2b, 3c에 해당하는 내용을 갖추고 있지는 않으나 표준적인 형태를 잘 표현하고 있는 습지
	1d. 질이 좋은 습지군 집합체의 일부분으로써 한가지 형태의 특성을 표현하고 있는 습지
	1e. 개발도상국에서 습지의 현저한 수문학적, 생물학적 또는 생태학적인 중요한 역할을 하고, 지속적인 이용과 서식환경 보전과 사회경제적 문화적 가치가 있는 습지
2. 중요한 습지를 식별하기위해 식물 또는 동물을 이용하는 경우의 일반적 기준	2a. 희소하거나 생존력이 약하여 절멸의 가능성이 높은 식물 또는 동물의 종이나 아종(亞種)의 상당량의 집단이나 이들 종의 하나, 혹은 둘 이상의 종의 상당수가 개체를 이루어 생육하는 습지
	2b. 식물상, 동물상의 질이나 특징을 위해 그 지역의 유전적, 생태학적으로 다양한 특성을 유지하기 위해 특별한 가치를 갖고 있는 습지
	2c. 생물학적 순환이 위기 단계에 있는 동물 또는 식물의 서식지로서 특별한 가치를 갖고 있는 습지
	2d. 특이한 식물 또는 동물의 종이나 군집에 특별한 가치를 갖고 있는 습지
3. 중요한 습지를 식별하기 위해 물새를 이용하는 경우의 특별한 기준	3a. 10,000마리 또는 그 이상의 물새가 규칙적으로 서식하는 습지
	3b. 습지의 가치, 생산성 또는 다양성을 표현한 특정 물새의 군집에 속하는 상당수의 개체가 규칙적으로 서식하는 습지
	3c. 개체군에 관련되는 자료가 입수가능한 경우에는 물새들 중의 한 종 또는 아종의 개체수 중 1%가 규칙적으로 서식하는 습지

(주) 1. 습지의 정의 : 인공적인 습지이거나 일시적인 형태의 습지 또는 물이 흐르거나 물이 흐르지 않는 것과는 관계없이 담수 또는 염수에서의 소택지(沼澤地), 습원(濕原), 이탄지(泥炭地) 또는 호수, 하천 등의 수역(水域)을 지칭한다. 또한 간조시의 수심이 6m를 초과하는 수역을 포함한다.

2. 물새(水鳥)의 정의 : 생태학적으로 습지에 의존하며, 살아가는 조류를 말한다. 구체적인 종류 : 아비류, 농병아리류, 사다새류, 황새류, 오리류, 두루미류, 물떼새류

3. 1993년 람사 조약에 의거해서 등록된 일본의 습지는 釧路濕原, 伊豆沼, 內沼, 구치야로湖, 우토나이湖, 霧多湖原, 厚岸湖, 別寒辺 牛濕湖, 八津干潟, 片野鴨池, 琵琶湖의 9개소이다.

(이 표와 註는 IWRB(국제물새습지조사국) 일본위원회 : 「日本濕地目錄」 1989에 의거 작성.

- 자연보호구의 가치
- 학술적 가치

- 지속적 개발의 촉진상의 가치의

또한 하나의 대상지가 몇 종류의 보호구 후보지로 적절한 경우도 있다. 이와 같은 경우에는 중복되는 복수의 보호구를 지정하는 것도 가능하지만 레크레이션 등의 이용적 측면에서 경합이 발생하는 경우가 있으므로 사전에 충분한 배려가 필요하다.

자연보호구 구역을 결정할 때에는 보전적인 관점으로 생태계로서의 역할을 담당할 수 있도록 배려할 필요가 있다. 예를 들어 습원이나 호소군(湖沼群)의 보전을 행하고자 하는 경우에는 그곳으로 유입되는 하천유역 전체의 토지이용을 컨트롤하지 않으면 효과적인 보전을 실현할 수 없다.

2) 자연보호구 조사와 분석

① 자연환경 조사와 분석

광역적 조사에 기초를 둔 보호구의 구역이 결정되면 다음과 같은 단계로 보호구에 대한 상세한 계획이 이루어진다. 이 단계에서는 자연환경에 대해 더욱 상세한 조사가 이루어진다. 조사된 결과는 조사항목 상호간의 관계가 이해될 수 있도록 가능한 한 동일한 축적으로 도식화하는 것이 좋다. 지형도, 표층 지질도, 토양도, 식생도, 동물의 분포도, 희귀생물종의 분포도, 토지이용도 등은 도식화가 가능하며 조사결과를 평가하는데 중요한 그림이 된다. 도식화의 축적은 보호구의 면적 및 성격에 알맞게 설정한다. 자연공원과 같이 비교적 광대한 경우에는 1 : 50000 또는 1 : 25000 정도, 또한 도시지역내의 소면적지 보호구인 경우에는 1 : 2500 또는 1 : 1000 정도가 흔히 이용된다.

조사항목은 기후, 지형, 지질, 물, 토양 등의 자연환경과 생물적 자연으로서의 식물상, 식물군락(식생도의 작성을 포함), 동물상(포유류, 조류, 파충류, 양서류, 곤충류, 거미류 등을 주로 다룬다), 수생 생물상(일부는 식물상 및 동물상의 조사항목과 중복되기도 함), 토양 동물상등이 있다. 또한 보호구를 둘러싼 사회적 환경에 대해서도 토지이용, 인구, 주요 산업, 교통, 레크레이션 이용, 현지 지방자치 단체의 현황, 기존의 법적 토지이용 규제 등의 항목에 대해서 조사를 행한다.

이와 같은 조사 항목은 다양한 형태로 응용될 수 있지만 설정하고자 하는 보호구의 목적에 적당하게 항목을 보다 상세하게 구분하여 조사할 필요가 있는 경우와 항목을 생략할 경우가 있다.

생물적 자연의 조사는 생태계의 관점에서 행한다. 생태계의 구조를 파악하기 위해서 먹이연쇄에 의한 종단관계에 대해 파악한다. 동물의 종이 기록된 지점과 식생도로부터 각각의 식생에 의존하여 생활하고 있다고 파악되는 종의 리스트를 재편성한다. 더불어 육식종에 대해서는 먹이가 되는 초식동물의 서식환경 및 조사 시의 관찰결과로부터 어떤 초식동물의 식생에 의존하고 있는가를 추정한다. 따라서 종간 관계(種間關係)를 먹이연쇄 모식도로 정리한다. 야생조류에 있어서의 둥지를 짓는 나무 등과 같이 먹이 이외의 중요한 종간관계에 대해서도 가능한 상세하게 기록한다.

조사 결과는 보전적 관점으로 분석한다. 예를 들어 현존식생도로 식생자연도 및 외래식물에 의해 구성된 식물군락의 침입도 등의 정보를 얻어내 도식화한다. 또한 지형도로부터는 토지보전도 지도 등이 작성가능하다. 이와 같은 그림들을 서로 비교하는 과정에 의해 보호구 내에서 야생동물의 흐름이 보호상 특별히 중요한 공간 및 토지보전을 위해 중요한 공간이 분명하게 된다.

② 땅가름(조닝 : Zoning)

분석결과를 기초로 보호상의 중요도를 평가하고 보호구역 내의 조닝을 행한다. 조닝은 대상구역의 토지이용 계획과 거기에 이어지는 부문별 계획의 기초가 되는 것이다.

일반적으로 조닝은 보호상 중요성이 가장 높은 핵심적 공간을 둘러싸고 설정된 완충공간으로 부터 이루어지도록 행하며 보호목적에 알맞게 그 중요도의 순위를 붙여 조닝하는 방법이 이용된다.

MAB의 생물권 보호구에서는 핵심지역(core area), 완충지역(buffer zone), 이행지대(transition area)의 3가지로 구분하는 방법이 흔히 이용된다(그림 2.56).

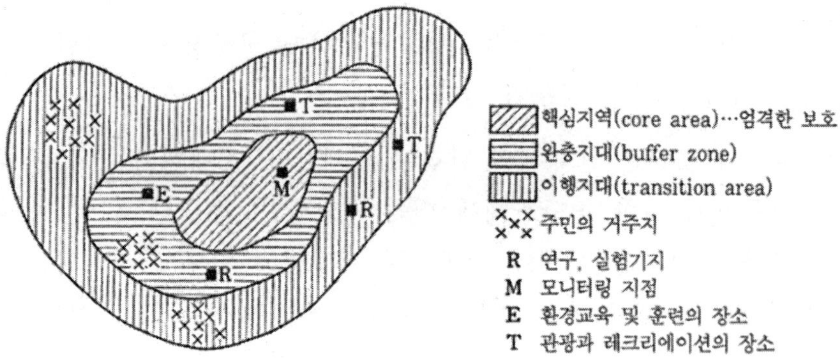

그림 2.95 MAB의 생물권 보호구 모식도

일본에서는 국립, 국정공원은 풍치경관 유지의 중요성이라고 하는 관점에서 특별보호지구, 특별지역(1, 2, 3종), 보통지역으로 구분되고 있다. 또한 이와 같은 순위구분에 대해 처음부터 토지이용 목적에 적합하게 조닝하는 방법도 있다. 대만의 국립공원에서는 이와 같은 예로서 일반관제구(一般管制區), 사적보존구(史蹟保護區), 특별경관구, 생태보호구, 레크레이션구 등의 5가지로 구분되고 있다.

분석과 평가의 결과에 의해 다음과 같은 구역으로 구분이 가능하다.

- 자연적인 천이를 거친 극상림과 같이 엄격한 보호를 받고 있는 생물공간
- 2차림 및 반자연 초원 등과 같이 일정한 수준의 인위적 관리가 가해져 유지되고 있는 생물 공간

조닝은 현재의 생물공간의 성질을 중시하고, 또 각각의 생물공간의 목표가 되는 장래의 생물상도 고려하여 결정한다. 예를 들어 현존 식생은 2차림이지만 인접하는 극상림과 동일한 보호조치를 취함으로서 장래에는 보다 광범위한 자연림 구역을 조성하고 싶은 경우에는 일률적인 인공적 조치를 배제하고 엄정한 보호에 의해 편입된 2차림을 자연림으로 천이시키는 방침을 두어야 한다.

다음으로 자연공원 계획을 사례로 보호구내의 자연환경 분석과 방법에 대해 논한다. 사례의 하나는 자연공원 전체를 대상으로 보호계획을 입안하는 것이고 다른 하나는 자연공원 내의 일부 지역에 대해 관리계획을 입안하는 것이다.

첫 번째 사례는 일본에서 메이지(明治)의 모리타카오(森高尾) 국정공원을 대상으로 하고 있다. 이 공원은 도쿄의 교외에 있으며, 하이킹 등을 중심으로 한 레크레이션 이용이 활발하다. 지형적으로는 해발 590m 정도의 산지이며 식생은 젓나무림, 단풍나무-느티나무림 , 후박나무림 등의 자연림과 너도밤나무-졸참나무림 등의 2차림, 삼나무-편백나무림 등의 인공림에 의해 전 지역이 피복되어 있다. 현존 식생조사의 결과를 기초로 5단계의 식생자연도 구분지도가 작성되었다.

지형에 대해서는 사면형 분류와 경사도 구분에 기초를 두고 5단계의 토지보전도 구분이 행해졌다. 식생자연도가 높은 장소는 생물적 특성으로 보아 보전의 필요성이 높은 지구이며 토지보전도가 높은 장소는 관리상 주의를 요하며 보전의 필요성이 높기 때문에 레크레이션 이용이 한정되고, 시설물의 입지 등에 적합하지 않은 장소이다. 이와 같은 이념에 기초를 두고 자연식생도가 높은 V의 부분과 토지보전도가 높은 V의 부분을 분리하여 이들을 주요 부분으로 설정한다. 그리고 자연공원에 있어서의 보호지역 구분 이념을 기초로 보호의 정도를 평가하고 중요도를 판정하여 보호구역 구분도를 작성하고 있다.

두 번째 사례는 국립공원 내의 1개 지구를 대상으로 하여 식생과 토지이용

관계를 분석, 평가하고 관리계획의 조닝을 행하는 것이다. 대상지구는 일본 중부산악지대의 국립공원인 노리쿠라(乘鞍)고원이다. 노리쿠라 고원은 노리쿠라다케(乘鞍岳)의 동쪽에 펼쳐진 화산성 산록사면으로서 해발 1,200-2,400m 지역의 고원형태의 지형으로서, 낙엽성 활엽수림대에서 아고산대의 상록성 침엽수림대에 해당한다. 이 지구는 4계절을 통해 각종 레크레이션 이용이 활발하기 때문에 자연보호와 레크레이션 이용을 위해 적절한 조닝을 행할 필요가 있다.

현존 식생단위와 토지이용 항목의 조합에 의해 24개의 공간단위를 설정하고 이것을 현존식생-토지이용 단위도에 의해 지도로 표현했다. 이 지도는 그 대부분이 2차림과 반자연형 초원 등으로 덮여진 반자연 경관구역이다.

레크레이션 이용이 행해지고 있는 범위에는 특정한 현존식생-토지이용 단위와의 결합에 의해 나타나는 특정한 식생 가운데에서 이루어지는 활동형태는 그 식생형태에 따라 한정되고 있다. 이용하는 사람의 입장에서 보면 레크레이션 활동행태에 잘 어울리는 식생을 선택하고 그 안에서 활동한다고 보는 것이 가능하다. 또한 식생자신이 지니는 아름다움도 이용상 중요한 요인이다. 자작나무-철쭉 군락과 같이 아름다운 계절감을 나타낼 수 있는 군락은 이용자를 끌어들이는 흥미있는 지점이 된다. 이와 같은 사실에 의해 레크레이션 이용 목적에 적합한 형태를 지니고 아름다운 계절적 경관을 지니는 식물군락이 레크레이션 이용에 적합하다고 생각한다.

한편 자연식생 보호와 방목의 사이에는 경합관계가 나타나는데 방목하는 소들이 군집 및 습원의 일부에 침입하는 것에 의해 자연성이 높은 식물군락들이 황폐하게 되는 원인이 될 수 있다.

3) 부문별 계획

자연보호구에서는 그 목적에 따라 다음과 같이 각 부문별로 계획이 작성된다.

① 관리운영계획

보호구의 관리운영 전반에 대해 기본적 계획으로서 보호구의 용지확보, 운영의 기본방침, 관리조직, 인원계획, 자금계획, 연차계획, 다른 토지이용과의 조정 등이 그 내용이다.

② 보호관리 계획

보호구 내의 생태계 관리 계획으로서 보호구의 목적에 어울리는 방향을 향해 생태계를 관리하는 것을 목적으로 한다. 구체적으로는 식생관리 계획 및 야생동물 관리계획, 호수 및 습원 등의 수위조정 계획 등이 주요 내용이 된다. 또한 보호관리 계획은 보호구의 모니터링 조사의 결과를 보고 조정해 나간다.

③ 모니터링 조사 및 연구계획

보호구의 생태계에 관한 지속적인 조사 및 연구를 위한 계획으로서 특히 중요한 것은 보호구 설정의 주목적이 되는 종 및 생물 군집의 동태라 할 수 있다. 여기에 관련하는 생태계 전반에 대해 시간 계열적 변화가 분명하게 되도록 조사할 필요가 있다. 보호구 설정에 의한 효과가 충분히 나타나는가 어떤가, 또한 보호구로서 지정한 후에 어떤 변화가 나타나고 있는가를 검토하고 나아가 보호구에 대한 주변구역으로부터의 영향을 모니터링하는 것도 중요하다. 조사결과는 보호관리 계획에 반영되는 이외에 순수한 학술 연구 및 환경교육을 위한 기초자료로 제공된다.

④ 레크레이션 계획

레크레이션 이용을 허용하는 보호구에서는 적정한 이용을 측정하기 위해 레크레이션 계획을 입안한다. 레크레이션 계획에는 우선 보호구내에서 허용할 수 있는 레크레이션 종류를 한정한다. 그 위에 조닝을 기초로 토지 이용한계의 범위 내에서 시설의 입지를 결정한다. 시설은 보호구내에 분산되는 것을 피하고 가능한 한 일정한 장소에 집약적으로 계획한다. 또한 시설 이외의 요소, 예를 들어 입장객 수에 대해서도 생태적, 시설적, 수용력에 기초를 두고 상한선을 결정하여 과다한 이용(over-use)에 의한 생태계 파괴를 방지한다.

⑤ 환경교육계획

자연 보호구에서 실시하는 환경교육의 내용과 시설에 관한 계획은 생물 관찰 등을 통해 자연보호의 의의와 중요성을 계몽하고 보급하는 목적으로 행해진다. 지속적인 환경교육의 전개를 위해서는 자연환경 해설이 가능한 전문 인력(interpreter)을 보호구 내에 배치할 필요가 있다.

⑥ 시설정비계획

상기의 각 계획에 기초를 두고 필요한 시설들의 정비 계획을 입안한다. 구체적인 내용으로는 식생복원 시설, 야생동물 보호시설 등과 같은 보호시설, 연구시설, 레크레이션 시설, 방문자(visitor)센타 및 자연연구 통로 등의 환경교육 시설들을 들 수 있다. 시설물은 너무 지나치게 과잉상태가 되면 보호구의 목적에 위배되기 때문에 특히 적절한 배려가 요구된다. 입안되어진 계획은 연차적인 정비계획에 의해 실행에 옮겨진다.

2. 우리나라의 자연보전 구역

(1) 우리나라의 국립공원

세계에서 최초의 국립공원은 미국에서 1872년에 옐로우스톤을 국립공원으로 지정하여 국가적으로 관리하면서부터이다. 미국에서는 넓은 국토에 970개의 국립공원을 비롯하여 국립기념물, 해안공원이 지정되어 있다. 미국에서 국립공원 및 이와 유사한 자연보존지역은 983,492㎢로서 남한 전체 면적의 약 10배에 달하는 광대한 면적을 지니고 있다. 일본은 1934년부터 국립공원을 지정하기 시작하여 대표적인 곳은 후지산이라 할 수 있다.

표 2.28 우리나라의 자연환경보호구역 지정 법정근거 및 현황

보호구역 명칭	법적근거 (관리부서)	목적	지정 현황	
			면적(㎢)	비고
생태계 보전지역	자연환경보전법 (환경부, 시·도)	자연생태계보전	99.78	환경부 64㎢ 시·도 35.78㎢
자연환경보전지역	국토이용관리법 (건설교통부)	자연경관, 물, 생태계, 문화재 보존	8,695	2,302㎢ 해양 포함
자연공원	자연공원법 (환경부)	경관보전과 적정이용	6,473 730 307	20개 국립공원 20개 도립공원 29개 군립공원
문화재보호구역 (천연기념물보호구역)	문화재보호법 (문화관광부)	문화유산보호를 통한 국가문화의 창달	694	282개 장소
공익임지	산림법(산림청)	보호	15,030	전체 산림의 23%
천연산림보호구역	산림법(산림청)	천연림과 대표산림 생태계 보존	110	133개 장소
조수보호구역	조수보호및수렵에관한법률 (산림청)	야생조수의 보호	1,473	717개 장소
개발제한구역	도시계획법 (건설교통부)	과도한 도시팽창의 방지, 자연환경보전	5,397	35개 시와 35개 군

우리나라에서는 법적으로 자연보존구역을 지정하고 있다. 앞 절에서 밝힌 생태계보전지역을 비롯하여 자연공원 등의 몇 가지 형태로 지정하고 있다. 이 가운데 자연공원인 국립공원, 도립공원, 군립공원에 해당하는 지역이 전체 자연보존 지구 면적의 약76%를 차지하고 있다. 1997년말 현재 우리나라의 자연공원은 총 69개소(총면적 7,511.355㎢)로 전 국토의 7.5%에 해당한다. 우리나라에서 국립공원 제도는 자연공원법에 의해 1968년 1월 1일에 지리산을 국립공원 제1호로 지정하면서 시작되어 60년대에 지리산 및 경주 등의 4개소, 70년대에 설악산, 속리산 등의 9개소, 80년대에 다도해해상 등 7개소를 지정하여 현재는 6,473.113㎢의 면적에 20개의 국립공원이 전국적으로 지정되어 있다. 도립공원도 20개소가 지정되어 있는데 충남 청양의 칠갑산과 전남 남해의 두륜산 등이 대표적이다. 원래 국립공원은 자연공원법에 의해 "우리

나라의 풍경을 대표할만한 수려한 자연 풍경지" 로 정의되어 있다. 그리고 이와 같은 지역은 "우리 후손들에게 영원히 아름다운 자연을 물려주기 위하여 지정하는 것" 이라는 이념이 스며들어 있다. 특히 한려해상 및 다도해 해상국립공원은 바다 및 도서와 육지를 대표하는 해상공원이고 태안반도 및 변산반도 국립공원은 해안절경과 육지를 대표하는 해안공원이다. 또한 경주국립공원은 사적공원이며 나머지 국립공원들은 우리나라를 대표하는 풍광이 수려한 명산들이라 할 수 있다.

우리나라의 국립공원은 행정자치부 장관이 지정하고 도립공원은 장관의 승인을 얻어 서울특별시장, 직할시장, 도지사 등의 자치 단체장이 지정할 수 있다. 원래 이와 같은 자연공원의 지정 기준은 엄격한 자연보존의 강도기준치의 완화단계에 따라 국립공원→도립공원→군립공원으로 지정하는 것이 원칙일 것이나 우리나라에서는 면적(面積)기준에 의해 지정되고 있다. 또한 사전에 충분한 자연환경 조사에 의한 결과를 바탕으로 자연보전의 일환으로 이루어진 것이라기 보다는 지방경제의 활성화를 위해 지정된 사례도 종종 있다.

우리나라의 국립공원 지역은 자연공원법에 의해 용도지구 구분을 자연보존지구, 자연환경 지구, 취락 지구, 집단시설 지구 등의 4종류로 구분된다. 이 가운데 자연보존 지구, 자연환경 지구는 상대적으로 보호할 가치가 높은 지역으로서 각종 인위적인 개발행위가 엄격히 금지된 지구이다. 그러나 실제로 이용객들의 의식부족, 관리소홀 등으로 이와 같은 지구구분이 명분에 불과한 사례도 종종 보여진다. 결국 각종 쓰레기를 비롯한 폐기물의 투기, 사람들의 잦은 출입으로 인한 자연 상태 유지한계선의 초과, 생태계 파괴 등과 같은 현상도 나타난다.

(2) 도립공원 및 군립공원

1) 도립공원

도립공원은 국립공원 이외에 각 특별시나 광역시, 도의 풍광을 대표할 만한 지역에 지정되며 1997년말 총 20개 지역에 총 면적 730.380㎢로 전 국토의 0.7%를 차지한다. 국립공원이 지정된지 3년 후인 1970년 6월1일 경상북도에 금오산이 최초로 도립공원으로 지정되어 70년대에 13개소, 80년대에 7개소가 지정되었다.

우리나라의 도립공원은 해면은 포함되어 있지 않으나 강원도의 경포대 및 낙산사 주변과 같은 해안공원과 남한산성 등의 사적공원을 비롯하여 팔공산(대구광역시), 무등산(광주광역시)과 같은 명산을 위주로 한 산악육지부로 구성되어 있다.

2) 군립공원

시 및 군 단위에서 국립공원이나 도립공원을 제외한 풍광이 수려한 지역을 군립공원으로 지정하고 있다. 1981년 1월7일 전라북도 순창군의 강천산을 군립공원으로 지정한 이래 1997년 말 현재 총 29개소 307.862㎢(전국토의 0.3%)가 지정되어 있다. 사찰이나 사적지, 계곡, 온천, 명산과 같은 산악육지부가 대부분이며 제주도의 마라 해양공원이나 성산 일출해양공원과 같이 해양공원이 있으며 특이하게 충청남도의 고복저수지와 같은 곳도 있다.

3) 생태관광 지역

생태관광(ecotourism)은 "양호한 상태의 자연보존지구를 목적지로 하는 여행"으로 알려져 있다. 자연환경보전법에 의하면 "생태와 경관이 우수한 지역에서 자연의 보전과 현명한 이용을 추구하는 자연친화적인 관광"으로 밝혀져 있다. 현재 우리나라에는 총 26개의 생태관광지역이 지정되어 있다.

생태관광은 다음과 같은 특성이 있다.

- 자연보호와 보전에 최선을 다하고,
- 권역 내에서 적극적 개발이 용인되지 않으며,

- 현장에 직접 찾아가서 체험하고 교육하며,
- 자연 속에서 새로운 것을 찾는 모험이며
- 희귀한 관광 상품을 대상으로 하는 전문 관광 분야이다.

(3) 우리나라의 천연기념물

우리나라에서는 1933년 8월 「조선고적유물명승 천연기념물 보존령」에 의해 천연기념물로 지정받을 수 있는 요건을 '경승의 땅 또는 동,식물, 지질, 광물, 그밖에 학술연구의 자료가 될 수 있는 것 '으로 밝혔다. 1934년 12월에 최초로 16건이 지정되어 1999년 총 295건이 지정되었다. 이들 중 식물은 201건, 동물은 62건, 지질 및 광물 27건, 천연보호구역 5건 등이다. 문화재보호법 시행규칙에는 천연기념물의 지정 기준이 명시되어있다.

1) 식물

- 한국 특유의 식물로서 저명한 것 및 그 서식지, 생장지
- 석회암 지대, 사구, 동굴, 건조지, 습지, 하천, 호소, 폭포의 소, 온천, 하구, 섬 등 특수지역이나 특수 환경에서 서식하거나 생성하는 특유한 식물 또는 식물군 및 그 생육지
- 진귀한 식물로서 그 보전이 필요한 것 및 그 생육지
- 학술상 가치가 큰 사총, 명목, 거수, 기형목
- 대표적 원시림, 고산식물 지대 또는 진귀한 숲
- 진귀한 식물의 자생지
- 저명한 식물분포의 경계가 되는 곳
- 유용식물의 원산지
- 귀중한 식물의 유물 발견지 또는 학술상 특히 중요한 표본과 화석

2) 동물

- 한국 특유의 동물로 저명한 것 및 그 서식지, 생장지
- 석회암 지대, 사구, 동굴, 건조지, 습지, 하천, 호소, 폭포의 소, 온천, 하구, 도서 등 특수지역이나 특수 환경에서 자라는 특유한 동물 또는 동물군 및 그 서식지, 번식지, 도래지
- 진귀한 동물로 그 보전이 필요한 것 및 그 서식지
- 한국 특유의 축양 동물
- 저명한 동물분포의 경계가 되는 곳
- 유용동물의 원산지
- 귀중한 동물의 유물 발견지 또는 학술상 특히 중요한 표본과 화석

3) 지질 및 광물

- 암석 또는 광물의 생성원인을 알 수 있는 상태의 대표적인 것
- 거대한 석회동 또는 저명한 동굴
- 특이한 구조로 되어있는 암석 또는 저명한 지형
- 지층단 또는 지괴운동에 관한 현상
- 학술상 특히 귀중한 표본
- 온천 및 냉, 광천

4) 천연보호 구역

- 보호 할만한 천연기념물이 풍부한 대표적인 일정한 구역

(4) 생태계 보전지역

우리나라에서 날로 훼손되어가는 자연생태계를 효과적으로 보전하기 위해 전국에 생태계 보전지역을 지정하여 관리하고 있다. 생태계 보전지역의 대상 지역은 다음과 같다.

표 2.29 우리나라의 생태계보전지역 지정기준

구 분	지 정 번 호	계
천연 동굴	98, 155, 177, 178, 219, 226, 236, 256, 260, 261, 262, 342, 384	13
암 석	69, 249, 267, 393	4
화 석	146, 195, 222, 373, 390	5
지 질	391, 392	2
기 타	196, 224, 265	3
천연보호구역	170, 171, 182, 246, 247	4
총 계		32

- 생태자연도에 의해 분류된 지역

표 2.30 우리나라의 생태계보전지역 지정현황

• 시 · 도생태계보전지역

지 역	지정사유	위 치	면적(㎢)	지정일자
광양백운산	희귀식물자생지	전남 광양군 옥룡면, 진상면, 다압면	9.74	'93. 4.26
대덕산 금대봉	생물종이 풍부하고 다양	강원도 태백시 창죽동	4.20	'93. 4.26
조종천상류 명지산 · 청계산	희귀곤충상 및 자연림지역	경기도 가평군, 포천군	21.84	'93. 9. 1
거제시	고란초 집단서식지	경남 거제시 하청면	0.002	'95.10. 2

• 국가생태계보전지역

지 역	지정사유	위 치	면적(㎢)	지정일자
낙동강하구	철새도래지	부산광역시 사하구 (을숙도 하단 해면)	34.20	'89. 3.10
지리산	극상원시림	전남 구례군 산동면 토지면(피아골, 심원계곡)	20.20	'89.12.29
대암산	고층습원	강원도 인제군 서화면(용늪)	1.06	'89.12.29
창녕군 우포늪	국내최대규모의 자연늪	경남 창녕군 대합면, 이방면, 유어면, 대지면 일원	8.54	'97. 7.26

- 자연상태가 원시성을 유지하고 있거나 생물다양성이 풍부하여 학술적으로 연구가치가 있는 지역
- 지형 또는 지질이 특수하여 학술적으로나 자연경관의 유지를 위해 보전이 필요한 지역
- 멸종위기의 야생동식물이나 보호 야생동식물의 서식지 도래 등으로 보전의 가치가 있다고 인정되는 지역
- 각종의 다양한 생태계를 대표할 수 있는 지역 또는 생태계의 표본지역 등이다.

생태계 보전지역은 보호대상지역의 특성에 따라 다음과 같이 구분된다.

- 야생동식물 보호구역
- 자연생태계 특별보호구역
- 해양생태계 특별보호구역

현재 우리나라에서 지정된 생태계 보전지역은 낙동강 하구의 철새 도래지를 비롯하여 지리산의 심원계곡 일대의 극상 원시림, 강원도 대암산의 고층습원, 광양 백운산의 희귀식물 자생지, 태백시 대덕산 금대봉의 생물종이 풍부하고

다양한 지역, 명지산 및 청계산의 희귀곤충과 자연림지대, 거제 고란초 집단자생지와 창녕 우포늪 등으로 총면적은 99.78㎢(해면 34㎢ 포함)에 이른다.

제 6 장
특수지 녹화

1. 특수지 녹화의 특성

토양기반이 전혀 없거나 취약한 환경의 벽면녹화, 옥상녹화, 실내녹화, 기타 인공지반에 녹화식물을 식재하는 방안을 특수지 녹화의 범주라 할 수 있다. 특히 최근 도시 조경에서 광범위하게 발생되는 인공지반 위의 식재는 지금까지 조경식재를 건축 및 토목의 종속적 작업이 아닌 건물과 구조물의 가치를 드높일 수 있는 주도적인 작업으로 인식시켜주고 있다. 특수지 녹화의 식재기반이 되는 넓은 의미의 "인공지반(artificial ground)"이란, 자연 상태의 토양지반 대신 인공적으로 조성된 구조물을 일컫는다. 도시에서의 과밀화된 토지이용과 효율성 추구는 더욱 다양한 유형의 인공지반을 지속적으로 발생시키고 있다.

그림 2.96 인공지반 식재를 위한 옥상의 적절한 인공 경량 토양 사용

(1) 인공지반의 식재환경

인공지반은 일반적으로 기둥 위에 대형의 판상 구조물(slab)을 얹어 지상과 격리된 공간이다. 따라서 연속성이 없기 때문에 인공지반 위에 토양을 덮는다 하여도 자연 상태의 토양기반과는 근본적으로 다른 환경이 조성된다. 예를 들어 지하모관수의 상승이 없고 토양층의 깊이가 한정되므로 유효토양수분의 용량이 매우 적다. 그러므로 인위적인 관수가 없으면 토양은 쉽게 건조되고 토양의 물리적 성질도 악화되어 식물생육에 불리하다.

자연 상태의 토양을 기반으로 한 자연지반은 열용량이 크기 때문에 기온변화에 따른 지온변화가 거의 없다. 그러므로 토양에 뿌리를 내리고 생육하는 식물에 미치는 영향도 미미하다. 그러나 인공지반은 구조물의 안정성을 확보하기 위해 최소한의 토심을 유지하기 때문에 기온변화에 따라 토양의 온도변화가 심하게 나타난다. 따라서 식재된 식물의 뿌리에 전달되는 환경 변화가 혹독하고 근계의 발달에 악영향을 미친다.

인공지반의 토양은 건조하고 지온변화가 심하게 나타나므로 정상적인 토양 미생물의 활동이 활발하지 못하다. 그러므로 미생물에 의한 각종 유기물의 부식이 지연되어 척박한 토양환경이 지속된다. 특히 건물 및 구조물의 옥상에 조성된 인공지반에는 천정의 누수를 막기 위해 배수를 촉진하는 구조이기 때문에 토양양분의 용탈이 심하게 나타난다. 결국 토양의 빈영양화가 지속되는 환경이므로 적절한 시비작업을 주기적으로 해주어야 한다.

그림 2.97 도시녹지의 대부분을 차지하는 아파트 인공지반 녹지

(2) 경량토양의 사용

인공지반에 사용하는 토양은 건물이나 구조물에 미치는 하중을 줄여주기 위해 무게가 가벼운 것이 좋다. 이와 같은 토양을 경량토양이라 한다. 경량토양은 무게뿐만 아니라 식물의 근계발달과 생육을 유지하기 위해 보수성, 투수성, 통기성을 갖추어야 한다. 보통 토양입자에 많은 공간을 지닌 다공질 인공토양이 사용되고 있다. 버미큘라이트, 펄라이트, 피트모스 등이 대표적이지만 화산석 등의 자연토양도 종종 사용되고 있다. 아래 표에서 흔히 사용되고 있는 토양의 특성을 나타내었다. 인공지반에 조성하는 토양의 깊이는 건물의 안정성과 조경규모에 따라 크게 다르지만, 일반적이 경우로 가정하였을 때, 최소 30cm 이상은 유지되어야 정상적인 식물의 생육이 유지될 수 있다.

그림 2.98 뉴욕의 폐철길을에 조성된 인공지반의 하이라인 파크

표 2.31 경량토양의 단위용적 무게

종류	단위용적중량(kg/m³)		
	건조 시	평상 시	관수 시
일반 토양(밭흙)	1,300	1,600	1,800
화산회토	1,250	1,500	1,650
모래	1,700	≒1,700	2,000
버미큘라이트	120	≒120	〉120
펄라이트(2.5mm 이하)	120	≒120	〉120

피트모스	100	≒100	〉100
자갈	1,700	-	2,100

2. 벽면 녹화

도시공간에는 건축물 벽면을 비롯하여 벽돌 담장, 석축, 도로변에 설치된 방음벽, 콘크리트 옹벽, 고가 구조물 또는 각종 다리의 교각과 같은 대형의 콘크리트 기둥 등의 회색 빛 구조물 벽면이 많이 널려 있다. 이와 같은 구조물들은 경관적으로도 불리하며 도시민들의 정서적인 측면에서도 좋지않다. 또한 벽면으로부터 반사되는 열 또는 빛 등은 도시생활의 쾌적성을 저해하는 요인이 되기도 한다.

이러한 벽면공간은 주로 덩굴성식물 식재에 의한 단순한 녹화방법이 일부에서 시도되었다. 외국의 경우에는 아주 오래 전부터 담쟁이덩굴, 아이비류, 등나무 등을 사용한 벽면녹화 기법이 시행되어 왔다. 특히 서양의 경우에는 벽면녹화를 위하여 덩굴성식물 뿐만 아니라 벽면의 밑부분에 각종 관상수목이나 배나무와 같은 과수를 식재하고 철사 등으로 적당한 모양의 틀을 설치하고 이 철사를 따라 수목의 줄기를 유인하여 재배하는 Espalier수법이 널리 이용되었었다. 또한 벽면 표면에 특수한 배지를 도포하여 아쥬가, 세듐류로 녹화하는 수법도 최근에 이용되고 있다. 이와 같은 벽면녹화는 많은 장점이 있으므로 앞으로 도시조경에서 많이 이용될 전망이며, 따라서 다양한 녹화수법의 개발도 절실하다. 본 장에서는 우리나라의 현실에서 가장 유효하고 간단한 녹화방법들을 소개하도록 하겠다.

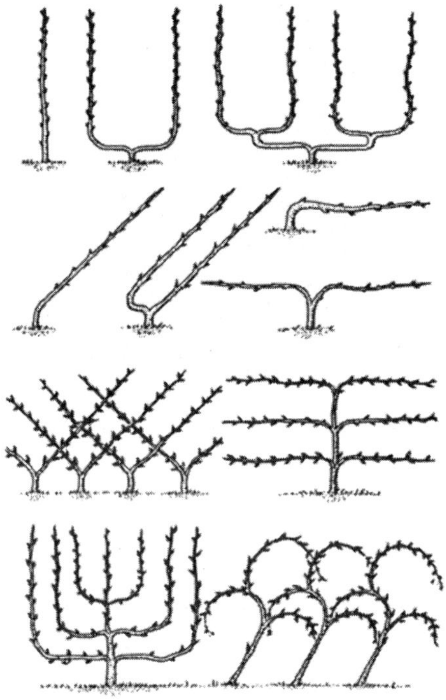

그림 2.99 에스펠리어의 기본유형

(1) 벽면녹화의 효과

구조물의 벽면을 녹화하게 되면 다음과 같은 여러 가지 효용이 나타나게 된다. 그러나 경우에 따라서는 건물 내부에 습기를 주어 결로현상과 같은 좋지 않은 결과가 나타나기도 하고, 견고한 부착근에 의해 벽면의 손상이 우려되기도 한다. 실험에 의하면 소형의 목조건물에 있어서는 내부 벽면에 약간의 습기가 조사되었지만 대형의 콘크리트 건물에서는 전혀 문제가 없는 것으로 보고된 바 있다.

그림 2.100 적절한 벽면녹화는 에너지 절약효과가 있다

1) 조경적인 효과

도시 내의 각종 구조물 벽면들은 차가운 느낌과 단단함, 단조로움, 무생물에서 느껴지는 비인간적인 느낌이 주가 되고 있다. 이와 같은 벽면을 녹화한다는 것은 단순히 식물에 의해 차폐(screening)한다는 차원을 넘어 생물에서 느낄 수 있는 따스함을 주고 보다 적극적으로 아름답게 장식할 수 있는 효과를 가질 수 있다. 특히 잎 및 줄기가 관상가치가 있을 뿐만 아니라 꽃도 아름다운 캐롤라이나 쟈스민(Carolina Jasmine; *Gelsemium sempervirens*), 클레마티스(*Clematis* spp.)류, 덩굴장미, 등나무, 인동덩굴, 등칡, 노박덩굴, 다래, 시계꽃, 으름 등을 식재하면 한층 더 효과를 볼 수 있을 것이다.

2) 반사광 방지 효과

회백색의 매끄러운 콘크리트 벽면은 맑은 날 반사광이 심각하게 나타나 보행자 및 운전자들에게 많은 피해를 준다. 특히 주로 알루미늄 금속제로 제작된 도로변의 방음벽은 강한 반사광을 나타낸다. 이와 같은 도시 내에서의 강한 반사광은 경우에 따라서 사고의 위험성을 동반하며 쾌적성을 해치는 요인이 되기도 한다.

3) 구조물 보호 및 붕괴 방지

덩굴성 지피식물로 건축물의 벽면을 적절히 녹화하면 벽면의 표면온도 및 일교차, 계절에 따른 온도 차이를 줄일 수 있으며 빗물이 직접 벽면에 닿지 않기 때문에 콘크리트 표면의 부식 및 균열을 줄일 수 있고 도료의 퇴색 등도 방지할 수 있다.

또한 주택지 등지에서 흔히 볼 수 있는 블록이나 콘크리트, 돌로 쌓은 담장은 경관적으로 좋지 못하며 맑은 날의 반사광도 문제가 될 수 있고 천재지변에 의한 담장의 붕괴에 의한 인명피해도 일어날 수 있다. 따라서 이와 같은 장소에 흡착형의 덩굴성 식물을 이용하여 녹화하고 식재 후 몇년을 경과하게 되면 식물의 고착에 의한 상당한 장력을 지니게 된다. 예를 들어 직경 5-20mm 정도의 줄기를 가진 왕모람의 경우 평균 8kg 이상을 지탱할 수 있고 담쟁이덩굴의 경우는 약 4kg 이상, 헤데라(*Hedera* spp.)류의 경우에는 1.5-2kg 내외의 장력을 지니는 흡착력을 나타내었다. 실제로 덩굴성 식물로 피복된 블록담장을 철거하는 데는 작업이 상당히 번거롭다는 것을 알 수 있다. 따라서 담장 또는 축대와 같은 구조물들을 덩굴성 식물로 녹화하게 되면 조경적인 효과, 반사광 방지, 붕괴방지 등의 효과를 가져올 수 있다.

4) 에너지 절약 효과

건축물 벽면은 재질에 따라 약간의 차이는 있지만 여름철 한낮의 표면온도가 약 50℃ 가까이 올라간다. 건축물 벽면이 이 정도 고온상태로 올라가면 열이 실내온도에 까지 영향을 미치게 된다. 벽면을 덩굴성 식물 등으로 녹화하게 되면 표면온도는 최고 35℃ 이상을 넘지 않는다. 따라서 실내온도 상승을 상당히 막아질 수 있다. 따라서 여름철의 냉방비용도 상당히 절약할 수 있다. 실험에 의하면 실내온도를 28℃로 유지할 수 있도록 설정된 벽면녹화 실내에서는 약 30% 정도의 절전효과를 나타내었다. 이와 같은 수법을 "자연 에너지 이용 냉방(passive cooling)"이라고 한다. 겨울철에도 상록성의 덩굴성 식물로 벽면을 녹화하게 되면 난방에 의한 실내의 열이 실외로 방출되는 것을 막아줄 수 있으므로 보온 효과도 더불어 지닌다.

(2) 녹화공간으로서의 벽면의 환경특성

벽면은 일반적인 녹화공간과는 달리 많은 제약조건을 지니고 있으며 상대적으로 혹독한 환경에 처해있다. 따라서 효과적인 벽면녹화를 위하여 녹화공간의 독특한 특성을 충분히 이해할 필요가 있다.

1) 식재기반이 존재하지 않는 경우도 있다.

녹화가 필요한 벽면이 위치하는 입지조건에 따라서는 식물을 식재할 수 있는 토양공간이 전혀 존재하지 않는 경우도 있다. 예를 들어 도시 내의 건축물 벽면, 베란다, 고속도로에 설치된 방음벽 등이 여기에 해당한다. 이와 같은 공간을 녹화하기 위해서는 경우에 따라서 식재용기를 설치하거나 벽면 하부에 인공적으로 식재기반을 조성해야 할 필요가 있다.

2) 식재기반이 대단히 협소하다.

건축물의 벽면, 담장, 방음벽 등의 공간은 일반적으로 녹화식물을 식재할 수 있는 토양공간이 존재한다 하더라도 도로의 인접해 있기 때문에 공간은 대단히 협소하다. 또한 토양상태도 폐건축자재 등이 매설되어 있거나 토양이 극단적으로 경화되어 있는 등 대단히 열악한 조건인 경우가 많다. 따라서 식재 시에는 충분한 토양개량과 객토 등의 작업이 선행되어야 한다.

3) 식물의 점유 공간이 한정된 경우가 많다.

녹화대상이 되는 벽면의 상당수는 인접된 다양한 시설물이 존재하는 경우가 많다. 따라서 식재한 식물이 수관을 성장시켜 충분히 점유할 수 있는 공간이 거의 없다. 따라서 공간을 점유하지 못하도록 벽면이 밀착시켜 생육할 수 있는 형상으로 재배하거나 밀착형 식물에 의해 녹화하는 것이 바람직하다.

그림 2.101 대부분의 벽면녹화는 식재기반이 협소하다.

4) 벽면은 고온상태로 되는 경우가 많다.

벽면은 재질이나 위치한 방위 등에 의해 어느 정도의 차이는 있을 수 있지만 한 여름철에 직사광선이 내리쬐는 면은 약 50℃ 이상의 고온 상태로 된다. 특히 벽면의 재질이 콘크리트인 경우나 알루미늄판 등으로 이루어진 방음벽 등에서 문제가 된다. 이와 같은 벽면은 흡착형 덩굴성식물로 벽면을 직접 녹화하는 것이 곤란할 경우도 있다.

5) 표면이 너무 매끄러운 경우가 많다.

벽면의 재질에 큰 차이는 나지만 특히 도기로 된 타일을 부착한 벽면 및 투명 아크릴 소재를 사용하거나 알루미늄 등의 금속판으로 제작된 방음벽과 같이 표면이 대단히 미끄러운 경우가 있다. 이와 같은 벽면에도 흡착형의 덩굴성 식물을 식재하는 것은 불가능하다. 결국 덩굴성 식물이 부착할 수 있는 녹화보조 재료를 설치하는 것이 바람직하다.

6) 일조조건이 불량한 경우가 대부분이다.

녹화대상이 되는 벽면의 방위나 입지조건에 따라 다양한 일조조건을 나타내나 경우에 따라서는 식물의 생육이 불가능할 정도의 조건도 있다. 주변에 특별한 시설물이 존재하지 않는 남향의 벽면은 채광이 양호한 일조조건을 가지지만 북향에 인접된 시설물이 존재하는 벽면의 경우에는 채광이 열악한 음지가 되는 경우가 많다. 따라서 녹화대상지의 일조조건을 충분히 검토하여 여기에다 적합한 식물을 선택하는 것이 중요하다.

(3) 벽면녹화 방법

1) 덩굴성 식물(climbing plants)에 의한 녹화

녹화대상의 벽면이 처해있는 상황 및 구조에 따라 녹화수법은 차이가 날 수 있다. 덩굴성 식물에 의해 벽면을 녹화하는 경우는 "벽면에 흡착하여 성장하는 형", "감아 올라가는 형", "밑으로 늘어지는 형" 등의 생육 특성을 적절히 이용하여 녹화하는 수법이 벽면녹화의 주가 된다. 또한 벽면의 종류나 유지관리 방향에 따라 "목본성 덩굴식물" 또는 "초본성 덩굴식물"을 선택적으로 식재할 수 있다.

① 흡착형 덩굴성 식물에 의한 녹화

능소화, 담쟁이덩굴, 왕모람, 줄사철나무, 헤데라(Hedera)류 등과 같이 흡착형 덩굴성 식물에 의한 벽면 녹화 방법으로 가장 널리 사용되는 방법은 벽면의 하부에 식물을 식재하여 성장에 따라 벽면을 녹화하는 방법이다. 이 때 콘크리트나 블록 벽면과 같이 다공질인 경우가 가장 이상적이다.

② 감아 올라가는 덩굴성 식물에 의한 녹화

벽면의 표면으로 부터 10cm 정도 떨어진 전면에 그물이나 격자틀 등의 보조자재를 설치하여 으름, 다래, 키위, 머루, 멀꿀, 인동덩굴, 노박덩굴, 마삭줄,

등나무, 칡 등의 감아 올라가며 성장하는 덩굴성 식물을 하부에 식재하고 덩굴의 성장에 따라 녹화하는 방법을 사용한다. 이와 같은 방법은 벽면의 구조나 재질에 관계없이 녹화가 가능하다.

그림 2.102 덩굴성 식물을 이용한 벽면장식

③ 밑으로 늘어지는 덩굴성 식물에 의한 녹화

벽면의 상부, 예를 들어 건물의 옥상 등에 식재 용기를 설치하고 덩굴의 신장력이 왕성한 헤데라류나 등나무, 노박덩굴, 덩굴장미 등을 식재하여 덩굴성 식물을 밑으로 늘어지며 성장하도록 하는 방법을 이용하기도 한다. 또한 덩굴성 식물이 밑으로 늘어지도록 재배하는 경우 강풍에 의해 식물체가 크게 흔들리는 것을 방지하기 위하여 벽면에 헤고판 등을 설치하여 흡착하면서 생육시키거나 철사 등으로 고정하는 방법을 사용하기도 한다.

④ 혼합형 녹화

녹화 대상 벽면이 넓은 경우나 서둘러서 벽면의 전면 녹화가 필요한 경우에 벽면의 하부와 상부에 각각 덩굴성 식물을 식재하여 녹화한다. 예를 들어 벽면의 하부에는 담쟁이덩굴과 같은 흡착형 덩굴이나 등나무와 같은 감아 올라가는 덩굴성 식물을 심고 상부에는 덩굴장미, 마삭줄이나 헤데라류 또는 노박덩굴과 같은 덩굴성 식물을 심어 줄기가 밑으로 늘어지도록 하는 방법이다. 그 외에도 개나리와 같이 줄기가 길게 발달하는 관목성 목본류를 식재하여도 좋다. 하부와 상부에 각각 식재하는 덩굴성 식물은 동일한 식물을 식재하거나 경우에 따라서는 각기 다른 식물을 식재하여도 무방하다. 경우에 따라서는 벽면의 요소요소에 포켓(pocket) 형태의 식재 용기를 설치하여 덩굴성 식물을 식재하는 방법도 있다.

⑤ 초본성 덩굴식물

초본성 덩굴식물은 종자를 이용한 번식이 용이하고. 용도에 따라 쉽게 제거할 수 있는 장점이 있다. 그러나 매년 식재하거나 잡초 제거, 관수, 시비 등의 세밀한 관리가 필요한 번거로움도 있다. 대표적인 종류는 나팔꽃, 으아리, 위령선, 사위질빵, 마, 마삭줄, 백화등, 박주가리, 큰조롱, 쥐방울덩굴, 댕댕이덩굴, 방기, 계요등, 환삼덩굴, 더덕, 갈퀴나물 등이 대표적이다.

2) 에스펠리어(espalier) 에 의한 벽면 녹화

에스펠리어는 "울타리유인" 이라고도 하며, 주로 유럽이나 미국에서 발달한 벽면 녹화 방법이다. 벽면 하부에 너도밤나무와 같은 조경수목이나 포도나무와 같은 덩굴성 식물, 서양배와 같은 과수 등을 식재하고 성장하는 가지나 덩굴을 다양한 형태로 유인하여 수관이 앞으로 발달되지 않고 벽면에 붙어 생담장과 같은 형태로 자라도록 한 것이다. 가지나 덩굴의 유인은 트랠리스나 팬스(fence) 등을 벽면에 설치하고 여기에 식물의 줄기나 덩굴을 붙여 생육시킨다. 따라서 생육 형태는 자연 수형은 물론 인공적인 형태의 기하학적인 모양 등도 만들 수가 있다. 아직 우리나라에서는 에스펠리어에 의한 녹화 방법은 거의 시행되고 있지 않으나 앞으로 건축물의 벽면이나 담장, 도로변의 방음벽 등에서 경관적인 면을 고려하여할 구조물의 녹화 방법으로 이상적이다. 또한 이와 같은 녹화 방법은 녹화 공간의 면적에도 크게 제한을 받지 않기 때문에 많은 곳에 응용이 가능하다. 주로 사용되는 수종은 너도밤나무, 주목, 꽝꽝나무, 탱자나무, 태산목, 무화과, 코토네아스터(Cotoneaster)류, 쥐똥나무, 모과나무, 화살나무, 박태기, 산딸나무, 동백나무, 피라칸타(Pyracantha), 배나무, 서양배나무, 돌배나무, 꽃아그배나무, 무궁화 등과 같이 다양한 수종이 에스펠리어에 이용될 수 있다.

3) 베란다를 이용한 녹화

그림 2.103 건물의 베란다를 이용한 녹화

건물의 각 층에 베란다가 있는 경우는 베란다에 식재용기를 설치하고 토양을 채워 목본성 지피류나 초본류, 덩굴성 식물을 식재하여 녹화할 수 있다. 사용할 수 있는 식물은 왜성 관목류를 비롯하여 제라늄, 꽃베고니아, 패튜니아 등의 화훼류, 헤데라류, 인동덩굴, 멀꿀 등을 식재할 수 있다.

(4) 식재기반의 정비

녹화대상이 되는 벽면 공간은 식재기반이 되는 토양공간이 존재하는 경우와 아닌 경우가 있다. 즉 토양공간이 전혀 없이 식재하여야만 하는 경우가 있는데 이런 경우는 식재용기를 설치하거나 새로이 식재공간을 확보해야 한다.

토양공간이 존재하는 경우에 있어서도 대부분은 구조물 벽면의 기반이 되는 토양으로 이루어져 있기 때문에 콘크리트 파편 등의 폐기물이 존재하거나 토양이 극단적으로 경화되어 있는 경우가 많다. 따라서 식물 재배에 적합한 토양으로 전면 객토하거나 모래나 펄라이트, 버미큘라이트 등으로 토양을 적절히 개량할 필요가 있다. 또한 토양이 경화된 경우는 토양 파쇄법, 배수공의 설치 등을 한다.

토양공간의 존재하지 않는 경우는 인공적으로 식재공간을 설치하여야 하는데 여기에 양질의 토양을 채워 식재한다. 이 경우 시판하는 대형의 식재용기를 사용하거나 현장에서 콘크리트 블록 등으로 적당한 크기로 제작하여 사용할 수도 있다. 이때 식재용기의 용적을 적절하게 제작하는 것이 대단히 중요하다. 식재용기에 식물을 식재하여 관수하게 되면 상당한 무게를 가지게 되므로 설치장소는 이와 같은 하중을 지탱할 수 있어야만 한다. 덩굴성 식물이나 왜성 관목류를 식재하는 경우는 적어도 깊이 45cm 이상, 지름 30cm 이상은 되어야 한다.

용기의 경우 단순히 한 개씩 여러 개를 설치하는 경우도 있으나 때로는 긴 모양으로 제작한 경우도 있을 수 있다. 용기의 설치에 있어서는 식물체 지하부의 원활한 성장을 위하여 배수성은 물론 적절한 보습 및 통기성 등을 고려한다. 따라서 용기의 하부는 적당한 구배를 가지도록 하고 배수공을 뚫어야 하며 하부에는 굵은 자갈이나 마사토 등을 깔아야 한다. 사용하는 토양은 일반적인 원예용토로 사질양토가 좋으나 경우에 따라서는 무게가 가벼운 버미큘라이트, 펄라이트, 피트모스 등을 혼합하여 사용하기도 한다. 이들 인공토양은 비료분이 전혀 없으므로 밑거름으로 완효성 비료를 충분히 넣고 수시로 속효성 비료를 시비하여야만 한다.

토양에 식재된 경우에도 면적이 협소하므로 환경변화가 극심하므로 식재된 식물의 근원부는 나무껍질이나 거적 또는 짚 등으로 피복하여 토양건조의 방지, 지온 상승의 억제, 잡초발생을 방지하여 식물이 건전하게 생육할 수 있도록 한다.

그림 2.104 상록성 덩굴식물 헤데라를 이용한 녹화

(5) 덩굴성 식물 녹화를 위한 보조재료

벽면을 덩굴성 식물에 의해 녹화하는 경우에 특히 감아 올라가는 덩굴성 식물을 상향식 식재하기 위하여 적절한 보조재료의 설치가 필요하다. 흡착형 덩굴성 식물의 경우에도 녹화대상면의 재질에 따라 초기의 식생 정착 및 생장을 유도하기 위한 보조재료가 필요하다. 가장 일반적인 종류는 다양한 형태 및 재질의 그물 및 격자, 철망 등이 있는데 필요에 따라 다양한 모양으로 디자인이 가능하다. 이들 보조재료들은 모양이나 재질 보다는 눈의 크기가 식물의 생육 및 발달에 영향을 미쳐 성공적인 녹화가 가능하다. 예를 들어 다음과 같이 정리된다.

- 으름, 캐롤라이나 자스민, 마삭줄, 클레마티스류, 인동덩굴, 헤데라류, 노박덩굴 : 보조재료 격자의 크기가 비교적 작은 것(5-10cmx5-10cm)이 식물체가 타고 올라가기 쉽고 생육 후 모양이 좋다.
- 키위, 등나무, 머루, 포도, 미국담쟁이덩굴, 다래나무 : 비교적 격자의 크기가 큰 것(20cm이상x20cm이상)이 좋다.

- 담쟁이덩굴, 헤데라류 등과 같이 흡착형 덩굴성 식물 등은 표면이 거친 다공질의 벽면에는 잘 흡착하지만 표면이 미끄러운 경우에는 녹화가 불가능하다. 이와 같은 경우에는 벽면을 적절하게 표면처리 하던지 벽면에 헤고(*Cyathea spinulosa*; 열대 지역에 분포하는 양치식물로 죽은 줄기를 가공하여 착생식물 재배에 이용함)판 등을 붙여 여기에 식물을 흡착시킬 수 있다.

표. 2.32 주요한 녹화용 덩굴성 식물에 사용 가능한 보조재료

식물명	특별한 보조재료 없이 녹화	표면처리한 헤고판 부착	그물	눈이 작은 철제 격자틀 (5-10×5-10cm)	눈이 큰 철제 격자틀 (20cm×20cm 이상)	철망
모람	◎	◎	△	△	×	×
담쟁이덩굴	◎	◎	○	○	×	×
헤데라류	○	◎	○	○	×	×
줄사철	○	◎	○	○	×	×
마삭줄	○	◎	◎	◎	×	×
캐롤라이나 쟈스민	×	×	○	◎	○	○
오미자	×	×	○	○	△	△
인동덩굴	×	×	◎	◎	◎	◎
노박덩굴	×	×	○	○	○	△
시계꽃	×	×	◎	◎	○	△
등나무	×	×	◎	◎	◎	◎
포도	×	×	◎	○	◎	○
멀꿀	×	×	○	○	○	○
으름	×	×	○	○	○	○

(주) ◎ 생육양호, ○생육보통, △ 생육가능, ×생육불량

(6) 벽면녹화용 식물

1) 녹화용 식물의 선택조건

덩굴성 식물에는 많은 종류가 있으나 벽면녹화용으로 사용할 수 있는 식물은 다음과 같은 조건을 다음과 같이 지니는 것이 좋다.

- 목본성이거나 다년생 초본류로서 장기적인 녹화가 가능할 것
- 생육이 왕성하여 녹화 속도가 빠를 것
- 관상가치가 뛰어날 것
- 병충해 등이 거의 없고 유지 관리가 용이할 것
- 번식이 쉬우며 시장성이 있을 것
- 건조에 강하고 척박한 토양에도 잘 적응할 수 있을 것

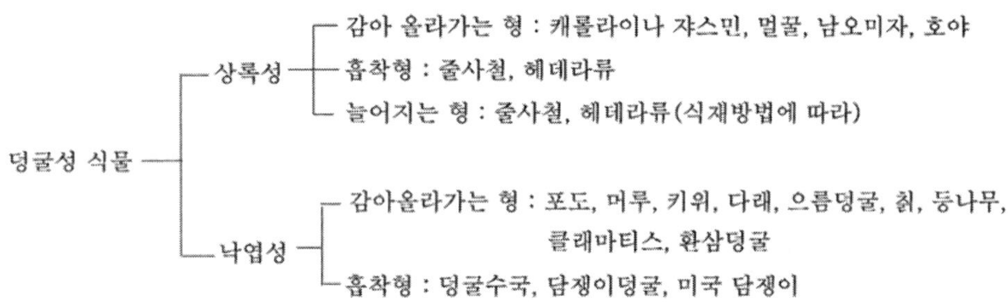

그림 2.105 다양한 종류의 녹화용 덩굴성 식물

정해진 장소의 벽면을 녹화하는 경우, 녹화용 식물의 선택은 아래와 같은 제반 조건들을 고려하여 결정한다.

- 벽면이 위치하는 장소의 기상조건, 입지조건, 식물생육에 대한 저해요인
- 벽면의 구조, 형태, 규모, 방위
- 벽면녹화에 의해 희망하는 경관

또한 실제로 녹화작업을 시행하는 단계에서는 묘의 입수 가능성 및 입수 방법, 가격 등도 고려한다. 앞으로 우리나라에서도 덩굴성 식물에 의한 벽면녹화 및 시공이 일반화 된다면 규격화된 비닐포트 묘가 대량 생산될 수 있으므로 묘의 대량 입수도 손쉽게 될 것이다.

2) 유지관리 수법

다양한 덩굴성 식물들이 벽면녹화에 사용되는데 적절한 유지관리에 의하여 빠른 시간 내에 완전한 녹화효과를 가져올 수 있다. 담쟁이덩굴이나 키위, 등나무, 노박덩굴 등은 높이 5m 정도의 벽면은 묘의 식재 후 약 2년 정도가 경과하면 완전피복이 가능하고, 특히 생육속도가 빠른 미국 담쟁이덩굴이나 등나무 등은 높이 약 10m 정도의 벽면도 3-4년 후에는 완전녹화가 가능하다. 또한 으름덩굴이나 헤데라류, 인동덩굴 등은 높이 5m 정도 벽면을 3년 정도에 녹화 가능하다. 따라서 이와 같이 덩굴성 식물에 의해 벽면녹화가 이루어진 경우에 식물의 건전한 생육을 조성하고 녹화기능을 최대한으로 발휘시키기 위하여 적어도 다음과 같은 관리 작업이 필요하다.

① 덩굴의 유인 및 절단

식재 후 여러 해가 경과하면 줄기나 잎이 무성하여 과밀한 상태가 되기 쉽다. 따라서 채광이 불량하게 되고 고사한 하엽이 발생하며 병충해 발생의 원인 및 생리적인 장해가 따른다. 따라서 덩굴을 적절하게 유인해 주거나 필요한 만큼 정지, 전정을 실시한다. 이와 같은 작업들은 주로 겨울철에 행하는 것이 식물체에 무리를 주지 않고 안전하게 실시할 수 있다.

② 추비

벽면녹화에 사용된 식물의 종류 및 토지 조건, 식재 기반 정비의 방법 등에 따라 어느 정도의 차이는 있으나 대개의 경우 1년에 한 번 정도는 추비작업을 하는 것이 식물의 생육에 좋다. 특히 재배 식물의 잎이 작아지거나 엽색이 흐려지고 덩굴의 신장 속도가 저하되면 수시로 적절한 시비를 한다. 넓은 면적의 벽면을 녹화하는 경우에 한 주의 식물이 넓은 면적을 녹화하여야 하기 때문에 충분한 양분의 공급이 필요하다. 일반적으로 추비에 사용하는 비료는 입자상의 고형비료를 주당 100-200g 정도 시용한다.

③ 제초

우리나라의 여름철은 특히 고온 다습한 조건이므로 이 때에 잡초의 발생이 현저하다. 따라서 식재된 덩굴성 식물들의 사이사이에서도 잡초가 무성하여 식물체의 생육을 방해하거나 병충해의 온상이 되기도 한다. 따라서 이와 같은 장소에서는 충분한 제초작업을 필요로 한다. 가장 손쉬운 방법은 제초제를 사용할 수 있으나 식물체에도 악영향을 줄 수 있으므로 손으로 뽑아주는 것이 가장 안전하다. 앞에서도 언급한 바와 같이 적절한 재료로 피복을 하는 것도 잡초를 억제할 수 있다.

④ 관수

덩굴성 식물이 식재된 벽면 녹화지는 대개의 경우 식재 공간이 협소하거나 용기를 사용하여 식재된 경우가 많다. 따라서 자연지반의 넓은 토양에 비하여 쉽게 건조된다. 따라서 여름철에 가뭄이 계속되거나 적절하게 강우가 없을 때에는 반드시 관수작업을 하여야 한다.

⑤ 갱신

생육속도가 왕성한 덩굴성 식물의 경우에는 식재 후 수 년이 경과하면 식물체의 기부에 잎이 완전히 도태되어 상부와 하부 사이에 외관상 불균형을 초래한다. 따라서 녹화효과가 저하되고 경관적으로도 좋지 못하다. 예를 들어 인동덩굴, 노박덩굴 등의 경우 이와 같은 현상이 발생하면 식물체의 근원부에서 절단하여 새로운 줄기를 발생시켜 식물체를 새로이 갱신할 필요가 있다.

(7) 앞으로의 벽면녹화 전망

금후 도심지는 물론 생활공간 주변에 건축물의 벽면을 비롯하여 녹화를 필요로 하는 구조물이 늘어나고 있다. 벽면 녹화의 목적도 단순히 경관 조성에서 벗어나 에너지 절약 효과, 구조물 보호, 한 낮의 반사광 방지 등의 기능적 효과도 증대되고 있다.

녹화방법에 있어서도 덩굴성 식물을 사용한 벽면 녹화 시공 방법을 비롯하여 다양한 형태의 녹화 대상 공간에 적합한 다채로운 녹화 방법도 개발되고 있다. 사용되는 식물도 덩굴성 식물은 물론 관목류, 초화류 등 다양화되고 있다. 또한 벽면녹화에 사용 가능한 지피식물의 공급체계의 정비를 비롯하여 식물의 생리적인 특성 및 재배환경 조건 등의 구명을 위한 연구개발이 필요하다. 더불어 벽면녹화를 성공시킬 수 있는 식재기반의 정비방법, 덩굴성 식물 식재를 위한 다양한 보조재료의 개발도 필요하다.

서구에서는 일찍부터 벽면녹화 방법으로 에스펠리어 방법을 정착시켜서 널리 사용하고 있으나 아직까지 우리나라에서는 미개발, 미이용 상태의 녹화방법에 불과하다. 앞으로 이와 같은 수법은 벽면녹화의 유력한 방법으로 적극적인 활용이 기대된다.

최근에는 벽면에 특수한 식물재배용 배지를 설치하여 인공지반을 조성하고 여기에 식물을 식재하는 방법도 시도될 수 있으나 앞으로 적절한 배지의 개발과 벽면에 고정시키는 방법, 이용 가능한 식물의 개발 등에 대한 제반 검토가 필요하다.

사진 2.106 새로운 녹화용 덩굴성 식물의 개발이 필요(사진은 *Lonicera sempervirens*)

3. 실내 녹화

도시생활을 영위하는 현대인들에게는 실내공간의 다양한 이용이 대단히 중요하게 되었다. 1970년대 이래 건물의 실내녹화가 미국이나 일본을 비롯한 각국에서 급속도로 퍼져나가고 있다. 무생물로 이루어진 실내환경에 약간이나마 생물을 사용한 쾌적한 환경의 조성이 그 목적이다.

또한 다양한 OA 기기의 보편화에 의해 사람들은 실내에서 작업하는 시간이 길어지고 가정에서도 TV 나 컴퓨터 등을 많이 사용함으로써 발생하는 테크노-스트레스를 조금이나마 해소할 수 있는 수단으로 실내녹화가 효과가 있지 않을까 하는 기대감도 있다. 상업적으로는 상가나 사무실 등의 실내공간을 아름답게 조경하여 외부로부터 많은 사람들의 시선을 모을 수도 있다. 따라서 영업적으로 성공할 수도 있다. 그러나 아직까지는 실내녹화에 대한 기술이 미숙하고 식재하는 식물의 개발도 이루어지지 않은 상태로서 많은 시행착오를 거치며 설계 및 시공이 이루어지고 있는 실정이다.

(1) 실내녹화에 있어서의 유의점

실내녹화를 행하는 데는 다음과 같은 특별한 공간적 특성이 있으므로 이들을 충분히 이해하고 작업을 행해야 한다.

1) 식물의 생육에 열악한 환경조건

실내는 일조조건이 현저히 제한되어 음지조건이 지속되고 빗물이 흐를 수 없으며, 식재기반이 존재하지 않고 통풍이 거의 이루어지지 않는다. 또한 대부분의 실내환경은 냉난방이 잘 이루어져 있으므로 계절에 따른 온도변화가 거의 없으며 하루 중 일교차도 거의 없는 경우가 있다. 따라서 온대성 식물의 경우에는 생육에 불리한 조건이 되기도 하며, 대부분의 식물에서 열악한 환경

조건에 놓여있다. 이에 대한 대책은 식물의 위치를 일정한 주기로 변경시켜 주거나 고사한 식물체는 빨리 제거해주어야 한다.

그림 2.107 내음성 식물을 이용한 실내녹화

2) 처음부터 완성형 경관을 조성

실내 환경 조건은 식물체의 생육에 극단적으로 불리한 조건이므로 식재된 식물은 생육이 거의 이루어지지 않는다고 가정하여야 한다. 따라서 실내녹화를 할 때에는 처음부터 완벽한 경관을 조성하여야 한다. 일반적으로 실외공간에 녹화작업을 실시하는 경우는 5-10년 정도 시간의 경과에 따라 식물이 정상적으로 성장하여 자연스럽게 경관이 조성되는데 비해, 실내녹화는 처음부터 목표로 하는 경관을 설정하고 그대로 완성하여야 한다. 실내녹화 배식에 있어, 소재를 모두 진한 녹색의 상록수로 하였을 때에는 너무 어둡고 무거운 실내 분위기가 되기도 한다.

3) 영구적인 녹화가 불가능

실내환경 조건은 식물체의 건전한 생육에 대단히 불리하므로 경우에 따라 수년내에 식물을 교체할 필요도 있다. 따라서 실내녹화를 할 때에는 처음부터 보식이 용이한 식물을 선택하거나 방법을 궁리할 필요가 있다. 또한 식재된 식물과 동일한 종과 규격의 식물을 준비해 놓을 필요도 있다.

4) 충분히 훈화된 식물을 식재

광 조건이 크게 제한되는 실내공간에 정상적인 환경조건에서 생육시킨 식물을 식재한다면 광조건의 심한 격차에 의해 잎의 황화현상 및 하엽이 발생하기도 하고 경우에 따라서는 고사하는 식물체도 생긴다. 따라서 실내녹화의 이용될 식물은 반입하기 전에 일정한 기간 동안 한랭사로 차광한 그늘(shade house)에서 훈화시킨 후 식재하는 것이 좋다.

5) 실내상황에 어울리는 녹화

실내공간을 녹화할 때에는 단순히 식물로 피복한다고만 생각하지 말고 미학적으로 충분히 고려하여 주어진 실내조건에 잘 어울리는 경관을 조성할 필요가 있다. 경우에 따라서는 실내녹화 후 실내공간이 어둡고 음울하게 변하는 경우도 있으므로 충분한 설계 및 식물의 선정을 하여야 한다. 따라서 열대나 아열대의 관엽식물은 물론 온대성의 상록수 및 낙엽수도 이용 가능하다.

① 내음성 난대식물

실내의 그늘진 환경에 잘 적응할 수 있는 상록성 관목류가 유리하다.

표 2.33 실내조경에 식재 가능한 대표적인 상록성 자생식물

유형	식물의 종류
목본류	꽝꽝나무, 굴거리나무, 백량금, 산호수, 자금우, 서향, 수국류, 팔손이, 식나무, 줄사철나무
초본류	석위, 헤데라류, 맥문동, 마삭줄, 바위취, 좀딱취, 수호초

② 관엽식물

내음성이 좋고 연중 상록을 유지할 수 있는 관엽식물류는 실내조경식물로

이용할 수 있다. 우리나라에 소개된 관엽식물의 종류는 매우 다양하므로 환경 적응성, 식물의 높이 및 형태, 잎의 크기, 잎의 색깔, 질감 등을 고려하여 배식하는 것이 원칙이다.

표 2.34 환경 적응성에 따른 관엽식물의 구분

환경적응성	관엽식물의 종류
저온에 강하고 음지에 강한 종류	아나나스(Ananas), 마란타(Maranta), 칼라데아(Calathea), 고무나무류(Ficus sp.), 산세베리아(Sansevieria), 싱고니움(Syngonium), 네프로레피스(Nephrolepis), 파키라(Pachira), 필레아(Pilea), 페페로미아(Peperomia), 포토스(Photos), 유카(Yucca)
음지에 강하고 저온에 약한 종류	아글라오네마(Aglaonema), 아펠란드라(Aphelandra), 알로카시아(Alocacia), 안스리움(Anthurium), 칼라디움(Caladium), 커피나무(Coffee), 스파티필룸(Spatiphyllum), 디펜바카아(Dieffenbachia)
음지에 약하고 저온에 강한 종류	알로에(Aloe), 코르딜리네(Corydyline), 클로로피텀(Chlorophytum), 파피루스(Cyperus), 트라데스칸티아(Tradescantia)
음지와 저온에 약한 종류	크로톤(Croton), 드라세나(Dracaena), 등모아나나스(Vriesia)

6) 인공물을 적절히 사용

식물만을 식재하는 녹화방법 뿐만 아니라 상황에 따라서는 조화나 인공물을 배치하는 것이 효과적인 경우도 있다. 예를 들어 광선, 배수, 온도조건 등이 극단적으로 열악할 때는 적당히 조화 등을 배치하는 것도 좋으며 도기로 만든 미니어쳐 동물이나 물레방아, 초가집 등을 배치하는 것도 좋다. 그러나 잘못

사용하면 공간이나 건물의 품위를 떨어뜨릴 수도 있으며 화재 발생 시에는 유독개스의 발생가능성도 있으므로 사용에 주의한다.

그림 2.108 내음성 식물에 의한 실내정원

(2) 실내녹화에 따른 효과

실내공간을 적절히 녹화함으로서 다음과 같은 효과를 가져올 수 있다.

1) 경관조성

콘크리트로 둘러싸인 살풍경한 실내에도 한그루 식물을 배치함으로서 분위기를 완전히 바꿀 수 있다. 따라서 아름답게 디자인되어 적절히 식재된 실내

녹화의 결과는 실내 환경을 더욱 생동감 있고 아름답게 해준다. 실내녹화에 따른 가장 큰 효과는 무엇보다 아름다운 경관의 조성이다.

2) 식물이 주는 심리적인 안정감

인간은 본능적으로 자연과 함께 할 때가 심리적으로 가장 안정감을 느낄 수 있다. 예를 들어 남극에 있는 독일의 연구기지에서 월동 시 대원들의 가장 큰 위안은 식당겸 거실로 사용하는 곳에서 인공조명 장치로 재배되는 관엽식물을 보는 것이었다고 한다. 특히 상록성 식물소재를 위주로 조성한 실내조경은 1년 내내 자연과 함께 할 수 있다.

3) 실내공기정화 및 환경완화 기능

실내에 식재된 식물의 잎이 미세한 분진을 흡착하고 이산화탄소를 흡수하여 공기정화 효과를 얻을 수 있다. 겨울철과 같이 실내난방에 의한 건조한 공기 조건을 증발되는 수분에 의해 적당히 조절해줄 수 있다.

4) 건축적 기능

일반적인 녹지의 기능인 건축적 기능을 발휘할 수 있다. 즉, 실내녹화에 의해 실내공간을 적절히 분할할 수 있고, 식물에 의해 시선을 차단하여 사생활 보호와 같은 기능도 나타낼 수 있다.

4. 옥상녹화

삭막하고 과밀한 도시공간에서 녹지의 확보가 무엇보다 절실하다. 현재 도시의 유일한 유휴공간이라 할 수 있는 건물의 옥상은 상업시설, 스포츠 시설, 주차장, 레크레이션 연습장, 광고탑, 휴게장소, 건조시설, 창고 등으로 이용되고 있을 뿐이다. 이와 같은 공간을 효율적으로 녹화하여 이용할 필요성이 높아지고 있다. 특히 건조한 무기질의 건축물에 식물을 도입하는 것은 도시의 표정을 생기있게 바꾸고 쾌적성을 높일 수 있다. 특히 도시 내에서 생태계의 연결축으로서 생태계 안정을 도모할 수도 있고 주변 녹지와의 밸런스를 도모할 수 있다. 특히 열효율을 향상시키고 건물의 내구성을 높임으로서 경제적인 가치도 입증되고 있다.

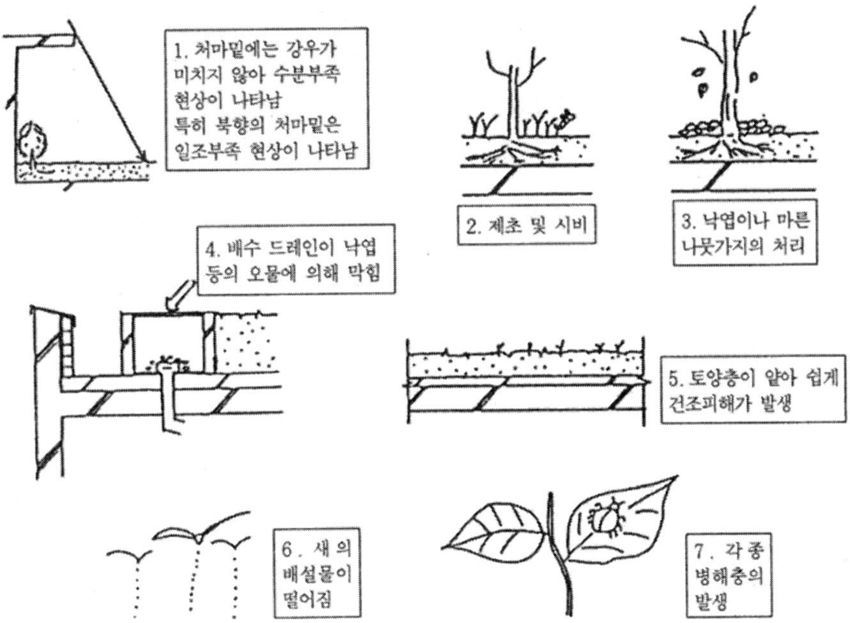

그림 2.109 옥상녹화 후에 발생하는 제반 문제점

(1) 옥상녹화의 효과

1) 환경에 대한 효과

그림 2,110 오사카 난바파크 옥상공원

- 가로수를 비롯한 건물 주변에 조성된 조경과 조화를 나타낸다.
- 도시기후의 완화 : 온도, 습도 등 기상요소을 개선한다.
- 대기의 정화 : 이산화탄소, 아황산가스 등의 기체상 오염물질 흡수, 산소 방출, 대기오염물질 흡착한다.
- 자연환경의 회복 : 새들의 먹이 또는 서식지 제공, 곤충의 서식지 및 번식지 제공, 생물의 이동 루트 형성, 다양한 샘물 종의 확보 및 천적의 출현을 도모한다. 결국 건전한 도시생태계를 창조할 수 있다.

2) 이용자에 대한 효과

- 건물 밖에서 아름다운 경관을 감상할 수 있다.
- 사람들에게 생물적 공간을 제공하여 도시생활에서 쌓인 스트레스를 풀어주고 마음을 평온하게 해준다.
- 자연공간 속에서 건강과 체력을 증진시킬 수 있다.
- 사람들이 함께 옥상녹화 공간에서 자연에 접할 수 있는 기회를 가질 수 있다.

- 주변에서 들려오는 불쾌한 경음을 완화시키고 녹지에 의해 옥상에서의 반사광을 방지하며 방풍효과를 얻을 수도 있다.

3) 건물에 대한 효과

- 건물의 경관적 가치를 높여준다.
- 기온변화에 의한 건물내부의 온도변화를 완화시킨다.
- 건축물의 온도변화를 경감시켜 구조물의 갈라짐을 막아 내구성이 높아진다. 또한 식재된 식물들에 의해 자외선 조사를 막아줘 옥상면에 시공된 방수층의 열화를 방지한다.
- 주변 환경에 조화된 개성있는 건물을 만들어준다.
- 빗물을 당분간 저류할 수 있는 공간이 확보되어 강우 시 하수에 미치는 부하를 줄일 수 있고 지금까지 버려지던 빗물을 효율적으로 이용할 수 있다. 또한 토양을 거쳐 배출되는 빗물을 정화할 수 있다.

그림 2.111 옥상녹화 시공 모습

4) 건물의 소유자에 대한 효과

- 유휴공간을 효율적으로 이용할 수 있다.

- 소유 건물의 자산적 가치가 향상된다.
- 여름철의 단열, 겨울철의 보온효과로 인해 에너지 절감효과가 크게 나타난다. 결국 이와 같은 효과는 화석연료 사용을 억제하여 지구환경 보호에 일조한다.
- 건물에서 작업하는 종업원들에 대한 후생복리 시설을 확보해줄 수 있다.

(2) 옥상녹화를 실현하기 위한 조건과 문제점

1) 옥상녹화용 소재 및 고려사항

그림 2.112 고대 도시 바빌론에 건설된 공중정원은 최초의 인공지반 녹지였다(Hanging garden 상상도)

① 식물

옥상녹화에 이용되는 식재식물은 옥상이라는 제한된 공간의 미기상에 적응할 수 있고 유지관리가 손쉬운 강건한 식물 종들이 주로 이용될 수 있다. 무엇보다 내풍성(耐風性) 및 내건성(耐乾性)이 강한 식물들이 유리하다. 그러나 아카시나무나 버드나무와 같이 생육속도가 너무 빠르거나 조릿대, 대나무류와 같이 지하경이 왕성하게 발달하는 식물, 또는 수양버드나무와 같이 지하부가 빈약하여 쉽게 도복되는 목본류도 피해야 한다. 또한 외부에 완전히 노출되어 강한 직사광선이 내리쬐는 조건이 많으므로 호음성 식물의 식재도 고려해야 한다.

식재 시에는 야외포장에서 재배되던 식물을 이식하는 것보다는 컨테이너에 용기재배를 한 식물을 식재하는 것이 활착율이 높다. 일반적인 옥상환경에서 무난하게 식재할 수 있는 몇 가지 식물을 다음에 열거해 보겠다.

- 상록성 교목류 : 곰솔, 향나무, 털가시나무, 녹나무, 보리장나무, 보리밥나무
- 낙엽성 교목류 : 팥배나무, 매화나무, 단풍나무, 산딸나무, 굴피나무, 뜰보리수
- 상록성 관목류 : 다정큼나무, 사철나무, 눈잣나무, 눈향나무
- 낙엽성 관목류 : 명자나무, 왜성정향나무, 개나리, 쥐똥나무, 철쭉류, 싸리나무류
- 초본류 : 제라니움, 페츄니아, 마가렛, 리시마키아, 부처손, 세듐류, 한라구절초, 상록패랭이, 두메부추, 벌개미취, 제비꽃류, 지리대사초, 잔디

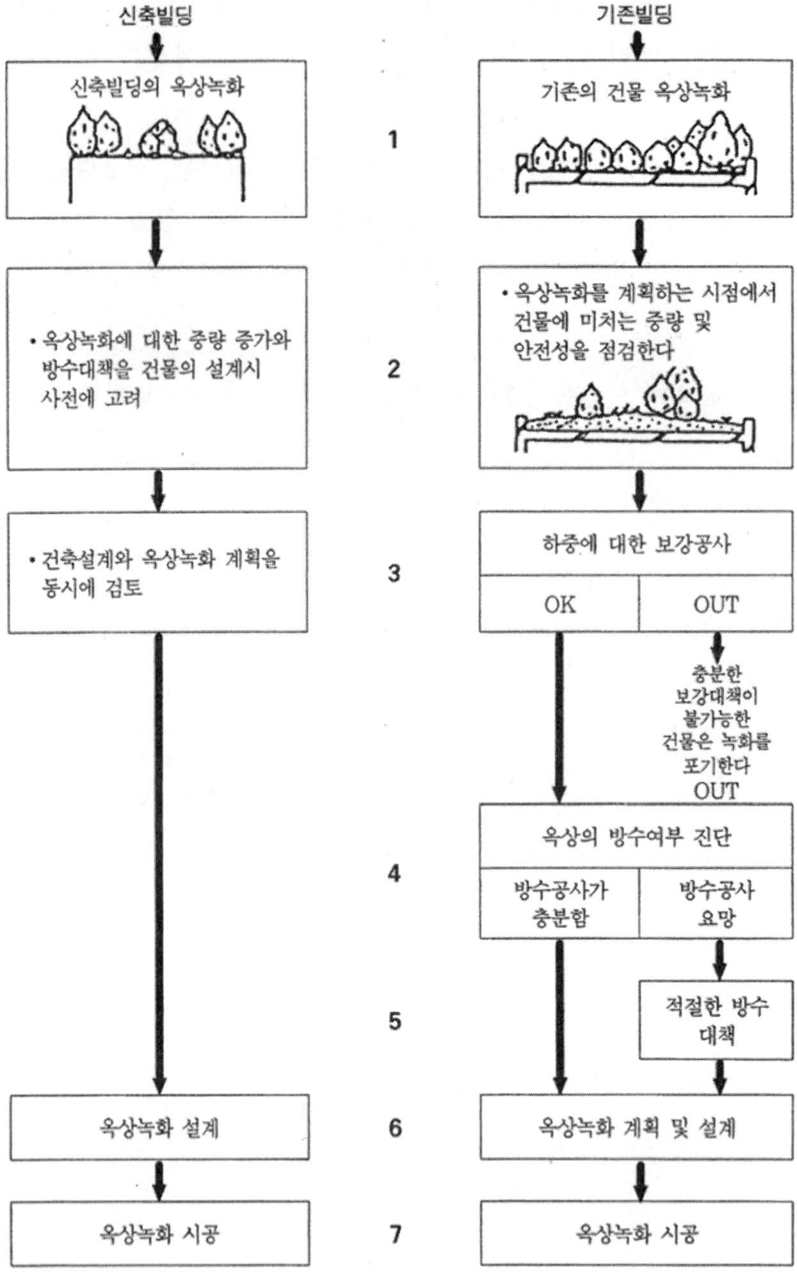

그림 2.113 신축빌딩과 이미 완공된 기존빌딩에서의 옥상녹화 공사의 차이

② 건물에 미치는 하중

옥상에 ㎡당 몇kg 중량의 적재가 가능할까하는 사항은 옥상녹화에서의 하중을 고려할 때 가장 기본적인 체크 사항이다. 특히 건축공사 시 사전에 옥상녹화를 고려하고 구조적인 안전조치를 취할 수 있는 신축건물에 비해 기존의 건물에서 반드시 고려하여야 할 사항이다. 옥상녹화에 의해 추가되는 추가 적재하중과 허용 적재하중과의 관계는 다음과 같다.

추가 적재하중=사람의 하중(100kg/1인.㎡)+순수 녹화 하중≤허용 적재하중(kg/㎡)

현재 우리나라에서 건축된 기존 건물의 옥상 슬라브(slab)는 허용응력법과 극한강도법 등 두 가지 구조계산법에 의해 설계되어 있다. 이 때 각각의 허용 적재하중 기준은 180kg/㎡와 200kg/㎡이다. 만일 사람의 출입이 없는 경우라면 경량형 옥상녹화에 적절한 지지력인 50-150kg/㎡의 확보가 가능하다. 그러나 사람의 빈번한 이용 및 화재나 재난시의 급작스런 피난행위를 고려하면 성인의 체중(100kg/㎡)을 고려해야 한다. 경우에 따라서는 옥상의 특성에 따라 그 이상의 중량을 사전에 고려해야 한다.

녹화 가능 하중≤허용 적재하중(180/200kg/ ㎡)-인간의 하중(100kg/ ㎡)-기타 하중

이와 같은 사항들을 고려하여 일반 RC조 건축물의 옥상녹화 가능하중은 허용 응력법 및 극한강도법 등과 같이 채택한 구조 계산법에 의해 80 또는 100 kg/ ㎡ 이하가 된다. 그러나 적설과 같이 기타 하중이 가해질 수 있는 경우에는 구조적 안정성에 변수가 작용하므로 유의해야 한다. 일반적인 경량형 옥상녹화 시에 적재 가능한 토양의 무게는 펄라이트 등의 경량소재를 사용하는 경우 80-150kg/㎡정도이며 적재 가능한 하중과 토양의 무게를 변수로 적절한

토심을 구해야 한다. 펄라이트와 같이 인공의 경량토양을 사용하여 토심을 깊게 확보하는 경우에는 여름철의 집중호우 시에 토양이 침수되지 않도록 적절한 배수시스템이 확보되어야 한다. 이론적으로는 현재 널리 이용되고 있는 펄라이트와 같은 인공토양은 수분을 머금은 상태의 비중이 0.7-0.9정도로서 침수 시를 고려하여 토심 20cm를 초과하지 않도록 계획하는 것이 바람직하다. 그러나 사전에 옥상녹화를 계획하고 충분한 구조강도를 고려하여 건축된 건물이라면 목본류도 식재 가능한 충분한 토심을 확보할 수 있는 중량형 옥상녹화도 구상할 수 있다.

그림 2.114 미국 하이라인파크 입구

그림 2.115. 미국 뉴욕 하이라인 파크의 관리 인력

③ 방수

옥상녹화를 하기 전에 시공하는 건물 옥상의 방수공사는 녹화시스템의 단면구성에 적합하게 공법이 결정되어야 한다. 옥상녹화 시 사전에 시공하는 방수소재는 무엇보다 내구성이 중요하다. 일단 녹화를 하고난 뒤에는 쉽게 보수 또는 재시공이 어렵기 때문에 수명이 길고 쉽게 손상되지 않는 소재의 선택이 필요하다. 현재 널리 이용되고 있는 방수소재는 다음과 같은 것들을 들 수 있다.

㉮ 염화비닐(PVC)계 시트 방수재

염화비닐계 수지 시트 방수재는 산이나 알칼리를 비롯하여 유류, 오존 등의 물질에 내구성이 있으며 내마모성, 내압축성도 상당한 것으로 알려져 있다. 그러나 물리적인 손상이나 열에는 약한 단점도 있다. 선진국을 비롯하여 옥상녹화 시 방수재료로 흔히 사용되는 소재로서 방수층 하부로부터의 증기압 배출을 도모하여 옥상면의 결로현상을 방지할 수 있다. 또한 나중에 폐기처리 과정에서 발생하는 대기오염이 지적되고 있다. 최근에는 시트 방수재의 접합공법이 개발되어 안전성과 내구성이 보다 향상되었다. 값도 저렴한 편이며 다루기도 손쉬워 우수한 방수소재로 인정받고 있다. 그러나 방수시공의 정밀도가 선진국에 비해 상대적으로 개발되지 않은 우리나라에서는 공법의 개발과 기술이 하루 빨리 정착되어야 하겠다.

㉯ FRP방수, 우레탄/FRP복합 방수재

FRP는 내화학약품성, 내근성(耐根性), 내마모성에 우수한 막을 형성하여 노출 방수공법으로 적용한 실예가 많다. 또한 방수재 위에서의 움직임에 대한 내성도 뛰어나다. 최근에는 FRP단순 방순방수뿐만 아니라 흔히 도막방수(塗膜防水)라고 하는 우레탄 소재와 FRP의 복합방수도 시행되고 있다.

㉰ 비노출형 논타르(non tar) 우레탄 도막 방수재

가격도 저렴하고 시공도 상대적으로 간편한 편이므로 국내 방수현장에서 적용 가능성이 높은 소재이다. 그러나 방근(防根)과 투습에 대한 주의가 필요하다. 특히 타르 우레탄의 경우에는 내구성 및 내화학약품성, 내압성 등은 양호하나 지속적으로 유분이 물에 섞여 용탈되므로 식물의 생육에 악영향을 미칠 수 있고 미관상 좋지 않다.

㉱ 기타

경량의 시멘트 몰타르판으로 성형된 방수재를 옥상위에 깔아 방수공사를 하는 경우도 있으며 방근을 위해 직물에 아스팔트를 덧씌워 방근 및 방수재로 개발된 소재도 개발되어 있다. 또한 색깔이 있는 고무 재질의 성형판을 조립하여 방수처리할 수 있는 소재도 있다.

④ 배수

제한된 옥상공간에서 흘러 들어오는 물을 적절히 컨트롤할 수 있는 시스템이 반드시 필요하다. 이러한 시스템을 흔히 배수 시스템이라 한다. 배수 시스템은 배수토양, 배수용 골재, 배수판, 배수시트를 비롯하여 저배수시스템 등을 이용한 다양한 형태로 구성된다. 이와 같은 배수 시스템은 육성 토양층의 상부에서 하부로 흐르는 수직방향의 수분 흐름과 토양층의 중앙부에서 배수로가 위치한 바깥방향으로 흐르는 수평방향 배수로 구분할 수 있다. 식물의 생육과 관련이 깊은 배수는 수직이동의 배수이며 우리나라와 같이 여름철 집중호우가 우려되는 지역에서는 수평이동의 배수가 중요하게 고려되어져야 한다.

일반적인 배수 시스템은 배수 토양층을 설치하고 그 위에 부직포와 같은 눈이 가는 토양필터를 깔고 위에 육성토양층을 조성하고 있다. 또한 플라스틱 재질의 배수판이나 독일 등에서 개발되어 보급되고 있는 저수와 배수 기능을 동시에 지니는 발포 폴리스티렌판 등도 이용하고 있다. 배수층에 대한 세심한 배려와 더불어 배수구의 설치문제도 면밀히 검토해야할 사항이다. 옥상층 표면의 구배를 비롯하여 배수구의 위치, 배수구의 설치 수, 배수구의 크기 등도 중요하다.

2) 옥상녹화 후 고려할 사항

옥상에 조성된 녹지는 생물을 이용한 건물의 외부 피복재로서 건축물의 내구연한과 동일한 수명을 지닐 정도의 내구성을 지녀 건물의 한 부속물로 인정되어야 한다. 그러나 우리나라에서 기존에 행해지던 옥상녹화는 단순히 건물과는 별개의 공간으로 인식되고 있을 뿐이다. 이와 같이 장기간동안 옥상녹화 공간을 유지관리하기 위해서는 체계적인 관리계획과 적절한 관리요령으로 시행되어져야 한다. 옥상 녹지공간 조성에 필요한 비용에서 아마도 가장 큰 비중을 차지하는 것이 유지관비일 것이다. 그 외에 설계 및 시공비, 안전 관리비 등도 고려할 수 있으나 아마도 생물인 식물을 관리하는데 필요한 유지관리가 가장 중요하다 할 수 있다. 그러므로 최대한으로 저비용 옥상녹화의 조성이 필요하다. 가장 기본이 되는 식생관리에서는 병충해 방제를 비롯하여 제초, 시비, 정지 및 전정, 보식 등을 정기적으로 행해야 하며 토양관리, 배수상태 정비, 방수상태 점검 등이 이루어져야 한다. 좀 더 구체적으로 살펴보면 다음과 같은 내용들을 정리할 수 있다.

① 조경식물의 유지관리

기본적인 배수처리를 비롯하여 척박한 토양에서의 시비관리, 병충해 관리, 제초, 식물체에서 떨어지는 낙엽의 처리, 정지전정 등의 식물 관리가 필요하게 된다. 또한 옥상은 대부분이 인공토양에 의한 특수한 조건이므로 쉽게 건조하고 약간의 강우에도 침수되어 버린다. 또한 토양 내 공기 및 양분도 부족하므로 식물체가 생육하기 매우 불량한 조건이다. 옥상조경은 대부분이 높은 건물 위에 조성된 경우가 많으므로 외부로부터 강한 바람이 불어오게 된다. 그러므로 식재된 식물들은 도복되거나 뽑히게 되는 경우도 많다. 특히 에어컨의 실외기 주변에 식재된 녹화식물은 실외기로부터의 지속적이고 뜨거운 바람에 의해 고사되기 쉬우므로 주의한다. 위와 같은 제반 상황에 적절한 대응 및 관리 대책이 필요하다.

② 배수 시스템 관리

떨어진 낙엽은 흐르는 물에 의해 배수구로 모이게 되며 이러한 낙엽이나 식물의 고사체 및 각종 오물들을 적절히 처리하지 못하면 배수구가 막히는 사고가 발생할 수 있다. 그러므로 정기적으로 배수구를 점검하여 문제가 발생한 경우에는 신속한 처리를 해야 한다.

③ 토양 관리

토양은 기본적으로 풍화는 물론 강우 등에 의해 지속적인 침식이 이루어진다. 그러므로 옥상녹화용 토양의 관리가 제대로 이루어지지 않으면 육성 토양층 하부의 토양필터의 유지관리가 불가능하게 된다. 그러므로 토양표면을 덮고 있는 식생을 잘 보호하는 방안도 토양의 침식을 방지할 수 있다. 또한 옥상녹화용 인공토양은 매우 가벼운 경량으로서 바람에 쉽게 날려 주변에 널려 미관상 좋지 않거나 사람들에게 피해도 줄 수 있으므로 필요에 따라서는 화산석이나 분쇄목 등의 소재로 피복(mulching)을 해줄 수도 있다.

④ 기타 관리

도시에 드물게 존재하는 녹지인 옥상조경은 다양한 생물들이 찾아올 수 있다. 특히 각종 곤충이나 조류들이 날아와 식재된 식물을 훼손하거나 배설물을 남기는 경우도 종종 발생할 수 있다. 이와 같은 생물들은 도시 생태계 구성요소로 중요한 역할을 하기도 하지만 이용자의 측면에서는 관리상 번거로운 존재일 경우도 있다. 그러므로 필요시에는 옥상주변에 그물을 설치하여 관리하는 경우도 있다.

그림 2.116 건물의 지붕 녹화

(3) 옥상녹화 실제

성공적인 옥상녹화를 실현하기 위해서는 구상하는 옥상녹화 시스템의 유형과 구성에 관련한 제반 사항들을 충분히 이해하여야 한다. 현재 우리나라에서 적용하고 있는 옥상녹화 시스템들은 독자적으로 연구된 유형보다는 획일적인 박스형의 중량형(重量形)으로 시공되고 있다. 또한 옥상녹화를 위한 건물의 방수공법은 물론 토양조성, 식물재료 등에 관해 아직까지 구체적인 연구결과가 제시되고 있지 못한 상태이다.

우리나라에 도입되어 시공되고 있는 옥상녹화 시스템은 일반적으로 경량형(輕量形) 및 중량형으로 구분하고 있다. 이와 같은 유형들은 시공 대상지의 기상조건을 비롯하여 건물의 상태, 식물조건, 비용 등의 제반조건을 고려하여 계획하여야 한다.

1) 옥상녹화 유형

옥상녹화가 널리 이루어지고 있는 유럽이나 일본 등의 선진국에서는 여러 가지 유형에서 옥상녹화 시스템을 구분하고 있다. 예를 들어 유지관리 측면에서 관리형과 비관리형으로, 옥상의 경사도의 유무에 의해 평지붕형과 경사지붕형으로, 단열층의 설치위치에 따라 내단열형과 외단열형으로 구분하는 등 매우 다양하다. 본 장에서는 토양층의 깊이와 중량에 따라 경량형과 중량형으로 구분하는 유형으로 살펴보고자 한다.

① 경량형 옥상녹화 시스템

일반적으로 관리가 용이하지 않은 옥상에 주로 설치되는 유형인 경량형 옥상조경은 인위적인 유지관리를 줄일 수 있는 상대적으로 가볍고 20cm 전후의 얇은 토양으로 설치되며 건물에 미치는 하중부담이 적고 시공은 물론 저렴한 시공비 및 관리비가 장점이다. 경량형 옥상조경에 식재되는 식물은 뿌리가 깊게 발달하지 않는 천근성의 초본류로서 건조와 겨울철의 추위 및 척박한 토양에서도 잘 적응하는 잔디를 비롯하여 세듐(Sedum)류, 양치류 등이 널리 사용된다. 경량형 옥상녹화에서 식물의 종류에 따른 토양의 최소 깊이를 표2.32에 나타내었다.

표 2.35 식물 생육에 필요한 토양의 최소 깊이

종류	생존 최소 깊이(cm)	생육 최소 깊이(cm)
잔디 및 초본류	15	30
키가 작은 관목류	30	45

키가 큰 관목류	45	60
천근성 교목류	60	90
심근성 교목류	90	150

② 중량형 옥상녹화 시스템

중량형 옥상조경은 0.8-3m에 이를 정도의 깊은 토심으로 시공되는 유형이므로 토양 및 식물의 하중이 미치는 영향을 충분히 고려한 신축건물에서 적용하는 사례가 많다. 토심이 깊게 시공되므로 식재할 수 있는 식물의 종류도 다양한 초본류는 물론 관목 및 교목에 이르기까지 다양하다. 결국 조경공간의 실용적인 이용도 가능하며 다채로운 경관조성도 가능하다. 그러나 방수, 배수, 토양관리, 식물 생육관리, 병충해, 시재지의 경관 관리 등을 비롯한 제반 유지관리가 지속적으로 필요하며 시공비가 상대적으로 많이 드는 단점도 있다.

2) 옥상녹화를 위한 각종 구성요소

옥상 조경은 기본적으로 최하부층의 방수공사와 방근 시트, 배수층, 육성 토양층, 조경용 식재식물 등으로 이루어진다.

① 방수층 및 방근 시트

녹화지의 가장 밑 부분에 위치하는 방수층은 건물 내부로 수분이 스며들지 못하게 막아주고 식재된 식물의 뿌리가 옥상면으로 침투하지 못하도록 방지해 주는 역할을 한다. 여기에서 방수 및 방근막이 예리한 물체나 특정한 곳의 집중하중으로부터 보호할 수 있는 완충 보호층을 두는 것이 바람직하다. 이와 같은 보호층은 시공비용 때문에 공사 시에 무시되기 쉬운 부분이나 옥상조경의 내구성과 안전성에 직결되어 있으므로 반드시 고려되어야 한다. 두께가 약 6-10mm 정도의 재활용 고무매트 또는 펠트층을 깔아주기도 한다.

② 배수층

방수층의 상부에는 관수 및 강우시의 원활한 배수를 위한 배수층이 조성되어야 한다. 배수층은 배수뿐만 아니라 건조 시에 식물체에게 수분을 공급해줄 수 있는 수분 저장능력도 고려해야 한다. 일반적으로 조성되는 배수층은 토양 내 공극을 크게 하고 값싸게 구할 수 있는 자갈과 같이 입자가 큰 재료를 사용하기도 하지만 옥상에 미치는 하중을 고려하여 인공의 경량자갈을 비롯하여 부석 등이 사용되기도 한다. 최근에는 시간의 경과에 따라 침식이 전혀 일어나지 않아 배수층의 공극이 막히지 않으면서도 화학물질이나 답압에도 잘 견디는 스티로폼과 같은 고분자 물질이 시공되기도 한다.

③ 육성 토양층

배수층 위에는 조경식재를 위한 식물 육성용 토양층이 필요하다. 보통은 토양층과 배수층 사이에는 필터를 깔아 물에 씻겨진 미세한 토양이 배수층을 막아버리지 않게 조치한다. 육성 토양층은 식물의 생육에 필요한 수분과 각종 영양분을 적절히 유지하고 통기와 배수가 원활해야 한다. 특히 옥상이라는 제한된 공간에 설치되기 때문에 위생적으로 청결하고 각종 병해충에 오염되지 않은 토양이 좋다. 자연 토양의 중량은 80-200kg/cmm.㎡에 달하므로 일반적인 건물에서 자연에서 입수한 토양을 옥상조경 용토로 이용하기에는 무리가 있다. 그러므로 경량의 버미큘라이트, 펄라이트 등과 같은 인공토양을 비롯하여 가공한 화산석, 부석 등도 널리 이용되고 있다. 이와 같은 토양들은 대부분이 식물체가 필요로 하는 영양분이 거의 없는 상태이므로 적당한 유기물을 혼합하거나 적절한 시기에 외부로부터 비료를 시용하는 것이 바람직하다.

3) 옥상녹화 시공과정

시공 대상지의 고유 조건에 따라 적용할 녹화시스템의 유형 결정

↓

녹화유형 및 식재계획을 기초로 적합한 토양조성, 토심, 공법 등을 결정

↓

신축건물에서 옥상층 구조설계에 반영 ⟶ 옥상 ⟵ 기존건물에서 필요한 경우 옥상층의 구조적 보강

↓

주요 하부 시스템의 설계(구배, 단열, 방수, 옥성 토양층)

↓

최종적인 식재계획 및 공법의 결정

↓

옥상녹화 실시

그림 2.117 옥상녹화의 시공과정

4) 세부적인 고려 사항

① 녹화 시스템 유형의 결정

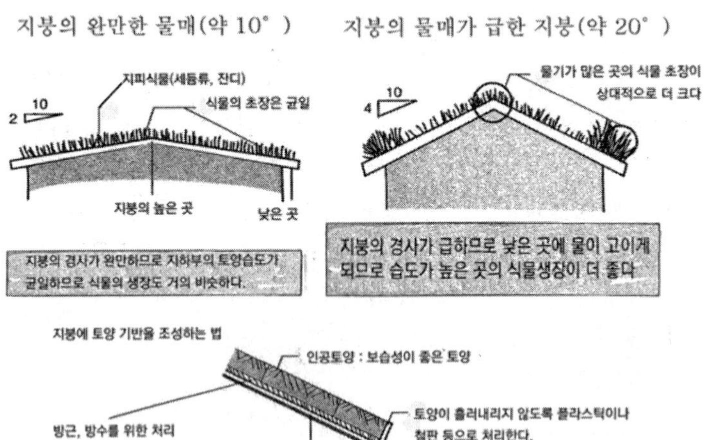

그림 2.118 지붕위의 인공지반에 식재하는 방법

경량형이냐 중량형이냐 하는 녹화 시스템을 결정하는 단계에서 우선적으로 건물의 조건을 고려해야 한다. 예를 들어 신축건물의 경우와 이미 사용 중인 건물에 있어 각각 적용할 수 있는 공법이 달라질 수 있기 때문이다. 특히 신축건물의 경우에는 초기 녹화계획을 수립하는 시점에서 이미 옥상녹화를 전제로 적절한 옥상구조를 구축할 수 있다. 그러나 이와 같은 유형 결정을 위해서는 녹화 대상 옥상의 구조적 안전성에 영향을 받는다. 기존의 건물은 전문가의 구조진단을 거친 후, 허용적재 하중에 알맞은 녹화 시스템을 선택하거나 필요에 따라 구조보강을 덧붙여 원하는 시스템을 계획해야 한다. 그러므로 중량조건을 고려하여 녹화 대상지의 면적, 구조적 안정성, 방수 유무, 미기후, 유지 관리 등의 조건을 고려하여 기본적인 녹화유형을 적용할 수 있다.

기존의 건물에 허용적재 하중을 고려하지 않고 무조건 토심을 깊게 확보하는 것은 안전성을 고려하여 불가능하다. 가벼운 인공토양이라 할지라도 토심을 확보하는데는 한계가 있다. 그러므로 단순하게 경량형 또는 중량형으로 제한하지 말고 녹화공간의 경관적인 면과 식재하고자 하는 식물의 특성을 고려하여 공간별로 토심을 다르게 시공하는 것도 한 방편일 수 있다. 예를 들어 건물의 하중응력이 강한 기둥 주변에는 깊은 토심을 확보하여 뿌리가 깊이 발달하는 목본류나 대형의 초본성 식물류를 식재할 수도 있다.

② 방근

옥상층의 표면에 얇게 시공되는 방수공사만으로는 강한 식물 뿌리의 침투를 막을 수가 없다. 그러므로 별도의 방근 처리를 시행하는 것이 옥상녹화의 장기 유지를 위해 필수적이다. 방근처리가 미흡한 녹화지에서는 뿌리의 침투로 인해 옥상층 표면의 방수처리가 파괴되고 심한 경우에는 건물의 구조적인 약화도 우려된다. 침투된 뿌리의 고사체나 생육중인 뿌리에 의해 배수구가 막혀 누수가 확인되는 사례가 많다. 그러므로 투수가 가능한 방근용 소재가 필요하나 국내에서 별도의 방근 소재로 개발된 예는 없는 실정이다. 일부에서 사용하고 있는 소재로는 P.E. 폼시트를 들 수 있다. 앞으로 옥상녹화의 광범위한 적용과 더불어 방근소재의 개발 및 적절한 이용이 기대되는 바이다.

③ 배수 시스템

배수 소재는 계획된 시스템에 맞추어 합리적으로 적용되어야 한다. 특히 기존의 건물에 시공하는 옥상조경의 경우에는 하중을 고려하여 경량소재의 선택이 바람직하다. 그러나 그릇된 경량형 배수 소재의 선택은 내구성을 비롯하여 배수에 심각한 문제를 일으킬 수 있으므로 심사숙고 한다.

④ 적용 토심의 산정

옥상녹화에 있어 건물에 대해서는 구조적으로 안전하고 녹화식물에 대해서는 근계발달에 충분한 최대한의 토심 확보가 중요하다. 그러나 토심은 건물의 허용적재 하중을 검토하여 적절하게 결정해야 한다. 건물 옥상에 가해지는 하중은 토심과 식재된 식물들에 의해 좌우된다. 그러므로 다음과 같은 산정방법에 의해 합리적으로 토심을 산출하여 녹화하여야 한다.

㉮ 녹화가능 하중부하의 도출

녹화가능 하중≤최대허용적재하중－기타 하중－인간하중

㉯ 혼합토양의 무게 도출

[토양 소재별 혼합비율(%)×토양 소재별 무게] 의 합/100%

㉰ 토심의 결정

녹화 가능한 하중－식물의 총 무게/혼합토양의 무게

⑤ 식재 계획

경량형 옥상녹화인 경우에는 토심이 얕으므로 다육질에 피복속도도 빠른 세듐류가 외국에서는 가장 일반적인 식재 소재로 이용되고 있다. 그러나 다채로운 경관의 연출을 위해 잔디를 비롯해 성질이 강건한 지피식물을 이용할 수도 있다. 그러나 토심이 허락하는한 최대한으로 다양한 식생층에 의한 입체적인 경관과 계절감을 느낄 수 있는 다양한 개화기의 조경식물을 식재하는 것도 권할만 하다.

참고문헌

김인, 박수진. 2009. 도시해석. 푸른길(서울).
김정환. 1998. 원색도감 한국의 잠자리, 메뚜기. 교학사(서울).
김형기. 1994. 잔디학. 선진문화사(서울).
박인환, 최상태. 1998. (3판)조경배식의 이해. 대우출판사(서울).
송순창. 2005. 한반도 조류도감. 김영사(파주시).
신유항. 1989. 원색한국곤충도감. 아카데미서적(서울).
안영희. 2001. 녹지환경학. 태림문화사(서울).
오구균, 김도균. 2007. 생태녹화공학. 광일문화사(서울).
우보명. 1997. 도입초종이 주변식생에 미치는 영향에 관한 연구.
한국도로공사.환경부. 2008. 외국의 환경영향평가법령 및 제도 조사 분석 연구.
Clouston B. 1977. Landscape design with plants. Van Nostrand Reinhold Co.(New York).
McDaniel, G. L. 1979. Ornamental Horticulture. Reston Publishing Co., INC.(Virginia).
Muller-Dombois, D. and Ellenberg, H. 1974. Aims and Methods of Vegetation Ecology. John Wiley & Sons(New York).
井手久登. 1980. 綠地保全の生態學. 東京大學出版會
奧田重俊, 佐佐木寧. 1989. 河川環境と水邊植物. Soft Science INC(東京).
龜山章 外 3人. 最先端の綠化技術. Soft Science INC(東京).
小橋燈治 外. 1971. 地すべり斜面崩壞の實態と對策. 山梅堂(東京).
佐藤一郎. 1985. 地球沙漠化の現狀. 凊文社(東京).
田崎忠良(編著). 1978 環境植物學. 朝倉書店(東京).
東京農工大學. 1988. 地域生態システム學. 朝倉書店(東京).
新田伸三. 1986. 植栽の理論と技術. 鹿島出版會(東京).
中野尊正 外 3人. 1987. 都市生態學. 共立出版株式會社(東京).
日本芝草學會. 1987. 芝生 綠化. Soft Science INC(東京).
日本道路協會. 1986. 道路土木, のり面工, 斜面安定工指針. 日本道路協會
森本幸裕. 1982. 斜面綠化. 鹿島出版會(東京).
河川環境管理財團. 1983. (解說)河川環境. 山梅堂(東京).

색 인

(ㄱ)

(ㄴ)

(ㄷ)

(ㅊ)

(ㅌ)

(ㅍ)

(ㅎ)

저자 소개

안영희(安永熙)

성균관대 조경학과 졸업

북해도대 대학원 농학박사(식물생리생태학)

안동대 대학원 이학박사(식물생태학)

중앙대학교 산업과학대학 학장 역임

한국환경생태학회 회장 역임

환경부 국립낙동강생물자원관 초대관장 역임

中國延邊大學 객좌교수

중앙대학교 식물생명공학과 교수(ecoplant@cau.ac.kr)

(신고) 녹지환경학

2020년 02월 25일 초판 인쇄
2020년 03월 03일 초판 발행

저 자 안영희
발행인 정헌준
발행처 태림문화사
서울시 영등포구 문래동 1가 39번지
센터플러스 1022호
TEL 714-2478/716-2473
FAX 718-4580
E-mail taerim79@hanmail.net
등 록 1979. 3.27 (2-679)

ISBN 978-89-8205-241-5(93520) 정가 27,000 원